MIND心研社图书

———————————为 心 灵 提 供 盔 甲 和 武 器———————————

你不是猫，不会有多余的八条命，

所以好好活着吧。

你会发现，你有一万种方法，

为自己找到继续存在的理由。

# 我选择活下去

上　〔俄〕斯泰西·克拉默　著
　　　梁琼　译

Я выбираю жизнь

北京联合出版公司
Beijing United Publishing Co.,Ltd.

## 图书在版编目（CIP）数据

我选择活下去：全两册 /（俄罗斯）斯泰西·克拉默著；梁琼译 . ——北京：北京联合出版公司，2020.9
ISBN 978-7-5596-4314-8

Ⅰ．①我… Ⅱ．①斯… ②梁… Ⅲ．①女性－成功心理－通俗读物 Ⅳ．① B848.4-49

中国版本图书馆 CIP 数据核字（2020）第 102838 号

@ by Stace Kramer, 2016
this edition is published by arrangement with AST Publishers Ltd.
The simplified Chinese translation rights arranged through Rightol Media
（本书中文简体版权经由锐拓传媒取得 Email:copyright@rightol.com）


**我选择活下去**

作　　者：（俄罗斯）斯泰西·克拉默
译　　者：梁　琼
出 品 人：赵红仕
图书策划：耿璟宗
责任编辑：高霁月
特约编辑：李光远
特约统筹：高继书
装帧设计：仙境设计

北京联合出版公司出版
（北京市西城区德外大街 83 号楼 9 层 100088）
北京联合天畅文化传播公司发行
北京美图印务有限公司印刷　新华书店经销
字数 558 千字　880 毫米 ×1230 毫米　1/32　20 印张
2020 年 9 月第 1 版　2020 年 9 月第 1 次印刷
ISBN 978-7-5596-4314-8
定价：78.00 元（全两册）

她叫格洛丽娅·马克芬,

她还有 50 天的时间来决定是否继续活下去。

**\*16 岁以下青少年请在监护人陪同下阅读**

# 自序：轻生不是岸，是深渊

我从未想过，有一天，我会写一部关于轻生的小说。

像我这样热爱生命的人，平日里关爱自己的一丝一发，一想一念，对轻生的行为向来是无法理解的。直到有一天，我身边的一个好朋友有了自杀的想法。

她为什么会有想死的念头呢？

带着这个疑问，我一边恶补关于自杀的心理学知识，一边小心翼翼地关照着朋友的内心，企图找到令她厌弃生命的根源。

随着对她内心了解的深入，我渐渐发现，能令一个人想要结束自己生命的，未必是激烈的、重大的打击，那种毁灭性的力量，更可能源自我们平时生活中一次次不起眼的失望感的累积。在"压垮骆驼的最后一根稻草"来临之前，当事人往往会先经历一段"自我价值感"逐渐磨灭的过程。

"我活着真的有价值吗？""如果这个世界没了我，别人会不会活得更好？""我觉得我对于这个世界，就是多余的……"

那段时间充满我朋友心头的，正是这些灰色的念头。

于是，我决定和她做一个游戏（或者说成约定更合适）。

我建议她："既然你也不能确定自己活着是不是真的有价值，那也没有必要急着去死吧，不妨再给自己一段时间，比如说 50 天，去找一找自己存在的价值。这段时间里，你放松些，尝试一些新的活法，做一些新的事，认识些新的人。50 天后，再决定要不要自杀，好不好？"

她颇感意外地看着我说："有必要这样吗？好麻烦。"

我说："你看，你连死都不怕，还怕什么麻烦嘛。"

她居然笑了："说的也是，试一下也未尝不可。"

第 50 天的时候，我再去见她，她告诉我，她决定继续活下去，并把她这段时间的经历和内心转变告诉了我。最后她说："亲爱的，你是个作家，可以写写我的这个经历吗？也许能帮到像我一样的人。"

我忍不住哭了，是开心的眼泪。

我满口应下来，这事儿自然是义不容辞，于是，就有了这本书。

声明一下，尽管这个故事源自真实生活事件，但为了保护朋友的隐私，我对事件相关人物的名字和背景进行了虚构化处理。

如果你有缘读到这个故事，就不要纠结于故事的主人公到底是谁了。

如果你刚好喜欢这个故事，就请把它分享给更多需要它的朋友吧，或者能让更多的人明白"轻生不是岸，是深渊"，从而找到活着的真正意义。

最后，祝你阅读愉快。

——斯泰西·克拉默

# 目 录
contents

# 第一章 一二

> 我所在的生活只不过是一座监牢

我没有家，只有一座监牢，
我没有自由，也感觉不到快乐。

自杀的念头是个极大的安慰：借此，一个人可以成功地度过许多令人不愉快的夜晚。

——尼采

# 第1天

"格洛丽娅，格洛丽娅，你睡够了吧！"

是的，我日常的早晨就这样开始：妈妈满屋子喊叫，整个佛罗里达都能听到，屋里飘着烧焦的煎饼味，还能听见爸爸轻轻的脚步声，他就像什么也没注意到似的。

> 亲爱的日记！
>
> 距离我离开这个世界，还有整整49天。这些日子里，我要么找到热爱生活的理由，要么深信我有理由选择死亡。今天星期五，是最后一个上学日。这意味着我可以心安理得地去外婆家，我已经一整年没去探望她了，如果在我离开这个世界之前没有见她最后一面，我想这是不对的。所以我今天要做的主要计划就是恳求妈妈同意让我去外婆家。
>
> 第一天　格洛丽娅·马克芬

我飞快地跑去洗澡，然后梳头，随意抓起衣柜里的一件衣服穿上，迅速下楼，进入厨房。

"你知道你的第一节课已经迟到了吗？"

"是的，妈妈。"我回答的同时，拿起有些烧焦的草莓煎饼塞进嘴里。

"怎么，又看你那低能的电视剧到半夜了？"

"不，妈妈，当然没有，那会儿都放完了。"我骗了妈妈，实际上我每晚都看那部电视剧，如果我错过一集，就会像毒瘾发作一样难受。正是因为这样，我经常睡过头，而且第一节课总是迟到。妈妈已经习惯了，但她不会停止发怒。

"大家早上好，我着急去上班。"爸爸走进厨房，拿起煎饼，迅速离开了家。

"你看到了吗？为什么他总是装作我们都很好似的，实际上完全不是这样，为什么？"

我真不知道该怎么回答妈妈，我只知道，他们彼此厌恶。日复一日，我越来越确信这一点，这也是我决定自杀的原因之一。

我们家曾经也非常和睦，在生活中基本没有争吵。他们即使争吵，迟早也会结束，接着又会重新和好。

但有一次，爸爸和他的女领导背叛了妈妈。我不知道这是怎么发生的，但我确信，爸爸喝醉了，要不然以他那么清醒的脑子不可能干出这样的事。妈妈知道了这件事，作为报复，她也背叛了爸爸。然后，爸爸也知道了。你能想象吗？从那时起，我们家就充满了无休止的争吵。妈妈指责爸爸，爸爸指责妈妈，每天都这样。

现在我每天生活在仇恨和不信任的氛围中，而且再过一个月他们就要离婚。因为这个我都快疯了，我爱他们两个人，他们离婚后还要争夺我。我自然会留下和妈妈一起生活，但我无法容忍只有周末甚至更少的时间才能见到爸爸。

"算了，妈妈，我去上学了……顺便问一下，放学后我能去外婆那儿吗？"

"你把东西忘在她那儿了吗？"

"我只是想去看看她。"

"你穿过整座城市，就为了去看望一个一周连个电话都不打给我们的女人？"

"是的……"

"……你想去就去吧！"妈妈疲惫地说道。

"谢谢！"

我从家里跑了出去，按了一下伸缩门的按钮，但门没打开。真见鬼！这个该死的装置又卡住了。我把装满课本的四公斤重的书包扔到大门外，爬了上去，这时锁却被触发，门就开了！我摔倒在地上，还碰掉了电话。我想选择自杀的另一个原因就是，我是个非常倒霉的人——比如这次，我得像个傻瓜一样坐在门上，门才能打开。我看了一下时间，发现我的第二堂课已经迟到了。真糟糕！这可是诺伯里夫人的历史课。诺伯里夫人很凶，因为她，我可能会遇到更严重的问题。幸运的是，学校离我家非常近。

我穿过校园，跑到了中央入口，用尽全力推开门……我竟然撞倒了诺伯里夫人！这可真是个噩梦呀！我就说我是个头号倒霉蛋！诺伯里夫人手上的文件散落一地，我很害怕，颤抖着双手开始捡文件。

"马克芬！这是怎么回事？"

"对……对不起。"

诺伯里站了起来，拍拍身上的灰尘，把她的包从我手上拿了过去。

"你迟到了！"

"诺伯里夫人，"我压低声音说，"您知道吗？我们家的伸缩门发生了故障，按钮打不开了。我和妈妈等了一个小时，才等来人修它。"

"……好吧，又是一个令人信服的谎言。算了，快去上课吧！"

我的天哪！这样的事为什么会发生在我身上？好吧，幸好这次不用去见校长。

好不容易找到历史课教室。老师还没来，教室里的人就像疯了一般。有人在课桌上跳舞，有人在打电话，有人在哈哈大笑。不能说我们的学校不好，但在这里学习的确实都远不是最勤奋的人。

"洛丽，你去哪儿了？"

哦哦，我立刻听出了这温柔又甜美的声音来自我最好的朋友捷泽尔·维克丽。她是学校里最受欢迎的女生，所有男生都想得到她，所有女生都想和她交朋友。我和捷泽尔从幼儿园就是好朋友，我们一起长大，一起上小学和中学，所以我亲切地称呼她为捷兹。她身材很好，很漂亮，这就是她如此受欢迎的原因。

而我与捷泽尔完全相反。我的头发是淡褐色，捷泽尔的是金色的。我身材不好，长相也普通，没什么能引人关注。然而，捷泽尔总跟我说我很漂亮，让我不要失望。也许正是因为这样，我才很喜欢她，虽然事实上她是个坏蛋。捷泽尔喜欢嘲笑新生，喜欢取笑相貌不好的人或者胖子，但跟我和她的男朋友马特在一起时，她表现得像个天使。

说到马特，他是个帅气的小伙子，喜欢打橄榄球，因此胳膊肌肉很发达，他高大、英俊，而且……我也喜欢他。是的，我喜欢我最好的朋友的男朋友。我知道，这听上去很不好。我试着假装若无其事，但这让我变得更加难受。

"我睡过头了。"我坐在捷泽尔旁边，把书包放到课桌的抽屉里。

"哦哦，那太浪费了。第一节是生物课，费奇先生穿了一件非常帅气的衬衫，你应该来看看他。"捷泽尔哼哼道。

捷泽尔的想法总是关于男人和时尚的。而我现在的脑海里只有如何无痛地死去，以及在死前让父母言归于好。

下一秒，我的脉搏突然开始加速跳动起来，因为马特走到了我的桌边。

"捷兹、洛丽，我们今天在游泳池举办派对，我来邀请你们。"马特微笑着跟我们说。

"太棒了，我们会去的，是吧，洛丽？"

"呃，不，我去不了，我放学后要去看望我的外婆。"

由于和捷泽尔的友谊，我每次都能参加很酷的派对，一般只有上流社会的人才能收到邀请，所以，即便错过这个派对，也没什么。

"明白了，所以这次我们要自己玩了，是吧，捷兹？"

中午，我和捷泽尔一起去食堂吃饭，这里是几秒钟内八卦就会迅速蔓延的地方，这里是最有可能发生斗殴的地方，还是举行最垃圾的校园派对的地方。

"顺便说一句，我想告诉你一件事，但我刚才……"捷泽尔说，然后仔细看了看我，"啊，我想起来了！你身上这件糟糕的毛衣是怎么回事？你知道吗？褐色不适合你。"

"我都迟到了，随便抓了件衣服就穿上了。"

捷泽尔脱下自己的粉红色外套，只剩下件黑色的上衣。

捷泽尔把她的粉红色外套递给我。"快点穿上吧，你的毛衣太让我恶心了！"

正如我之前所说，捷泽尔总是在想着时尚的事儿，而我也总是尝试跟随潮流，但我总是跟不上。我穿上捷泽尔的外套问她。

"这样好些了吗？"

"好多了。"

我们手牵手走进食堂，来到餐桌旁，一如既往地从一成不变的菜单中挑选食物：菠菜沙拉（多么令人讨厌的东西呀！但捷泽尔说我需要吃它，否则我会发胖），两个芝麻面包和营养苏打水。

"洛丽，瞧，我们的痘痘王正看着你呢。"

"痘痘王"指的是查德·马克库佩尔，他是一个普通的男生，脸上有雀斑，戴着眼镜。我听说他在解剖学奥林匹克竞赛上赢了十次。但这不是最糟糕的事情，最糟糕的是今年情人节，他竟然送给我一张情人节贺卡！这也是我生命中唯一一收到的情人节贺卡。

这也是我计划自杀的另一个原因——没人喜欢我，即使有人喜欢我，也是类似查德这样的男生，足够聪明，但丑得有点可怕。而我喜欢的是像马特这样的男生——帅气，高大。最重要的是，当你和他手挽手穿过校园时，所有的女孩都会因嫉妒而消瘦憔悴。但是，唉，像马特这样的男生只会喜欢像捷泽尔这样的女生。

我和捷泽尔坐在最精致的桌子旁。它精致，是因为它位于餐厅的正中间，其他桌子都位于两侧，所以我和捷泽尔一如既往地是众人关注的焦点。当马特走近我们的桌子时，我的心又开始疯狂地怦怦跳起来。他穿了件橄榄球 T 恤，非常贴身，我能看到他肌肉的每一条曲线。我的天哪！为什么他没有孪生兄弟？如果有，我会死皮赖脸地与他在一起。

"再打一次招呼。"马特说。

"你现在不是应该在训练吗？"捷泽尔说。

"是的，但我决定顺道来这里跟你打个招呼。"

捷泽尔从椅子上站起来，马特坐下，捷泽尔紧挨着坐在他旁边。你能想象，看着你最好的朋友与你喜欢的男生这么亲热是什么感觉吗？我觉我吃醋吃得都要爆炸了，所以不需要犹豫，快点离开这里！

"呃，捷兹，我去上数学课了，好吗？"

捷泽尔甚至没有听到我说话，当然，如果我被这样的男朋友抱在怀里，我也不会听到任何人说话，就像在天堂一般。

我紧张地从椅子上站起来，拿上托盘，转身……面对面撞到了查德。他把橙汁和一盘子番茄酱洒在我身上，捷泽尔的整件外套变成了某种难以理解的混合体。

"我的天哪！查德！"

"对不起，对不起，我不想这样的。"

捷泽尔终于丢掉幻想，正视现实："这是我的外套，你瞎了吗？"

"我是无心的……我，我没看见。"查德神情慌张，还有点手足无措。

"算了，捷兹，我把它拿去干洗店。"我说，"我们走吧。"

我们往出口走的时候，听到后面的马特说："如果你再靠近这张桌子一米，你的脑袋就会被铲下来，明白吗？"

查德嘟囔了几句作为回复。马特不屑地看着他，大家都开始嘲笑痘痘王，马特抬着头骄傲地向我们走来。虽然他现在像个真正的野蛮人，但我更喜欢他了。

"马特，我真崇拜你。"捷泽尔的眼睛都冒出星星了。

"捷兹，你的外套我很遗憾。"我打断了他们的幸福，说道。

"行了，扔了吧，我有一百万件这样的。只是有必要教训一下那个丑八怪。"捷泽尔讽刺地笑了笑，走了。

"教训一下那个丑八怪"这句话把我刺伤了，仿佛是在对我说一样。其实，查德根本不是丑八怪。如果他剪马特那样的发型，穿正常的衣服，脱掉他爷爷的衬衫，想象他没有雀斑和眼镜，他也会像马特一样帅气。好吧，也许没那么帅气，但也差不到哪里去。

数学课。劳伦斯小姐凶巴巴的，就像巴斯克维尔猎犬一样在教室里四处走动，分发测试成绩。

"成绩相当令人失望，除了阿曼达——你得了 5 分。卡尔，你和之前一样不及格，捷泽尔——4 减，格洛丽娅——3 分。"

"真见鬼！""怎么是 3 分？"

"行了，别垂头丧气。这只不过是数学罢了。"捷泽尔安慰地说。

剩下的课，我又在半梦半醒中度过。我闭上眼睛，便再也睁不开，唯一能拯救我的，只有下课铃声。大家都散开了，劳伦斯小姐向我喊道：

"马克芬，请你留一会儿。"

"我在外面等你。"捷泽尔说。

"好吧。"我讨厌下课后被留下来。"劳伦斯小姐，有什么不对劲吗？"

"一切都不对劲，你看看你的成绩，明显下降了。"

"是的……我知道，我会努力的。"

"格洛丽娅，告诉我，你家里一切都好吗？"

"……你说什么？"

"也许父母吵架了，或者有其他什么事？"

"劳伦斯小姐，我家里一切都很好。"

"既然这样，那么我在下周二去拜访你们。"

"……为什么？可我的父母都很忙。"哦，不，我还不够惨吗？！

"我会事先通知他们，你可以走了。"

我惊呆了，离开教室，走到外面。捷泽尔正在给某人打电话，但当她看到我时，立刻结束了通话。

"她想要你干什么？"

"她下周二会来我家。"

"太可怕了！"

"是的。"

"现在怎么办？父母会骂你吗？"

"捷兹，我并不害怕这个。我家才是真的可怕，父母彼此憎恨，喊叫，争吵，如果劳伦斯小姐看到这些，她肯定会要我去学校看心理辅导师，学校里会谣言四起。"

"捷兹，快点！"马特坐在车里喊。

"好的！马特。我们要去参加派对了。如果我们没时间说话了，你别感到沮丧。"

"当然不会。"

"我爱你，"捷泽尔拥抱我，在我耳边悄悄说，"一切都会变好的，知道吗？我们在一起的时候最酷。"

"再见。"

捷泽尔上车走了，我立刻跑到学校的公交车站，希望还能赶上公交车。我很想知道外婆对我的突然拜访会有什么反应。顺便说一句，我根本没时间通知她。我爬上了公交车，直奔最后一排座位，戴上耳机睡觉。

公交车打了个急转弯，雨滴恼人地拍打着玻璃窗，整个车程我都在睡觉，还差点坐过了站。我下车的时候，雨下大了。外婆住在城市的尽头，到她家差不多要坐两个小时的公交车，还要再走半个小时的路。

下车后，我从肩膀上取下背包，把它顶在头上，这样我才有力气跑到外婆家。我感觉到雨滴慢慢浸入皮肤，身体在倾盆大雨下颤抖了起来，但我终于抵达了目的地。我按了几次门铃，没有人开门，甚至都没有听到脚步声。我又按了几次门铃，还是没有回应。我觉得外婆现在可能出去了，但我有一个备用计划，在这种天气里，我是绝对不会折返回家的。我折了一根树枝，把窗户掀起来，这样就可以顺利钻进外婆家了。

"外婆？"我喊了一声，确信没有人在家。

好吧，我只能等她了。我脱掉湿冷的衣服，换了件白色的毛巾浴袍，然后去洗澡。我的天哪！在如此恶劣的天气里，没有比洗个热水澡更好的事了。总之，我非常喜欢在外婆这里。至少这里总是很安静，没有任何争吵，可以随时与外婆谈论任何话题，她永远都会理解和支持你。这就是为什么在我死之前，我想和她一起度过周末的原因。因为她可能是唯一爱我的人。我洗掉身上的沐浴露，听到浴室门打开了，然后……我听到了男人的声音。

"啊哦？你回来了。"

我开始尖叫，就像有人把我开膛破腹一样，那个人也开始尖叫，然后跑出浴室。

这是谁？外婆家里怎么有一个男人？我的心又开始疯狂地跳动，我把水关上，迅速穿上浴袍。谢天谢地，外婆的浴室里有一部电话，我给她打电话。

"喂！外婆，是我。"

"格洛丽斯，宝贝，我是这么想你。"她总是叫错我的名字。

"外婆，我现在你家里，但这里有一个奇怪的男人！"

"这是马西米连诺，我在意大利认识他的。"

"我不懂你的意思。"

"我和马西已经在一起两年了，我没敢告诉你和乔迪这件事，既然它这么发生了，那么……"

"什么？……"

"他非常可爱，我希望你能和他成为朋友。"

"好吧，我再给您打电话。"

我 55 岁的外婆有一个年轻的小情人？我越来越不能理解了。我打开浴室的门，外面没有人。我轻轻地往前走，听到大门口有一些吵闹声。我打开门……看到门口有一排警察。什么？

"就是她！她潜入了我家里！"马西喊着。

"女士，举起手来，否则我们将使用武力。"警察说。

"等等，这是一个误会！"

"我真是烦死这些年轻的盗贼了，快抓住她，打电话给她的父母。"马西说。

警察开始给我戴手铐。

"我不是小偷。这是我外婆的家！"

"什么？科妮莉亚没有孩子，更不用说外孙女了。"

"她有一个女儿，我是她的外孙女！"

"我刚给她打过电话，她说你叫马西，而且你已经和她在一起住了两年。"

马西非常惊讶地站了起来。

"我想这真的是个误会。"他向警察解释道。

真是美好的一天呀！我要疯了，我差一点被带到警察局。

等一切都恢复正常，我和马西在厨房坐了下来，他沉默不语，我看着他。他看起来大约 25 岁。你能想象吗？他们之间的年龄差有 30 岁！

"我不明白为什么科妮莉亚没有告诉我她有女儿和你的事。"

"我不知道，她也没有告诉我们关于你的事……"

"好吧，她明天早上回来，我们得和她认真地谈一谈。"

"马西，我可以在这里待一晚吗？我住在离这里四十英里的地方，已经没有公交车了。"

"当然可以。我给你准备一张干净的床铺。"

事实证明，他非常可爱，正如我外婆所说的那样。

# 第2天

亲爱的日记！

还剩 48 天。我现在在外婆家里。昨天真是充满震惊的一天，特别是外婆与一个 25 岁的年轻人在一起生活。我当然明白，每个人都有追求幸福的权利，但不知道为什么，这个消息无法让我平静，今晚我甚至无法入睡，想到即将面临的死亡，加上劳伦斯小姐不久后的家访以及我外婆的爱情。还有这场该死的雨，它如此肆无忌惮地敲打着屋顶。临近早晨，雨停了，我才终于睡着。现在我听到厨房里传来一些声音，我觉得需要暂时忘记我被破坏的半梦半醒的状态，去看看那里发生了什么。

第二天　洛丽

我来不及脱下睡衣，就从自己的房间走了出去。说到房间，我一直都喜欢它，外婆从来不动房间里的任何东西，不像妈妈，她总想动我房间里的东西。

在外婆家里，我的房间是我童年的一部分回忆，柔软的粉红色窗帘，我最喜欢的书整齐地摆放在书架上，还有我喜欢的带镜子的五斗橱，上面放着我的玩具。

总之，正如我所说的，我喜欢来外婆这里。只有在这里，我才能在脑海里留下美好的回忆，忘记所有该死的青少年问题。

我走进厨房，看到外婆在跟马西说话，他们显然因为什么事很生气，但我决定打断他们的谈话：

"外婆，欢迎你回来！"

"格洛丽斯，亲爱的！让我抱抱你。"

"我是格洛丽娅，您什么时候才能叫对我的名字？"

"乔迪和大卫怎么样？"

"正常，他们仍然互相仇恨。"

"我想你已经认识马西了。"

"是的……已经认识了，你不想跟我说点什么吗？"

"格洛丽娅，你是一个成年人了，应该理解我。我和马西彼此相爱。"

"这……当然，太好了，但妈妈那儿怎么办？她迟早会知道的。"

"我完全明白这一点，我都已经决定了。既然已经碰到这样的情况，今天我就宣布我和马西的关系。"

"今天宣布吗？"马西问。

"是的，我已经厌倦了一拖再拖。毕竟，我的女儿应该知道她的妈妈很幸福。"

"好吧，也许这样比一直隐瞒所有人更好。"

"是的，我觉得如果我们聚在一起，在我们湖边的老房子里度过这个周末也不错，你还记得吗，格洛丽娅？"

哦不，只要不是这个就行！这个房子与我有关，我半生都在试图逃离它。事实上，这是一个平凡的单恋故事。从出生开始，我就经常去这座房子里度假。那里很美，有茂密的森林，有随处可见的小房子，还有一个巨大的湖泊。

每年夏天我都在那里度过。但有一个问题——我没有什么朋友。不，那里当然有和我同龄的小伙伴，但我很封闭，不能先和别人熟悉起来。

有一天，我坐在码头，有个男孩走近我，他跟我说话，让我笑，我们就这样一起度过了一整天。他叫亚当，他和他的爸爸住在一个半塌的旧房子里，他的妈妈在分娩时去世了。尽管情况很糟糕，他仍然很可爱总是显得很开心。每天每分钟我都和他一起度过。是的，我当时大约 6 岁，我很胖，一头傻傻的卷发，是一种难以理解的浅棕红色，脸上有雀斑，显然是对花过敏，我还戴着丑陋的眼镜。出生时我的视力就不好，但现在我戴了隐形眼镜。

总而言之，你想象一下，我是多么丑呀！但亚当并没有注意到这一点，尽管有这些缺点，但他还是我的朋友。我非常渴望夏天，能去那里再和亚当一起散步。但有一次我意识到，这不再是友谊，我喜欢上了他，这是我的初恋。

当我 10 岁的时候，我决定不再为自己的感情感到害羞，并告诉亚当我喜欢他，他也以同样的方式回答我，"尽管年纪很小，我们一起开始相亲相爱地生活吧。哈哈，我开玩笑的。"他冲我大笑起来，然后告诉村里所有的孩子，所有的人都开始嘲笑我。你能想象我所经历的痛苦吗？我儿时的朋友在所有人面前嘲笑我。

从那时起，我再也没有去过那里，我努力地尽快忘记这个让我心碎的浑蛋，但是，我承认，这样做实在不容易。现在六年过去了，我又想起了亚当，再次难受了起来，就像那时一样。

"外婆，也许我们最好在你家里聚会，或者选一家好的餐厅？"

"我可以想象，在得知这样的消息后，乔迪会有多大的压力，森林和湖泊会让她的神经稍微放松一些。"

"我认为这是一个好主意，科妮莉亚。"马西咕哝道。

"……是的，只是太震惊了……"我说了谎话。

那么现在我简要地说说我们的准备工作。外婆很快给妈妈打了电话，并叫她和爸爸一起去那所房子，马西此时正在准备食物。或许我们去那里比较好。至少，在我死之前再去一次那个让我经历初恋悲伤的地方，也是值得的。

马西开车，外婆坐在他旁边，我直着身子躺在后座上，看着车窗。我真不敢想象我母亲的反应。她是一个完完全全全歇斯底里的人，我们的整个周末都会被她破坏。我困了，但我的手机铃声突然响了，是捷泽尔。

"你好，周末怎么样？"

"看起来很正常，你呢？"

"父母让我整个周末跟着一位法国家庭补习教师学习，这太烂了。但我有个好消息告诉你。"

"什么好消息？"

"马特的父母周三要去加利福尼亚，他的整个房子将是我们的天下啦！我们决定举办一个小型派对。"

"小型？你知道怎么举办小型派对吗？"

"你想想看，我们决定举办情侣派对。"

"但是我……"

"……对你，我们就例外啦，你可以一个人来或者带一个人来，随你的便，但不能不来。"

"好的，我看看。"我挂掉了电话。

二十分钟后，我们把车开到了湖边。通往房子的路上长满了齐人高的杂草，所以不得不把车停在五百米外。我下了车，看到怒气冲天的妈妈。鬼知道她头上是些什么，全身的衣服都有点脏。

"乔迪！"外婆下了车，然后去拥抱妈妈。

"妈妈，你好。"

"您好，科妮莉亚！"爸爸说。

"你是怎么来的？"外婆问。

"真是太棒了！"妈妈说，"半路上汽车坏了，大卫总是忘了去修车，虽然我每天都提醒他，但他总是不听我的。"

"亲爱的，我真的有很多工作，我忘了。"

"我也有很多工作，但我从来不会忘记任何事情！所以，我们走了五公里，然后，幸运的是，一辆破旧的皮卡车载我们过来了！"

"乔迪，你的情绪能正常点吗？"

"如果我有一个正常的丈夫，而不是一个该死的背叛者，我就会有正常的情绪！"妈妈尖叫着，"你站在那儿干什么？还不快把行李都拿进屋里。"她转向马西，显然以为他是外婆的司机。

"好的，女士。"马西附和道，然后拿起行李。

我们拿着剩下的行李包，一起进屋。

妈妈和爸爸又吵架了。正如我所说，我每天都会看到他们吵架。可惜的是，我到现在都还没习惯。因为，我只想要家中和平。

这是一幢木制小屋，破旧的窗户略微发黄，如果我没有弄错的话，我外曾祖母的妈妈曾经住在这里。

"我觉得是时候把它拆了。"妈妈说。

"不，你说什么呢，这么多与它有关的回忆。"外婆回答道。

"我们很久都没来这里了。"爸爸说。

"是很久没来了，这就是为什么我选择在这里度过这个周末。"

我决定不干涉他们的谈话，直接上了二楼。房子实在太旧了，每迈出一小步，木板都会发出令人讨厌的吱吱声。二楼有很多房间，但大多数房间都是钉死的，我不知道为什么。从几扇门中，我认出了自己房间的门。我推开门走进去，如果没有灰尘、无数的蜘蛛网和腐烂木板的味道，这里还是非常好的。房间里还保留了我的旧壁画，你知道，孩子们总是喜欢偷偷地背着父母在墙上画画。我特别喜欢窗外的美景，放眼望去，眼前展现的是一面湖水，周围种满了杉树，还有一些不认识的树木，你可以整天享受这美景。

半小时后，我下楼了。父母已经擦干净椅子上的灰尘，把食物摆在桌子上。

"我饿极了。"妈妈说。

"那么，我们自己找位置坐下来吧。"外婆建议道。

我已经预感到几分钟后这里会一团糟，我在桌子边坐下，好像什么也没发生过，夹了鸡翅放在盘子里。

"那么……乔迪、大卫、格洛丽娅，我必须对你们说点什么，"外婆用平静但颤抖的声音说道，"给你们介绍一下，这是马西。我们彼此相爱，并且准备结婚。"

结婚？我的外婆精神错乱了！

"什么……她刚刚说什么？"妈妈勉强地说出了一句话。

"乔迪，我很早就想告诉你这件事了，但没敢告诉你。"

"妈妈，你怎么了？你真的疯了吗？"

"不，我绝对有责任和能力。"

"你知道他多大吗？他都可以当你儿子了。搞笑的是，他中学毕业了没有？"

"我……"马西想说话，但妈妈打断了他：

"闭嘴！妈妈，我容忍了你所有的情人，但这太过分了！"

"乔迪，我以为你会理解我，我不能永远一个人！"

"我以为你爱爸爸，即使他去世了，你也会忠于他……"一阵寂静随之而来。"我祝你幸福，但你的婚礼不用叫我参加了！"妈妈转身去了二楼。

"我的天哪！我做了什么！"外婆的眼中充满了泪水。

"科妮莉亚，冷静下来，一切都会好起来。"马西拥抱外婆。

"我去抽烟。"爸爸说。

"外婆，你已经知道妈妈对此会有什么样的反应了，我相信她很快会接受的。

"我也希望如此。"

这不是我第一次参加家庭争吵，但由于某些原因，在这种情况下我仍觉得特别困难，我不知道如何平息外婆和妈妈的情绪，这就像夹在两颗原子弹中间一样。最后，我决定去散散步，希望他们自己能解决这个问题。我迅速换上泳衣跑到湖边去了。

首先，这里杂草丛生，其次，不知怎么的，感觉湖似乎变小了，但我还是准备进去泡一会儿，尽管已是秋天，外面仍然非常热。

我离开岸边，开始享受宁静。周围一个人也没有，这让我的心情好了起来，但也没让我高兴多久。我游到湖中间，感觉我的腿被什么缠住了。我开始拉它，但没有成功。我觉得自己正慢慢下沉，水开始涌入我的耳朵，好像有什么东西把我往下拉。我觉得非常可怕，开始手脚乱动，使劲挣扎，但我觉得已经喘不过气了。

"救救我！"我喊道。但我的嘴里灌满了水，再过一会儿就到鼻子里了。"有人吗？"我明白我的喊叫是徒劳的，因为周围没有人。我下沉得更厉害了，突然用鼻子呼吸了一下，水流进呼吸道……我失去了意识……

我的脑海里有一些奇怪的声音，我睁开眼睛，周围一切都很昏暗，我觉得空气不足，深吸一口气，水从我的嘴里流了出来。我翻过身来，意识到刚才自己躺在地上。水继续从我的身体里流出来，这种感觉让我作呕。我的天哪！这到底是什么事？

"嘿！你好吗？"

有个陌生的小伙子坐在我旁边。

"我没事，没事了。"我边说边狠狠地呼吸着空气。

"或许，需要打电话叫医生吗？"

"不，不需要……谢谢。"

最后，我眼前的浑浊消失了，我可以看清那个小伙子了。这个小伙子皮肤黝黑，显然是当地人，深色的头发，褐色的眼睛，他也开始仔细打量我，但我们的平静被外婆的声音打断了：

"格洛丽娅，你还好吗？"

"格洛丽娅？好美的名字。"小伙子微笑着说。他救了我，就像浪漫爱情电影里演的一样。这太令人兴奋了，我今天可能会死，但他救了我的命。

"我的救命恩人叫什么名字？"我娇媚地问。

"我……杰克。我不是第一次救人了。这个湖里五年没有人游泳了，因为它变浅了，到处都铺满了渔网。"

"我的天哪！你全身都青了！"外婆走到湖边。

"好吧，我得走了，希望能再见到你。"杰克说。

我不知道小村子里也住着这么好这么可爱的人。

"外婆，一切都很好。我只是呛了很多水。"

"我们快点回去，你需要躺着。"

这一天其余的时间我几乎都躺在沙发上。到现在为止，我仍然感到震惊，全身发抖，但这并不是最糟糕的。妈妈和爸爸甚至没来我的房间，也没问我怎么了。我只听到他们在隔壁房间里互相喊叫。我从沙发上站起来，身体里涌现出一种莫名强烈的痛苦，我没在意它，去了妈妈和爸爸的房间。

他们甚至没有注意到我，我像个幽灵一样站在他们面前。

"妈妈、爸爸，别吵了。"我受不了了。

"格洛丽娅，我请你不要用你的好奇心多管闲事！"

"你为什么冲我们的孩子尖叫？为什么你总是冲着所有人尖叫？泼妇！"

"你说什么，当你睡你老板的时候，你想到我们的孩子了吗？浑蛋！"

"妈妈，别说了！"

"我告诉过你，不要多管闲事，滚开！"

我的眼里充满了泪水，像个 5 岁的孩子，我无语凝噎，我没忍住大喊起来：

"你知道吗？今天我差点死了，这个周末要以我的葬礼来结束吗？"

"你在胡说什么！想用自己引起关注吗？"

我全身都开始颤抖起来，我感到泪水如倾盆大雨一样从眼里涌出来。

"……没……没什么。你忘了它吧。"

我转身下楼，拿上我的灰色卫衣跑出了房子。我拼命地跑着，不顾一切。我的心里是如此委屈和痛苦，我想喝酒和狂叫。我无法向你描述我那一刻的感受。比起这种感觉，如果我被淹死就更好了，如果我死去的苍白的身体躺在妈妈面前，那就更好了。

我停了下来，气喘吁吁，转身一看，我已经离家很远了。我平静地向前走，泪水继续慢慢地滑下我的脸颊。我觉得我的眼泡肿了。我的心开始刺痛，我看到了自己当年和亚当坐在一起的游船码头。我走到一个小木码头，这儿也是一个人都没有，我躺在冷木板上，闭上眼睛。我甚至没有想到，天黑了，该回家了。

我在码头上大约躺了一个小时。我不想离开，这里是如此安静祥和，但我的安宁被某人的脚步声打断了。

"嘿！"

我惊讶地跳了起来，是杰克。

"游船码头关闭了，这里不能待。"

"我以为它被废弃了。"

"不，我在这里工作。"

"明白了……"

我准备离开时，再次听到了杰克的声音：

"附近有一支我们当地的摇滚乐队，叫'小镇'。当然，这不是一个城市派对，但也很有趣。"

"真的吗？在哪里？"

"我带你去。"

我现在最想要的只是忘记家里发生的事情，我如此地想要转移自己的注意力。

我和杰克一起去村里的中心广场，我已经听到传来的音乐会的声音。

"你从哪里来的？"杰克问。

"布里瓦德。"

"哦，有些远，在这里待多长时间？"

"不，只是来度周末。"

又是一阵沉默。正如我所说的，我是一个相当孤僻的人，跟我交谈想来并不容易。但这会儿我决定先说话：

"杰克……你认识一个叫亚当的小伙子吗？"

我的天哪！为什么？为什么我问他这个问题？

"亚当？知道一点吧，我听说过他，他大约三年前离开村子去城里了。怎么，你认识他吗？"

"也可以这么说吧。我小时候来过这里，那时我们是好朋友。"

哦，多么绝妙的开脱，亚当不在这里，杰克几乎不认识他，回忆起那时的情形，我仍然脸红。总之，杰克是亚当之后，第二个和我来往的男生，当然很多男生和我来往过，但大多是同年级的同学，还有马特，虽然马特只在捷泽尔在他旁边的时候才跟我说话，平时他根本就没注意过我。算了，我怎么又想起这些不痛快的事了。

"我们到了。"杰克说。

小村庄广场上聚满了人，中间有一个小舞台，人们用可怕的声音低吼呐喊着。这是我第一次参加摇滚音乐会，因为我不是这种音乐类型的狂热粉丝，但在我死之前，我必须做我以前从未做过的一切，去我以前从未去过的地方。

杰克陪着我，这非常好，因为广场上有很多醉酒的男人，这让我有点害怕。我买了一杯中度鸡尾酒，然后开始享受这个夜晚和音乐。所有人都在喊叫、跳舞、跟着音乐人一起歌唱。如果捷泽尔来到这里，她会发疯的，因为她敏感的心灵无法忍受这样的混乱。不知不觉中，我开始跟着音乐律动举起双手，头发乱甩，手里还有一杯半空的鸡尾酒。虽然这里温度很低，但我感觉非常好，甚至很热，我脱下卫衣，系在腰上，只剩了件上衣。

"这里有一个很酷的地方。"杰克突然抓住我的手。

"什么地方？"

"走吧。"

我失去理智，跟着杰克去了，然后一个不太愉快的想法出现在我脑海里：他带我去哪儿？要是他是个强奸犯或者是其他什么人呢？我和他一起进入了丛林，但我仍处于半醉状态，什么都没弄清楚，我想停下来，但我的腿还在继续迈步向前。在这里，我看到了令人难以置信的景象，在高大的树丛中，在阴森恐怖的树干间，有一个巨大的被废弃的摩天轮。

　　"啊！"我张嘴惊叹道。

　　"这还不是全部，需要爬到上面去。"

　　"呃……但是我们上去不会有事吧？"

　　"不会的，它没有人守卫。跟着我爬，抓紧了。"

　　"……好吧。"

　　我们走到破旧生锈的楼梯口，可以通向上面的客舱，我的膝盖开始剧烈地颤抖，我明白，如果我现在往下看，那么我会死得很快。我努力地尽快换手，感觉我们已经离地很高了。我的手开始出汗了，我还是继续费劲地爬着，我看到杰克已经爬到最上面的客舱了，然后他伸手拉我，我成功地站在他身边。

　　我整理了一下自己的想法，还是无法理解我们为什么要冒着生命危险偷偷爬上这个摩天轮，然后我转身看到了非常美丽的景象——日落。桃色的天空看上去离我们那么近，我真想用手触摸它呀！它的美让我屏住了呼吸。

　　"哇，多漂亮呀！"

　　"是的，我经常来这里跟太阳告别。"

　　我的天哪！他是个多么浪漫的人呀，从来没有人用如此美丽的景象打动过我。我不小心往下看了一眼，顿时有些头晕。

　　"最重要的是，不要用胳膊肘靠在……"我没听到杰克的话，因为害怕，我用双手扶着舱门壁和……支撑客舱的钢缆脱落了，客舱歪向一边。

　　"我的天哪！它在往下掉！"我尖叫。

　　因为恐惧，全身开始像被无形的针扎一般刺痛，稍微动一下，客舱都会吱吱作响。

"不要慌，我们需要走楼梯。"杰克说，他试图爬上楼梯，但是客舱突然下降，我们挂在一根钢缆上，几分钟后就要跌落下去。

"没事，我们有一个 B 计划。"

"什么计划？"我歇斯底里地问。

杰克伸手拉住我，我们小心翼翼地往上爬，我看到下面有一座小红砖建筑的屋顶。他想让我们跳下去。

"不……我不行……"我的声音开始颤抖得很厉害。

"这是唯一的出路。"

"我们可以找人帮助我们。"

"没有人会听到我们的声音。这里只有醉酒的人和嘈杂的音乐。"

杰克慢慢地将脚跨过客舱壁，客舱开始摇晃起来，响得更厉害了，然后他不再扶着，跳到屋顶上。因为恐惧，我开始发热，全身都在颤抖。

"杰克！"

"我没事，现在到你了！"

"我……我不行……"

"来吧，格洛丽娅，你行的！"

我紧握拳头，伸开腿。我非常明白，如果留在这里，客舱就会掉下去，这里离地面至少有 20 米。我没有打算这样死去，我的头再次天旋地转，觉得客舱马上就会掉下去。

"数三下！一、二、三！"

我跳了，疯狂地一边尖叫一边挥舞着手臂。我膝盖着地，发现手上有血，我的腿被割破了，伤口很深，但没关系，最重要的是，我和杰克还活着。

"你怎么样？"杰克朝我跑过来。

"……很好……今天我差点被淹死了，还差点被摔死了。真是美好的一天呀！"

"只是一些小擦伤，如果我们留在那个该死的客舱里，我们就真的死了。"

我强迫自己冷静下来，可怕的事情已经过去了，但我的身体和意识并不听使唤，我一直在颤抖。

"我们需要休息。"杰克躺在屋顶上。

我也做了同样的事，躺在他旁边。我完全没注意到，街上已经很黑了。我和他一起躺在屋顶，看着星星。一片寂静，没有打扰。我们沉思着，保持着沉默。

我的天哪！我从来没有和一个人如此美好而安静地相处过，如果只和他在一起，我准备在这里一直躺下去。好奇的是，他是不是喜欢我？可能是的，否则他不会这么浪漫，也不会把我带到这里来。

一小时后，也许更久，我们起身，从屋顶下来回家去。广场上的聚会仍在继续，但是现在，在草丛里找到一根针都比在这里遇到一个清醒的人更容易。

我们离开广场，朝着游船码头走去。

"好吧，我走那边，你一个人能回去吧？"

"……当然。"

"那么明天见。"

杰克转身离开。嗯，真是太好了，现在我们的绅士走了。外面天很黑，周围一个人也没有，我还要独自跋涉回家。尽管我喜欢他，他却冷漠地把我丢下了。

我成功地回到家，擦伤处还在流血，但我完全没在意。现在我需要快速潜入房间，上床睡觉。但不是时候。我走进房子，看到整个癫痫病家庭聚集在一起。

"格洛丽娅，宝贝！"外婆疼惜地说。

"你去哪儿了？我们都在这里担心你！"妈妈喊道。

"你的腿怎么了？"爸爸问。

我的天哪！他们太让我厌恶了。今天我要彻底重新考虑与家人的关系。

"我摔倒了。"

他们可以很好地扮演一个充满关爱的小家庭，但我只想笑。我朝着楼梯走去。

"格洛丽娅，等一下，"妈妈以一种令人惊讶的平静语气说道，"请原谅我，我不该冲你嚷嚷。我很抱歉。"

你看看她，慈母，我的天哪！多么可笑。

"我也是。我去睡觉了。"我冷冷地回答她。

"站住，"妈妈抓住我的胳膊，"你身上这是什么味道？你喝酒了？"

"没有。"

"格洛丽娅，别骗我！你喝酒了吗？"

"妈妈，不要好奇地管别人的闲事。晚安。"

我转身上楼。是的，酒精自己会发挥作用，在清醒的状态下，我永远不会那样回答妈妈的话。走上楼梯，我觉得全家都处于一个震惊的状态。

我会记住这一天很久。


## 第3天


我的头！我的天哪！我昨天只喝了一杯鸡尾酒，现在头都要裂开了，就像喝了伏特加一样。木板最轻微的吱吱声都让我头痛难耐，我好不容易集中精神，从床上起来。已经十二点了，我已经不记得最后一次醒来的时间。我走到镜子前面，可以这么说，头发像鸡窝，明显的黑眼圈，口中散发着莫名难闻的气味。我现在看起来像个典型的酒鬼，虽然我不经常喝酒。我迫切地需要洗澡，不然这种气味太让我恶心了。

我小心翼翼地走下楼梯，然后想到：昨天我和妈妈说了些什么？我不仅半夜才回来，而且喝醉了，还开始顶嘴。我觉得今天我又得面临噩梦般的一天。

我下楼，走进厨房，外婆和马西正在做饭。等马西转过身，他们才终于注意到我。

"哦，格洛丽娅，你醒了？"马西说。

"你觉得怎么样，宝贝？"外婆问。

"我很好……"我撒了谎，"妈妈和爸爸去哪儿了？"

"他们开我们的车去服务站了。"外婆回答道。

"明白了，我去洗澡。"

哦，多么轻松啊！妈妈和爸爸不在，这意味着我可以平静地度过这宝贵的几个小时了。

我不喜欢这栋老房子，因为浴室在外面，如果可以这么称呼它的话。事实上，这个半塌的木制浴室，看上去都很可怕，更别说进去了。但由于别无选择，我不得不满足现状，至少还有这么间浴室。

我走进浴室，里面很暗，而且非常窄，在里面待着，我感觉自己就像一个 100 公斤的大妈。我脱下 T 恤，开始摸水龙头，拧开它，冰冷的水从水龙头里喷射出来。但这还不是最糟糕的，因为我觉得背后有什么东西！我感到不安，我关掉水，好像有什么东西抓住了我的头发。然后我抬眼向上看，从木板的缝隙中透进来的昏暗光线让我看到了……浴室里有三只大蝙蝠！

我开始疯狂尖叫，我从小到大都非常害怕这些疯狂的令人讨厌的生物。我跑到外面，全身哆嗦，我尖叫得更厉害了，同时将它们从我身上抖落，在我看来，它们仍然在我身上！

最后，我明白它们在浴室里，我很安全。我睁开眯着的眼睛，看到杰克站在我面前。

"杰克！"

"……你好，格洛丽娅。"

打完招呼后过了三秒钟，我惊恐地发现自己袒胸露背地站在他面前！我从浴室跑出来，忘了穿 T 恤。我的天哪！我恨不得找个地缝钻进去。杰克转过身，他显然也很不自在，我快速跑进浴室，穿上 T 恤。

"……我什么也没看见，真的。"杰克红着脸尴尬地说。

"你可以转身了。"我用颤抖的声音说道。

"听说，你今天要走了，对吗？"

"是的，怎么了？"

"嗯，只是最后我们还可以去散散步。"

"是的，这会很棒。"

"好，那我们六点在游船码头见吧？"

"那就这么说定了。"

杰克转身离开。我的天哪！当然，我以前遇到过难为情的局面，但这也太过了。我现在该怎么直视他的眼睛？这是我生命中最糟糕的早晨。我试着冷静下来，走回家去。

"格洛丽娅，是你在尖叫吗？"外婆问。

"三只蝙蝠袭击了我。"

"哦，我的天哪！你对它们有非常严重的恐惧症！"

"是的，外婆，非常正确。"

"那么，现在让我们一起来享用油炸煎饼吧。"马西一边说，一边把一大盘油炸煎饼放在桌子上。

"马西做得非常好吃，试试吧。"

哦，味道可真香呀，草莓果酱煎饼，如果捷泽尔看到我打算吃掉它，会立刻割了我的舌头，因为她讨厌一切面食，也建议我不要吃。

值得庆幸的是，捷泽尔并不在这里，这意味着我可以充分享受这些美食。

"真是太好吃了。"我说。

"看，我说得对吧，这是我按照我亲爱的妈妈们给的招牌食谱做的。"

"亲爱的妈妈们？"我没明白。

"是的，马西有两个妈妈。"外婆回答道，"她们是女同性恋。"

下一块煎饼哽在我的喉咙里。我还是第一次看到女同性恋养大的人。

"……很酷！"我吞了一块煎饼说道。

"我非常爱你。"外婆对马西说。

"我也爱你。"马西回答道。

我叹了口气，从桌子边站起来，回到我的房间。


亲爱的日记！

还剩下 47 天。昨天一半的时间过得很棒，另一半过得很糟糕。我认识了酷酷的男生杰克。我相信他喜欢我，我也喜欢他。

多亏了他，我才暂时忘记了和妈妈的争吵。关于争吵，我现在还不知道该怎么办。妈妈和爸爸很快就要从服务站回来了，我觉得我们会进行一段严肃的谈话。我已经不是 12 岁的小孩子了，即使在我庆祝自己满 16 岁时，捷泽尔坚持让我喝一点酒，我也没喝一滴。我感觉这里不是我的家，只是一座监牢，在这里我没有自由，也感觉不到快乐。

星期三，在捷泽尔的派对上，所有人都会成对地去那里，而我是一个人。尽管捷泽尔说对我可以例外，但我绝对不喜欢这个例外。想象一下，所有人都成双成对地坐在一起，拥抱。那时，我会成为一个傻瓜，只能干坐在那里，看着他们。我不知道该怎么办，如果我拒绝，捷泽尔就会生气，说实话，我真的不想看到她和马特在我面前秀恩爱。打住！日记，我想到了个超级棒的主意！我为什么不能和杰克一起去这个派对呢？他阳光可爱，我想这群人会喜欢他的。太棒了，这个问题解决了，我今天六点去和他散步，并顺道告诉他这件事。

第三天，洛丽

今天，要是不算上可怕的早晨的话，我这一天都算过得平安无事。剩下的三小时里，我躺在沙发上，听着MP3，看《可卡因的浪漫》这本书。外婆和马西去湖边了，家里就是我的天下。我拿起电话拨给捷泽尔：

"喂？"

"你好！捷兹，我想了一下派对的事……我会来的，并且不是一个人来。"

"真的假的？怎么，你这个周末来得及去勾搭一个人来吗？"

"不，他只是我的朋友。"

"哦，我真是迫不及待地想认识他了，描述一下他吧。"

"嗯……他很高，晒得黑黑的，非常可爱。"

"真有你的，我的朋友！"

我笑起来，突然窗户的另一边传来的可怜的吱吱声打断了我的笑声。

"捷兹，我一会儿再打给你，好吗？"

"好吧，每次总是在说到最有趣的地方挂断。"

"再见。"

我挂了电话，走到窗户边，吱吱声变得更响亮了。我探身到窗外，然后我听到狗叫声，往下看到一只大黑狗，它冲什么东西叫嚷着。我抬眼，看到一只缩成一团、脏脏的小白球。这是一只小猫，被大黑狗追到了二楼外面的窗台上。

大黑狗继续叫着，嘴里流着口水，好像想要吃掉这只不幸的小猫。

看着这只可怜的小猫，我的心都要碎了，我明白我可以帮助它。我爬上窗台，小猫在离我三个窗户远的地方。我紧紧抓住屋顶的木梁，试着爬上去。我向上一跳，就到了屋顶。

正如我所说的，这栋房子已经很老了，因担心屋顶可能塌陷，我内心充满了恐惧，但我别无选择。我小心翼翼地沿着屋顶爬着，终于到了小猫所在的窗户上方。因为害怕，它蜷缩成一团，继续发出吱吱声。我伸出手抓住了它的脖子。当小猫已经在我手中的时候，我从屋顶上取了块石头，用尽全力朝大黑狗扔去，让它别打扰我们。

我小心翼翼地下来，回到房间。奇怪的是，我居然没有因为恐高而感到头晕目眩，此刻我只想到这个不幸的小东西。我把它放在床上，它颤抖得很厉害，我发现我手上有血迹，我把小猫仰面转过来，看到它的爪子被咬伤了，甚至连骨头都能看到！侧面也还有一些咬伤。当我想到它现在经历的疼痛时，泪水顺着我的脸颊滚落下来。

我把它留在床上，跑到楼下找急救箱，又跑回房间。它还是那样，纹丝不动。急救箱中只有少量绷带、酒精、绿药水和一些药片。我不是兽医，这个偏远的小村子也没有动物医院。我决定先给它止血，我用酒精消毒伤口，在某些地方涂上绿药水，也没有别的可以用。我在它的爪子上绑了个难以忍受的绷带，血就止住了。

它又蜷缩成一团。我抚摸着它，听到它的呜呜声，好像在感谢我。我再次跑到一楼，拿了些牛奶、吃剩的油炸煎饼和香肠，回到自己的房间。小猫闻到了味道，然后开始吃东西。它的毛发上都是脏东西，眼睛也化脓了，而且它太瘦了，当它吸气时，每根肋骨都能看清楚。

我的眼里再次充满了泪水，它在这个世界上是如此无助和孤单，我很乐意带它回家，但有一个问题——我妈妈不能忍受动物。以前我有一只狗叫卡斯特尔，那时我还很小，但到现在为止，我仍然记得它善良和忠诚的眼睛。妈妈对它的存在很恼火，有一天晚上我睡觉了，她把它扔到外面，关上大门，希望它能离开。她的愿望成真了——卡斯特尔跑了，再也没有回来，它感受到背叛，因为委屈躲了起来。我们的一个邻居说，她亲眼看到它好像被一辆车撞了。我尽量不相信这些话，我强迫自己认为它还活着，在远方的某个公园里散步，并且有好心人扔给它面包和骨头。

总之，我完全明白，如果我把这只小猫带回家，我妈妈就会无情地把它赶走。一楼传来一些声音。

我下楼，妈妈和爸爸回来了，正在与外婆和马西谈话，但我决定打断他们：

"妈妈、爸爸！"

"我的天哪！你清醒了吗？"妈妈嘲弄地说。

"妈妈，对不起，我昨天的行为是不对的。"

"是的，你说对了。你被家庭禁足了！两个星期，明白了吗？"

"但是妈妈，我……"

"你没有说不的权利，去收拾吧，我们要走了。"

"乔迪，我们可以晚点出发，所有人一起。"外婆说。

"我想我昨天说过，我不打算待在这里，我讨厌这里！格洛丽娅，你没听见我说话吗？去收拾东西！"

"你可以和爸爸一起回去，我晚点与外婆和马西一起回去。"

"我说你和我们一起回去，如果你现在不去收拾东西，禁足就延长两个星期！"

我默默地上楼。差不多六点了，我答应杰克，我会去见他。现在我该怎么办？小猫无忧无虑地在床上睡着了，它终于有了安全感。我甚至无法想象要怎么把它留在这里。我的天哪！为什么我总是服从每个人？最终，我想清楚了，我没必要服从任何人！

我用手紧紧地抓住五斗橱，将它移到门背后，这样从门外就无法打开门。我要和杰克见面，邀请他去参加即将举行的派对，否则在捷泽尔的眼里，我就是个彻头彻尾的笑话。我从五斗橱里拿出箱子，铺上小垫布，把小猫放了进去，然后把箱子藏在床底下，以防妈妈无缘无故来到这里。然后我站在窗台上，到地面约有三米，在我的左边有一根排水管。我紧紧抓住它，就像走钢丝一样小心，慢慢地顺着它滑了下去。

我从没想过自己能这样逃离这栋房子。我用尽全力跑到游船码头，与此同时，我脑海里仔细想了一下，等我回家时妈妈和我要大吵大闹一场。老实说，我总是害怕冒险，只做别人告诉我的事。但是，既然我活不了多久了，为什么不尝试"冒险"这个甜蜜的词呢？为什么不展示我擅长的事呢？每个人都认为我是一个可爱、听话的女孩，是时候让他们失望了。我到了游轮码头，但那里没有人。

奇怪的是，已经六点了。我下到码头，突然：

"格洛丽娅！"

我惊讶地再次跳了起来，但这是杰克。

"对不起，我不想吓唬你。"

"没事……你好。"

"你好，"杰克递过来一包鱼酥脆饼干："你喜欢鱼酥脆饼干吗？"

"是的，特别喜欢。"

我们走到码头尽头坐了下来。

"当然，这么问很愚蠢，但是……你现在正和某人谈恋爱吗？"

他的问题让我有些措手不及，还没有人问过我这个问题。

"……没有，怎么了？"

"没什么，只是有点好奇。"

为什么男生们都如此犹豫不决？没必要这样拖拉，我现在就直接接受并邀请他参加派对。

"我和朋友们准备举办派对，可以邀请自己的朋友参加，你想来吗？"

"太好了，在哪里？"

"我给你写地址，"我从口袋里拿出一支铅笔和一张纸，给他写了我们的地址，"这就是地址，拿着吧。"

"酷，我一定会来的。"

"你参加过派对吗？"

"说实话，没有。"

"那么，第一次将会很难忘的！"

"谢谢……你知道吗？我有话想对你说。"

"我在听。"

"你记得吗，你昨天问过我关于……关于一个男生……亚当？"

"……是的，我记得。"

"其实……我就是亚当。"

此时我的内心就像玻璃破碎了一样，感到一种强烈的令人厌恶的痛苦。这是梦，这就是一个梦，这不可能。不。

"什么？"

"我昨天晚上就想告诉你，但是……"

"等等，这是什么，玩笑吗？"我跳了起来。

"不，我以为你会马上认出我。"

"我的天哪！太棒了！超级棒！你第二次让我变成了一个十足的傻瓜！"

我现在的感受已经无以言表，有一件事我可以肯定：我现在准备好去死了。我非常害怕见到的人，原来这段时间就在我身边！

"格洛丽娅，我……"

"为什么，告诉我，你为什么要欺骗我？用别人的名字自我介绍？"

"我不知道。我只是一个普通的乡村男孩，你变得这么……漂亮。我以为你再也不想跟我说话了。"

"这么想太对了！现在跟你说话都令我恶心！再见。"

我转身离开码头。我的内心满是痛苦。

"格洛丽娅，等等！让我们忘记儿时所有的委屈，像成年人一样重新开始吧。"

"杰克……也就是亚当。我已经晕了！我最讨厌别人骗我！因为在如此短暂的一生中，我已经被骗过一千次了。例如，我妈妈说，她爱我胜过她的生命，事实并非如此。或者爸爸说，家庭对他来说是最重要的，其实他和他的女老板偷偷地睡觉了！我已经厌倦了这些！我想找一个和我在一起哪怕有一点点诚实的人。"

"……好吧，我承认，我是一个大坏蛋。但我昨天跟你在一起感觉很好，尽管我们差点就死了。我好像又回到了童年时代，因为有你的存在，它才是光明的……祝你好运。也许，我们永远不会再见了。"杰克转身离开。

我的心开始疯狂地跳动，我明白，再过一秒，我就不能再让他回来了。

"亚当！"我的话让他停下来转向我，"我……接受你的建议忘记一切，就像你说的，像成年人一样重新开始。"

"太好了，那么我们去码头坐会儿吧。"

我不明白他想从我这里得到什么，但我还是顺从了他的话。我再次坐在码头上，向远处望去。亚当坐在我旁边。

"你好，你在那里做什么？"他问道。

"……我……只是坐着看日落。"我不明白发生了什么事。

"明白了，我是亚当，你叫什么名字？"

"……格洛丽娅。"

我终于明白了亚当的想法，我们重新认识对方，就像六年前那样，并且现在，忘记了所有的委屈，我们又重新开始了。

他变化很大，所以我没有立刻认出他来，他变得更高、更英勇了。我们在码头坐了将近半个小时，我们告诉对方这六年来发生的事情。然后他突然起身，向我伸出手。

"我想给你看些东西，我们走吧。"

"不会又是一个摩天轮吧？"

"不，这次是一个更安全的地方。"

我们沿着一条乡间小路漫步，再次回想起我们每天一起度过的童年时代。

"我记得我们在这里散过步。在某个地方有一个跳水绳[1]，不知怎的，我系上绳子之后不敢跳了。"

"是的，你大喊大叫，全村都听得到你的尖叫声。"

"你还记得吗？我们在田野里走来走去，看到一群野牛，某人还吓得尿裤子了？"

"喂，那时我才6岁，而且那么多野牛，就算是一个成年人也会尿裤子的。"

"嗯，那当然。"

又走了一会儿，亚当停了下来。

"我们好像到了。"

我转过头来，周围都是树，没什么特别的。

"我们到哪儿了？"

"拿着。"亚当给了我一把小铲子。

"那里有什么，秘密仓库吗？"

"更好。"

我和他开始一起挖地，我完全摸不着头脑。

"我似乎发现了什么。"

"还差一点。"

我们继续挖着，直到地里出现一个小彩色盒子。

"我想起来了！这是我们的秘密盒子，我们放了我们的东西在里面。"

"是的，我们发誓永远是朋友，并且多年后来挖出它们。"

---

1 把有弹性的绳子的一端固定在陡峭的河边或湖边，双手抓住绳子的另一端，飞身跳下，临近水面时，松手跳入水中。

我的天哪！我的心立刻变得如此温暖。我又回到了 7 岁时的感觉，生活似乎并不那么艰难。

"惊呆了！"

我们打开盒子，里面有一些我们儿时的照片、一些我们写的笔记、各种小石头、最喜欢的糖果包装纸和剪报。

"看，我们的友谊手链。"这两条友谊手链上面有"友谊永存"的题字，这是我 8 岁时编的。老实说，我现在想哭会儿。我把友谊手链递给亚当，"给我戴上。"

亚当给我系上手链，然后拿起第二个。

"给我系上。"

我也在他手上系上一条友谊手链。

"现在这是你的了。"他拿起盒子递到我手里。

"……不。这是我们的，共同的。"我再次将盒子放入坑中。"我建议我们再把它埋起来吧。"

"你确定吗？"

"是的。"我把我最喜欢的耳环摘下来放进这个盒子里。亚当从脖子上摘下一个像护身符的东西，也把它放进了盒子里。然后我们又把盒子埋进了地下。

"那好，我们走吧？"我问。

"我们发誓怎么样？"

我微笑着单膝跪下。

"我，格洛丽娅·马克芬发誓，我将永远是亚当的朋友，我将在很多年后与他一起挖出我们的秘密盒子。"然后我在掌心里吐了一下，把手伸向亚当。

亚当也单膝跪下，说着誓言。

"我，亚当·格雷斯发誓，我将永远是格洛丽娅的朋友，我将在很多年后与她一起挖出这个秘密盒子。"他也在掌心吐了一下，我们紧握双手确认了我们的誓言。

与他又共度了个美好的夜晚。当然，因为他欺骗了我，我还在生气，但我又非常强烈地被他吸引。我准备原谅他，只因为他是我生命中的一部分。

他送我到家门口。还有几分钟就要说再见了，我会回家，那里有"死刑"等着我。

"那么，派对上见了？"

"到时候见。"

他越来越靠近我，像是暗示要接吻，但我阻止了他。

"亚当，我们是朋友。"

"是的……抱歉，我……我会去的。我迫不及待想再次见到你。"他吻了吻我的手，离开了。

我的天哪！我现在如登天堂，我是认真的。

"格洛丽娅！"哦不，是妈妈，我的翅膀断了，再次丢掉幻想，回到现实。

"格洛丽娅，你这个坏东西，你胆敢锁房门逃跑！"

"妈妈，请不要尖叫，我现在就解释一切。"

"我不需要你白痴的解释！家庭禁足一个月！现在快回去收拾该死的东西！"

我明白，现在任何多余的话只会使情况变得更糟，所以我默默地走进房间，迅速收拾东西。当我走向房门口时，听到了吱吱声。

是那只小猫。它从床底下爬出来，勉勉强强一瘸一拐地走向我，开始发出呜呜声。我蹲下，看着它可怜兮兮又疲惫不堪的小眼睛。

"对不起，小家伙，但我得把你留在这儿……"

我的多愁善感自己知道，泪水涌出我的眼睛。我明白，当我放弃这个与我相互信任的小东西而让它自生自灭时，我就会成为一个浑蛋。我把它放在一个大包里，我知道它会不舒服，当务之急是把它不知不觉地运回家里，回家后再作打算。

我下楼，全家都已聚在一起，大家在车里自己的位子上坐好。我小心翼翼地拿着包，坐在后排座位上。暂时没有人看到，我看看小猫在那里的感受。它睡着了，我深深地松了一口气，我们开车离开。

好吧，这个周末真是太令人难忘了！我看着自己戴着友谊手链的手，想起了亚当。我是如此幸福，多年过后我们又见面了。我看向汽车的后风窗玻璃，发现我们离那个让我开心的地方越来越远了。从明天起又要开始上学，我得思考如何离开家去参加捷泽尔的派对。


# 第4天


亲爱的日记！

你不会相信，今天我比往常醒得早很多，现在，我的第一节课不会迟到。时间是早上七点，我已经洗完澡，吃了东西并且穿好了衣服。今天我的心情再好不过了，因为昨天我和亚当度过了一个美好的夜晚。当然，我仍然讨厌他骗了我，但昨天我明白了人是可以改变的。当然不会完全从本质上改变，但可以获得更好的品性。

但是，日记，出现了另外一个问题，非常小又引人注意的问题。我偷偷带了一只猫回家，妈妈却讨厌一切猫、狗和会排便的东西。我偷偷地从冰箱里拿食物喂它。顺便说一句，我已经给它想了个名字——王子。我当然不是"天才小姐"，但我喜欢这个绰号，而且王子似乎已经开始对自己的新名字有回应了。总之，我不知道该拿它怎么办，背着妈妈把藏它很久也不可能，我根本没有足够的勇气告诉妈妈关于它的事。但还有另外一个问题：我死后，谁来照顾它？妈妈只会毫不客气地把它赶出去。我每一天都会出现新的问题。好吧，日记，我去上学了，我迫不及待地想见捷泽尔，并跟她聊聊我的周末。

### 第四天　洛丽

可怕的工作周又开始了，周末之后很难立即调到工作模式。头发蓬乱的老师慌张地跑到学校，因为还有几分钟就开始上课了。所有的学生都在林间草地（这是一个巨大的草坪，你可以坐在草地上，甚至可以躺在草地上，是课后放松休息的地方），相互聊聊周末的情况。这已经是一个传统——你的周末应该过得比对方更酷。

我环顾四周，捷泽尔还没来。我避开那些吵闹的伙伴，在最安静的地方坐下来，从包里拿出一本文学课本看了起来。然后有个熟悉的声音从身后传来：

"洛丽！"

我起身跑向捷泽尔。

"你好，捷兹！我们才一个周末没见，却似乎已经很久了。"我们互相拥抱。

"我非常想你！而且我知道你度过了一个愉快的周末。来吧，跟我讲讲！"

"没什么特别的，我只是遇到了我的老朋友，他的名字叫亚当。"

"怎么，夏娃突然来叙旧了？"

"不是，和他交往很愉快。"

我的天哪！我每天生活里滋生的感觉再次来临，这是对马特的欣赏和爱的感觉。我看到马特在捷泽尔身后，他向我们挥手。今天，他穿了件朴实而雅致的灰色背心、经典的灰色长裤，顺便说一句，他弄了个很酷的新发型。

我的天哪！这发型怎么这么适合他！捷泽尔从未注意到马特的变化，但我注意到了。我研究了他的每一个细节，我甚至知道他用的牙膏的味道！我准备一直关注他，不惜旷掉所有的课，但是捷泽尔的话打断了我的催眠状态。

"洛丽！洛丽！你能听见我说话吗？"

"啊……对不起，捷兹，我……你说什么？"

"我说，今天放学后你跟我去精品店买连衣裙吗？"

"你为什么要连衣裙？"

"我们星期三举行派对，你忘记了？"

"不，我没有忘记，但你已经有两柜子的裙子了。"

"它们每件我都已经在派对上穿过两次，我想要一些新的，你会去吧？"

"我不知道，我可能不行。"

"为什么？"

"……我被家庭禁足了。"

"真的假的？你做了些什么？"

"我只是为了和亚当见面，从家里跑出去了。"

"喂，外星人！你对洛丽做了什么？把我的朋友还给我！"我们开始疯狂地哈哈大笑。"听着，告诉你的父母，你和我一起去，你妈妈特别喜欢我，我相信她会允许的。"

"好的，我会问她。"

"那我们说好了！"

上课铃声响了。我们很快跑到文学教室，因为赖丹夫人讨厌别人上她的课迟到。当然，没有一个老师喜欢这个，但赖丹夫人喜欢惩罚犯错的学生，而且非常严厉。我记得我们班以前有个叫艾玛的女生，有一次她上赖丹夫人的课迟到了，赖丹夫人让她脱裙子！这就像是个烙印。我能想象艾玛的感受，我要是她，我就让这个巫婆滚得远远的，然后离开教室。但她屈服了，那天之后，她从学校拿走了自己的东西，去了另一个州。总之，正如你所理解的那样，即使在监狱，也比我们学校更人性化一些。幸运的是，我们没有迟到，我们很快就坐在课桌后面，开始认真听关于法国作家作品的讲座。

"你跟你父母说劳伦斯小姐的事了吗？"捷泽尔低声问道。

"还没有……我觉得她家访后我就无法去参加派对了。"我低声说。

"好吧，你16岁了，是时候不用听父母的指示了。"

"捷兹，我很想这样，但是……"

"马克芬和维克丽，难道你们的舌头没事可干了？如果你们现在不闭嘴，就把黑板上的粉笔灰舔干净，明白了吗？"赖丹夫人大声说道。

"好的。"我平静地回答。

"当然，赖丹夫人。顺便问一下，您穿了新的羊毛衫吗？非常适合您！"

"谢谢，捷泽尔。但我不喜欢拍马屁的人！这是最后一次警告。"

捷泽尔的逻辑是：巴结老师，那么所有问题都解决了。但是对赖丹夫人来说，这行不通。所以我直接闭嘴，开始听老师讲课。

"这个老女人，她可能从出生就开始更年期了。"捷泽尔低声说。

谢天谢地，赖丹夫人没有听到这些，否则全班都会欣赏到我最好的朋友是如何舔粉笔灰的。

后面的五节课没那么有趣。我差点得了2分，因为我又忘记了愚蠢的几何理论。我的天哪！为什么要证明正方形的所有边都相等或者这个圆的直径的确是这个圆的直径？这不胡说八道嘛！幸运的是，我还记得某些结果，这拯救了我。

西班牙语课，我搞混了否定冠词与词组的搭配规则。也许，现在是时候开始学习这门课了，而不是课前用三分钟读一段话。

倒数第二节是哲学课。孔纳利先生是位老人家，他 78 岁，非常敬业，他将在学校工作到身体化为灰烬的那一天。他咕哝着讲着苏格拉底的生平，此时教室里大家都干着自己的事。

有人在说话，因为孔纳利有点耳背。有人在睡觉，因为老人的视力也很差。

"今天的课上完了，可以走了。"孔纳利先生从桌子后面站起来。

"出了什么事，你们笑什么？"孔纳利先生不知所措。

化学老师派珀小姐出人意料地走进教室。

"大家下午好。"她说。

"你好，朱莉娅！"

"……孔纳利先生……同学们，我来告诉你们，未来一周都不上生物课，费奇先生外出了，我们用化学课替代，请到我的教室来。"派珀说完便离开了。

"哦，不，生活没意义了，我整周都看不到费奇先生的二头肌了。"捷泽尔说。

珍贵的最后一节课飞快地过去，整个班包括派珀小姐在内仍然无法摆脱哲学课事件的影响。

我和捷泽尔穿过校园向大门走去。

"我的外婆要嫁给一个 25 岁的小伙子。"

"真的吗？你开玩笑吧！"

"我多么希望这是一个笑话。"

"洛丽，我真是喜欢你的家庭。"

"妈妈现在变得更凶了，并且与外婆吵架。"

"我 18 岁的表姐嫁给了一个 60 多岁的男人。你想象一下，每天早上她都和皮肤松弛、满脸皱纹和满是毛发的身体睡觉。所以，洛丽，你不是唯一一个拥有疯狂家庭的人。"

我非常喜欢和捷泽尔谈论迫切需要解决的问题——她总能帮助、支持，或者把一切变成玩笑。

我们走向马特的同伴——这些都是他橄榄球队里的朋友。

"马特。"捷泽尔说。

"哦，你好。"马特拥抱捷泽尔。

"你好，美女。"球队某个成员说，并用手拍了下捷泽尔的屁股。

"尼克，你干什么，你有病呀！马特，他当着你的面非礼我！"

"算了，他只是跟你开玩笑呢，他可是我最好的朋友。而且，今天是他的生日。"

"祝福你！傻子！"捷泽尔挖苦地说。"听着，亲爱的，今天我和洛丽一起去精品店买衣服，回来的时候你可以来接我们吗？"

"当然，没问题。"

最后，我们放学各自回家了。现在最重要的是在妈妈面前行为正常，这样她就可以让我和捷泽尔一起去精品店。捷泽尔和我在十字路口分手，各回各家，提前约好十五分钟后见面。我回到家，一楼一个人也没有。

"妈妈，我回来了！"我把书包扔在椅子上。

妈妈走下楼梯。

"哦，你好，我的宝贝，你今天过得怎么样？"

我几乎要被妈妈温柔的语调弄晕了。

"妈妈，你还好吗？"

"啊！该死的！我不好，你试着跟我解释一下，为什么你的老师明天要来我们家吃晚饭？"

"……劳伦斯小姐……妈妈，她每次都去别人家里，例如，她上周去了捷泽尔家里。"

"别跟我说谎。她说你的数学成绩急剧下降，还不只这样！"

"……我知道，但我会改正，我保证。"

下一分钟，我们听到二楼有什么东西掉下来摔碎了。

"发生了什么事？"妈妈困惑地说。

我们迅速爬上楼去，看到了妈妈的花瓶的碎片，它们躺在角落里。我惊恐地发现，这是王子爪子的杰作。

"哦，我的天哪！我的花瓶！我最喜欢的花瓶！"妈妈注意到碎片中间的王子，并抓住了它的爪子，"这是谁？格洛丽娅，你不想向我解释一下吗？"

"……不，我不知道它是从哪儿来的。"我撒谎。

"哦，你这个坏蛋！"妈妈全力挥起手将猫摔在墙上。

我的心瞬间纠结成一团。

"妈妈，你在干什么！"我小心翼翼地抓住小猫，它悲伤地喵喵叫着，请求饶恕。

"扔了它！这是我最喜欢的花瓶！"

"……不，妈妈。我在我们的老房子里发现它的，它差点被狗咬死了，我不能把它留在那里！"

"所以，你就偷偷把这只动物带进我们家？要么你扔了它，要么我来。"

"还不清楚，这里谁是动物？妈妈。"

"什么？"

"这只是一只小猫！它没有做任何可怕的事，你可以在任何商店买到这种廉价花瓶！你知道吗？它会在我的房间里生活，我会喂它并照顾它。明白了吗？"我忍受不了了，我的内心在沸腾，那一刻我意识到我是多么讨厌我的妈妈。她张着嘴，说不出话来。

"洛丽，我来了！"捷泽尔在一楼喊道。

"是捷泽尔，我现在要和她一起去精品店。"

"……去什么精品店，你被家庭禁足了。"

"真的吗？但在我看来，也许前天你对我说的'滚出去！'就是我离开那栋房子的原因！别担心，妈妈，现在我会经常这样做！"我转过身，带小猫去我的房间，拿上信用卡下楼。

"好吧，你终于来了。您好，马克芬太太！"捷泽尔说。

"……我要疯了，丈夫是个渣男，女儿不听话。我讨厌这样的生活！"妈妈转身走进客厅。

"走吧。"我跟捷泽尔说，她站在大厅中央，压根儿没明白是怎么回事。

我喜欢和捷泽尔在精品店里试衣服，我们甚至有用来购物的个人信用卡，所以设计师们所有最酷的新品都会出现在我们的衣橱里。

"我妈妈也疯了，她决定做第十五次整形手术。"捷泽尔一边说，一边在精品店里选衣服。

"你爸爸怎么看？"

"他绝对不在乎，他甚至不看她，即使很久以前他就有一个很正的年轻情人，我也不会感到惊讶。"

"你居然可以这么冷静地谈论这件事。"

"不然我怎么办？最重要的是——他们给我钱买衣服，不管我。"

捷泽尔的父母不是说非常富有吧，但他们买得起所有的东西，即使她小时候有一匹粉红色的波尼马[1]，我也不会感到惊讶。捷泽尔选了一条连衣裙，拿给我看：

"看，多好看呀！"

"非常棒，去试试吧。"

捷泽尔去试衣间试衣服，我继续找裙子。最重要的是价格不会超出额度，因为我不是捷泽尔，我的父母都是普通律师，在不同的公司工作。我们当然不穷，但在不那么重要的东西上，我们会尽量节省。

"该死！不可能呀！"捷泽尔喊着。

"怎么了？"

---

1 小型马，矮种马。

"它不适合！"

"洛丽，这是 46 码的，你总是穿这个码。"

"我知道！但它不合适！"

"等等，我马上回来。"

我拿着裙子走向陈列架，选了一条类似的裙子，然后我的视线落在窗户上，我看到了马特的车。他即将到这里来欣赏捷泽尔。

"看，这两件几乎是一样的，只不过这件是粉红色的。"我把衣服递进试衣间，她递给我她的。

这条裙子简直太令人惊艳了，裙子是白色的，紧身胸衣上镶满了水晶，下面是蓬蓬裙。我想试一下，不，我一定要试一下。我走进试衣间，脱掉衣服，穿上这条裙子，幸运的是，拉链已经拉上了，也不是很紧。我照了照镜子……我的美丽真有些不可抗拒！

说真的，我从未见过自己如此美丽，这件衣服简直太神奇了，它如此收腰贴合，感觉我似乎拥有了完美的身材。

"洛丽，它完美地穿在我身上了！"捷泽尔在旁边的试衣间说。

"太棒了！"

"马特，你好，你觉得怎么样？"

"一如既往，非常好。"

我不知道，我是否要出去？好吧，毕竟，我还是得听听捷泽尔的意见，这条裙子是否值得买。

我走出试衣间。马特和捷泽尔的注意力都转向我，他们只是看着我，什么都没说。

"哇，洛丽，你看起来非常棒！"马特说。我觉得自己要融化了！

"是的，太棒了！"捷泽尔说，"但是这条蓬蓬裙显得你的大腿太粗了。"

"真的吗？"

"是的，"捷泽尔从陈列架上随便拿了条裙子，"看，这条裙子也很酷，紫色现在很流行，它的紧身胸衣也很别致！"

"是的，好吧。"

我听捷泽尔的，买了这条紫色的连衣裙，也不太贵，捷泽尔也认同。我们付了钱，离开商店。有人给马特打电话，他走到一边去接电话。我和捷泽尔沉默地站着，她是先化解这种气氛的人。

"请原谅我，我是个爱吃醋的傻瓜。你穿那件白色连衣裙真的太惊艳了，大腿的事我说了谎。"

"为什么？"

"只是马特那样看着你，我几乎要爆炸了。"

"捷兹，你认真吗？"我开始大笑起来。"我的天哪！你为什么有时这么傻？马特只是礼貌地恭维我，毕竟他只爱你。"

"所以你不生我的气了吧？"

"当然不会。"

"你是最好的。"捷泽尔紧紧抱住我，这时马特来到我们身边。

"美女们，尼克给我打电话，为了庆祝他的生日，他举办了一个豪华的派对，并邀请我们所有人去。"

"不，我不会去这个白痴那里！"捷泽尔说。

"他在海边有栋房子，还有一个日光浴场。"

"好吧，我去，但仅仅是因为日光浴场！洛丽，你怎么样？"

"嗯……我不知道……"

"我们去吧！那里一切都会很酷的。"马特把手放在我的肩膀上，而我完全无法拒绝。

"好吧……如果不是很久的话。"

我们坐进入马特的车—— 一辆1969年的红色克莱斯勒敞篷车。我们飞驰到海边，我在后座上，捷泽尔坐在马特旁边。我所有的思维都被他占据了。他今天恭维地赞美我，而且我认为这不仅仅是出于礼貌。这一天，我将用红色在日历中标记，我每次都会想起它。

现在马特和捷泽尔之间绝对不是爱情。只不过，最受欢迎的男生和最受欢迎的女生应该在一起，这是自然法则。至少是为了互惠互利，毕竟成为学校里最美丽的一对也是最酷的成就。捷泽尔不止一次告诉我，她早就想甩了马特，因为她已经厌倦他了，但因为他很帅，她无法与他分开。

我们到了尼克的家。顺便说一句，尼克是马特最好的朋友，他也打橄榄球。他有一头黑色的卷发，肌肉发达。但他是个色鬼，听说他与女孩子的关系都没有持续超过三天。他从房子里走了出来。

"哇，马特，你给我带了这么酷的辣妹来！"马特笑着和他握手。

"听我说，变态！如果你再用你的手指碰我，我就把它砍下来，明白了吗？"

"当然，美女，没问题。"然后尼克的注意力转向我："哦，可爱的姑娘，我总是忘记你的名字。"

"我叫格洛丽娅。"

"哦，多么美丽、温柔的名字哇，就像你的嘴唇……"尼克靠近我，低头，这时，捷泽尔将他从我身上推开。

"你干什么！色狼！你敢碰她试试！我不仅会把你的手指切断，还有你那长方形的东西！走吧，洛丽！"

我们走进屋子，看到一群人，音乐是如此大声，以至于墙上的画都在晃动，桌子上摆着酒，总之，这个派对跟我以前参加过的任何一个都没有区别。

我们走到大厅的正中心。

"那么，请大家注意！"尼克说，"给大家介绍一下，这是格洛丽娅，美女捷泽尔和我最好的朋友马特！"大家开始大声鼓掌，"派对继续！"

音乐让我不由自主地跳起舞来，只有在这样的派对上，我才会忘记自己所有的问题。到处闪烁着五颜六色的灯光，弥漫着香烟的烟雾，尽管这里有各种各样的酒，但我不碰酒精了，因为我不想和妈妈再一次吵架。尼克家的房子非常大，一楼和二楼都容纳了五十人，甚至更多。我跳舞跳累了，找了张空沙发坐下来，从包里取出手机，看到爸爸的四个未接来电。看看时间，差不多九点了，我甚至都没有发现，我已经在这里待了三个小时。我从沙发上站起来，朝捷泽尔走去。

"捷兹，我回去了。"

"你怎么了，为什么？"

"父母很担心，他们还不知道我在这里。"

"你忘了他们吧！彻底脱离他们！你要龙舌兰酒吗？"捷泽尔给了我一杯，但是我想让她明白我不想喝。她端起高脚杯，将龙舌兰酒一饮而尽。

"你在做什么？你从来不喝酒。"

"尝试一些新的东西也很快乐。"从她的语调来看，这不是捷泽尔喝的第一杯龙舌兰酒。嘈杂的音乐和拥挤的人群让我的头痛得很厉害。

我去浴室，想让自己清醒一下。我听到我的手机铃声响了，我把手机从包里拿出来，还是爸爸，我犹豫不决要不要接电话，但我别无选择。

"爸爸。"

"格洛丽娅，你在哪儿？"

"我……我在捷兹家里，我们在一起做家庭作业。"

"好的，请半小时后回家。妈妈很难受。"

"她怎么了？"

"她喝光了整个酒柜的酒。"

"我的天哪！我这就回来了，不用担心我。"我挂掉电话，把它放进包里。

妈妈喝醉了。我很害怕这个，她可能会失控，开始一个星期甚至一年的狂饮。而这一切都是因为我，如果我没有冲她大喊大叫，这一切就不会发生。所以，我要尽快回家。我知道捷泽尔和马特还要在这里逗留很久，但我不能继续待在这里了。

我从浴室出来，向门口走去，但尼克抓住了我的手。

"格洛丽娅，你不想喝酒吗？"他手里拿着一杯绿色的东西。

"这是什么？"

"苦艾酒。"

"不，谢谢，我戒酒了。"

"来吧，只需一口。"

"不，我得走了。"

"今天是我的生日，你希望我的愿望不能成真吗？只是和我一起喝酒。"

"……好吧。"

他喝了半杯，然后把杯子递给我。我喝了一口，然后……好像酒劲上来了，嘴里散发着非常恶心的味道，体内一切都在燃烧，我想把它们全部吐出来，但是苦艾酒已经进了食道，我一阵眩晕，落入了尼克的怀抱。

"小心……依我看，有人需要躺下，我们走吧。"

他牵着我的手，把我带到了某个地方。

我终于清醒过来。

"尼克，我没事。"

但他没有停下来，我们走到一个房间的门口。尼克打开门，这是一间普通的客房，房间中央有一张大床，左边有一个床头柜，上面摆放着一瓶水和一个玻璃杯。我坐在床边。

"你还想喝点什么吗？"

"我只想喝水。"

"等一下。"尼克倒了一杯水递给我。

"谢谢。"

"你以前喝过苦艾酒吗？"

"没有。"

"你喝过酒吗？"

"喝过一些含中度酒精的。"

"你多大了？"他的问题让我措手不及。

"差不多17岁。"

他坐在我旁边，开始抚摸我的脖子。

"很想知道，我之前为什么没有注意到你？"

他吻了我的嘴唇，然后是脖子，他的吻越来越往下。

"尼克，你干什么？"

"别害怕。一切都很好。只需要放松。"

尼克把我拦腰抱起，推倒在床上。

"不，我不能！"我开始推他。

"听着，你非常漂亮，当我看到你时，我差点失去了理智。我不会让你痛的。"

哦不！我的天哪！这不行。他想跟我睡觉。不，不，我的身体因为恐惧而开始发热。

"不！"我尖叫。

突然他用力抓住我的手腕，我觉得好像要骨折了。

"放开我！"

我反抗，但他继续吻我，动作很剧烈，让我觉得很痛。

"你完全清楚为什么要来这里！不需要装得这么纯洁。"

他开始撕我的衣服。我全身都在颤抖，牙齿因恐惧而打战。

"请放我走吧！"我竭尽全力试着将他推开，但尼克比我强壮太多，我的反抗只会让他更兴奋，"救救我！"

他举起手，狠狠地抽我的脸，血从我的嘴角流了出来。他开始脱裤子，这一刻，愤怒席卷全身，我手里还有一个杯子，我拿着它，用力击中了他的头部，他倒在地上。我躺在床上，我的上衣几乎完全被撕破了，嘴上血流不止，泪水如倾盆大雨从我的眼中涌出，身体不停地颤抖。我起身下床，迅速拿起包，准备开门出去，但我突然停了下来，转身看着尼克，他一动不动，我小心翼翼地靠近他，发现他没有呼吸了！

"尼克！"

他没有回应。我把手伸到他的头上，发现他的太阳穴在流血！

"我的天哪！"

我颤抖得更厉害了，现在我只有一个想法——"逃跑"。我打开门从房间跑了出去，我一边跑一边推开路上遇到的所有人。我打开大门，跑到了外面。我赶紧跑到路边，试着拦车。我开始歇斯底里了，大声咆哮。有辆车停了下来，我跳上车去沙龙。尽管有其他人在场，我却一直在哭，我的歇斯底里并没有停止。

"喂，你还好吗？"

不，我一点也不好。我刚刚杀了一个人，我杀了一个人。

## 第5天

我醒了，因为感觉有人碰了一下我的脑袋，原来是王子。我睁开眼睛，但我的感觉似乎停滞了，觉得自己整晚都没有合眼。我穿着我在派对上穿的衣服睡着了。

我的脑子开始清醒一点了。尼克……我的手上到现在都还残留着他的血迹。我的下嘴唇肿了，变成了深蓝色。因为流泪，黑色的睫毛膏蔓延在脸上。我的身体又开始颤抖。首先，我击中了尼克的头部，不知道他是死是活，其次，差不多快十二点了，我已经迟到了两节课，我得去学校跟老师说明情况。我忘了洗澡，只洗了洗脸，穿上干净的衣服，梳头，然后下楼去。有必要表现得好像什么也没发生过一样，因为我没有错，我只是自卫。

妈妈站在厨房中间，自个儿嘟囔着什么。

"妈妈。"

"早餐已经凉了。"

"你为什么不叫醒我？"

"坐下，格洛丽娅。"

我恭顺地坐在椅子上，心跳得很厉害，但我试着控制自己。

"听着，宝贝。从今天起，从这一分钟起，我就不再是你的母亲了。你想去参加派对是吧？随便你！你想喝醉是吧？没问题！现在对你来说没有任何禁令了。"

母亲的话让我措手不及。

"妈妈，我不懂你说的话。"

"真的吗？昨天我明白了，你已经差不多是个成年人了，不需要我再对你发表意见了。现在朋友们可以给你提供建议，男朋友给你爱情，酒精给你好心情，你不再需要我了。所以我决定从今天开始，我将不再是你的母亲。不，当然，我会养你，给你买东西，我必须履行这些职责直到你成年，但你要知道，离婚后，我会去加利福尼亚，你会和你爸爸住在一起。"

"这是什么胡话，妈妈，我需要你！"

"……去上学吧！你想一辈子都参加聚会吗？随便你！但是别忘了上学！"妈妈转身离开。

这是怎么回事？妈妈为什么对我这样？我会说服自己，这只是她早晨的怪脾气，她并不是认真的。但她的话还是继续在我脑海里响："我不再是你的母亲……"

我跑到学校，没有注意到水坑，也没有注意到路人，我现在有多少问题呀！我真要疯了。尼克、妈妈、学习、马特、父母离婚——这些东西提醒着我，我绝对活不过这 50 天，因为 5 天对我来说都异常困难。明天，亚当要来，我们会去参加派对，如果我还没有解决昨天这么严重的问题，我怎么能考虑去这个派对呢？

课间休息时，校园里有很多人。有人坐在林间草地上，有人在中央入口处八卦闲聊。我从他们身边走过，尽量不看任何人的眼睛，但是大家都看着我，转过身来，就差用手指指点点了。我立刻张皇失措起来，像往常一样，我开始颤抖——如果他们突然知道我对尼克的所作所为。

也许有人看到或者听到了昨天在那个倒霉的房间里发生的事情。我的天哪！我希望所有这一切都只是在做梦，因为我根本无法承受这一切。

"那么，依我看，有人昨天玩得很开心，难道是要来上第三节课吗？"捷泽尔抓住我的手，开始打量着我，"你好！"

"你好。"

格洛丽娅，记住，你应该表现得好像什么也没发生过一样！

"你严重的黑眼圈是怎么回事？怎么，忘了有粉底这种神奇的东西吗？嘴唇又是怎么回事？"

捷泽尔好像什么都不知道，这样我就放心了。

"我只是回家，没有开灯，爬遍了所有角落。"

"顺便问一下，你是正常到家了吧？我和马特没有找到你。"

"是的，我搭了个顺风车。"

"好的，我们走吧。现在要上体育课了，我在更衣室里给你展示一下我的新款意大利内衣。"

我的天哪！跟捷泽尔在一起多好，跟她在一起，我觉得很自信，好像什么也没发生过一样。事实上，我为什么要担心这个坏蛋？他差点强奸了我，正义站在我这边，如果有人知道了我的所作所为，我不会保持沉默，我是为了自卫。

"显然，你昨天离开派对太早了，难道你没听到最精彩的节目单吗？"

"发生了什么事？"

"想象一下，尼克在一间客房里被发现了，躺在血泊中！"

"他活着吗？"我猛地问道，内心充满了恐惧。

"当然，现在他还昏迷不醒，在一个很酷的医院里躺着。真好奇是谁把他弄成这样，为了什么？"

我耸耸肩。谢谢，谢谢，上帝，你还是存在的！我不是杀手！尽管这个浑蛋还活着，但在我心中如过节一般。

我们走进更衣室，走到最远的角落，换上体育运动服。我无意中听到同学们的谈话，他们都在谈论昨天的派对和尼克。

突然，更衣室的门打开了，校长助理格林先生走了进来。

"格洛丽娅·马克芬和捷泽尔·维克丽，请跟我来。"

"不好意思，有什么事吗？"捷泽尔问。

"去校长办公室，我们会搞清楚的。"

在完全困惑的情况下，我和捷泽尔迅速换好衣服，跟着格林先生去了。我们到达校长金斯特利夫人办公室门口，打开门。显然并不只是我和捷泽尔被召唤过来，马特正坐在校长办公桌前面，也同样困惑。我们坐在他旁边。

"捷泽尔、格洛丽娅、马特，你们昨天参加了尼克·休斯敦的生日派对是吗？"

"是的，他邀请了我们。"捷泽尔回答道。

"你们几点回家的？"

"我和捷兹凌晨两点左右一起回去的。"马特回答道。

"你呢，格洛丽娅？"

"我……爸爸给我打电话，叫我回家，大约九点钟。"

"好吧。你们都非常清楚在这个派对上发生的事情。参加派对的某人用重物袭击了尼克的头部，如果他稍微晚一点被发现，就会因失血过多而死，"听完这些话以后，我的膝盖又开始颤抖起来，"他的爸爸是一名非常有影响力的人，他想要弄清楚，是谁差点杀了他的儿子，所以我不得不审问你们。你们有没有注意到，或许，尼克与谁有过冲突吗？"

"金斯特利夫人，我和洛丽从未与尼克有过来往，因为他是一个罕见的脑残，击中他头部的人，是非常聪明和善良的人，当您找到他时，请代我与他握手。"

"捷泽尔，你们每个人都可能面临他的情况，生命遭遇到危险。"

"我求您了，金斯特利夫人，如果他的爸爸没有赞助学校，您的第一件事就是开除尼克，因为您和其他人一样，都被他激怒了！"

"……谢谢，捷泽尔，没你的事了。"

捷泽尔起身，骄傲地抬着头，离开了办公室。

只剩下我和马特了。

"马特，我知道，你和尼克的关系很好？"

"是的，如果他和别人有任何问题，他会告诉我，但他什么也没有说。"

"那好吧，谢谢你，你可以走了。"

我和马特从办公室出来，我打算去体育场，马特在我身后说：

"洛丽，等等，"我停了下来，"昨天，在尼克被发现的房间里，我找到了一样东西，"他在口袋里翻找，并拿了出来，"这好像是你的。"

是友谊手链，正是亚当系在我手上的那串友谊手链。显然，在和尼克的扭打过程中，它飞走了。

"是的……我也好奇，它怎么会在那儿？"

"我不知道，你去过那个房间吗？"

"不，我一直都在大厅里，然后马上就回家去了。"

"明白了。"马特转身离开了。

我站在那里大约三分钟都没有动，看着这条友谊手链。如果马特把这条手链拿给女校长看，我就已经进囚室了。所以，就跟往常一样，格洛丽娅，一切都会好的，你并不是杀人凶手！

我立刻去到体育场，在1000米的赛道上跑了起来，遇见了捷泽尔。

"我的天哪！早知道就不去参加这个派对了，因为它弄出这么多问题！"

"你觉得尼克醒过来了吗？"

"可能没有，不然大家都知道是谁袭击了他。等等，你为什么这么担心他？你怎么回事？被他迷住了？"

"……不，我只是……"

"只是什么？洛丽，你不应该喜欢这类男生，他们非常糟糕。尼克和每个女生都是玩玩的，然后就像不要的玩具一样扔掉她。如果她幸运的话，在这之后不会出现什么问题。"

"我没有迷恋他。"

"是吗？这很好。但是我已经提醒你了。"

我们继续慢跑。此刻我脑海中，思绪一直在循环。放学后，劳伦斯小姐会来我们家，我和妈妈吵架了，我甚至无法想象我们要如何在老师面前表现自己。尼克到现在还没醒过来，显然，我狠狠地击中了他，这并不奇怪，因为当时我很凶，如果我手里拿着刀，我可能会割断他的喉咙，幸运的是，我手里只有一个杯子。谢天谢地！他活了下来，否则因为他的死，我不能原谅自己。

慢跑结束了，我们站好队，专注地听体育老师弗里德姆先生讲话。

突然我眼前一黑，出现了失重的状态，腿酸疼，我抓住了捷泽尔的手。

"捷兹……捷兹……"

我的后脑勺狠狠地撞在柏油马路上。

"洛丽！"捷泽尔跑到我身边，但不知为什么，我看不到她。"弗里德姆先生，洛丽不舒服！"

我觉得有人在摇晃我，说着些什么，但我只听到一些奇怪的回声。最后，我醒了过来，发现自己正躺在学校医务室的沙发上。

我手上有一团棉花，显然，有人给我打针了，护士检查了我的眼睛，捷泽尔坐在我旁边的椅子上，看着这一切。

"你以前这样过吗？"护士问。

"没有。"

"这是我生命中第一次看到有人晕倒，这太吓人了。"捷泽尔喊道。

"没什么可怕的。这可能发生在任何人身上。格洛丽娅，告诉我，你今天好好吃早餐了吗？"

"我……没来得及吃早餐，我上学迟到了。"

当然，撒谎并不好，但在这种情况下，这是必要的。事实上，我已经差不多两天没吃饭了，因为这些问题，吃饭是最后想到的问题。

"好吧，吃了这个。"我把一颗药丸放在嘴里，然后用水服下。"我现在给你开个假条。"

"不，不用了，现在是最后一节课，我想，一切都会好起来的。"

"好吧，那么现在立刻去食堂吃点东西！如果再次头晕，立刻来找我，不能拿身体健康开玩笑。"

"好吧。"

我从沙发上站了起来，和捷泽尔一起离开医务室。

"你吓到我了。"捷泽尔说。

我保持沉默，不知道该说些什么。我内心充满抱怨，这是一种无法形容的痛苦，感觉就像在电脑游戏里，某人向我秘密发送新的复杂测试。

西班牙语课。这个老师的名字，即使我努力尝试，也发不出那个音。课程进行得如此缓慢和枯燥无味，以至于我都要睡着了。

"洛丽，你怎么样？"捷泽尔问。

"……还好。"

"你今天有点奇怪。又发生什么事了吗？"

"……我和妈妈吵架了。"

"第几次了？"

"这次非常严重。"

"听着，也许不用夸大其词？我们都会和父母吵架，但迟早会和解的。"

"她说她不想再当我妈妈了。"我的泪水夺眶而出。

"洛丽，我不知道该给你些什么建议。如果你愿意，你可以和我一起住一段时间，远离这些想法和纠纷，休息一下。"

"我不知道。"

"当然，我非常希望你们能言归于好。不管怎样，你都可以考虑我的建议。"

我一定会考虑，但不是现在，因为现在我的脑子里只有妈妈和尼克。

妈妈对我来说是最珍贵的人，即使她最后的行为像一个坏蛋，有时我也讨厌她，但我爱她。尽管有这些争吵和讽刺的言语，我仍然爱她。

下课后，我飞速回家，在劳伦斯小姐来我们家之前，我需要跟妈妈谈一谈。在回家的路上，我试着挑选谈话的词语，但到目前为止，只有"原谅我，我需要你"。我真的需要她，尽管在某种程度上我已经变得更加成熟，但我仍然不能没有她。

我回到家里，扔下书包，跑到二楼，打开父母卧室的门，看到了我害怕看到的景象。妈妈用莫名其妙的姿势躺着，手里拿着一瓶空朗姆酒瓶。

我冲向妈妈，开始摇晃她。

"妈妈、妈妈，醒醒！"

"你需要什么？"妈妈说，勉强还能说句话。

"两个小时后，劳伦斯小姐会来我们家，你却喝醉了！"

"闪开！"

我觉得我愤怒得快爆炸了，但是我克制住自己，跑下楼去，从包里拿出电话给爸爸打电话。

"喂，爸爸！"

"格洛丽娅，我现在很忙。"

"爸爸，这非常重要！我的老师今天会来我们家，你有空吗？"

"我不知道，我有很多工作要做。"

"爸爸，拜托你了！"

"好吧，我尽量。"

爸爸只是被迫回来，我不想被劳伦斯看成一个父母一点都不关心的不幸福的女孩。毕竟她会在学校告诉所有人，每个遇到的人都会同情我，并认为我来自一个不圆满的家庭。不，我不允许这样。

我上楼回到自己的房间。我非常讨厌这样，觉得自己处于一个无人理解的受害者的角色，不幸的是，我很长时间都无法脱离这个角色。我躺在床上，茫然地盯着天花板，王子跳到我的肚子上。

"王子……"我抚摸着它，它温柔地发出呜呜声，"我希望你爱我……"我低声说。因为没有人再爱我了。

*亲爱的日记！*

*我多希望这是我生命中的第50天，这样我就能问心无愧地选择去死了。因为我不能再这样了。很快所有人都会知道，我差点杀了尼克，那时我不敢想象会发生什么事。妈妈又酗酒了，我一直以为她很坚强，可以应付一切，事实证明我错了。我感觉很糟糕，每一分钟都觉得我的家庭会支离破碎。毕竟在父母犯下这卑劣的错误之前，我们的一切都很美好，因为这些错误，我现在遭殃了。*

*今天上体育课时，我晕过去了。你知道吗？当你感觉自己还活着，却处于半死的状态，非常可怕。感谢我心爱的捷泽尔，尽管她每天都开我的玩笑，但她总是在我身边。也许，我很快就会决定去和她住几天，看看她幸福的家庭，当和你在同一张桌子上吃饭的人爱你并尊重你，生活是什么感觉。*

*还剩45天，洛丽*

讨厌的门铃声把我吵醒了，我应该是抱着王子睡了半个小时。我迅速下楼，深吸一口气，打开家门。

"您好，劳伦斯小姐！"

"你好，格洛丽娅！"

"您请进。"

所以，不要紧张，正常地表现自己，记住，你家里的一切都很好。

"你父母在哪儿？"

"……妈妈在睡觉，她生病了，爸爸很快就回来。您要茶还是咖啡？"

"我喝茶。"

我去了厨房，劳伦斯小姐坐在客厅的沙发上。当往杯子里倒开水时，我的手开始疯狂地颤抖。几分钟后，我拿着托盘走进客厅。

"我用柠檬给您泡茶，您喜欢柠檬吗？"

"当然，谢谢，"劳伦斯小姐喝了一小口，目光看向一边，"你们过节了吗？"

我也看向那边，发现角落里有十个朗姆酒瓶子。妈妈——她昨天把家中酒柜里的酒都喝完了。

我的脸突然变红了，我得快速想出一个借口。

"奶奶带着男朋……生意上的合作伙伴来我们家……我们办了一个小宴会。"

劳伦斯喝了几口茶。

"格洛丽娅，你觉得你的成绩为什么会下降？"

"好吧……也许这是个复杂的问题，也很难理解……我还缺了一些课。"

"依我看，不是因为这个。你家里发生什么事了吗？"

"劳伦斯小姐，我家里一切都井然有序，我已经告诉过您好几次了。我们住在一起，彼此相爱，虽然我们也会吵架，但这对任何一个家庭来说，都是无法避免的。这很正常。"

"正常？我在你家里看到了一堆酒瓶子，今天你又饿昏了，手上还有无数瘀伤！格洛丽娅，我来这里，并不是作为你的数学老师，而是一个想要帮助你的人！"

"我不需要帮助，劳伦斯小姐，我很好！"我的回答被门铃声打断了。

我打开门，幸运的是，真的是爸爸。

"您好！"爸爸说。

"晚上好，马克芬先生，请原谅我打扰你们了。"

"您说什么呢！相反，我也想知道我女儿的学习情况。"

"好，我带了成绩单，您看看。"

成绩单里数学普遍都是 3 分，我觉得，我现在要羞愧得找个地缝钻进去了。

"好吧，这些成绩都不是很好，格洛丽娅，你要努力了。"爸爸冷静地说道。

"这就是全部吗？这就是你能对她说的全部吗？马克芬先生，您能告诉我您女儿学校的名字吗？"

"……我不记得了。"

这并不奇怪。

我们突然听到楼梯上传来脚步声。这是妈妈，她步子不稳，摇摇晃晃，什么也没觉察到。

"我的头，我的天哪……"

"您好，马克芬太太。"

"你是谁？"

"对不起，我已经准备离开了。"

妈妈没听完她说话，就去了洗手间，然后我们听到她好像吐了。劳伦斯小姐起身往门口走去。

"……我很高兴认识您，但是，马克芬先生，请记住，现在我的家访会变得很频繁，因为我和您不一样，我不会对您女儿的命运漠不关心！"

劳伦斯小姐离开了。至于我现在的感受，我什么也不想说，这个家让我深恶痛绝，深恶痛绝。

我上楼回到自己的房间，坐在地板上，开始疯狂地咆哮。我知道，现在你会以为，我只会也只能号啕大哭。不幸的是，我内心满是愤怒，我只想声嘶力竭地大叫，以便有人能听到我的声音。

饿得有些胃疼，但我不想离开我的空间，不想看到我父母的脸。我不想活了，在这一点上，我越来越确信。

口袋里的手机振动起来，我拿出手机，发现是马特给我打电话。马特……

"喂……"

"我现在需要和你在中央公园见一下面，我等你。"

什么……马特第一次给我打电话，我甚至不知道他有我的电话号码。我的脸上立刻浮现出愚蠢的笑容，我下楼去，走到外面，赶紧拦出租车去公园。

在最远的长凳上，我找到了马特。他穿着灰色卫衣、蓝色牛仔裤、运动鞋。最重要的是，他身边没有捷泽尔。

"马特……"他转过身来，"你从来没有给我打过电话。"

"但今天有一个特殊的原因。"

"你想说什么？"

"尼克醒了，他说是你袭击他的，是吗？"

这就是全部，揭开真相的时刻到了。好吧，我之前应该为此做好准备，因为无论如何它迟早都会发生。

"……是的，是这样的。"

"你为什么这么做？"

"……他想强奸我！他在那个房间里非礼我。"

"不，我不相信。尼克不可能这样做。"

"看，这些是他在我身上留下的瘀伤、吻痕和我被咬破的嘴唇。当他撕我衣服的时候，甚至把我的友谊手链都从手腕上弄掉了！"

"……好吧，但你为什么要让他死呢？"

"我很害怕！我现在也很害怕！我不希望发生这样的事。"

"我们走吧。"

"在哪里？"

"去医院。"

"不，马特，我不能……"

"我说，我们走吧！"

我乖乖地坐进马特的车里，然后一起走了。我们为什么要去那里呢？为了再次看到这个浑蛋吗？我一点也不懂，我为什么这么天真？在完全知道他擅长的事后，还要进那个房间和他待在一起。我只知道一点，他的爸爸会把我磨成粉，因为爸爸们非常非常爱他们的儿子，只有从每个人身上撕下三层皮，才没有人敢伤害他们的败类儿子。

我们开车到了医院。不知为什么，我表现得非常冷静，可能因为今天我心烦意乱、焦躁不安，以至于再也没有力量了。

我们走进医院治疗部的大厅，见到了尼克和他的爸爸。

"你好，休斯敦先生！"马特一边说，一边和他握手。

"马特，很高兴见到你！"

"你好，马特。"尼克说，然后把注意力转向我，"爸爸，就是她，就是她袭击我的！"尼克现在就像一个5岁的男孩！我的天哪！

"真的是你吗？"

"……是的，是我做的。"

"好吧，很好，你自己来了，我们也没必要再找你。我想，我会立即报警，没什么犹豫的。"

"请等一下，我可以解释一切！"我说。

"你向律师解释一切吧！你差点杀了我唯一的儿子！我想知道，他对你做了什么？背叛你了，或者不承认你们的关系？我向你承诺一个'好'

期限！"

我的眼里充满了泪水，我看着马特，他也看着我。然后他抓住尼克爸爸的手：

"等等。她不是故意这样做的。尼克想强奸她。"

"马特，你在胡说什么！"尼克说。

"这是真的吗？"休斯敦先生问道。

"不，爸爸，这不是真的！我没有碰过她一个手指头！"

"这是真的！"马特打断他，"我、我女朋友和其他几个人看到他把她拖到那个房间里去了。"

"马特，你这是干什么？"

"你确认他说的话吗？"

"是的，我袭击他只是出于自卫。我发誓，我并没想让他遭遇不好的事。"

"所以，休斯敦先生，不需要报警，因为一切都是尼克的错。"

"呵，这是什么意思？为了保护这个小妞，你要背叛你最好的朋友！"

马特用尽全力扑向尼克。

"我最好的朋友永远不会摸我的女朋友，更不会强奸她的朋友！你这个浑蛋！你已经把自己定位成一个无辜的受害者，你才是最需要被审判的人！"

"马特，冷静一下！"休斯敦先生说道。"你和这姑娘可以走了，我和尼克自己会弄清楚这个问题。"

马特放开尼克，朝我走过来。

"你和她！给我记住，你们会后悔招惹我！我向你们保证！"尼克喊道。

"我们走吧。"马特说。

我一个字也没有说，但我很惊讶。马特牺牲了他与尼克多年的友谊，为我打抱不平。这件事终于解决了，我对此感到非常高兴。

因为马特，一切都得到了解决。

"我很抱歉，我把你拉下水了。"

"不，这一切都是我的错。如果不是我轻浮，我不会和他一起去那个房间，那么他也会健健康康的，你还是他最好的朋友。"

"迟早我还是会明白他是个浑蛋。"

我们走到停车的位置。

"马特，这一切只有我们知道，好吗？"

"好的。要我送你回家吗？"

"是的，如果可以的话。"

"上车吧。"

我心中满是愉快的轻松感，好像什么也没发生过一样，但我还在回想马特与尼克打架的场景。我从未想过他有能力做到这一点。现在我在他旁边，坐在他的车里，坐在捷泽尔的地方，我可以不停地随心所欲地看着他。

马特在商店门口把我放下，我得给王子买食物。

"那么，明天派对见？我希望没有什么意外事件发生。"马特说。

"我也希望如此。明天见。"

他走了。我一直看着他的车远去，直至消失在十字路口。我是多么爱他呀！真的，直到今天我才真正明白。

我迅速地买好猫粮，然后回家。外面已经很晚了，尽管有足够好的照明，但仍然显得有点昏暗。而且，我住在布里瓦德这样一个区，这里有绝对荒凉无人的街道。我加快步伐往家里走去，但是突然有人朝我脚下扔了个烟雾筒。我非常害怕，摔倒在地上，开始有些喘不过气来，烟雾开始腐蚀我的眼睛，然后我发现眼前有一些东西。有人，是四个人，或许更多的人，他们朝我走过来。

"格洛丽娅·马克芬？"其中一个嘶哑的声音问道。

"你想干什么？"

"从今天开始，你会遇到严重的问题，希望你明白是谁为你制造了这些问题。"

我很害怕，似乎丧失了说话的能力，我甚至无法动弹一下。

这些陌生人转身离开。我没有看到他们的脸、他们的衣服，我只记得那令人厌恶的嘶哑的声音，到现在我仍然有些毛骨悚然。似乎我曾经称之为的"问题"，都只是儿童的咿呀之语，现在我才开始有真正的问题……

# 第二章 ——二一

世界上最重要的是你是什么样的人

是的，明天一切都会得到解决，
明天会被那个习惯于打破一切的人破坏。

# 第6天


这又是一个悲惨的早晨，我在飘满刺鼻的焦煳味的家中醒来。我穿上睡衣，然后下楼。整个一楼都被烟雾笼罩着，因为这焦煳味，我都开始咳嗽了，我在厨房里发现一些动静，原来是爸爸。

"我们家着火了吗？"我问正在开窗户的爸爸。

"不，没什么，我只是想做早餐。"

"早餐？你？"

"是的，乔迪还睡着，所以我决定自己做饭。顺便问一下，你知道还有20分钟，学校就要上课了吗？现在你还穿着浴袍？快去洗澡，吃早餐，然后去学校。"

"对不起，爸爸，你什么时候开启了'关心女儿的爸爸'这个功能？"

"因为你是我唯一的女儿，我希望你成为一个正常人。怎么，没听到我跟你说的话吗？"

我完全不知所措，上楼去洗澡，换上牛仔裤和灰色的高领毛衣。说真的，爸爸从来没有对我和我的生活感兴趣过。总而言之，我对这也很满意，不然每天妈妈和爸爸都对我进行说教，我也会发疯。但是现在他变得有点不同了。我想，昨天劳伦斯的家访可能影响了他，不管怎么样，我对爸爸目前的行为有点不满意。

我去吃早餐，代替食物的是，我看到盘子里有些莫名其妙的东西，深灰色，散发着令人作呕的气味。

"这是什么？"

"这是培根鸡蛋饼。"

"爸爸，这不是培根鸡蛋饼，这是一种黑色物质，闻起来臭臭的，肯定不能吃。"

"好吧，下次你做饭，但现在我们只能满足于现有的东西。"

"我的天哪！"

我试着用刀切一小块我"最美味"的早餐，但感觉它是用橡胶做成的，因为用刀子将盘子切成两半都比切爸爸准备的早餐更容易。

意外的门铃声打断了我的努力。爸爸去开门，但我阻止了他。

"你现在不应该去上班吗？"

"我请假了，为了让我们的家变得井然有序。"

井然有序？哈哈，谢谢，爸爸，说笑了。我已经开始提防他难以理解的行为。

爸爸打开门，捷泽尔站在门口。

"您好，马克芬先生。"

"你好，捷泽尔。"

捷泽尔来厨房找我，爸爸跟在她身后。

"洛丽，祝你好胃口……这是什么？炒老鼠？"

"捷兹，请不要侮辱爸爸的鸡蛋饼。"

"哦，哦，对不起，马克芬先生，这可能非常好吃。"

"当然。想试试吗？"爸爸问。

"……不，谢谢，我正在节食。我不吃所有的肉类……和不能吃的东西。"

我觉得我会笑出声来。

"好吧。不要聊得太久了，上学别迟到。"

"好的，爸爸。"我催促爸爸说道。

爸爸去了二楼。我和捷泽尔两人待着。

"他怎么了？"捷泽尔问道。

"最好不要问，"我拿着早餐盘子，把东西扔进了垃圾桶，"我家里比较混乱。妈妈已经酗酒三天了，爸爸突然决定成为一个精致的厨师和一个好爸爸。"捷泽尔开始大笑。"顺便问一下，你是来找我的吗？人生中你第一次主动来找我。"

"是的，我们聊聊。等不及到学校了。"

"发生了什么事？"

"嗯，今晚不是要举行派对吗？"

"……那么？"

"总之……我和马特……今天决定……做点什么。"我被听到的话弄得浑身发热。

"……你确定……也就是说，你一点也不害怕吗？"

"有一点点，但似乎我准备好了，为什么不试试呢？"

"嗯……我真替你高兴……你拿定主意……"

"我们已经 16 岁了，我想，这是正常的，只是……我想听听你的意见，我是不是很疯狂？"

"……捷兹，我不知道。如果你真的为此做好了准备……如果是为了爱……"

"我爱他。"捷泽尔打断我。

"……那就去做吧，然后告诉我是什么感觉！"

"当然！"

我拥抱捷泽尔，试图支持她，但我觉得泪水要夺眶而出。我已经习惯了她和马特当着我的面亲吻，拥抱，相互说着甜言蜜语，但这是另外一回事。这不是简单的青少年游戏，而是向新关系水平的过渡。我很难过，我非常难过，而且我已经确定，我无法接受这件事。

我们一起去上学，同时聊着香奈儿的最新系列和某个跟学校橄榄球队队长约翰·派克谈恋爱的女生。如果我认为马特是地球上最帅的人，那么约翰就是宇宙中最帅的人，因为他身材高大，肌肉性感，穿衣服有品位。好吧，我已经告诉过你我上的是一所什么学校，是妓院、监狱和中学教育的三合一。

我们走到大楼的主入口。

"派对将在马特家里举行，我已经选好了一个房间，一切都会在那里发生。"捷泽尔说。

"捷兹，你还记得我们在六年级和七年级是如何梦想的吗？"

"当然，我记得！"

我还没来得及说完话，马特就加入了我们的队伍。

"你好！"

"你好，亲爱的！"

"你好！洛丽！"

"你好！"

"那么，我们现在是上物理课还是化学课？"捷泽尔问。

"不知道，好像是物理课。"

"好的，我们走吧。"

我准备跟在捷泽尔后面走，突然马特拦住了我。

"等等。"

我停下来，带着疑惑的表情朝捷泽尔喊道：

"捷兹，我会追上你，我的鞋带散了！"

"好的！"

"怎么了？"我问马特。

"昨天一切都还好吗？"

"你指什么？"

"你是正常回到家的吗？没发生什么事吧？"

昨天的记忆闪现在我脑海里，该怎么办？要不要告诉他？即使告诉他我被攻击了，也不能改变什么。这些是我的问题。

"是的，一切都很好。为什么这么问？"

"只是尼克信誓旦旦地说要报复我们，他会立刻这么做的。"

"我觉得他只是吓唬我们，什么都不会发生。怎么了？你怕他吗？"

"没有。我担心你。"

我的内心噼啪作响。他真的这么说，还是我在做梦？我快要被融化了。

"马特，不用担心我，因为什么都不会发生。而且我差点杀死了尼克本人，这就意味着我没什么可害怕的。"

"当然。"

"我得走了，捷兹在那儿等我……"

我转身，打开学校的门，离开。"我担心你"——这话在我的脑海中持续回响了大概十分钟。但我又想起来，在今天的派对上，他将和捷泽尔一起过夜。我又陷入一种无力的状态，当你很想改变一些东西时，却发现自己根本没有力量和可能性。

物理课。我用手托着脸颊，试着认真听物理老师科斯托先生讲课，他本质上非常热爱他的职业。他将近 60 岁，已经开始老年痴呆了，因为他几乎每堂课都跟我们讲，他年轻的时候认识了艾萨克·牛顿，并教他这门科学。他让我们相信这个故事，我们假装真的相信他。当然，计算一下，如果这是真的，那么一个 300 岁的木乃伊正在给我们上课。

"你给你的朋友打电话了吗？"捷泽尔问。

"朋友？哦，你说亚当吗？还没有，没来得及。"

"好的，好的。但我看得出，你喜欢他。"

"像朋友一样的喜欢，我们发誓要永远做朋友。"我向她展示友谊手链。

"这真是太愚蠢了。"捷泽尔笑着说。

物理课似乎已经持续了很长时间，实在太久了，但最后，幸运的是，下课铃响了。我和捷泽尔约在大厅见面，在生活角附近，那里放着一张小皮沙发。我们朝着不同的方向走去：我要去储物柜里拿课本，还要拿日记和绘画工具。

我走到储物柜跟前，打开柜门，拿走我想拿的东西，突然发现其中一本书里有一个白色小信封。打开一看，里面有张字条，上面用黑墨水潦草地写着：

"你不担心他会发生什么事吗？"

尼克？我脑海中的第一个念头是：这是他想要吓唬我的另一个鬼把戏，好吧，我认为他做到了。我的手开始颤抖，这里指谁？谁会发生什么事？我张皇失措地把字条和信封揉成一团，扔进了垃圾桶。冷静，格洛丽娅，你不应该屈服于他的鬼把戏。一切都会好起来！我走向大厅，突然捷泽尔的声音把我吓了一跳。

"洛丽！"她和马特相互抱着坐在沙发上，盯着我看。"你怎么这么害怕？感觉就像看到了幽灵一样。"

"没什么。我只是没想到你喊我。"

"听着，我们必须提前为派对做准备，以免有什么疏忽，因此我们现在需要离开学校。"

"离开学校？想象一下，我们这么做会面临什么？"

"什么都不会发生。你昨天晕倒了，今天也可能会晕倒。"

我不懂捷泽尔试图暗示我什么，但五分钟后我终于明白了她的计划。我们去了学校的医务室，我假装虚弱，处于半晕倒状态。捷泽尔打开了门。

"洛丽，小心。"

"发生什么事了？"护士问。

"格洛丽娅又晕倒了。"

"把她带到沙发上。"

护士罗斯玛丽夫人再次给我打针，并给我吃了一颗药丸。

"你又没吃早餐吗？"

"我根本没有胃口，我不知道发生了什么事。"我用疲惫的声音说道。

"这样，今天我给你开假条，但是明天一定要去医院。"

"好的……"

"罗斯玛丽夫人，如果洛丽回家后再次晕倒怎么办？我可以陪她吗？"

"当然可以。"

我和捷泽尔彼此对看了一眼，大家的脸上都是满意的表情——计划很成功。我们不逃学，我们离开是有充分理由的，所以没有人能抓住我们的小辫子。

我和捷泽尔离开学校，大笑起来。

从学校到马特家，步行约三公里，我们决定不打车。半路我们去了商店，那里可以买到享受浪漫晚餐所需的一切用品。捷泽尔挑选了整整两袋东西，最后，准备好所需的东西后，我们来到马特的家。

马特的父母是一家知名公司的"大人物"。因此，房子与他们的地位完全一致。宽度差不多和我们学校一样，浅米色，一楼和二楼都是巨大的窗户。我们打开门走了进去，里面和外面一样漂亮：大大的浅色大理石楼梯，直径有我身高四倍那么大的半圆形精致吊灯。如果将他的家与我的家进行比较，那么我的家只是一个狗窝。

"这样，首先我们把所有值钱的东西从大家的视线中移开，你还记得我最后一次派对的结果吗？"捷泽尔问道。

"当然，我记得。"

在捷泽尔的上一次派对上，有人偷走了两张白金信用卡和一座金鹰雕像。捷泽尔的父母非常生气，一个月内都禁止她组织派对。如果这发生在我家里，我的父母至少会把我分尸并烧毁，但捷泽尔的父母更人性化和更富有。

"这样，我去二楼，你在一楼。"捷泽尔说。

"好的。"

我开始收拾一切值钱的东西，同时整理一些杂物，偶然看到马特和家人在热带地区度假的一张相框照。我再次觉得不舒服，因为知道今晚会发生什么事。

"洛丽，到这里来！"捷泽尔喊道。

我爬到二楼，捷泽尔站在一个房间门口。

"看。"

我走进房间，看到一个真正的爱情小天堂：到处都有香薰蜡烛、玫瑰花瓣、水果盘、香槟，还有两个高脚杯，豪华大床上铺着柔软的红色床罩。这里真的能感受到爱情与温柔的氛围。

"哇！"我走到一张放满小蜡烛的桌子边，拿起其中一根蜡烛，阅读上面的标签：香薰蜡烛有助于调节气氛。这是什么胡话？我笑了。

"放回去。商店的人说，它们真的有帮助。"

我继续嘲笑捷泽尔的幼稚和天真。我坐在床上，把手掌放在柔软的绒毛床罩上。

"我想马特会喜欢的。"

"真的吗？"捷泽尔坐在旁边，"我很担心，我甚至无法想象，今晚我会变得……完全不同。"

"你知道，学校里有一半的女生都认为你很久之前就……完全不同了。"

我和捷泽尔都笑了。

"如果我突然出错了怎么办？然后我后悔了？"

"捷兹，爱情是不会有错的。马特真的值得成为你的第一个男人。"我痛苦地说。

捷泽尔躺在床上，我也跟着她躺了下来。

"我爱你……真的。在我看来，除了你和马特，没有人让我觉得亲近。"

"你这么说，好像今晚你就要死了。"

"打住，这是我最后一次以处女的身份和你一起躺在这里。"

我们握着对方的手，再次大笑起来。接下来的几分钟，我们静静地躺着，看着白色的天花板，想着自己的事。但我们的安宁被意想不到的门铃声打断了。

"是快递送食物和酒来了。"捷兹说完，离开了房间。

剩下我一个人在房间里待着。关于今晚的想法重新浮现在我的脑海中。我最好的朋友将和她的男朋友——我疯狂喜欢的男生——初尝禁果。这样说起来挺可怕，某个瞬间，我都要歇斯底里了，但我仍然克制自己，起床并静静地离开了房间。

接下来的两个小时，我和捷泽尔收拾好房子，制作鸡尾酒，在托盘上把食物分类，整理出舞池区域。我们完成自己的工作后，各自回家，收拾好自己。

我回到自己家，听到妈妈和爸爸之间大声地谈话：他们又在争论一些事情，我已经厌倦了，尽管他们的争吵对我来说已经成为每日的传统。

我爬上二楼，经过父母的卧室，关上他们房间的门，稍微压低了他们的叫喊声，但是当我走到自己的房间时，卧室的门打开了，爸爸走了出来。

"格洛丽娅？你怎么这么早就回来了？"

"我们今天提前下课了。"

"好的，回房间，做作业，然后我会来检查。"

"你检查我的作业？你从来没有这样做过。"

"现在我会这样做，因为我希望你有正常的成绩。"

"好吧，监视员同志，但我提前说一下，今晚我要去捷兹家做客。"

"你哪儿也别去。"

"什么？"

"我说你哪儿也别去！从今天开始，我禁止你去女朋友家。"

"但是，爸爸，我已经和她约好了！"

"这不是我要担心的事。女朋友们分散了你的学习注意力。"

"我的天哪！昨天和劳伦斯小姐的对话如此深刻地影响了你？"

"是的，因为我表现得像一个令人讨厌的爸爸，但现在我想纠正这个错误！"

"也许你把我拴在链子上更有把握？"

"这也不错。回房间做作业，快点！"

妈妈从房间出来了。

"妈妈！"

她没有注意到我，从旁边走过，下楼去。我转身回到自己的房间。我的担心是有道理的，爸爸肯定会让我发疯。这只是某种惩罚，当然，我现在表现得像一个被宠坏的女孩，不想让她的父母管她，但我不在乎。我内心现在非常愤怒，如果它是燃料的话，那么我大约可以绕地球转三圈。

*亲爱的日记！*

*我毫无意义的生命中的另一天到来了，充满了嘲讽和震惊。今天每个人都应该和他的另一半一起参加派对，但出现了一个问题：我的爸爸是个白痴。你知道吗？依我看，在这些家庭中长大的孩子将来都会成为杀手，因为他们每天都在絮叨，内心再强大的人也无法忍受这个。*

*爸爸不让我去找捷泽尔，不仅如此，他还不让我走出家门。你看到了吗？他的爸爸本能觉醒了。他认为，凭借他愚蠢的说教，能在我身上实现些什么。最糟糕的是亚当就要来了，我应该向他解释一切，但我觉得这并不容易。*

*虽然这样可能会更好，因为这个派对上应该会发生一些故事。捷泽尔要和马特一起过夜，和我的马特。这个劲爆的消息今天早上让我目瞪口呆。你知道吗？日*

记，今天我明白了，爱一个永远不可能和你在一起的人
是多么困难。它甚至不是困难，而是非常痛苦，简直
无法忍受。唉，唉，唉！

还剩44天，洛丽

接下来的几个小时，我做作业，我没想到自己居然完成了那些我从
未在生活中学过的科目。做完最后一门功课后，我走到一楼，爸爸坐在
客厅里。

"爸爸，我作业都写完了！这是历史，从20世纪开始，我写了一篇
'关于印度的经济发展'的文章，我还做完了所有的物理题。还有，英语
没有留作业；文学我背了几首俄罗斯诗人的诗，你可以检查；最后是数
学，我解答了劳伦斯小姐给我们留的所有例题，当然，有点难，但我
还是做完了。"

"好的，太棒啦！"

"好的，现在我可以去找捷泽尔了吗？"

"我已经说过了，不行。"

"但是，爸爸，我现在有空，我已经做完了所有的作业，为什么
不行？"

"因为你需要清醒一下，并停止和女朋友来往！"

"你知道吗？我这16年没有你的管束，生活得很好，也会继续这样
生活下去！"

"如果你现在不闭嘴，我会禁止你看电视，没收你的手机，切断
网络！"

我看到妈妈正好从厨房走了出来。

"妈妈！"她再次无视我，"妈妈，等等！"我抓住她的手，"你难道
就这样看着这个暴君对我做的事吗？"

"我绝对不在乎他对你的所作所为，即使他把你肢解了。"

妈妈的话是如此伤害了我，以至于我的身体都没了感觉，我一动不动站了大约五分钟，直到我听到我们家的门铃响了。

"格洛丽娅，开门。"爸爸说。

我顺从地走到门口，打开门。原来是亚当。

"你好！"他说。

"……亚当？你怎么来得这么早？"

"我怕迟到。"

"格洛丽娅，这是谁？"爸爸问道。

"这是……我的同班同学，我们要一起完成集体作业。你不反对他到我的房间去吧？因为我将来的成绩也取决于这个作业。"

"好的，就这样吧。"

我和亚当走进我的房间。

"同班同学？"亚当问道。

"对不起，这是一个必要措施。我很高兴你来了。"

"房子很漂亮。"

"谢谢。"

"派对几点开始？"

"亚当……计划有变，我没法去了。但是我会把地址写给你，没有我，你也可以玩得很开心。"

"我不想没有你，自己去。你为什么不能去？"

"我和爸爸出了点问题。他发疯了，不让我离开家。"

"是的，我和爸爸也经常这样。你没有试着跟他说吗？"

"教我的猫会跳兰巴达舞比说服这个人更容易。"

"那好吧，没关系，只是一个派对。如果你不反对，我在这里待一阵，然后回家，行吗？"

"当然不反对。"

下一秒，我听到我的电话响个不停——是捷泽尔。

"喂，捷兹。"

"洛丽，你准备好了吗？"

"……我们去不了了，我很抱歉。"

"什么？为什么？"

"我稍后向你解释一切，在学校里。"

"今天是我生命中最重要的一天，你却不在我身边！"

"我知道……我很遗憾。我想去，但我去不了。"

"请想个办法吧。别抛弃我！"

捷泽尔可怜兮兮的哀号声让我想到了一个主意。

"好吧，我想我有办法了。"

"太好了！我们等你。"

我挂掉电话。

"亚当，准备一下，我们去参加派对。"

"你爸爸那儿怎么办？"

"我知道如何解决这个问题，首先我需要换衣服。"

我赶紧跑进浴室，穿上我新买的紫色连衣裙，化妆，梳头，然后再次回到房间。

"我看上去怎么样？"我问亚当。

"你美极了。"

"谢谢。我们现在静静地离开这个房间，别让人听到我们的声音。明白了吗？"

"好的。"

我从音响那儿拿出遥控器，插入德国战车[1]的唱片。我和亚当安静地

---

1　德国战车（Rammstein）是世界上最著名的工业重金属乐队，成立于1994年，由德国东部地区一群厌倦了工厂生活的无产阶级组成。

走出房间，躲在拐角处，爸爸坐在一楼。我拿着遥控器，把音量调到最大，朝着我房间那一侧扔去。因为超大的音量，墙壁都开始震动。

"格洛丽娅！"爸爸大声喊道，"格洛丽娅！"他的神经受不了这个，然后他飞奔到二楼我的房间。

"快跑！"我尖叫着。

我和亚当拼命从房子里跑了出去，全速奔向前方。我穿着华丽的连衣裙和高跟鞋，松散的头发，像一个奥运长跑运动员一样奔跑着。我体内的肾上腺素都要爆炸了。我什么都不想，只想尽可能地有多远跑多远。当我们意识到已经离家很远的时候，我们停了下来。

"成功啦！"我大声喊叫着，累得直喘气。

"当你回家后会发生什么事？"亚当问道。

"现在考虑这事还为时尚早，现在最重要的是派对。"

在前往马特家的路上，我向亚当展示了当地的景点。尽管我居住的城市也不是很大，但仍有许多值得纪念的地方——公园、古桥梁和中央广场，我们这里有这么多游客也就不足为奇了。

"你知道吗？在和你的朋友见面之前，我有点担心。"

"为什么？"

"他们毕竟来自另外一个圈子。"

"我也来自另外一个圈子。"

"也就是说，你是特别的。"

"听着，不用担心，我的朋友都很正常。对他们来说，你是谁或者你来自哪里都不重要，最重要的是你是什么样的人。"

"但我甚至不知道该和他们聊些什么？"

"好吧，这方面我会帮你。我最好的朋友捷兹只对时尚、电影和明星感兴趣。她的男朋友马特热衷于橄榄球，所以如果你对运动感兴趣，一定要和他聊聊这方面。剩下的都是路人，你可以随便聊，最重要的是不要沉默，也不要坐在角落里。"

"我会试着记住这些。"

现在我们正经过校园，我重点向亚当介绍了我的学校。

"这是我的学校。"

"真是太大了。"

"是的。看到那座高台了吗？"

"看到了……"

"有一次，我和捷兹逃数学课，然后偷偷去了那里，没人能找到我们，但后来从那里下来时，我们害怕极了，疯狂地尖叫。"

"可以想象你们当时是怎么被训斥的。"

"那还用说吗！在我的生活中，我做了很多疯狂的事情，现在都无法计算了。"

"我今天确认了这一点。"

"我不是第一次离家出走。"

"怎么，完全不害怕后果吗？"

"你知道吗？如果你总是害怕，那么生活还有什么乐趣？"

"我刚在想，如果我当时没有遇见你，会怎么样？"

"我觉得你的生活会更加平静，难道不是这样吗？"

"不，"他停下来握住我的手，"我根本不能没有你。"

"但我没有你……"然后我继续往前走，"我们走吧，没多远了。"

半小时后，我们到达了马特家，外面都可以听到震耳欲聋的音乐声。

"好吧，你准备好了吗？"

"我想是的。"

我们打开门。里面大约有 100 人，所有人都成对地跳舞、喝酒——这里氛围最美妙了。

我用眼睛搜寻着捷泽尔，终于找到了她和马特，并带着亚当来到他们跟前。

"大家好，认识一下，这是亚当。亚当，这是捷泽尔和马特。"

"你好。"亚当胆怯地说。

"很高兴认识你。"马特说。

"亚当，我也很高兴认识你。欢迎！就像在自己家一样！"

"好的，谢谢！"

捷泽尔把我带到一边。

"洛丽，他真是个帅哥！"

"我知道。"

下一刻我开始跳舞。我、亚当、捷泽尔和马特都在舞池中央，大家都看着我们。我感觉音乐从静脉悄悄地蔓延到我心里。我感觉非常好，刹那间，我忘记了所有的问题，完全沉浸在舞蹈中。亚当握着我的手，我觉得很温暖，我希望这个派对永远不要结束。

我和捷泽尔坐在小皮沙发上，亚当和马特从我们眼前消失了。

"我们的男朋友相处得很好。"捷泽尔说。

"太酷了！"

"你能告诉我你不能来的原因吗？"

"有什么可说的？你已经知道了一切。"

"又是因为父母？"

"是的，这次是爸爸。"

"听着，忘掉它。放松一下，一切都会好起来的。"

"我希望如此。"

经过短暂的休息后，我又去了舞池，这次我一个人，亚当不在。我尽量不去想回家后会发生什么事，现在最重要的是满意地度过这段时光，以便长久地记住它。

大约十分钟后，我又看到了亚当，我朝他走去。

"你去哪儿了？"

"马特带我参观了他的家，我们聊了聊，他问我们是怎么认识的，以及我们成为朋友多久了。"

"奇怪，我以为他对这些不感兴趣。"

"显然，他有兴趣。"

一分钟后，捷泽尔来找我们。

"亚当、洛丽，不想喝一杯吗？"她手里拿着两杯轩尼诗。

"不，谢谢，当我喝酒时，我会失去理智。"亚当说。

"这可真酷，这就是我们聚在这里的原因！来吧！"她递给他一杯，他喝了一口，"洛丽？"

"不，我不喝。"

"怎么，只是一个派对，又不是葬礼。"

"捷兹，我不想喝！"

"她好无聊啊！走吧，亚当，我想跳舞！"

捷泽尔抓住亚当的手，走向舞池，最惊讶的是亚当顺从了她。当然，看到她的美丽，他一定会爱上她，现在不能拒绝她。我站在那里，像一个被丈夫抛弃的女人，然后我回到沙发上，开始看捷泽尔和我最好的朋友一起跳舞。马特走到我跟前。

"你为什么不跳舞？"

"跳累了。"

马特坐在我身边。

"大家都喜欢你的朋友。"

我微笑。

"怎么样，你准备好了吗？"

"准备什么？"

"好吧，捷兹告诉我，你们今天……"

"啊，你说这个吗？我不知道，可能是的，虽然我不确定。"

"不确定什么？"

"捷泽尔。就是她想从我这儿得到一切，然后她就会抛弃我？"

"你知道吗？通常是女生会这样说，而不是男生。"

"真的吗？"

"是的。"

我抑制不住开始大笑起来，马特也是。我的天哪！请让这些时间永远继续下去吧。我愿意献上一切来换取今晚和他在一起的时光。

突然，有人关掉了音乐，所有人都停了下来。

"大家晚上好！"我的内心现在充满了恐惧——是尼克。

"他在这儿做什么？"马特说。

"见鬼，尼克？我们没有邀请你！"捷泽尔说。

"冷静点，美女！我有权回来找我最好的朋友。"

"滚出去！"马特说。

"马特，我和平地来到这里，我只想玩得开心。"

"我说了，赶紧滚！"

"你为什么这样？我只是想解决我们的问题，而你要把我从你家赶出去。"然后尼克用尽全力袭击了马特，马特被撞向墙壁，他起身还击尼克。马特把尼克推倒在地，开始猛烈地殴打他。

"马特！"捷泽尔大叫起来，但马特没有听到她的声音。"马特，住手！"马特继续殴打尼克，大家开始跑出房间。"等等！你们去哪里？"没有人关注捷泽尔，一大半的人都走了。

马特停了下来。

"我再说一遍，滚出去！"

尼克勉勉强强地站起来，鼓足力气，朝马特的脸上啐了一口，离开。

"你干什么？"捷泽尔喊着。

"捷兹，你怎么了？"

"你毁了一切！因为你，所有的人都走了！我已经叫你停下来了！"

"那又怎么样？让他们走！这些人对你这么重要吗？"

"重要！因为我的名声由他们决定！"

"我看错你了。对你来说，重要的是人们对你的看法，而不是我们的关系！”

马特转身朝外面走去。

“马特！”

捷泽尔开始咆哮。

“捷兹，冷静一下。”我说。

“我很冷静……冷静。谢谢你留下来，派对还在继续！”

剩下大约十个人，但是捷泽尔仍然开着音乐，手里拿着一瓶威士忌，然后走到房子的侧屋，我跟在她后面。

“捷兹，你在做什么？”

她喝了一大口威士忌，我从她手里抢下了酒瓶。

“我恨他！现在大家会怎么看我？”

“毕竟是尼克先开始的。”

“我不在乎！我以为我的男朋友更聪明，会先结束！把威士忌还给我！”

“你表现得像……”

“像谁？好吧，说吧，朋友！”

“……就像一个十足的低能儿！”我把威士忌酒瓶还给她，然后向大厅走去，我觉得捷泽尔跟着我。

“亚当……”我刚要说话，但是捷泽尔打断了我。

“亚当！洛丽要走了，你会留下来和我一起吗？”

“我也要回家。”

“拜托……我的男朋友和女朋友都把我抛弃了，难道你也要抛弃我吗？”

“亚当，我们走吧！”我抓住亚当的手说，但他把我推开了。

“格洛丽娅，我……稍后就来。”

捷泽尔用阴险的笑容看着我，我觉得这一切都非常令人讨厌，我独自走向出口，然后转身看到亚当拥抱着捷泽尔，喝了一口威士忌。我内心的一切都彻底颠覆了。我那可爱的乡村男孩变成了像尼克一样令人厌恶的败类。我要走了。我现在就想大哭，但我已经没有力气了。我跑回家，尽管我家离马特家足够远，我都没想过停下来。我想用疲劳和腿部的疼痛来掩盖心灵的痛苦。

我到了家门口，开始按门铃，但是一分钟过去了，五分钟过去了，没有人来开门。我用拳头敲门，还是一片寂静。惊慌中，我发现我把包忘在马特家里了，里面有家里的钥匙。

"见鬼……"我又摁了门铃，"妈妈、爸爸，开门！"

没有人听到我的声音，或者听到了我的声音，但为了给我一个深刻的教训。爸爸故意不给我开门，想惩戒我从家里逃跑。

我坐在门廊的台阶上，希望他改变主意，怜悯我，把门打开。因为寒冷，我开始颤抖，外面已经是秋天，尽管佛罗里达气候温和，今天的温度大约是 16 摄氏度，但现在将近夜里一点钟，气温变得更冷了。爸爸不开门。你想象一下，这个人得多么讨厌我，在这样寒冷的天气里，他希望我在街上睡觉。我的腿和脚趾都冻僵了，无法起身。但我仍然鼓足力量，再次开始疯狂地敲门并摁门铃。还是不开门。好吧，只剩下一条出路——回到马特家拿我的包。我又开始全力以赴地奔跑，好让身体暖和起来，让自己感受到血液的温暖。

我到了马特家，自信地走了进去。这里是多么暖和呀！房子里空荡荡的，所有人都回家了，也没看见马特。我慢慢地寻找我的包，这样我就可以找回温暖和安宁。最后，我找到了它。当我朝着出口走去时，我听到有人在笑。也许我听错了？过了一小会儿，我又听到了同样的笑声。好像是从二楼传来的声音。

我不知道是谁的声音，我小心翼翼地爬上楼。笑声越来越近了。我到达我和捷泽尔去过的那个房间的门口，笑声是从那里面传来的。我打开门，然后……捷泽尔和亚当纠缠在那张床上。我用双手遮住脸，以免在这里被背叛，我放任自己的歇斯底里，泪水从我眼中流出来。我跑下楼，走到外面，试图集中精神。

"洛丽，"我转身看到了马特，"我以为你已经走了。"

"我忘记拿包了。"

"捷兹还在那里吗？"

"……是的……她喝多了，我把她拖到其中的一个房间去了，所以现在最好不要打扰她。"——为什么？我为什么要袒护她？

"好吧，我送你回家，已经很晚了。"

"谢谢。"

我再次与马特开车穿过这座城市。我的脑海里思索着几分钟前亲眼所见的一幕——最好的朋友和女朋友的背叛行为。马特还不知道捷泽尔做了什么。当然，我现在可以告诉他一切，但我已经麻木了：我看着远方，说不出一句话。当他回到家时，让他自己看到那一切。我真的很想这样。

我们终于到了我家。

"连续第二晚……"

"什么？"

"连续第二晚你送我回家了……"

"是的，捷泽尔非常生我的气吗？"

"……一点点。"

我下了车。

"算了，希望明天可以解决一切……"马特说。

"我也这么想……"我转身，走进家门。

是的，明天一切都会得到解决，明天会被那个习惯于打破一切的人破坏。

现在我们来看看：捷泽尔，我们中谁才是薄弱的环节。

## 第7天

亲爱的日记！

现在才早上七点，但我真心羡慕那些早上被发现死亡的人。昨天我又逃离了家，幸运的是，我不是一个人，而是和亚当一起。大约夜里两点半，我回到家，家里每个人都睡着了，没人注意到我是怎么进来的。剩下的所有时间，我只是睁着眼睛躺在床上，无法入睡。脑子里有太多想法，我觉得我的大脑都要爆炸了。

捷兹，我最喜欢的捷兹，这个夜晚和我童年的朋友亚当一起度过，这深深地伤害了我。我非常伤心，我想要号啕大哭，为了不让人听到我的声音，我咬住了自己的手。我一句话也说不出来，实在没有想到事情会发生在他们身上，但现在我真的明白，眼前折磨我的人，正是那些我曾想要为了他们而活下去的人。

早上六点，我还睡着，但是闹钟把我吵醒了，不知为什么我就醒了，手上满是自己哭泣时咬伤流血而留下的伤口，我的眼睛肿了，浑身起了鸡皮疙瘩。外面看起来似乎很暖和，但我还是很冷。我鼓起勇气去洗澡，把自己收拾好。我打算回到自己的房间，但爸爸就站在我的房门口。我无法描述他是用什么样的眼光"奖励"我的。

然后爸爸说现在我受到严厉的家庭禁足。他会开车接送我上学放学，以便完全掌控我的行踪，如果我反对，他就把我送到英国的女子寄宿学校！当然，我不能反对，因为我想在家里度过我生命的最后一段时光，和我的家人及朋友在一起，所以我同意了他的最后通牒。这样的话，日记，现在我真的像在监狱一样，每天的监禁都会让我发疯。

还剩43天，洛丽

我穿上白色T恤、深蓝色西装上衣、同样颜色的裤子，快速梳头，然后下楼。

"爸爸，我准备好了。"

"上车，我马上就来。"

我乖乖地出门，去车子那里等爸爸。在此之前，我从邮箱里取出一份报纸、一本折叠的印刷品和一封信。然后我坐进车里，乖乖地等着爸爸。突然我注意到了那封信，这是写给我妈妈的信。我知道看别人的信不好，但是这一刻我充满了好奇，所以我立刻撕开信封，看了信中的内容。原来是来自妈妈公司的一封信。

亲爱的乔迪·马克芬，我们通知您，从2011年9月15日起，您不再是我们公司的员工。我们会将一笔失业人员救济金转入您的账户。

签名：

妈妈被炒鱿鱼了？但是……为什么？虽然问这个问题很愚蠢，在与爸爸和外婆争吵之后，她已经不怎么出门，忘记了她的工作，并且把所有空闲时间都花在了酗酒上。什么样的公司会容忍这样的员工？

我心里感到不安，我一直不欣赏父母只有一方工作的家庭，因为所

093

有的钱都花在了最必要的东西——食物（但有节制）和供房子上。现在我成了这群人中的一员。最让我担心的不是这个，而是我的妈妈。每天她都变得更糟，她对生活失去了兴趣。如果她像我一样想要自杀呢？不……不……我不想考虑这些。

爸爸上了车。

"离上课还有多久？"他问道。

"半个小时，从来没有这么早去过学校。"

"你要习惯，从现在起，你一直会准时到学校。"

爸爸开动车子，我们出发了。我仍然把信拿在手里，告不告诉他？我不知道。多半我会把它交给妈妈，让她自己决定该怎么办。

广播里放着某个老牌乐队的歌曲，我完全不认识。

"调大声点，这是我最喜欢的歌曲。"爸爸说。我调高了音量，爸爸跟着主唱一起唱了起来。

"你喜欢这支乐队吗？"他问道。

"不。"

"可惜了，这是一支非常好的乐队。"

"这首歌是关于什么的？"

"关于在老夜总会里工作的单腿妓女。"

我的天哪！我的音乐品味和爸爸完全相反，这真是太好了。

爸爸在校门口停下车。

"我会来接你，如果你不在，你自己知道等待你的是什么。"

"当然，监视员同志！"

我下了车，然后去学校。

我开始思考捷泽尔和马特现在的情况，想象一下昨天发生的事情。马特发现她和亚当在房间里，他们赤身裸体开始为自己辩解，并且他明白了，捷泽尔为了别人，把他抛弃了。我希望是这样的。

第一节是历史课。我在课堂开始前15分钟找到了教室。我走进教室，寻找着捷泽尔哭泣过的眼睛，但她不在这里。因为昨晚的事，她没有来学校。当然，和一个认识不到一天的男人一起背叛了自己的男朋友——是的，我要是她，我就在这样的夜晚自杀。

我坐在课桌前，拿出课本，观察着马特——他正在和来自意大利的交换生卡尔洛斯聊天，整个教室都能听到他们的笑声。马特表现得不像一个昨晚和女朋友分了手的人。也许，他根本不想表现出他不佳的状态。

这一天过得非常快：一眨眼历史课、英语课和文学课都过去了。没有捷泽尔，我无法忍受独自一人走在学校里，似乎大家都只是看着你并且在谈论你。我没有可以聊天的对象，因为我只和捷泽尔来往，学校的其他人都只是路人。

我想到我把日记忘在了学生储物柜里，所以我必须到学校的左侧楼去拿。在途中，我遇到了尼克的朋友们。幸运的是，他们并没有注意到我，从旁边走过。尽管如此，我的心却疯狂地怦怦直跳。我到了储物柜跟前，打开柜门……我面前又放着一封用白色信封装着的信。尼克的朋友们刚刚从左侧楼经过——又是他们。我小心翼翼地打开信封，把信拿出来，读道：

"昨天的惊喜会永远在你的记忆中。"——当然！尼克搞砸了昨天的派对，并且捷泽尔和马特因为这事吵架了，然后我发现亚当和我最好的朋友上床了——非常惊喜，无话可说！我再次把信揉成一团，扔进了垃圾桶，前往餐厅。

这儿人太多了，我独自一人，没有捷泽尔，怎么都觉得不习惯。我拨了她的号码，但我只听到千篇一律的令人恼怒的嘟嘟声，她不接电话。好吧，我不打算在她面前妄自菲薄，况且她应该给我打电话道歉，而不是我打给她。

我把苏打水和两个小面包放在托盘上，然后我看到马特独自坐在中央餐桌旁。我朝他走去。

"你好！"我说。

"你好！她在哪儿？"

"捷兹？我不知道，我还想问你呢。"

"也许，因为我，她没有来。"

"怎么，你昨天没跟她说话吗？"

"没有，当我回家时，家里已经没有人了。"

怎么回事？怎么会没有人？这不可能……他什么都不知道。在他回家前，她和亚当怎么可能会消失？我无话可说……虽然我现在就可以告诉马特昨天我看到的场景，但我没有说出来。

"……奇怪，她处于这种状态，我以为她会和你待在一起，直到早上。"

"我给她打电话，但她没有接电话。"

"……我也是。"

"我做了什么可怕的事，让她如此痛恨我？"

她背叛了你。她背叛了你。格洛丽娅，立刻告诉他！

"马特，我觉得这只是她的怪脾气，很快一切都会过去，你们会和解，你就等着瞧吧！"

我的愿望与我的行为绝对不相符。为什么不告诉他呢？只要一句话，马特就是我的。但是当尼克经过我们的餐桌时，这种想法很快就消失了。我手握成拳，开始颤抖起来。

"你还好吗？"

"……什么？你为什么这么问？"

"这个怪胎从我们身边经过时，你吓得脸色发青。"

"没什么……我很好，"我吞了一大块面包进去，最后说，"虽然不……不好。连续两天，有人往我的储物柜里投信。"

"什么样的信？"

"第一封信写着：你不担心他会发生什么事吗？第二封信中写着：昨天的惊喜会永远在你的记忆中。"

"你认为这是尼克干的吗？"

"可能，但我不确定。"

"那好吧，如果他在昨天之后还是什么都不明白，那我会再教训他一次！"

"马特，不要这样！他很危险。"

"他怎么危险？我和他是老熟人，他看上去像个无所不能的纨绔子弟，内心却是个胆小鬼，什么都害怕。"

告诉马特一切之后，我变得很平静，好像我有了一个私人保镖。他为什么这样做？为什么他每天越来越让我钟情于他？我不会告诉他关于捷泽尔的任何事情，我只是不想看到他受伤害。让捷泽尔……当然，如果她还有良心的话，自己告诉他一切，我认为这样会好得多。

接下来的两节课和之前的课一样过得很快。因为我今天独自一人坐在课桌后面，没有人可以说话，不得不听老师讲课。你能想象吗？我强迫自己不要在老师眼前睡着，还要装作很聪明的样子，听懂了他们讲的内容（虽然大多数情况下并非如此）。我不想说自己真的脑筋迟钝，只是当你的脑海里一直在想最好的朋友和女朋友的背叛行为，想你迟早会被尼克和他们一帮人折磨，你也不会怎么想学习。

几何课上，老师让我告知捷泽尔家庭作业，因为在下一堂课，我们要进行小测验。我是如此不想看到我女朋友虚伪的眼睛，但我似乎不得不这样做。

我去了数学教室，突然听到马特的声音从我身后传来。

"洛丽，"我转过身，"听着，我们今晚去酒吧怎么样？"

"你和我？……"我天真地问道。

"还有捷泽尔，我已经邀请了亚当。"

"我去不了……"不能说我被禁足了，我得想一些更聪明生动的理由！"社会学安排我们明天做一个项目，所以我很忙。"

"洛丽，我想和捷兹和解，她是你最好的朋友，她会听你的。拜托了！"他牵着我的手。

然后我立刻开始融化。难道我能拒绝他？——我以后永远不会原谅自己。

"好吧，我想社会学可以等一等。"

"谢谢。"

我像个傻瓜一样站在那里，笑容满面。我之前从未与马特如此接近过，以前我们的来往仅限于"你好，再见"，还只是捷泽尔在场的时候，但现在一切都变了，我想尼克事件让我们的距离更近了，我喜欢这样。下一秒，我后退了一步，撞到了痘痘王，第二次了！课本从我手中掉落，纸张到处乱飞。

"查德！"

"对不起，我不是故意的。"

"怎么，你故意的吗？"

"我真的不是故意的，我现在就把它们捡起来。"

查德跪下来开始捡我的课本。他似乎很害怕，这种情况下，我甚至觉得自己错了。最后，一切都解决了，我继续前往数学教室。

我喜欢学校里的所有课程，甚至那门无聊的哲学，老人孔纳利先生给我们上这门课，但现在我无法忍受数学课。并不是我完全不懂，只是因为我的人道主义思维并不是为了计算这些平方根、方程式和图表——在这方面我的能力完全为零。我喜欢那些可以阅读和背诵文章的课程，那些我擅长理解的课程。但我的爸爸认为在所有课程上，我都应该是个绝对的天才。

劳伦斯小姐讲解着一个新主题，时不时看着我：起初我觉得好像是这样，后来我确信她真的一直没把目光从我身上移开。我又做错了什么？最近我真的认真准备功课，否则我爸爸会撕下我的三层皮，我再也不想家里发生争吵了。

这一堂课终于结束了，我松了一口气。

"下课了，大家自由活动。"劳伦斯小姐说，停顿片刻之后，她转向我："格洛丽娅，请留下来。"

好吧，当然！难怪她在整节课过程中都那样看着我。现在又要训斥我，并将再次威胁要去我家。这对我来说算什么？

"我检查了你昨天的测试，想要祝贺你，你得了4分！"

"好极了！我说过，我会努力的。"

"干得好！"

门开了，爸爸走了进来。

"您好，劳伦斯小姐！"

"您好，马克芬先生！"

"爸爸，看，我得了4分。"我有些兴奋地向爸爸展示我的分数，但他好像完全没有注意到我。

"好极了！劳伦斯小姐，我要感谢您，是您让我意识到自己是个多么糟糕的爸爸。"

"您说什么呢？每个人都会遇到这样的情况，最主要的是你及时改正。"

他们和悦地相互微笑着。我的天哪！我要吐了。我还是强迫爸爸离开了教室，我要和他一起去开车。

"请把我送到捷兹家。"

"你怎么了？忘记我告诉你关于女朋友的事了吗？"

"不，我的记忆没问题，只是捷兹今天没来学校，老师让我把家庭作业告诉她。"

"好吧，只有五分钟，最多五分钟！"

瞧，现在我有一个艰难的考验。我甚至都不知道该如何看着她的眼睛，不是因为我讨厌……虽然不是，我讨厌是因为某些事情，但我并没有想到她会这样。我和她做了大约14年的好朋友，我完全清楚她也是个坏蛋，她能残忍地操控人，但我永远没想到她可以和第一次见面的人上床，何况还暗中瞒着自己的男朋友。如果我有一个像马特这样的男朋友，我会穿上带锁的铁质忠诚内裤。

我们开车到了捷泽尔家。我拿着一张纸，上面写着给捷泽尔的家庭作业，走到门口，开始按门铃。

大约三分钟后，门开了，捷泽尔走到门口，没有浓妆，却有可怕的水肿。

"洛丽，你好。"

"你好，捷兹，我给你带了家庭作业。"

"谢谢……进来吧。"

"不，我不能，我爸爸在车里等我。"

"只需要五分钟，"她抓住我的手，将我拉进家门，"请原谅我。"捷泽尔拥抱我，开始哭泣。

"……为什么？"

"为了昨天的事，我表现得像一个十足的傻瓜！"

"是的，我已经习惯了。"

"别说了！你应该说：怎么，你只是喝得太醉了！"

"你是一个傻瓜，而且你喝得太醉了。"

"也就是说，你不原谅我吗？"

我刚想张嘴回答，捷泽尔的手机铃声响了。她拿起手机，挂断电话，扔在椅子上。

"是谁？"我问。

"马特……他问起过我吗？"

"……是的，"我痛苦地说，"他想见见你。"

"我不想。"

"为什么？"我假装不明白捷泽尔害怕什么。

"因为……因为我讨厌他！他对我这么恶劣！我不想跟他说话！"

这才是捷泽尔的风格。她完全清楚自己做了多么可怕的事，但她却责备马特。

我鄙视地看着她，真想当面对她说出一切，但这就是我，我能让我的想法和行动一致吗？

"如果你和他见面，我会原谅你的。"

"好吧，我会给他打电话。"

"很好，那我走了，我被家庭禁足了。"

"真的吗？第几次了？"捷泽尔笑着说。

"我已经懒得数了。"我笑道。

从捷泽尔家里出来，我心里有一些疑惑，她没有告诉我任何事，她甚至不怕看我的眼睛，她一点都不感到羞愧。我有这样一个好朋友！

我一脸冷漠地坐在车里，爸爸开着车，看向我，但此时我用仇恨的目光死死地盯着柱子，想象这就是捷泽尔。

"我不喜欢你保持沉默。"爸爸说。

"原谅我？"

"你还记得我们最后一次像父女一样谈话是什么时候吗？"

"难道曾经发生过吗？"

"这就是我要说的。格洛丽娅，你可以告诉我你担心的一切事情，或者问一些事情，我随时都会回答你。"

我沉默了大约五分钟，然后我问了爸爸一个问题：

"爸爸，为什么人们要撒谎？"

"好吧，因为不这样的话不行。人们总是随时随地撒谎，只有两个原因。第一个原因——他们想在某些情况下替自己辩解、解围；第二个原因——他们想要保护他们所爱的人。"

好吧，有这样一位出主意的人，我可以立刻在脖子上套上绞索。

"谢谢……你给了我很多'帮助'。"

"我同意，我这个心理学家不怎么样，但体力发达，如果有人让你受委屈，告诉我，我一定会让他后悔的。"

"好吧，如果学校的一个男生想要杀了我，因为我差点杀了他，怎么办？"

"这是个好笑话，格洛丽娅。但下次告诉我一些严肃的事情。"

"我没开玩笑，爸爸，我没开玩笑！"

几分钟后，我们到家了，我上楼回到房间里。今天是出奇平静的一天，没有任何意外发生在我身上。这样的一天对我来说总是不够的，可以只考虑自己的问题而不用担心新的问题。我开始做明天要交的作业，但是捷泽尔意外的电话让我分了心。

"洛丽，你为什么不告诉我马特叫我、你和亚当去酒吧？"

"也就是说，你给他打电话了？"

"我不得不打。"

"捷兹，你得和他见面，打电话不能解决问题。"

"我知道，但你真的会来吗？"

"我会努力当爸爸的乖孩子，也许他会让我去。但是我不确定。"

就在这时，爸爸走进了房间。

"格洛丽娅，你在和谁说话？"

"这不重要。为什么这么问？"

"把电话给我。"

"但是爸爸……！"

"我说把电话给我！"

"你不让我出去和朋友来往，现在还要拿走我的手机？"

"是的。"

我叹了口气，巴不得我戴上脚镣，这样才算彻底地在坐牢。我交出了手机。

"相信我，我这么做都是为了你。"

我没有回答。我转过身，背对着他，开始在练习本上写字。他离开了。我生命中的最后一段日子将彻底过着被监禁的生活，失去与外界的联系，真是太好了！我开始意识到我是多么讨厌我的父母，因为这个想法，我的手都有些颤抖。我用手掌捂住脸，试着冷静下来。毕竟，我没有杀人！也没有抢银行！只不过数学得了几个 3 分，我可以在指定的时间内改正，去参加派对，同时完成所有的功课。这不公平。

王子跳到我的膝盖上，呜呜叫着。

"怎么了，我亲爱的？"我低声说。

然后我抱着它，和它一起躺在床上。我闭上眼睛，尽量不去想任何事情。几秒钟后，我觉得我的眼皮再也无法睁开。我睡着了。

莫名其妙的谈话把我吵醒了。当我睁开眼睛时，谈话声变得更大了。现在是七点半，我大约睡了四个小时。我觉得浑身酸疼，王子用虾的姿势躺在我旁边。五分钟后，我才缓过神来。我留心听了一下谈话，好像有人来我们家了。

我下楼，看到外婆和马西站在门口。我的脸上立刻露出笑容，我非常想念他们。

"外婆！"

"格洛丽娅，我太想你了。"我们互相拥抱。

"你好，马西！"

"你好！这是给你的。"他给了我一大盒巧克力。

"谢谢！我很高兴你们来我们家！"

"看来你是这家里唯一一个对我们的到来感到高兴的人。"外婆说。

我转身看到妈妈和爸爸不满意的表情。

"妈妈，我真不明白，你为什么来找我们？你一切顺利，很快就要和这个吃奶的小子举办婚礼，如果你想邀请我们，那你已经提前知道我的答案了。"妈妈说。

"是的，我知道，我来并不是为了这件事。这个星期六我要去巴黎，在那里预定缝制一件婚纱，我希望格洛丽娅可以跟我一起去。"

这可让我大跌眼镜。

"去巴黎？外婆，你认真的吗？"

"再认真不过了！"

"我的天哪！我真的很想去。"

"就算你再怎么想去，你也哪里都去不了。"爸爸说。

"为什么？"我问道。

"你被禁足了！忘了吗？"

"大卫，别担心，这次是两天的行程，我会看住她，这样一切都会好的。"

"哦，是这样吗？你想把我的女儿引诱到你身边？你得弄清楚，你不会得逞的！我不允许格洛丽娅和一个60岁的人尽可夫的笨蛋去别的地方！"妈妈喊道。

"什么？"外婆听完她的话，几乎站不住了。

我的内心也有些抽搐……

"闭嘴，妈妈！"我尖叫，"你怎么敢跟她这么说话？"

"你竟敢吼我？"

"就像你对你的妈妈一样！"

"哦，你这个贱人。这就是你说话的方式吗？她用昂贵的旅行诱惑你，你立刻就爱上了一整年都不打个电话的外婆？我不知道我的女儿是可以这样贿赂的！难怪我从你出生的第一天开始就讨厌你，如果我把你留在孤儿院里会更好！"

泪水不由自主地从我眼中掉下来。我张着嘴，屏住呼吸。我听到自己心脏的跳动声，手握成拳，听完这些后，鼓足力气重新开始说话。

"……的确，留在那儿更好，因为我很遗憾，有一个像你这样的母亲！"我含着泪说道，"你看看你自己！你像谁？你整天喝酒，在众目睽睽之下呕吐，闻到都令人恶心！"我大喊大叫，从口袋里掏出母亲公司寄来的那封信，"还有，你知道吗？爸爸，妈妈现在已经失业了！她被解雇了！"

"什么……？"爸爸问道。

"看看你生活中取得的成就！你是一个彻头彻尾的失败者！"我尽全力把信甩在妈妈脸上，然后跑出了家门。

我真的开始歇斯底里了，我表达出了内心长期累积的东西。我很痛苦，我觉得我妈妈也很痛苦，但我绝不会怜惜她，我甚至很高兴，现在她终于知道我对她的看法了。

外婆来找我。

"格洛丽娅……不要哭，宝贝。"

"外婆，谢谢你还在……"

"好了，你说什么呢……那么现在这样，回家收拾东西——今天你去我家过夜，明天你和我们一起准备去巴黎！"

"外婆，我不想让你在我身上花钱。"

"说什么傻话呢？我真的希望你远离这场噩梦，至少休息两天。如果你愿意，可以叫个朋友一起去，比如闺蜜。"

"捷泽尔？是的，我想。"

"嗯，很好，那给她打电话，我们三个人会更有趣。"

"好的。那我去收拾东西了？"

"嗯，我们在这里等你。"

"我很快回来。"

我跑回家里，看到爸爸在厨房里对妈妈大吼大叫，因为她被解雇了，但是我满不在乎，我只想尽快离开这个家。

我以光速拿出行李箱收拾东西，然后带上明天上课的书包和课本。王子开始抚摸我的脚，可怜兮兮地喵喵叫着。

"对不起，王子。我保证，我很快就回来。"

然后我迅速走下楼梯，离开了家。

"坐下。"外婆说。

"你拿着我的东西，稍后我就回来，我想去告诉捷兹这场即将到来的旅行。"

"好吧，只是不要耽搁太久，否则我会担心。"

"好的。"

外婆和马西离开了，与此同时，我搭出租车去酒吧。

时间是八点五十分，我到了酒吧。本市没几个酒吧，所以我们在市中心选了一个小酒吧晚上聚会，我们在那里给捷泽尔庆祝生日，在那里我第一次喝了啤酒。

我走进酒吧，看到捷泽尔坐在窗边最远的桌子旁。

"你终于来了，我还以为你不会来。"

"马特和亚当在哪里？"

"他们抽烟去了。"

"明白了。你跟他说话了吗？"

"还没……我害怕。"

"你怕什么？"

"洛丽……你应该知道一些事……那晚我和亚当在一起……"捷泽尔开始号啕大哭。

"……你们做了什么？"

"我失去了……好吧，你明白的……"

"这是怎么发生的？"我假装很惊讶的样子。

"我和亚当喝了一整瓶威士忌，我们什么都不知道了。原谅我……"

"你为什么要道歉？"我说。

"亚当本来是你的朋友……"

"恰恰如此，只是朋友，不是男朋友。没关系。"

"我怎么跟马特说？我背叛了他……"

看吧，最后，她还是觉得自己做错了。好吧，你必须把局面掌握在自己手里。

"什么都别说。我不会告诉他任何事，我想亚当也是。让它成为我们之间的秘密。"

"……你认为这样对吗？"

"无论如何，他不应该知道这件事。毕竟，你不是故意这样做的。"

"不，不是故意的……我觉得自己是最坏的贱货。"

"你知道吗？我有个很酷的消息要告诉你。"

"你觉得可以让我现在开心起来吗？"

"我想可以。外婆邀请我和你与她一起去巴黎！"

"什么？这是开玩笑吗？"

"不！我们真的可以摆脱，至少暂时忘掉我们的问题。"

"洛丽，我崇拜你！"捷泽尔泪流满面地微笑着，然后她紧紧拥抱我。

此时，马特和亚当走到我们跟前。

"你好！"马特说。

"你好！"亚当说。

"大家好！"我说。

"你们怎么这么高兴？"马特问。

"我和洛丽要去巴黎！"

"真的吗？"

"是的。"捷泽尔笑着说。

"那需要喝一杯！"亚当说，"调酒师！"

调酒师给了我们四杯龙舌兰。

"捷兹，你能原谅我吗？"马特说。

"难道我能说不吗？"

他们吻了吻对方的嘴唇。我看着这一切，委屈的泪水在我的眼眶里打转。但我还是与他们和解了，因为不需要把一切都放在心上。我拿了一杯龙舌兰喝了个精光，亚当、捷泽尔和马特也纷纷效仿我。

我嘴里仿佛要燃烧起来，但是我也没在意。我走到酒吧中央，开始跳舞，马特要求把音乐调得更大声，然后开始和捷泽尔一起跳舞，然后亚当也加入了我们。我们的夜晚就这样继续着。我们喝着龙舌兰，旁若无人地跳着舞。

当外面完全变黑时，我们决定结束我们的娱乐。我喝得够多了，但是，我觉得自己还可以。

"大家再见！"马特搂着捷泽尔的腰说。

"明天见！"捷泽尔说。

"为巴黎做好准备！"

"再见！"亚当说。

捷泽尔和马特走一边，我和亚当走另外一边。

"我们玩得很开心。"亚当边说边握住我的手。

"别碰我！"

"格洛丽娅，你怎么了？"

"不要假装你什么都不明白！你怎么能这样，亚当？"

"我真的不明白，你指什么？"

"你和捷泽尔，以及你和她一起度过的那个夜晚！"

"你从哪儿知道的？"

"捷兹把一切都告诉我了，我们是朋友！"

"……我不想这样……我不知道这是怎么发生的……"

"当然！捷兹就算了，她很蠢，又喝醉了。但是你！你非常清楚她有男朋友，依我看，你还和他相处得很好。你为什么这样做？"

"她自己想要这样。我只是服从了……"

"亚当，我以为你是与众不同的……"

我转身往前走。

"格洛丽娅……我这样做，不是因为我喝醉了……我想我爱她。"

我停下来。

"你说什么胡话？你什么时候来得及爱她了？"

"我不知道……昨天你离开后，我们聊了很久，我知道她是个什么样的人……"

"她是一个什么样的人？"

"她很漂亮，让人无法忘记。"

"即使是这样，她有男朋友，你必须忘记她。"

我继续往前走。

"你也希望他们分手！"

"你说什么呢？"

"你完全清楚，我说对了，"他走近我，"你以为我没有注意到，当马特吻捷兹的时候，你是怎么看着他的？承认吧，你喜欢他！"

"亚当，别胡说八道了！"

"听我说！我想留在这里。我会租房子，我会找到工作，如果我到城里来，我爸爸只会高兴。只是我需要在哪里住几天，好安顿下来。"

"哪里，我家吗？"

"为什么不行？格洛丽娅，你是我在这个城市里唯一的熟人。你能帮我吗？"

"这样我能得到什么？"

"例如，我们可以结盟。只有联手，我们才能拆散他们，同时不会让任何人受伤。"

"我的天哪！你在说什么？"

亚当在手掌上吐了一下，伸到我面前。

"你同意吗？"

为什么不呢？如果亚当喜欢捷泽尔，而我喜欢马特，为什么我们不真正地结盟呢？而且这对"甜蜜"情侣已然处于分手的边缘。

我在手掌上吐了一下，和亚当握手。

"是的。"

我想把捷泽尔和马特分开。我想和马特在一起……

# 第8天

这个早晨特别明亮温暖。一个尚未被唤醒的世界的宁静被厨房里盘子的碰撞声破坏了。在这里我不怕睁开眼睛，在这里我觉得非常有安全感。我绝对不想想起我的父母，不想想起他们凶恶的面孔。这几天，我必须保持冷静，平安无事。

我穿上蓝色衬衣和牛仔裤，我带的东西不多：几条裤子、四件 T 恤、一件毛衣和这件衬衫。当然，我还带了日记，这是我的一部分，我不能丢下它。

我走进厨房，外婆站在炉灶旁，亚当坐在桌子边和她聊天。

"大家早上好！"

"早上好，宝贝！"外婆说。

"早上好！"亚当说。

"早餐你可以吃油炸馅饼，或者你最喜欢的薄片。"

"谢谢，外婆，但我不想吃。"

"这怎么行？在学校还有一整天，你要吃点东西增加力气！"

"我去食堂吃饭吧，现在我没有胃口。"

"好的，但我还是在你的饭盒里放一个苹果和几个煎饼。"

外婆去了另一个房间，剩下我和亚当待在一起。

"她太贴心了。"亚当说。

"我崇拜她。你今天有什么计划？"

"我会试着找找工作，也开始找房子。"

外婆再次来到厨房，打断了我们的谈话：

"找房子？为什么，亚当？你可以住在我这儿。"

"我不好意思给您添麻烦。"

"你说什么呢？你就像我的孙子一样，你和格洛丽娅几乎所有的童年时光都在一起度过，你可以随意住在我这里！"

"谢谢你，玛莉布列斯小姐。"

真想不到，他还记得外婆的姓氏。

"你可以叫我科妮莉亚。"外婆和亚当微笑着。"格洛丽娅，马西送你去学校，准备一下。"

今天是上学的最后一天，明天我将欣赏到巴黎的美景。真不敢相信，但现在看来确实很好。我很快就收拾好了背包，今天的课除了化学都不难，昨天我半醉才回到外婆家，没有力气再学习。

我刚走到家门口，身后就响起了外婆的声音：

"格洛丽娅……"

"是的，外婆。"

"或许，你给你妈妈打个电话吧？"

"为什么？"

"万一她担心呢？"

"她不会担心，我向你保证，最近唯一让她担心的是家里的酒柜储存的波尔图甜葡萄酒。"

外婆沉默了，我知道她绝对同意我的看法。

我坐进马西的车里，我们出发了。马西从包里拿出一个小铝罐，打开它，喝了一口。

"你开车时喝酒吗？"

"这是能量饮料，我需要振奋精神。虽然科妮莉亚不同意我这么做。"

"你的父母是如何看待你和外婆的婚礼？"

"他们不知道，他们也不感兴趣。"

"你不和他们来往吗？"

"不，我18岁的时候就离开了家，因为无法忍受和他们在一起生活。他们开始折磨我、跟踪我，我厌倦了，然后我逃跑了。"

"从那时起，你连电话也不给他们打吗？"

"不，他们有自己的生活，我有我的生活。当然，独立生活不是蜜糖，但也有一丝丝甜味。"

我笑了。

我们开车到了学校，我看看表，离第一堂课开始还有五分钟左右，我慢慢地走到英语课教室，途中我顺道去了储物柜那边，打开它……又是一封信。看来这个玩笑开得有点长。我把信封揉成一团，把它扔进空垃圾桶里。我已经厌倦了，尼克到底想要干什么？他为什么扔进来这些用奇怪笔迹写的信？我的生命中终于开始闪现白色地带，那就是尼克。

在图书馆旁边，我遇到了捷泽尔和马特。他们拥抱着站在那里，捷泽尔吻着马特的耳朵，他笑了……总之，现在我要吐了。

"大家好！"我说。

"洛丽，看看，我像法国女人吗？"

捷泽尔今天穿了一条格子短裙，头上也是同样的色调，一件剪裁精致的白色衬衫使她更显丰满。

"不如说你看起来像贾斯汀·比伯13岁的粉丝。"

"我知道了！但马特说，非常适合我。"

"好吧，我不是潮流引领者。最重要的是裙子短，性感，我喜欢。"

"捷泽尔，请过来一下。"劳伦斯小姐说。捷泽尔乖乖地去见她。马特向我走来。

"今天没发生什么意外吧？"他问道。

"你指什么？"

"我指的是信。"

"……尼克没有停止。"

"他又写了什么？"

"我没看，立刻就扔掉了。"

"为什么？难道你不想知道这个怪胎今天的想法吗？"

"它还躺在那里。"

"我们走吧。"

马特抓住我的手，我们走到垃圾桶边，他小心翼翼地从里面拿出一个皱巴巴的信封，打开它，开始看信。

信上写着："想逃吗？"

"这是什么意思？"

"你跟谁说过去法国的事吗？"

"没有……"

"奇怪，他怎么知道这件事。"

"我很快就会发展成妄想症了，他似乎每分钟都在跟踪我。"

"他只是想吓唬你，让你害怕，不用在意他。"

"嘿！你在这儿做什么？"捷泽尔喊道。

"我们去拿日记本。"马特撒谎说。

我们一起去上课，清楚地知道已经迟到了三分钟。我和捷泽尔开始讨论我们的行程，我们已经考虑好去巴黎要逛哪些商店。

英语课，然后是物理课，很快都上完了。物理课家庭作业差点得了2分，更准确地说是没有做，但我跟老师讲了数学课上学到的两个定义，把我从这种情况中拯救出来。

化学是我非常害怕的一门课。尽管派珀小姐是一个相当温和的人，她可能给我2分，不会是1分，但是我不需要。

"顺便说一句，我忘了告诉你，在旅行之前我们需要把自己整理得井井有条，所以我给我们预约了美容沙龙，去找我熟悉的美容师。"

"捷兹，不需要。我现在缺钱，我住在外婆家……"

"你别担心，我已经付钱了，而且，我至死都应该这样……"

"……亚当决定留在这里生活。"

"什么？为什么？"

"他喜欢我们的城市，而且，他为什么要在那个穷乡僻壤待着？"

"好极了！现在他会告诉马特一切。"

"他不会说，他没有理由这样做，况且他与马特相处得很好。"

"你这么认为吗？"

下一秒，派珀小姐走进教室，当她说出"我们要做实验"这几个珍贵的词时，我心里变得轻松起来。

像往常一样，她把我们配对做实验。我像往常一样，祈祷我的伙伴是个书呆子，这样我们的实验又会得"5分"。幸运的是，我的祈祷被听到了，我的伙伴是查德·马克库佩尔。

我没听清任务，但查德在便笺本记下了派珀的话，我很惊讶他学习的认真劲儿。

"查德，如果你不反对，你做实验，我观察并记录，行吗？"

"当然不反对。但是你不做实验有些可惜，化学非常长知识。"

"那得看对谁而言了，查德。"

观察了大约十分钟，我看着他擦干净试管并读出烧瓶上的标签。说实话，他把我气坏了，更多的是他厚厚的眼镜把我气坏了，他的眼睛看起来那么小。

"那么，我们要得到硫酸钾，为此我将氢氧化钾和硫酸混合。"

"就这样？"

"是的，写下反应的名称，我们可以去交作业了。"

"……反应的名字……"

"中和。"

"是的，的确是！中和！我只是忘记了。"

"如果你愿意，我可以督促你学化学。"

"不，查德，我读几段就会明白的。"查德把派珀小姐叫到我们桌子旁。

"那么，格洛丽娅，你们得到了什么反应结果？"

我张开嘴，说不出一句话，因为我什么都不知道。

"反应的结果……它……总之……"

"格洛丽娅想说反应成功了，我们得到了硫酸钾和水。"查德救了我。

"是的！还有水……"

"干得好，我给你们 5 分。"

我松了一口气。我现在真的很需要 5 分，也许有这个 5 分，爸爸就不会再折磨我。

"谢谢你，查德。"

由于不好意思，查德的脸红了。

得到 5 分总是令人愉悦，我的心情立刻变好了。


亲爱的日记！

现在是几何课，但我没有想这些圆周和公理，现在我完全沉浸在未来之旅的想象中。我没有去过法国。我很少离开这座小城市。如果没去过一个令人向往的地方，就这样死去，我会感到委屈。我和捷兹还有外婆一起去。在这次旅行中，我应该试着不去想妈妈和爸爸，因为我已经厌倦了这些问题。昨天，和往常一样，我们又大吵了一架，我当着妈妈的面说出了一切，我不觉得羞愧，现在我也一点都不觉得羞愧。我身上发生了一些变化，只是我还没搞明白是什么。也许，我变得更成熟了。也许，我只是失去了耐心，因为每个人都没有永恒的耐心。

还剩42天，洛丽

放学后，马特送我们去美容沙龙。说实话，我无法想象我的外表可以怎么改变。我们走了进去，这里弥漫着令人愉悦的花香。大厅里空无一人，所有的美容师将只为我们服务。捷泽尔与沙龙的首席造型师登聊了一会儿，从他的步态和语调中可以马上明白他是同性恋。他涂了黑色的指甲油，还带着闪闪发光的亮片，脸上涂着淡淡的腮红，起初我以为他画了眼妆，后来我发现他戴着厚厚的黑色假睫毛。

两个女孩开始给我们修脚，第三个女孩修指甲，第四个给我们的皮肤涂上一些奇怪的绿色混合物。登说，这是一种特殊的奇异果和伽蓝菜制成的东方面膜。随后脸上立刻有舒适感和新鲜感，我在这样的天堂里睡着了。

几分钟后，我们洗掉了面膜，捷泽尔跟登说：

"登，你觉得格洛丽娅适合深色头发吗？"

"当然，她会变得更漂亮。"

"那就开始弄吧。"

"捷兹，不。"我说。

"洛丽，你一定得钓到一个法国人，而我得让你变成一个美女，所以保持安静。"

登开始在我的头上涂染发剂，头发根部周围有轻微的刺痛感，但是，总而言之，我还是很愉快的，他按摩我的头部，我开始旁若无人地傻笑。

我不敢相信，不久之后我头发的颜色会变得不一样。我从未染过发，因为妈妈说我的头发颜色很漂亮，没必要破坏它。

登用温水清洗染发剂，并吹干头发，他把我的座椅转向镜子。

啊！我都不认识自己了。这根本不是我，而是一个可爱的黑发美女。我的头发暗了三个色调，它们在灯光的照射下，变得如此美丽，以至于我无法将目光从它们身上移开。

"登，你真是个魔法师！"我说。

捷泽尔也研究了头发。她也染发，但她仍然是一位金发女郎，只是弄了一些浅灰色的挑染。

我们离开美容沙龙后，拦了出租车，我们需要尽快回家收拾东西，因为航班是在清晨。

"我不知道该如何感谢你。"我说。

"行了，只是染个头发罢了。现在你明白自己有多漂亮了吧？"

"谢谢。顺便说一句，你还没有告诉我，你那天晚上的感受。"

"说实话，我只记得刚开始，有些温柔腼腆的触感，等待……没有别的了。"

说到这里，我们大笑起来，都没有注意到出租车停了下来。

我回到外婆家。起初每个人都没认出弄了新发型的我，但后来他们说这很适合我。幸运的是，亚当在汽车维修中心找到了一份工作，他还数百次地感谢我帮他在这个陌生的城市里安顿下来。

明天，我的梦想之旅即将成真。也许，这是我死前最好的事。


## 第9天


亲爱的日记！

我现在在离地面6000米的高空。再过九个小时，我们将抵达巴黎！飞机上出奇地冷，尽管我已经穿了一件相当暖和的卫衣，而且还要了一条毛毯。我坐在舷窗旁，捷兹坐在我旁边看杂志，最边上坐着裹着毯子的外婆。双耳耳鸣得很厉害，禁止开播放器，食物也不能很快送来。总之，旅行的开端并没有让我很开心。我一直害怕坐飞机，我觉得我的航班会遭遇某种不幸，因为想自杀，我对自己的生命忐忑不安。我们的空少很可爱，我已经按了两百次按钮，叫空少拿一条毯子过来，或者一杯水，他只是微笑着礼貌地说等一下。有几对法国情侣坐在我身后，他们用他们的语言聊了整整一个小时。非常令人讨厌！我强迫自己睡着，以便醒来的时候已经落地了。我们在巴黎只待短短的两天，但我希望能永远待下去。

还有41天，洛丽

经过 13 个小时的飞行，下午四点飞机降落了。我处于半梦半醒的状态，勉勉强强地终于弄清楚我们在哪里。所以，我在巴黎啦。到达这座城市的第一分钟让我兴奋不已。巴黎跟布里瓦德以及整个美国很不一样，不一样的房屋风格、大气、人和空气！我拿出相机，拍每一处街景。不一会儿，就拍了数百张房屋、鸽子、人、车和广告牌的照片。我真是疯狂呀！毕竟不用向任何人解释，这是我生命中的最后一次旅行。

我们坐在公交车上，捷泽尔带着一个大大的红色行李箱，怎么都放不下。我欣赏着巴黎的街道，看到远处的埃菲尔铁塔，据说夜晚灯光亮起的时候真的非常美丽。这里很冷，今天是个阴天，下着小雨，但这不会破坏我对这座城市的印象。从小我就梦想来巴黎。但我的父母总是很忙，外婆总是到处去旅行，因此我只能待在家里，看很多关于法国的书。所以可以认为，我期待已久的童年梦想已经成真啦。

半小时后，我们抵达 Le plaisir（莱布莱瑟）酒店。酒店有 12 层，建筑看起来非常漂亮。巨大的柱子，古色古香的窗户，深米色的石头，仿佛是 19 世纪的建筑。三个门童带着我们上楼，其中一个走在前面带路，剩下的帮我们提行李。

"我订了两个房间，隔得非常近，所以我们不会迷路。"外婆说。

我们的房间在 9 楼，我和捷泽尔住一个双人房。尽管我们已经做了这么长时间的朋友，但我从来没有和捷泽尔在一起过夜过。

我们走进房间。这只是一个普通的房间，靠窗有一张床，我占据了另一张对着墙的，坐下，然后把身子向后一仰。这次旅行让我很疲惫，我觉得双腿隐隐作痛。

"我累了。"我说。

"洛丽，你干什么？"捷泽尔坐在我旁边，让我站起来。

"我想躺下。"

"你可以在我们偏僻的布里瓦德躺着，但在这里你要玩得开心。"

"我觉得奇怪，你哪来的这么多精力？"

"我自己也很惊讶，"捷泽尔走到窗前，拉开窗帘，"你看看吧，从窗户这儿可以看到多美的景色……引人注目的垃圾桶、几家商店，我好像还看到了喷泉。"捷泽尔笑着说。

要是窗外的景色能更美一些就好了！

"算了，我们收拾一下，然后去溜达一圈。"我说。

"好极了！顺便说一句，我听说法国的门童最帅。"

"我的天哪！你是为了这个目的来的。"

我们开始收拾东西。我只有一个装满衣服的小背包，我把它们整齐地摆放在衣柜的架子上。捷泽尔有一个很沉的行李箱，感觉我们要在这里待一年似的，尽管我们一整年都用不完这么多东西。

收拾完东西后，我们下去一楼。这里有很多人，每个人都拖着箱子。我看到一些阿拉伯人、法国人、英国人和日本人，他们都很着急，好像有人要占据他们的房间似的。

捷泽尔和我平静地走到前台，捷泽尔是对的，这里的门童真的非常帅。他们穿着红色的西服上衣和裤子，有黑色的头发和令人愉悦的法国口音。

"下午好，有什么可以帮您？"门童问道。

"请问，你们酒店向美丽的女孩提供免费的香槟吗？"捷泽尔卖弄地问道。

"如果这些女孩和你一样美丽，那么当然，稍等。"法国人向一边走去。

"他太可爱了！"捷泽尔大叫。

"捷兹，我不喝酒，我外婆在这儿。"

"洛丽，放松享受，现在她不在这儿。"

门童再次回到前台，给我们每人一杯香槟。

"谢谢，非常感激你。"捷泽尔一边说，一边靠近门童，亲了亲他的脸颊。门童脸红了，笑了笑，我和捷泽尔也笑了起来，喝了一口香槟。

接下来的一段时间里，我和捷泽尔互相搂着拍照——酒店里有很多镜子，每一面镜子前都留下了我们的身影。我尽可能地拍了很多照片，这样我就可以在家看着它们，感觉好像我在法国一样。

身后响起了外婆的声音：

"姑娘们！"

"是的，外婆。"

"我现在有事要出去，为了让你们在剩余的时间不干待在这里，我给你们预定了旅游行程。"

"所有的景点吗？"我高兴地问。

"当然，所以去准备一下，大巴车半点从正门出发。"

"谢谢，外婆，我爱你！"我拥抱外婆。

"谢谢，科妮莉亚！"捷泽尔说。

"玩得开心！"

我们迅速回到房间，把钱和其他的小玩意放进包里，换衣服，然后去正门。

大巴士几乎坐满了，只有我们两人的座位还空着。我们坐下来，大巴车就启动出发了。导游是一位45岁的女士，声音很动听，她欢迎我们并开始讲述巴黎的历史。我几乎没听她的讲解，看着窗外，再一次欣赏周围的建筑，感受城市的氛围。有些人匆匆忙忙，有些人平静地坐在长椅上看报纸，或者成对地喝着咖啡。我看到许多绿草如茵的公园，黄色的落叶与它们形成了鲜明对比。

现在我们即将到达宏伟的凯旋门。大巴车停了下来，我们下车，当我们知道这个拱门的高度是49米时，每个人都屏住了呼吸！导游告诉我们，拱门建于路易十四统治时期。我们拍了很多照片后，重新回到车上。

下一站是卢浮宫，我们欣赏了蒙娜丽莎的微笑，导游还向我们简要地介绍了达·芬奇的其他作品。

天已经黑了，我们出发去埃菲尔铁塔，然后耐心地等待灯光亮起。这一刻终于来临，异常美丽。灯光陆续缓缓地亮了起来，并且越来越亮。

之后我们参观了几处历史古迹，最后一站是法兰西博物馆。导游在这里继续向我们讲述着巴黎的历史，我们看到了皇室服饰、宝座和画作。

"几点了？"捷泽尔疲倦地问。

"十一点半。"

"我已经睡着了。"

"怎么，没有趣吗？"

"不，你知道吗？我总是对谁的屁股坐在这个宝座上感兴趣。"

"捷兹，安静！"

她恼火地叹了口气，走到一边。

我跟上她。

我害怕独自一人留下来，所以我去追她。

"捷兹。"

我们从游览中逃跑了，拦了一辆出租车，并要求把我们带到最近的俱乐部。

外婆要是知道了会杀了我。难道我不能在生命中至少做出一次疯狂的举动吗？当然不是！

"好了，别生气。"捷泽尔说。

"走开。"

"洛丽，我是为你着想，我想让你记住这次旅行。"

"它已经完全留在我的记忆里！现在鬼知道我们该如何向外婆隐瞒此事！"

"唉，你真是个事儿妈！"

我们坐车到了 La Suite 俱乐部，捷泽尔付了车费。其实我不喜欢去俱乐部，我不明白，和一群喝得醉醺醺、浑身是汗的人一起伴着刺激的音乐舞动，有什么快感。

我们进入俱乐部，这里播放的音乐绝对不像美国俱乐部的音乐，但有一点所有的俱乐部都相似——一堆彩色的聚光灯让你眼花缭乱，人工烟雾和香烟烟雾相互交织，随处可见，大家穿着奇怪的衣服微笑、跳舞和聊天。

"松开你的头发。"捷泽尔说，但我听不到她说话。

"什么？"

"我说，松开你的头发！这样我们有更多的机会去勾搭别人。"

我听捷泽尔的话，松开了头发上的橡皮绳。

我不敢相信我这样做了。

我们来到吧台。

"你要喝点什么？"捷泽尔问。

"什么也不要。"

"好吧，酒保，请给我们两杯威士忌。"

"我说了我什么都不喝！"

"闭嘴！"

酒保在桌子上放了两杯威士忌。

"谢谢。"捷泽尔给了我一杯，而第二杯她在几秒钟内就喝完了。

我也效仿她。

"现在是时候去舞池了！"捷泽尔一边说，一边牵着我的手。

酒劲很快就上来了，我变得轻松起来，我跟着这种莫名其妙的音乐舞动。我们没有注意到有两个小伙开始在我们周围跳舞，他们两个都盯着我们看。在俱乐部里，这可能是一种认识的暗示，捷泽尔明白这一暗示，我们一起回到了吧台。

"你叫什么名字，女士？"其中的一个小伙子问。

"我是捷泽尔，这是格洛丽娅。"

"非常高兴认识你们。我叫捷奥，这是我的朋友安德烈。"

"你喝点什么，女士？"安德烈问。

"和你一样。"捷泽尔卖弄风情地回答道。

"我想你们是外来客，从哪里来的？"捷奥问。

"佛罗里达州的迈阿密。"捷泽尔谎称。

"哇，是什么让你来到了巴黎？"

"可能我们觉得会在这里遇见你们。"

"让我们为此干一杯！"安德烈提议道，给每个人一杯鸡尾酒。

小伙们开始打听我们的情况，我们是谁，我们喜欢什么，我只是害羞地微笑，而捷泽尔正在卖力地调情。在这个过程中，我们又喝了几杯难闻的鸡尾酒。

"我想跳舞！你呢，捷奥？"捷泽尔问。

"我很乐意。"

他们去了舞池，剩下我和安德烈面对面。

"对迈阿密来说，你的面孔太苍白了。"

"这是……遗传的。我的皮肤几乎不吸收太阳光。"

"奇怪的是，你和捷泽尔是朋友，却如此不同。"

"是的，这是肯定的。"

"我喜欢像你这样的女孩，谦虚……纯洁……"

"安德烈，我有男朋友，捷泽尔也有。"

"但这并没有阻止她。"

"但我们不同。"

"我明白。好吧，至少你不会拒绝再和我喝一杯吧？"

"我不会拒绝。"

我们又喝了几口酒，一起加入了捷泽尔和捷奥的队伍。

我又开始随意舞动。今天我觉得自己特别醉。我总是限制自己喝酒，但今天我已超出常规。

突然，捷泽尔跌入我的怀抱。我的心疯狂地跳动着。

"捷兹，你怎么了？"

她没有回答。我环顾四周，每个人都在跳舞，没人关注我们。我把捷泽尔拖到女厕所。

"看着我！"我开始拍打她的脸颊。她终于苏醒了。

"我怎么了，洛丽？"

"……我不知道。"

我的双眼开始模糊不清，脑子里嗡嗡作响。

"我只是头晕……"捷泽尔说。

"我现在也是。"我靠在墙上，恢复了意识，但我立刻有种奇怪的感觉，感觉缺了什么东西。包，我手里没有包！

"捷兹，你把包放在吧台了？"

"……我不记得了……"

"在这里等我，我就来。"

我走出厕所，跑到吧台——我们的包不在那里。

我向酒保喊道：

"对不起，刚才有两个小伙子在这里，其中一个系着红色领带，他们去哪儿了？"

"他们已经走了。"

我开始在人群中寻找捷奥和安德烈的身影，但他们真的离开了。我跑到外面，希望他们还没来得及走远，但哪里都看不到他们。我有一种可怕的张皇失措的感觉。我们被偷了！

我再次跑回厕所，上气不接下气，开始号啕大哭。

"洛丽，发生了什么事？"

"我们的包不见了！"

"……怎么会不见？……"

"这两个法国人暗中在我们的鸡尾酒里放了一些东西，偷了我们的包……"

"……我的信用卡也在里面……还有一部昂贵的手机……哦，我的天哪！……"捷泽尔靠着墙，跌坐在地板上。

"这都是因为你！"我歇斯底里地尖叫。

"因为我？"

"是的！现在我们本来可以平静地在酒店休息，但你急于想要和法国人调情，现在我们既没有钱，也没有证件，什么都没有！"

"冷静一下，我们想想办法。"捷泽尔从地板上站起来。

"什么？我们能想出什么办法？"

"我们走吧。"

我们离开俱乐部，开始寻找路人。结果，一个老人停了下来。捷泽尔问他最近的警察局大楼在哪里，但他不懂英语，我们开始用音节对他说：BO—LI—QI—YA。最后，他明白我们要干什么，并给我们指了路。

我脸上的睫毛膏花了，现在看起来像个未成年的妓女。我们到达警察局，捷泽尔告诉警察我们的事，我什么也没说。我只想尽快回到房间去睡觉。

"我已经给你外婆打电话了，她马上就过来。"

"他们说了什么？"

"我们遇到了骗子，这不是他们第一次偷窃外来客，特别是在俱乐部进行跟踪并骗取信任。"

"我……我只想休息，正常放松……"

"……原谅我……"

"安静一会儿，我不想听你说话。"

几十分钟后，外婆来接我们。我的天哪！我羞愧地看着她的眼睛。从警察局出去后，我的嘴里还有非常恶心的酸味，我走到一边，开始呕吐。捷泽尔抓住我的头发，递给我一块手帕。外婆站在出租车旁边，看着这一切。

"快点上车！"

"外婆，我不想……"

"我没想到，你竟变成这样……"

"什么样？"

"和你母亲一样'令人讨厌'！"

这些话深深地刺痛了我的心。一切都是我自己的错，我完全明白这一点。我每天都做一些卑劣的事，做完后我都不想再活下去了。

今天，这个世界上唯一爱我的人也对我感到失望。我诅咒今天。

# 第三章 ——
## 二

> 我们是如此愚蠢和天真

我们不知道如何区分好人和坏人，
因此我们相信遇到的每一个人。

## 第10天

口干，干到令人作呕。我睁开眼睛，明亮的光线刺痛了我的眼睛。难道昨天我真的喝了这么多吗？我觉得恶心，我的身体好像被摔打过一样。

捷泽尔张着嘴巴躺在我旁边。十二点半。

"捷兹，"我用嘶哑的声音说，但她没有听到我说话，"捷兹，醒醒！"我喊得更大声，推推她的肩膀。

她终于醒了。

"别管我。"捷泽尔喃喃道。

"捷兹！"

"该死的……头。"

哦，是的，这种头痛可能会在我的意识中持续一周。除了这种疼痛，我没有其他任何感觉。

我鼓足力气起床，走到小镜子面前。

"我的天哪！……"我说。

眼睛黑漆漆的，睫毛膏面目全非地沾满了脸颊，头发像是一种牛饲料。

"给我点水……"捷泽尔勉强地说道。

我把杯子倒满水，然后走到床边。

"拿着，"她再次熟睡过去，"捷兹！"

听不到。我内心充满前所未有的愤怒，不仅是因为她让我经历了这些痛苦，而且她仍然没有注意到我。我用力挥动杯子，将冷水泼到她的头上。

她立刻醒了过来。

"你在做什么，你这个傻瓜！"

"早上好！"

我把杯子放到桌子上，去了洗手间。捷泽尔跟着我。

"怎么，你疯了吗？"捷泽尔继续喊着。

"我先洗澡！"

"好……"捷泽尔把我推进淋浴间，打开冷水，淋在我身上。

"住手！"我边说边笑。然后我从她手中拿过喷头，开始报复她。

我们彻底湿透了，整个浴室都是水，捷泽尔跑进房间，我紧跟着她。我们继续疯狂地大笑，并没有注意到外婆站在我们面前。

"呃……早上好，科妮莉亚！"捷泽尔说。

"这样的早晨不太好。"

"……外婆，对不起……都是捷兹，她劝我去俱乐部，我不想去的。"

"当然！我给你戴了项圈带着你去的！"捷泽尔尖叫道。

"我能怎么办？没有我，你肯定会不见了！"

"可惜我没有不见！"

"你们俩闭嘴！"外婆说，"我以为你们已经是成年人了，独立并且可以对自己的行为负责，看来是我错了！"捷泽尔和我站着，目光低垂，"快速收拾好自己，去吃早餐！"

外婆走出房间。

"你知道吗？把所有都归罪于我，真是太酷了！"

"难道不全都是你的错吗？"

"我有错！但你也不是天使！"

"外婆是唯一理解我的人，我不想让她失望。但是因为你，我和她之间什么也没有了！"

我转身，又去了洗手间，剩下捷泽尔独自一人。

晚上九点，我们乘坐航班返回佛罗里达。尽管发生了昨天的事，我还是不想离开这里。虽然当地的警察告诉我们他们会追查这些骗子，并用包裹寄回我们丢失的东西，但现在我根本没去想被偷的包，目前我只想到外婆。如果她告诉爸爸关于俱乐部的事，他真的会给我戴上手铐。

那天中午接下来的半小时，我们化妆。总之，我们终于回归了人样。我们没有交谈，也没有什么可以告诉彼此的话。我们都知道一切，现在谴责别人是愚蠢的，我们都陷入了昨天的破事中，我们必须一起摆脱它。

最后，我们来到酒店一楼的一家小餐馆。这里非常美丽，四周白色的墙壁用玫瑰花雕像装饰。这里的人非常好客，看着他们，会觉得他们每个人过得都很好，而你是唯一一个坐在那儿、有很多的问题却不知道如何解决的人。

捷泽尔打开菜单。

"我看到什么都想吐。"

"也许你可以点威士忌，你是如此喜欢它。"冷嘲热讽从我嘴里脱口而出。

"你能停下来吗？"

"服务员！"穿着白色西装的小伙子一秒钟就走到我们的餐桌旁，"我要拿铁和提拉米苏。"

"您要什么？"他问捷泽尔。

"我要一样的。"

下一分钟，捷泽尔的第二个电话响了。

"是的，亲爱的……我和洛丽在一起吃早餐，我不在你怎么样？不要想我，我们很快就会回来，我非常爱你……吻你。"

捷泽尔结束了谈话，我想弄明白是怎么回事。

"马特打的电话？"

"是的，他问我们在这儿怎么样，非常羡慕我们。"

"听着，捷兹，我想知道你难道不担心马特会猜测你不是处女吗？"

捷泽尔沉默了一会儿。

"我想过这个。那时我们还来得及分手。"

"为什么？"

"我不知道，但那晚之后，我开始以不同的方式看世界。马特是如此自信，他认为他是最出色的，每个人都想要他。而亚当……他是如此可爱、敏感……如果不是我，我们之间什么也不会发生，我可以想象他是多么羞愧。"

"所以你想说……"

"我什么也不想说。"

"……你喜欢亚当？"

"我没有这么说。"

"但，是这个意思。"

"……洛丽，我很困惑。看来，需要先刹车一下，以便最后弄明白一切。"

外婆来到我们的餐桌旁。

"姑娘们，我现在得去看礼服了，我不知道如何让你们自己待在这里。"

"外婆，如果可以，我想和你一起去。"

"我也是。"捷泽尔说。

"那好吧，二十分钟后我在入口等你们。"

我的心情变好了不少。我仍然可以欣赏巴黎的风景，此外，我还知道了一条不太真实的新闻：捷泽尔喜欢亚当。也就是说，我与亚当的计划正在悄然实现。

二十分钟后，按照外婆的吩咐，我和捷泽尔来到酒店的正门，外婆已经在出租车里等我们了。我再次拿出相机并拍摄周围的一切，从汽车沙龙开始，到数不清的巴黎街心公园结束。

还有整整 40 天我就要死去。我自己也不敢相信。在我感觉很好的那些时刻，我开始后悔自己决定这么做。毕竟，或许一切仍然会变好，这只是我生命中的一个小小的黑暗地带，谁也未曾有过。不，如果我决定做这件事，那就意味着我会把这件事坚持到底。现在无须表露我是未来的自杀者。

我们到达缝制外婆婚纱的服装工作室。我想到我可能永远都不会结婚，也不会穿上每个女孩从小就梦想的白色蓬蓬婚纱，不会了解这么多结婚要操心的事，也不会知道在进教堂前会如何狂热地心跳。这样可能更好，我不会成为某人的命运，毁掉某人的生活。

外婆去试穿婚纱，捷泽尔和我坐在大厅里，她跟我说话，但我没听到，我完全沉浸在自己的思绪中。

"你为什么这么忧郁？"捷泽尔问。

"……一切都很好，只是……我不想离开这里。问题又将重新开始，争吵，我不想回家。"

"洛丽，我曾提议过几次，让你和我一起住一阵，但你拒绝了。"

"我没拒绝，我只是不想给你添麻烦。"

"你说什么呢？我父母一连好几天都不在家。要么到处旅行，要么去公司派对。家里几乎每天都是我的天下。"

"好吧，如果是这样……那就太好了。"

"这会很酷的！试想一下，我和你一起醒来，一起上学，学习烦人的功课，一起做饭。太棒了！"

"……太令人难忘了！我同意！"

"那太棒了！女朋友，欢乐即将开始！"

外婆穿着别致的白色婚纱走下楼梯。婚纱镶满了水钻，因此当太阳光照射进来，婚纱就像钻石一样闪闪发光。

"外婆，你太漂亮了！"

"科妮莉亚，非常适合您！"

"真的吗？但我觉得穿着有点不舒服。"

"说什么呢？非常棒。当马西看到你的时候，肯定会发疯的。"

"好吧，既然会发疯，那就值得买。"

我们都笑了。

离出发去机场还有五个半小时。在这短短的两天里，我不知怎的，眷恋着巴黎。如果能再次来这里，我会很高兴，但我担心在剩下的40天里我来不及了。

我们在整个城市里漫游，同时在纪念品商店停留，买了四袋各种小玩意，途中我们还在每座纪念碑前拍照留念。

尽管下着大雨，我们甚至没想回酒店，我们非常想在美丽的巴黎再待几分钟。我们找了一个公园，这里种满了挂着彩带的许愿树。我把手上的友谊手链取下来，把它绑在树枝上，同时许了一个愿——不要再有其他人带着自杀的想法来法国，梦想迅速与这该死的生活告别，就让我成为这类人中的最后一个。

> 亲爱的日记！
>
> 我在机场。一个小时后，我们将永远离开巴黎。昨天发生了一件不太愉快的事。我和捷泽尔从游览中离开，去了俱乐部。在那里，我们遇到了法国人捷奥和安德烈，他们把我们灌醉，并偷走了我们的包。昨天我对这件事歇斯底里，但现在由于某种原因，我觉得这件事有些好笑。我们是如此愚蠢和天真。最重要的是，我们不知道如何分辨好人和坏人，因此我们相信遇到的每一个人。这两天在我的人生中并非毫无意义，至少我能够重新获得外婆的信任，现在我和捷泽尔的关系更加密切。错误是生活的教训，只有感谢它们，我们才能了解什么是好、什么是坏。这是我们看向周围世界的窗口。现在我看着那个整个机场都能听到她哭声的小女

孩，她通过眼泪向她的妈妈反复地说，她不想去那个让她难受的地方。这个女孩看上去大约5岁，她已经知道，难受的时候是什么感觉。很令人惊奇。

再见了，巴黎！我会想你。

还剩40天，洛丽

## 第11天

早上九点。我觉得非常疲惫，此刻我只想睡觉，而且长长美美地睡一觉，什么也别来打扰我。一个小时后，我将重新回到布里瓦德。经过13个小时的飞行，我开始深深怀念巴黎的气氛、居民、街道和空气。到目前为止，唯一让我感到欣慰的是，我将去捷泽尔家里住几天。和她在一起，我总是很好。

捷泽尔停下来，看着机场深处。

"洛丽，我觉得好像是你妈妈站在那儿吗？"

我盯着人群看，是真的！妈妈站在接机区的中间，环顾四周，仿佛在寻找谁。

"乔迪？"外婆也看见了我妈妈。

"她在这儿做什么？"我问。

"很有可能，是在等我们。"

我们走向她。我不明白她为什么来这里，她受不了外婆，受不了我，难道她忘了？

"妈妈、格洛丽娅，你们终于来了，我已经等你们很久了！"

"乔迪，我们没想到你会来接我们。"

135

"我决定来接你们，你们也很累了，我已经预定了出租车。"

妈妈转身带我们到出口。

"我不认识我的女儿了。"

"外婆，我觉得她打算干点什么事，我不喜欢。"

我们停下来，互相看了对方一眼。

我们走到出租车那儿，街上很热，空气沉闷，不像在巴黎。我们离迈阿密海滩很近，因此这里的温度总是爆表。

布里瓦德会有点冷。

车里一片安静，没有任何人相互交谈。我看着妈妈几秒钟，试图了解她怎么了，她的想法是什么。我们经过佛罗里达这座大都市，高楼大厦，来来往往的人群和汽车，没有一点秋天的迹象。再过一个小时，高楼大厦将被普通的房屋所替代，时尚的商店将被堆满黄色落叶的小型废弃公园所替代。我们回到布里瓦德。

当出租车停在我家附近时，妈妈飞快地从车上下来。

"那么，所有人都进来吧，我烤了一块大馅饼，我担心它已经冷了。"

"算了，洛丽，我走了。"捷泽尔跟我说。

"等一下，捷泽尔，回去还早，你必须尝尝我拿手的馅饼！"

"马克芬太太，我很想试试，但我的父母非常担心，所以我得赶紧回家了。"捷泽尔说完就离开了。

"乔迪，我可能也要走了。"

"这是怎么回事？我努力准备的。"

"问题是为什么？我们上次见面之后，我没有留下什么好的回忆。"

"我知道，妈妈，我想改正它。我们回家，喝点茶，好好谈谈行吗？"

"好的。"

外婆走进屋。

"格洛丽娅，我非常想你，让我抱抱你。"我妈妈一边说，一边向我伸出双臂。

"别碰我……"

我推开她，向屋里走去。

外婆已经坐在客厅的桌子旁等着妈妈，我没有关注她，走上楼去，经过父母的卧室时，发现爸爸正坐在床边。他只是看着墙壁，就像他根本没有呼吸。我吓得不寒而栗。

"爸爸……"

"欢迎回来，亲爱的。"

"我给你带了个纪念品。"我从包里拿出一个小小的埃菲尔铁塔雕塑，"拿着。"

"谢谢。"

"出了什么事？"

"你指什么？"

"我说的是妈妈。她有点奇怪。她跟每个人说话都很客气，还试着表现得善良。"

"这都是她的心理医生的功劳。"

"她去看心理医生了？"

"现在是的。你出发后，她预约了疗程并重返工作岗位。"

"……我简直不敢相信。"

"她想要改变。"

"你认为她会成功吗？"

"我不知道……我只是想相信这一切。"

"格洛丽娅，来喝茶！"妈妈喊道。

妈妈真的决定改变自己了吗？如果是这样就太好了。至少，她克制自己，没有歇斯底里，她亲切地和外婆说话，这再好不过了。

我走进房间，扔下包，拿起电话（当我和爸爸说话的时候，我把它悄悄地从桌子上拿走了），并给捷泽尔打电话。

"捷兹，一切都还有效，我晚上来找你。"我低声说。

"太好了，我开始给你准备房间。"

"你能想象吗？我妈妈去看了心理医生。"

"那么，现在你家里和平安宁了吗？"

"似乎是这样。"

"你为什么低声说话？"

"出发前爸爸没收了我的手机，所以我不得不把它偷了出来。"

"好吧，真是伟大的和平与安宁。算了，我等你。"

"一会儿见。"

我把手机藏在床头柜下面，发现王子躺在床上，它只有吃饱之后才睡得香，这意味着母亲在这两天里没有忘记它。老实说，这真是心灵的安慰剂。

我下楼，妈妈和外婆边聊边笑着。

"快坐下，我无法忍受大家喝冷茶。"妈妈对我笑着说道。

"这是什么？核桃馅饼吗？"

"是的，放了黑莓。非常好吃，尝一尝！"

"……妈妈，我对核桃过敏。"

"……哦，当然，过敏……我怎么能忘记？……"妈妈尴尬地看了我一眼，又转头看了看外婆。

"没事！还记得我忘了你对柑橘类过敏，然后给你买了一种含有青柠提取物的面霜，然后你的脸就被红色的'树皮'盖住了，碰巧那天学校里有冬季舞会。"外婆笑着说。

"是的，那时我非常生你的气！"妈妈也笑了起来。

不，你就看看吧——这个女人当着她的妈妈的面说了令人作呕的话，现在却和她的妈妈一起笑着甜蜜地回忆过去。这把我激怒了。

"你们够了吧？"我尖叫道。妈妈和外婆盯着我看，"外婆，你真的忘了她对你说过的话吗？她是如何像赶长癣的狗一样把你赶出家门的？"

"……不，我没有忘记……"

138

"而你，妈妈，难道看了一次心理医生，真的能教会你重新爱自己的妈妈吗？"

"你去看心理医生了？"

"是的，妈妈。我认为这是唯一的方法。我真的很想改变，首先我想求得你的原谅。当我和你说那些话的时候，我是一个令人作呕的生物，我讨厌自己，我很高兴你结婚了，你被爱了。原谅我！"妈妈开始号啕大哭，外婆和她步调一致。

"当然，乔迪，我早就原谅了你，因为我非常爱你！"

她们拥抱着哭泣。我觉得再待在这里一分钟，我也会开始号啕大哭。

> 亲爱的日记！
>
> 我又重新回到我不喜欢的布里瓦德市。原则上，这并不是一个如此糟糕的小城市，但因为居住在这里的人们，我对它有了这样的印象。因为妈妈，现在似乎想成为另外一个人的妈妈；因为爸爸，这辈子绝对被动而且偶尔关心我们家庭的爸爸；因为朋友，似乎不那么愚蠢却又做出5岁孩子都不会做出的行为的朋友；因为马特，自以为是却性格软弱的马特。这些是我做出那个选择的主要原因。但没有他们，我可能活不过剩下的日子。这是多么困难。
>
> 还剩39天，洛丽

我睡了大约三个小时。起初我想了很多，关于我们的家庭仍然可以恢复正常。如果妈妈和爸爸不离婚的话会怎么样？是的，那我将成为世界上最幸福的人！因为这些乱七八糟的想法，我开始昏昏欲睡。现在我觉得自己精力充沛。

外婆离开了，我甚至没跟她告别。我对她大喊大叫，我再次感到羞愧。我走出房间，爸爸上班去了，只有我和妈妈在家。她坐在卧室里，收拾架子上的东西。

"妈妈……"

"怎么了，格洛丽娅？"

"我想抱抱你。"

"太勇敢了！"

我走近她并拥抱她。这样的拥抱我怎么都不嫌多！之前的日子里，我们只是吵架，而现在她正抱着我，我能闻到她身上草本洗发水的味道。

"请原谅我的那个晚上……原谅一切。"我说。

"你说什么呢？你不用道歉，一切都是我自己的错，把我的孩子也带入了这样的状态！"我笑了，妈妈吻了我的额头，"但现在一切都会有所不同，我保证。"

一楼的电话响了，母亲走出房间。我仍然处在幸福的状态中，第一次感觉这么好。突然，我的目光落在房间中央的书桌上，我看到一张名片。我拿起名片，上面写着：

"弗雷兹医生：我会一直帮助你！"名片底部是电话号码和地址——今天有一次治疗。

妈妈已经开始收拾。我的脑海里浮现出一个主意——也许，我也要去那里。如果这位神奇的医生能让我相信生活真的很美好呢？而且，我也要感谢他帮助我妈妈，我们的家庭中出现了某种和谐。

我很快就穿好衣服，从家里出来，跟着妈妈。但是她应该不知道我跟着她一起去治疗，所以我把风帽戴上，小步慢慢地走着。

在城里绕来绕去绕了半个小时，妈妈转过一幢红房子的拐角，爬上半塌的楼梯，走进一栋楼里。我觉得这个"魔法师"的诊所太普通了。但轮不到我选择，五分钟后我走进这栋房子。顺便说一句，里面相当不错，放着令人愉悦的音乐，明亮，角落里还有一张小桌子，有接待员在这儿工作。

"您好，您要去哪儿？"接待员问。

"我找弗雷兹医生。"

"去大厅，诊疗即将开始。"

"谢谢。"

我进入所谓的大厅，就是一个窗户比较大的小房间，这里聚集了很多人，他们正在说说笑笑。我在一群人中看到了妈妈，她正和某人聊天。为了不让她注意到我，我赶紧走到大厅最远的一排，坐在椅子上开始等待。

很快，一个50岁左右的男人走进大厅，据我所知，这就是弗雷兹。

"欢迎你们！"他说道，每个人都从椅子上站了起来，把右手放在心脏上，然后鞠躬，他随后说道："我很高兴在这里见到你们。"

我有点警觉起来，每个人都向他鞠躬，从侧面看上去有些奇怪。

"你们完成我交办的事了吗？"

"是的，大主教！"大家都齐声回答。

大主教！这些人，你们疯了吗？

"格列格，你有没有求得亲人的原谅？"

从第一排站起来一个小伙子，鞠躬然后说道："是的，大主教！"

"莫娜，你有没有求得亲人的原谅？"

一个女孩从第二排起身，也同样鞠躬然后说道："是的，大主教！"

"乔迪，你有没有求得亲人的原谅？"

妈妈从第三排起身，鞠躬："是的，大主教！"

我的天哪！我感到不安，这些人就像僵尸一样。

"我对你们很满意，而现在我们将进行一项新的练习，"——他手中拿着一个发光的盒子，"每人取一个刀片。"

每个人都乖乖地拿了刀片，甚至没有人问为什么。弗雷兹走到我身边，惊讶地看着我。

"所有人闭上眼睛，请你自我介绍一下。"

我站起来，膝盖抖得很厉害。"医生"用他的目光直直地盯着我。

"我……莫莉，我来到这里……希望您可以帮助我。"我说了最先想到的话。

"好的，莫莉，我会满足你的要求。"我从盒子里取出一个刀片，"睁开眼睛。"

我重新坐在椅子上，开始不停地颤抖。

"那么，跟着念：我比你们所有人都强大！"

"我比你们所有人都强大！"所有人都异口同声地说道。

"我内心拥有自己的大主教！"

"我内心拥有自己的大主教！"

"我会向大家证明！"

"我会向大家证明！"

然后每个人都拿起刀片，开始割自己的手腕。而且，他们之中没有一个人因为疼痛而流眼泪，每个人都望向远方，割着自己的手。

我脑中只有一个念头：格洛丽娅，尽力快跑！当弗雷兹转过脸时，我从椅子上站起来跑出了大厅，幸运的是，没有人注意到我。

"等等，你必须支付诊疗费！"接待员说。

"我得打电话报警！"

接待员沉默不作声，我跑到外面，上气不接下气。这是邪教！嗯，当然，像弗雷兹医生这样的人专门寻找有家庭问题的不幸福的人下手，然后利用他们的财富，敲诈勒索金钱，把他们变成僵尸。

我母亲遇到了麻烦，需要救她。但怎么办呢？她能不能听我说并停止参加这些诊疗？无论如何也要试一试。

我拦下一辆出租车，几分钟后我就回到了家里。

到目前为止，我眼前都还浮现着那些人自残的面孔，包括我的妈妈。我从来没有参加过这样的活动，我总是试图避开它们。尽管如此，我还是不明白，像妈妈这样一个受过教育的律师，还能被人利用不幸福的弱点进行敲诈？

我试着让自己冷静下来，并寻找合适的语言和母亲谈话。

我坐在自己的房间里，闻到了来自厨房的诱人香气。妈妈回来了。格洛丽娅，你必须劝服她。

我下楼，妈妈坐在在炉灶旁。

"嗯，好香啊！"

"我做了西班牙烤肉，你对香料都不过敏吧？"

"不，"我注意到她缠着绷带的手，"你的手怎么了？"

"哦，是个很愚蠢的情况。我从商店出来，然后一只大狗猛地扑了过来，可能是闻到了我的袋子里金枪鱼的味道，它咬了我一口。"

"真是个噩梦……妈妈，我觉得你的治疗效果很好，也许你不用再去找他们了？"

"你说什么呢？我必须看完整个疗程。心理问题可不能开玩笑，况且这不会让我变得更糟。"

"妈妈，但治疗需要钱，我们并没有多余的钱……"

"格洛丽娅，出了什么事？我感谢这些治疗，我终于觉得正常了。你不喜欢吗？"

"我不喜欢你骗我。"

"我骗你？"

"是的，我知道你没被狗咬伤！这不是心理治疗，而是一个真正的邪教！"

"你在说什么？弗雷兹医生是博士！"

"是的，我不管他是谁，但他可以摧毁你！妈妈，请你和这些治疗断绝关系。"

"不，弗雷兹医生正在帮助我。"

"他如何帮助你？正确地割脉吗？"

"不要那样说他！"妈妈拿起一把刀。

"……妈妈，但这是真的，他是个骗子！"

"闭嘴！"妈妈推开我，手里拿着一把刀，差一点点，她就可以刺到我。幸运的是，此时爸爸回来了。

"乔迪，你在干什么？"

"没什么，亲爱的，我只是滑倒了。"

"格洛丽娅，你还好吗？"

"……不，爸爸，我不好……"

我回到自己的房间，一只手拿着还未打开的行李包，另一只手抱着王子，再次下楼去。没有看父母一眼，我离开家去找捷泽尔。

外面很黑，有点凉，我试着走快一点，我只想躺在床上，闭上眼睛，什么也不多想。

我到了捷泽尔的家，摁响门铃。

三分钟后，门开了。

"洛丽，进来。"

"我不是一个人来的。"我给她看了看我的猫。

"哦，这个小可爱是谁？"

"它叫王子，对不起，我不能把它留在那儿。"

"没关系，这儿总能给它找到地方。"

"你父母去哪儿了？"

"妈妈去参加一个女朋友的婚前派对，爸爸去庆祝合同签署成功了。来吧，我带你参观你的房间。"

我们爬到二楼。捷泽尔的家非常宽敞，除此之外，还配有昂贵的家具，我觉得自己仿佛置身于皇宫一样。

"这是一间客房。"

我走了进去。蓝色的墙壁，高高的天花板上装点着不计其数的灯，精致的双人床，硕大的衣柜和柔软的地毯。

144

"哇，像是总统套房。"

捷泽尔笑了。

"安顿下来，像在自己家里一样，也就是说，最好忘记你在家里的感受。"

"谢谢。"

"别这么说。你饿了吗？"

"不，我什么都不想吃。"

"随你的便。如果你不反对的话，我要去睡觉。我实在太累了。"

"我怎么会反对，捷兹？"

"好吧，浴室就在你房间里，衣柜里你可以找到睡衣、浴袍等等。晚安！"

"晚安，再次谢谢你。"

王子已经躺在床上了。

今天我受够了。现在，我祈求老天不要让我整夜都思考如何把我的母亲从一个真正能把她毁灭的邪教中拉出来。

只要不想这个就行。只要不想……

## 第12天

在别人家里醒来是很不习惯的，这里有不同的规则，不同的生活方式。我不能说我在家更好，但即使在捷泽尔家里，我也感到有些不方便。我是最后一个醒来的，我快速穿上衣服，洗漱好，跑到厨房，捷泽尔和她妈妈已经在那里吃早餐了。

"大家早上好。"我说。

"早上好，格洛丽娅，你在我们家睡得怎么样？"捷泽尔的妈妈问。

"好极了！您这里非常舒适。"

我坐在桌边开始津津有味地吃早餐：一小杯浓咖啡，小蛋糕，一小盘培根和一点沙拉——一切看起来都很美味。

"格蕾丝！马上过来！"捷泽尔喊着，"我们竟然有这样一个笨头笨脑的女佣！"

"我喜欢格蕾丝，她非常乐于助人。"

一分钟后，一个身材不高的女人走到桌边，腰差点弯到捷泽尔的腿那儿了。

"是的，女士。"

"我讨厌乳脂咖啡！怎么，你连这些基本的东西都不懂吗？"

"对不起，女士，我会改正的。"

"已经晚了！从你的工资里扣两百美元！"

"对不起，女士，请不要这样做。您昨天缩减了我的工资，我没钱养活孩子了。"

"我不在乎，你可以走了。"

女人默默地离开了。

"妈妈，你什么时候能解雇她？"

"我为她感到遗憾，况且，就你的行为，没有人会来我们家工作。"

"你什么意思？"

"没有，没有，我只是说说。"

"那就别吱声，妈妈。"

这个家的沟通方式让我惊讶。似乎这里谁也不尊重谁。

捷泽尔的爸爸经过餐桌，他正在跟某人打电话，没有注意到我们。

"早上好，亲爱的！"捷泽尔的妈妈说，但他没有听到她的声音，"亲爱的！"

"爸爸！"

他继续他的谈话，离开了家。

"他真是个工作狂！"

"依我看，他只是不在乎我们。"

"这也可能。"

下一秒，我们听到外面传来响亮的汽车喇叭声。

"该死的，是马特，我还没准备好！"捷泽尔从桌子那儿起身离开。

"格洛丽娅，我想问你：你家里有什么问题吗？"

"不，您怎么这么问？"

"只是去朋友家过夜，一般都是家里发生了什么不好的事。"

"一切都很好，维克丽太太。"

"这太好了，如果出了什么事，记得告诉我。我会听你说，尽我所能帮助你。"

"谢谢。"

有人打电话给捷泽尔妈妈，她回答说：

"是的，亲爱的……是的，他已经走了……当然，来吧……我等你……吻你。"

她开始大笑起来，然后去了二楼。

是的，家家有本难念的经。让我好奇的是，捷泽尔知道她妈妈做的事吗？一定知道，真羡慕她的耐心。

我走到外面，马特的车已经在门口。有这样一个帅哥来接你，真是太酷了！我还有一分钟可以嫉妒捷泽尔。如果可以，我想用我所有的一切来换取。

"你好！"

"你好，捷兹快来了吗？"

"似乎是这样。"

我坐进他的车里。我立即想起了与尼克打架和派对结束之后他送我回家的日子。我坐在他旁边的前排座位上，感受他的温暖。这种感觉我怎么都不嫌多！

"巴黎怎么样？"

"那里非常酷！我们拍了很多照片！"

"我还没有去过那里，我的爸爸总是去西班牙或者意大利，他有一些与法国有关的不愉快的回忆。"

我们的安宁被捷泽尔打断了，她出了家门，朝车子方向走来。

"你好，亲爱的。"

"你好。"

他们开始在我眼前接吻。看到这个真是令人太不愉快了，但我试着坚持下去。

"开快点，否则我们要迟到了。"捷泽尔说。车启动出发。

又回到了学校，好像没有这次法国之旅和那里发生的一切一样。又要上课，又痛苦地期待课间休息，坐在几何课和英语课教室里，我又想睡觉了。

生物课上，班上的女孩都像往常一样，盯着老师费奇先生的二头肌。正如我所说的那样，他非常性感，我们学校里的每个女生每上完一节课，都会更爱他。但我现在想的不是他，而是家庭作业的调查。我又什么也没背，如果再得 2 分，我不会有好果子吃的。

"我的天哪！他多帅呀！他的妻子是多么幸运，洛丽？"我试着快速记住一段，但捷泽尔妨碍了我，"洛丽……"

"捷兹，不要分散我的注意力，我在学习。"

"你冷静一下，这只是生物课罢了。"

"如果我得 2 分，我的父母会给我一趟地狱之旅！"

费奇先生已经开始用手指在班级名册里寻找要回答问题的倒霉蛋的名字。

"今天要回答问题的是……马克芬！"

"该死的……"我说道，从椅子上站了起来，"……多亏了大量的研究……啊……确定……就是发现了一个理论……其中……"

"马克芬，你学习了吗？"

"费奇先生，我……"下一刻，我觉得捷泽尔用力推我，然后我倒在了地上。

"格洛丽娅，你怎么了？"费奇先生很快地跑到我身边。

"没事，我只是头晕……"

"你需要马上去医务室。"

"费奇先生，我可以带她去吗？"捷泽尔问。

"当然，捷泽尔。"

捷泽尔牵着我的手，带我离开教室。

"你干什么？"我问。

"我救了你，你这个傻瓜。现在他会同情你，不会给你2分。"

"好吧，谢谢……我们这是第几次这样骗人了？"

"太酷了！不，当然我崇拜费奇，但他讲得枯燥无味，我都要睡着了。"

我们大笑起来，但下一刻我们沉默了。我们听到一个女人和一个男人的声音，有人在笑，有人在说话："你真漂亮，我想要你。"

"你听到了吗？"我说。

"是的，似乎有人现在正在上不雅的调情课。"

"这是劳伦斯的办公室。"

"哇，我以为她是一个35岁的处女。"

我们走近一些，出于好奇，我开始找门缝，最后，我找到了，但看到的场景让我目瞪口呆……

"爸爸？……"我低声说。

"好吧……她还是那个荡妇……"

他们窃窃私语，大笑起来。爸爸抚摸着她的肩膀，她闭上眼睛……我现在就想杀了这个贱货！

"不，我不想再听了。"我想打开门，但是捷泽尔阻止了我，把我推到墙上。

"住手！你在做什么？"

"那是我爸爸！我不能站在这里什么都不做！"

"听着，难道你不明白这是一张王牌吗？"

"什么意思？"

"你可以要挟她，你的数学成绩就可以正常了。"

"捷兹，你在说什么？"

"凡事都有它的好处。现在劳伦斯会向你摇尾乞怜，否则她的生活会变成地狱。"

"但这是我的爸爸……我的家庭正在被摧毁……"

"难道它还没有被摧毁吗？"

事实上，我的家里什么也没有剩下。母亲去某个怪物那里，正在被洗脑，现在我发现自己的爸爸秘密地和数学老师偷情。家庭不复存在，只有不能相互容忍的人。

校园里空荡荡的，此时大家要么在食堂，要么在体育馆。我一个人坐在学校的长凳上，试图在宁静中扼杀自己的思绪。我现在多么想结束自己的生命，这样就可以免遭痛苦，什么也感受不到。

我听到了脚步声，是马特。

"捷兹在哪儿？"他问道。奇怪，他在这里做什么，难道他真的没有猜到捷泽尔在食堂吗？

"洛丽……"

"什么？"

"发生了什么事？"

"不……不重要。"

我希望他离开，因为我觉得只差一点点，我就要泪流满面，我不想让他看到我的眼泪。

"又是尼克吗？"

"马特，我……想一个人待会儿……"

"明白了，对不起，我走了。"

"不，一切都很好……我也要走了。"

我加快了步伐，在学校的角落拐弯。

我泪如泉涌，无法停止。我是多么软弱呀！我已经厌倦了因为每件事而号啕大哭，但我无法控制。父母用他们的行为慢慢地杀死了我。

"别伤心，美女。"

我的心又开始疯狂地跳动起来，我转身看到在我家附近恐吓我的那些五大三粗的浑蛋。学校周围没人，即使我开始尖叫，也没有人能听到我的声音。

"你们想干什么？"

"告诉我们你的麻烦。"其中一人挖苦着说道。

"你们见鬼去吧！"我试图挣扎着逃跑，但是他们中最壮的一个人把我推倒在地，撞到了尾骨，非常疼。

"你以为你能从尼克身边逃开很长时间吗？他根本不会轻易原谅。"

"喂，放开她！"我看到马特站在他们的背后。

"看，你的保护者及时赶到了。"

"我说了，放开她。"

"你能拿我们怎么样？"

"当然，我不想因为尼克的跑腿而弄脏我的手，但我必须这样做！"

"那么，什么也不需要做。我们来这里只是为了警告你们。你们有麻烦了，而且是非常严重的麻烦。"

这帮浑蛋转身走了。马特帮我站起来。

"你还好吗？"

"是的……你怎么知道他们是谁？"

"从你的书中掉下一封信。"

马特把信封递到我手上。

"'害怕矛盾'……我的天哪！我是多么讨厌这些！他们到底想干什么？"

"我们伤了他的自尊心，现在他正在报复我们。"

"什么时候才能结束？"

"当我们结束它的时候。"

马特快速地走向学校的正门。

"马特……"我跟着他。

他走向餐厅。我觉得他很生气，可能会出任何事。这让我很害怕。

"马特，你想干什么？"

"我想一劳永逸地结束它。"

他挣脱我的手，跑进餐厅，在尼克的桌子旁停了下来。

"喂，尼克。"尼克转过身来，马特用尽全力打向他的下巴。

尼克飞出去几米远，大家都开始尖叫，其中包括捷泽尔。

"马特，你在干什么？"

马特没有听到她说话，尼克想要欠身起来，马特再次扑向他，并开始殴打他。

"马特！"捷泽尔全力地尖叫着。

与此同时，我们的校长金斯特利夫人飞快地跑进食堂。

"这里发生了什么事？"

马特和尼克没有注意到她。

"马特·金斯，立刻住手！"

橄榄球队的队员们将这两位曾经的好朋友分开。

"你的麻烦刚刚开始，浑蛋！"马特最后喊道。

"两个人都到我的办公室去，赶快！"

马特和尼克乖乖地前往金斯特利的办公室。

捷泽尔开始有些歇斯底里。

"他为什么这样做？"

"捷兹，冷静一下。"

"他又在整个学校面前让我们蒙羞！"

"我现在向你解释一切，只是你要冷静。"

我们离开餐厅去厕所。暂时没有任何人，我告诉捷泽尔发生在我身上的一切。关于那天晚上，我差点杀了尼克；关于他如何恐吓我和马特，并威胁要处理我们。我厌倦了向她隐瞒这一切。毕竟朋友之间不应该有任何秘密。

"所以你是罪魁祸首……疯了……为什么你之前什么都没告诉我？"

"我不想让你知道这件事。因为一个愚蠢的夜晚，我的生活彻底地被颠覆了。"

"如果报警，会怎么样？"

"他会把我们变成罪人。"

"不，我当然知道尼克始终个白痴，但他意图强奸，然后报复……我想不通这件事……"

"我不知道现在该怎么办。"

"听着，他总会有厌倦的时候，所以你必须再忍耐一下，就是这样。"

"我认为他不会停手。"

两节课过去了，马特没有出现在教室里，捷泽尔脸上一副明摆着担心他的表情。这一天过得多么震撼！马特打架，爸爸与劳伦斯小姐的事。今天没有数学课，这真是太好了，否则下一场上演的就是我和这个老贱人打架。

我们从学校出来，在校门附近看到马特站在他的车旁。捷泽尔跑向他，我跟着捷泽尔。

"马特，她说什么了？"捷泽尔问。

"没什么特别的。下课后我得冲洗教室。"

一如既往，她想出了一个"别出心裁"的惩罚。

"你疯了！我真的很担心你。"

捷泽尔拥抱马特。这时他看着我。我不明白他想用这眼光告诉我什么，我坐进他的车里。


  *亲爱的日记！*

  *现在我独自一人在捷泽尔的房间里，我旁边有王子，它似乎已经习惯了新的环境。今天发生了一件可怕的事，爸爸和劳伦斯小姐幽会！我不敢相信，她来我们家谈完关于我成绩的事情后，我爸爸对她产生了好感。捷泽尔说我手里握着一张王牌，也许这只会更好，不幸的是，我在这里看不到更好。*

  *妈妈现在待在某个邪教里，她认为这样她只会变得更好。昨晚我试图劝服她，但她差点拿刀扑向我。我觉得很糟糕。我已经忘记家人之间可以相互理解、相爱和支持的时候了。想要控制发生在我身上的这些情况很困难。也许，是时候接受我不再有家的事实了。我还要度过剩下的日子，然后一切都会变得容易多了。*

  *我注意到，每个全新的一天都会出现一个意外。当然，死亡不是解决所有问题最好的办法。但对我而言，它可能是首选。*

         *还剩38天，洛丽*


"洛丽……洛丽，快来！"

我快速下楼，看捷泽尔喊我干什么。

"捷兹，这是什么？"

"你觉得红色的唇膏适合我吗？"

"你刚刚在家里大喊大叫就为这个？"

"是的，怎么了？"

"我以为你要被杀死了！"

"你等不到那一天！"

我们笑起来，突然有人给捷泽尔打电话。

"喂……你好……不，不忙……好吧，几点？……好吧，到时候见……再见……"捷泽尔挂掉电话，"猜猜是谁给我打电话？"

"马特？"

"不，亚当！"

"哇！他对你说了什么？"

"他提议今晚在他的汽车维修中心见面……多么愚蠢！"

"依我看，非常可爱。晚上，有汽油的味道，破旧的车辆，和你们两个人，多浪漫！"我笑了。

"得了吧，但不是两个人，而是我、你和他。"

"我不明白。"

"你和我一起去！"

"不，捷兹。"

"是的，洛丽。你们是老朋友，很久没见了，我们在美好的氛围中待一会儿。"

"但他邀请的是你！"

"那又怎么样？洛丽，我有男朋友，所以我不能独自去见其他男生。"

"但你们都……！"

"让我们不要偏离主题。走吧，准备出发！"

"捷兹，我不想成为多余的第三者。"

"但是我不想再犯一次愚蠢的错误，因为它，我将永远责备自己。帮帮我，洛丽。"

"……好吧。"

"只是不能跟马特提一个字。"

"我知道了。"

几个小时后，我们搭出租车前往目的地。外面已经很黑了，亚当邀请我们去的地方，一个人也没有。环境很昏暗，我冷得都要起鸡皮疙瘩了。

"你确定是这个地方吗？"

"是的，他说，在卢森堡公路的交叉口。"

在离我们十米远的地方，我们看到一幢小楼。这是那个汽车维修中心，但没有迹象表明里面有没有人。

"奇怪，他在哪儿？"捷泽尔环顾四周问道。

"给他打电话。"

"现在就打，"捷泽尔从包里翻出手机，"该死的，没电了。"

"我的电话忘在家里了。"

捷泽尔开始敲门。

"亚当！"

五分钟后，维修中心的自动门打开了，墙上装饰着不计其数的光带，闪闪发光，让我们眩晕。

"你好，我以为你会一个人来。"

"你好。"捷泽尔笑了笑。

"对不起，亚当，她让我和她一起来。"

"没关系，进来吧。"

里面很漂亮，到处都闪烁着灯光，好像现在是圣诞节一样。

"这里非常酷。"捷泽尔说。

"我尽力弄的。"

"外婆怎么样？"

"非常好，我都没想过我们这么快就能和睦相处。"

"亚当，我饿了，你有什么吃的吗？"捷泽尔问。

"当然，稍等一下。"

亚当去了另一个房间。

"这是什么？约会吗？"捷泽尔低声问我。

"似乎是这样。"

"洛丽，我不能，我得走了。"

"等等，要知道他都准备好了，我们不能就这么离开。"

"……对的。"

"这儿有吃的。"

亚当拿着一个大托盘，上面放满了各种好吃的东西。

"谢谢。嗯，看上去都很美味！"捷泽尔说。

"格洛丽娅，可以占用你一点时间吗？"

我从矮软凳上起身，去找亚当。

"我们的计划怎么样？"

"一切进行得很顺利。在巴黎，她承认她喜欢你。"

"真的吗？"

"是的，所以继续保持这样的氛围。"

"我决定安排一顿浪漫的晚餐。"

"你真是个天才！捷泽尔喜欢给她惊喜的男生。我回家了，但你必须向我保证。"

"什么？"

"控制自己的感情。记住，她还有男朋友，如果他发现了，那你就得下地狱。"

"我保证，记住了。"

我们又回到了捷泽尔身边。

"捷兹，我得走了。"

"什么？你要去哪儿？"

"我……我想起来我没有给王子喂食，而且，我还有许多明天的功课没做完，所以我着急走了。"

"……好吧。"

"再见，亚当。"

"再见。"

我走出汽车维修中心，往公路走去。

大约是晚上十点，路上一辆车也没有。我冷得发抖，街灯散发着昏暗的灯光，人们勉勉强强能看到自己面前的东西。当我绝望地以为搭不上便车时，一辆带有色玻璃的黑色吉普车停在我旁边。我知道这是我回家的唯一机会。我坐进车里，关上了车门。

"请送我去……"

这一刻，我顿时僵住，吓得快窒息了，车上坐着我和马特今天遇到的那帮浑蛋。

"你又落网了，美女。"

"……不。"我想开车门，但我知道它已被锁住了。汽车开动了。"停车！"

"如果你现在不闭嘴，我就把你打晕！"

我开始拍打后风窗玻璃：

"喂，救命！"

"我警告过你了。"

下一秒，我觉得有什么重物打在我头上，我失去了知觉……

# 第四章 ——
## 二

真正的悲观总是容易被误解为乐观

我生命中的问题得到解决了吗?
我现在可以不带偏执地思考我的日常生活吗?
我自己无法相信。

# 第13天

"洛丽……洛丽，你能听到我说话吗？洛丽？……"有人拍打着我的脸颊，我睁开眼睛，嘴里有血腥味，几秒钟后我的意识清醒过来。

"……马特？"

"谢天谢地！"

我抬头环顾四周，只有我和马特在房间里，这里像是某个地下室，天花板上有一盏小灯。

"我们在哪儿？"

"……我不知道。"

在他的额头上也有凝固的血液，显然他和我一样，是被拖到这里来的。我充满愤怒，开始用手奋力地敲门，尖叫着：

"喂！放我们出去，你这个浑蛋！"

"洛丽，冷静一下。"

"放我们出去！"

"洛丽，"马特把我推到了墙上，"喊叫毫无意义，没有人会听到我们的声音。"

"为什么？"

"我想我知道这个地方。这是尼克的秘密俱乐部，举办私人派对用的。这里的音乐总是放得很大声，但外面听不到任何声音。"

"那现在该怎么办？"

"等着。迟早他会打开这扇门，然后我们再讨论。"

我蹲下，靠在墙上，我陷入一种无法描述的疲惫状态。我想哭，但我不能，我连哭的力气都没有，多想结束这一切呀！如果能付出我在世界上的一切，回家与我的爸爸和妈妈在一起该多好啊！我甚至已经准备好忍受他们了，只要能离开这里。

我们沉默了大约半个小时，我看着一个点发呆，尽量不想任何事，但马特打断了我们的沉默：

"我想吃东西，哪怕是蠕虫拌番茄酱我都能吃下。"

"我想离开这里。"

"你害怕吗？"

"不。我讨厌这里，我非常讨厌在这里，非常讨厌不知道接下来会发生什么。"

"这又是尼克的复仇计划。在事情未进行到底前，他不会停下。"

"如果他杀了我们怎么办？"

"我不这么认为。尼克是个胆小鬼，他不敢这样。"

突然我听到门外有一些声音。

"你听到了吗？"

"是的，这是外面的脚步声，"马特走到门口，开始用手捶门，"尼克，打开这该死的门……尼克！"

"我什么都听不到了。"

"我也是。"

我再次靠在墙上，发现水泥地上有一个项链盒子。

"这是什么？是你的吗？"

"是的，我给捷泽尔买的。"

"很漂亮，她会喜欢的。"

"你知道吗？她没有告诉你关于我们的事情吗？"

"你指什么？"

"可能，她对我有什么不满。"

"没有，没说。"

"只是最近她一直很奇怪，我们的关系发生了变化。她没告诉你什么吗？"

我跳了起来，愤怒地开始尖叫：

"马特！我们现在都不知道在什么鬼地方，根本不知道我们会发生什么事，而你在想捷泽尔，这不正常！"

"你喊什么？"

"我们在这里都是因为你！"

"因为我？"

"如果你没在食堂进行这场愚蠢的打斗，我们就不会在这里！"

"如果你没有在那个派对上和他一起去那个房间，那就什么都不会发生！"

"我不知道会发生这样的事！"

"我也不知道会发生这样的事！"

我呼出一口气。我的天哪！我真是个傻瓜。一切都是我的错，而且错得离谱，但是现在我把怒气发泄在我心爱的人身上。

"原谅我。"

"你原谅我，真的是我的错。"

"不，都是我的错。如果能回到过去，一切都能改正过来……"

下一秒，金属门打开了，一个男生走了进来。

"早上好，亲爱的。请跟我来。"

"我们哪儿都不去。"马特说。

"马特，必须按他说的做。"我起身。

"看到了吗？你不想效仿你聪明的女朋友吗？"

马特沉默地站在我旁边。

我们沿着长长的走廊一直走。这里的灯光是如此昏暗。

"戴夫，我想知道他付了多少钱让你做这肮脏的工作？"

"够了！马特，够了！"

"你不讨厌向他摇尾乞怜吗？"

"你知道吗？未来的尸体，如果我是你，就不会这样跟我说话，否则你的妈妈会认不出你。"

我们走到某扇门前，戴夫打开门。我们面前是一个巨大的空间，更像是一个地下停车场。这里充满潮湿的气味，令人讨厌的光线，生锈的墙壁，中间有一张大桌子，飘来阵阵食物的香气，而尼克站在桌子旁边。

"终于来了，我都等得不耐烦了。不想吃早餐吗？"

"去死吧。"马特说。

"你呢，格洛丽娅？"

"……不，谢谢。"重要的是别激怒他，重要的是别激怒他。

"那么，我们直截了当地说事吧。靠近点。"

我向前走几步，马特站在原地没动。

"马特，我说靠近点。"

"但是我想说，去死吧！"

"格洛丽娅，宝贝，别害羞，靠近点。"

我走到桌边，我的脉搏在几秒钟内加速跳动，现在我真的很害怕。

"尼克，原谅我。在你面前，我知道我错得离谱，让你流血，到现在我都还做噩梦！请原谅我，我不想这样的。"

"好！干得好！这正是我想从你那儿听到的话！现在到你了，马特。"

"我没打算向你这样的浑蛋道歉。"

"我给你时间考虑。要么你跪下来道歉，我让你安然无恙，要么一切都会完全不同。"

"我不会这样做的！"

"好吧……杰克。"一个高大的男人从走廊进入房间，并立即朝我走过来。然后，他从口袋里拿出一把刀，把它放在我的喉咙上。

"所以，马特，要么你道歉，要么杰克会割断她的喉咙。我数三下，一。"

我开始窒息，感觉到刀片穿透了我的皮肤。

"你在干什么？放开她！"

"一。"

"立刻放开她！"

"二点五……"马特看着我的眼睛，此时我觉得血沿着脖子流了出来，"三。"

"住手！"马特跪倒在地，"原谅我，原谅我！我是个坏蛋。请原谅我，求求你！"

"杰克，放开她。"

我跪在地上，摁住喉咙。我开始抽搐般地颤抖。

"你看，马特，这并没有那么困难。"

"现在你能让我们走吧？"马特问道。

"你知道吗？我还想和你玩玩。我非常喜欢看你们如何互相保护。"

尼克伸出手，把我拉起来。

"格洛丽娅，你抖得这么厉害，这让我更加兴奋了。"他向我俯身，"你知道我想要什么吗？"我吞了吞口水，"回答，你知道不知道？"

"不知道！"

"我想继续我们在那次派对上没有完成的事。"

我变得歇斯底里，哭得上气不接下气。

"尼克，请别这样！"我哭着说。

"别碰她！"马特喊着。

尼克拍了两下手，七个身材高大的小伙子走进房间，他们围住马特，开始残忍地殴打他。

"你选吧，格洛丽娅，要么你同意，要么他会被打死。"

我浑身发热，看着马特逐渐接近死亡，我非常害怕。我不想和尼克发生性关系，与此同时，我只能这样做来拯救马特。毕竟，我爱他，我不会让他因我而受苦。

"别听他的，洛丽。"马特喊道。

"时间过得很快。"尼克说。

来吧，格洛丽娅，你必须这样做……

"我同意！"我泣不成声地喊道。

"住手，"尼克命令道，"你从未停止取悦我，宝贝。走吧！"

他抓住我的手，朝走廊走去。

"不，洛丽，不要和他去！"马特勉勉强强地说道。

我听不到他的声音。我们走进走廊，我毫不反抗地跟着尼克。为什么要反抗呢？我不想看到马特倒在血泊中，但我和尼克之间即将发生的事将成为我自杀最重要的原因。现在我清楚地知道，我会毫无眷恋地离开人世。

尼克打开门，我们走进一个小房间，房间中央有一张大床，还有三个人也跟着进了房间。

"他们是谁？"

"啊，对不起，我忘了告诉你。只不过我的朋友们也非常喜欢你，他们也想加入我们，你不反对吧？"

房间里有四个身材高大的家伙，我一个人，我甚至不敢想象他们会如何虐待我。

"坐下！"尼克把我推倒在床上，那些家伙坐在我旁边。

"我已经向你道歉了，你还要什么？"

"你知道我要什么。脱衣服。"

我坐在床上，像一尊雕像，仿佛瘫痪了一般。

"脱衣服，否则我现在就杀了你！"尼克威胁道。

我开始摸衣服最上面的扣子，但随后我的视线落在床头柜上，刚好上面放着一个大玻璃杯。我迅速拿起玻璃杯，用力打碎它，抓起一大块碎片，紧贴着墙。

"哇！秀开始了！"尼克说。

"你知道吗？尼克，你别用死吓唬我！我不怕，相反，我数着日子等着它。而现在，可能，这一天已经到来……只是请你放了马特。毕竟，他曾经是你最好的朋友！你知道吗？当他发现我对你做的事时，他准备紧紧抓住我不放！"

我用碎片划向手臂，玻璃深深地刺入皮肤，因为疼痛我尖叫起来，房间里的每个人都张大嘴巴、睁大眼睛，恐惧地看着这个过程，仿佛被吓呆了。我划了第一下，血迅速地流了出来。

"你看，尼克……结束自己狗屎一样的生活是多么容易……"

就在这时，马特突然闯进了房间，手里拿着一把手枪。

"那么现在你们要接受我的条件！要么你放了我们，要么我就开枪了，我不在乎目击者！"

"哎，你们从这儿离开吧。"

三个家伙离开了房间。

"来吧，开枪呀，你还等什么？"

"我不想这样做，就让我们走吧。"

"我不会让你走的，开枪！"马特不会冒险扣动扳机。"你看，你是个懦夫！你一直都是个懦夫！我总是最好的，你嫉妒我。"

"好吧，当然！大家都讨厌你，却没朝你脸上吐唾沫，这真是太酷了，仅仅只因为你爸爸是个大人物。尼克，你真可怜！"

"好吧，既然我是个可怜的人，杀了我，来吧！"

马特把手指放在扳机上。

"马特，别这样做！"我说。

马特注意到我手臂上的鲜血。

"洛丽，他对你做了什么？……"

尼克利用这个瞬间袭击了马特，从他那儿抢走了手枪，马特摔在墙上，然后尼克把我推向马特。

"那好吧，宝贝，是时候说再见了！"

167

下一分钟，四名警察跑进了房间。

"该死的！"尼克说。

"尼克·休斯敦，你被捕了。"

我觉得生命力正渐渐离我而去。

"洛丽……"马特拍了拍我的脸颊。"喂！她快要死了！赶紧送她去医院！"

## 第14天

光。如此明亮的光，我的眼睛开始流眼泪。到处都是白色的墙壁，我的身上盖着白色的床单，手臂被包扎过了，我已经完全感受不到疼痛。我在医院的病房里，这里很温暖，我深呼一口气，我明白自己终于彻底安全了。

当我转过头看到马特坐在我床边的椅子上时，脸上露出了笑容。他在睡觉，身上打着石膏，所有的伤口都被处理过了。我从床上坐起来，叫醒他。

"马特……马特。"我低声叫着。

他醒过来，看到我，和悦地笑了起来。

"你恢复知觉了吗？觉得怎么样？"

"很好。"

"医生说伤口不深，很快会愈合。所以你还是很幸运。"

"是的……难道一切都结束了吗？"

"是的，整个噩梦都结束了。现在，尼克将长期陷入牢狱之灾。"

"你是怎么报警并拿到手枪的？"

"非常简单。尼克的六个手下很强壮，但都很愚蠢。他们留下我独自一人，桌子上有一部电话和一把手枪，"马特停顿了一下，"你知道吗？你不需要那样做。"

"那我能怎么办？"

"跟他一起去，因为我。"

"他们差点打死你。"

"没有打死我……"

"我别无选择。"

马特再次沉默，然后开始在口袋里翻找，并掏出一件东西。

"我希望把它送给你。"

他手上拿着那条项链。

"这是你买给捷泽尔的？"

"我想它更适合你。"

他拿起我缠着绷带的手，把项链放在我掌心里。

"谢谢。"我低声说。

他久久地握着我的手。我们之间发生了什么？难道他现在和我的感觉一样吗？我感到前所未有的快乐。想象一下：我爱了多年的人现在正握着我的手，手里有一条非常昂贵的项链。我不希望这一切结束，突然亚当和捷泽尔走进了病房。

"洛丽、马特！"捷泽尔跑向她的男朋友并拥抱他。

"你好，你怎么样？"亚当问道。

"我们没事。好像还活着。"马特笑着说。

"我差点疯了！"捷泽尔看着我的手。"我的天哪！"

"捷兹，没事了，一切都已经过去了。"

"是的，你无法想象我经历了什么！"捷泽尔停顿了一下。"我的天哪！我是多么自私的一个人呀！伙伴们，我很高兴你们都没事。"

"我还没来得及告诉你父母这一切。"亚当说。

"谢天谢地。我不希望他们知道这件事。"

"你确定吗？"

"……是的。"

"现在我不会把目光从你们身上移开。明白吗？"捷泽尔说。

我们笑了起来，一名护士走进病房。

"格洛丽娅·马克芬，你觉得怎么样？"

"非常好，我想我准备回家了。"

"首先我必须给你做一下检查。"

护士走近我，用手电筒照了照我的眼睛，摁我的手臂测量脉搏。

"由于自杀不是故意的，我想你可以不用去看心理医生。"

"谢谢。"

老实说，如释重负。

"马特·金斯，你感觉如何？"

"再好不过了。"

"你也很幸运，骨头很强壮。你经受住了强烈的殴打，但是从现在开始，向我保证，你不会再干这样的蠢事了。"

"我保证。"

"好吧，一小时后，你就可以准备回家了。"

好吧，终于可以回去了。我想让自己处于正常状态，尽力忘记这糟糕的一切。

"我不知道还有这么可爱的护士。"亚当说。

"你看她穿着超短的护士服。"马特接着说。

"马特，顺便说一句，我在这儿，我都听到了！"捷泽尔小声说道。

"原谅我，我可能已经开始恢复健康，并且我的本能也回到了原来的轨道。"马特笑着说。

"捷泽尔，让他们待一会儿吧？让他们休息，我们还要去备车呢！"亚当建议道。

"好，我们不在，别太想我们。"

亚当和捷泽尔离开，又剩下我们两个人了。

"好像什么也没发生过一样。"我说。

"是的……跟他们一起不会感到寂寞。"

护士重新走进病房。

"马特·金斯，你不打算回病房吗？"

"是的，是的，当然。"马特起身向出口走去，"回头见。"

"有这样的男朋友，你很幸运。"

我立刻脸就红了。

"他不是我男朋友。"

"那么，是朋友。整晚都坐在你身边，我差点感动得泪流满面。"

我的脸上再次浮现出白痴般的微笑。他坐在我旁边，看着我睡觉。我想，他的脑子被打坏了。

几个小时后，我回到捷泽尔家里。我感觉力气倍增，现在我真想愉快地去学校，但医生说我应该至少在床上躺一天，避免过度劳累。

"难道你现在不应该去上学吗？"我问捷泽尔。

"上什么鬼学校？今天我会陪你一整天。"

"捷兹，犯不着，我感觉很好。"

"你知道吗？为你高兴的人，我都会一整天给他们带橙汁和薄脆饼干。"

我们笑了起来。我生命中的问题得到解决了吗？我现在可以不带偏执地思考我的日常生活吗？我自己都无法相信……


　　*亲爱的日记！*

　　*我不知道如何描述这两天发生在我身上的一切。尼克绑架了我和马特，然后羞辱我们，让我们跟他道歉并且……想和我睡觉。如果不是马特，那这一切要如何结*

束仍然是个未知数。我不会告诉我父母这件事。他们为什么要琢磨我的问题呢？妈妈因为要和爸爸离婚而疯狂，爸爸却讨得劳伦斯小姐的欢心。真是一个不错的家庭！

但现在不说这个。问题是，我和马特之间发生了一些事。当然，这听起来很糟糕，但在某种程度上，与尼克之间的这种状态让我很高兴，因为这种状态，我和马特变得更加亲近，我一直梦想着这个。当他和捷泽尔在我眼前接吻时，我心里想象他不是在亲吻捷泽尔，而是在亲吻我。这非常愚蠢，但我非常爱他，是的，这不只是迷恋，而是爱。我要试着让捷泽尔有尽可能多的时间和亚当在一起，到时候，也许……

还剩36天，洛丽

我洗澡，换上干净的衣服，躺在床上。王子在我身边，它已经抚摸我的脚整整一个小时了。我梦想这种平静的状态很久了！

捷泽尔拿着一个大托盘走进房间。

"格蕾丝为你做了奶油汤。"

"我真想愉快地吃掉它，但是我没胃口。"

"怎么，忘记医生跟你说的话了吗？只能卧床休息和多吃东西，所以不要违背医生的话！"

捷泽尔把托盘放在桌子上，我拿勺子喝了一小口汤。

"非常好吃！"

"格蕾丝虽然呆头呆脑的，但她做饭好吃极了！"我又多喝了几口，她继续说道："你知道？我在这里想象，如果你和马特回不来的话？这对我来说是最大的损失。"

"捷兹，一切都结束了，必须试着忘掉它。"

"你想自杀……当你切断血管时，你想到我了吗？想到你的妈妈和爸爸了吗？那时你到底在想什么呢？"

"我没有别的办法。你知道吗？相比于可能发生在我身上的事，死亡并不是最可怕的。"

"但对我来说，这是最可怕的！"捷泽尔的眼中浮现了泪水。

"冷静一下。我在这儿，和你在一起，小猫在我们身边打呼噜。这不是很好吗？"

"真是个讨厌的乐观主义者。"

"顺便问一下，这些天你喂王子了吗？"

"当然。哦，对你来说，这只小猫比你最亲爱的朋友更重要吗？"捷泽尔坐在我的肚子上，开始搔痒痒，她最清楚我最害怕挠痒痒了。

"你说什么呢？你们两个对我都很重要！"

"好的，谢谢你把我和街头小猫咪一起相提并论！"我们笑个不停。

"好了，我们不聊这个了。你最好告诉我，我离开后，你和亚当发生了什么？"

"哦不，别说这个……"

"不行，我要知道细节！"

"没什么特别的。我们只是聊了聊，吃了点东西，然后他送我回家并且……"

"并且什么？"

"……并且邀请我今天去散步。"

"你怎么回答的？"

"没什么。但多半不可能。"

"为什么？"

"因为，洛丽，我重复一千次了，我有男朋友！他差点被打死了，我不能再对他这样了！"

"听着，只是和他一起散步，没人会知道。"

"我不知道……我疯狂地想和他一起去，但有些东西阻碍了我。"

"这样吧，去化妆，穿上你漂亮的裙子，给亚当打电话！"

"马特怎么办？"

"什么马特？他在家康复呢，他现在怎么都顾不上你。"

"也许，你是对的。我给亚当打电话。毕竟，我和他只是朋友！"

"当然。"

"当然。"

捷泽尔从床上起来，朝门口走去。

"好好休息。"

我该怎么办？为了能和马特在一起，我特意把她引向亚当。我的天哪！这太可怕了！最重要的是，她相信我，并且听我的建议。我早就明白，我被操控了。

几个小时后，亚当来接捷泽尔，他们一起去约会。如果捷泽尔真的和我童年的朋友谈恋爱怎么办？毕竟他们非常适合。捷泽尔现在对马特只是装模作样。他们很少在一起消磨时光，看电影，煲电话粥。尽管他们在学校的公共场合亲吻、拥抱，并试图假装他们是完美的一对，他们之间非常好。我个人对此已经看得非常厌烦。我真的希望捷泽尔幸福，马特也是。他们只有彼此分开才会幸福。

整个家都是我的天下啦！我研究了所有的房间和照片。这里很空旷，到处都是昂贵的家具和装饰。在这个家里，你甚至会迷路。

突然，我听到有人在门口摁门铃。可能，捷泽尔已经玩够了。但是我猜错了。我打开门，看到马特站在门口。

"你好，捷兹在家吗？"

"不，她……她去找法语补习老师了。"我撒谎道。

"明白了。"

"进来吧，家里没人。捷兹的父母出去旅行了，格蕾丝已经干完活了。"

马特走了进来。

"我带了一些东西来。"

我看到他手里拿着一瓶威士忌。

"哇！你要为她准备一顿浪漫的晚餐吗？"

"不，我只想我们一起喝了它，为了我们战胜尼克这个浑蛋，你不反对吧？"

"酒精对我是禁忌。"

"行了，喝一杯不会怎么样。"

"好吧，被你说服了。"

我们走进大客厅，坐在地板上。马特把威士忌倒进高脚杯里。

"好吧，为了我们喝一杯？"

"为了我们设法克服了一切。"

我一干到底。威士忌的苦味让我想起那个在巴黎的夜晚，当时我和捷泽尔认识了当地的盗窃犯。

"你看，你并没有变糟糕，所以我们再喝一杯。"

"马特……只要一点点。"

我又喝了一口威士忌，背靠着沙发。

"如果他被放出来怎么办……毕竟他的爸爸无所不能。"

"别担心，我爸爸正试图让尼克高兴地坐牢。"

一阵沉默。我看着壁炉，觉得酒劲上来了。

"你知道吗？那时在医院里，我想告诉你一件事。"

"什么？"

出乎意料的是，马特的电话响了。

"我马上就来。"

他起身走进另外一个房间。

他想跟我说什么？马特，你不能这样引起别人的好奇心！三分钟后，他回来了。

"谁打的电话？"

"我妈，她问我在哪里。"

我控制不住地笑了起来。

"你笑什么？"

"对不起，我只是从未想过，这样一个健康的小伙子仍然受到父母的控制。我以为你是个男子汉。"我继续笑着。

"我就是个男子汉！"

"好吧，当然！"不经意间，我又喝了一杯威士忌，"好吧，不要这样看着我，不然现在你看起来像一个 5 岁的小男孩！"

"哦，是吗？"

我迅速从位置上离开，用尽全力开始跑，马特跟在我身后。老实说，我们现在就像两个年少的傻瓜。

他试图追上我，但我又溜掉了。我沿着楼梯迅速下楼，在走廊上奔跑，打开一扇不熟悉的门，原来是游泳池。马特跑了进来，我再次逃之夭夭，我们笑得像疯了似的。选择合适的时机，我将马特推进了游泳池。他开始挣扎，我狡诈地笑着。

"怎么样，男子汉，冷不冷？"

"好吧，你赢了。"

他游到我身边，抓住我的手，过了一会儿，我尖叫着跌进了游泳池。

"傻瓜！"

我溅得他满身水，他用同样的方式回应我。水滴落在耳朵上、眼睛里，但我没在意，继续报复马特。他突然抓住了我的胳膊，我再也无法回应他了。他离我如此近。我看着他的眼睛，他也看着我的眼睛，我们的呼吸变得沉重起来，就像刚跑完越野赛一样。池中的水开始恢复平静。沉默中掺杂着我们的呼吸声。我觉得他轻轻地搂住了我的腰，我在水中想入非非。难道现在会发生吗？真的吗？是的。我们的鼻子互相碰触，我闭上眼睛，双手放在他肩膀上，我们的嘴唇贴在一起。他是如此温柔。我体内血液沸腾，鸡皮疙瘩都起来了，脸颊疯狂地燃烧着。他都没想停下来，但我睁开眼睛，又重新找回理智。我在和最好的朋友的男朋友接吻，我应该停下来！我推开马特，快速游到游泳池边，离开水面。

"洛丽！"马特说。

我的呼吸变得更急促。我迅速走到外面，好让自己清醒。马特也走到外面。

"你怎么了？"

"别靠近我！"

"至少进去吧，你很冷。"

"我不冷！"我回答道，牙齿直打战。

马特全身湿透了，冷得直打哆嗦，他靠近我：

"那时我就想告诉你，我不再只把你当成普通朋友。"

"别说了……"

"……我感觉到更多。"

"求你别说了……"

"……并且这个吻，不是偶然的。"

"我们只是喝醉了……喝醉的人经常有些愚蠢的行为……"

"难道你什么也没感觉到吗？"

"感觉到了，马特！我们喝多了！"我从他身边走开，他再次看着我的眼睛，"你回家吧！"

"……不。"

"好吧……那我走。"我转身离开。

## 第15天

当你醒过来，知道等待你的并不是美好的一天时，是多么困难。昨天我回来得很晚，幸运的是马特已经不在了，捷泽尔在自己的房间里睡觉。在散步期间，我应该好好思考一下。我跟马特接吻了。这不是我想要的吗？但为什么良心备受折磨？捷泽尔总是支持我，听我说话，而我这么对她，还和亚当想出了这个愚蠢的约定。我真是糟透了。

今天我根本不打算去学校，这样我就不会再看到捷泽尔和马特，但是我已经好几天没有上课了，金斯特利会给我父母打电话，我根本不需要这样。所以我早上五点半就醒了，迅速穿好衣服，静静地走到一楼。

我正打算开门，听到身后传来格蕾丝的声音：

"早上好，女士！"

"早上好，格蕾丝！"

"我没想到你这么早就醒了，稍等几分钟，我为你准备早餐。"

"不，谢谢，格蕾丝。我着急出去。"

我打开门，但我再次跟捷泽尔的家庭女佣说道：

"格蕾丝……"

"什么事，女士？"

"请告诉捷泽尔，我在学校等她。"

"好的，女士。"

我走到外面，拦了一辆出租车，告诉司机外婆家的地址。

半小时后我到了她家附近。我必须向亚当解释一切，我不能背叛我最好的朋友，背着她和她的男朋友搞阴谋诡计。这很卑鄙。

按了好一会儿门铃，几分钟后，外婆才来开门。

"格洛丽娅，宝贝！"

"你好，外婆。亚当在家吗？"

"是的，正准备去上班。"

"请叫一下他。"

"去厨房吧，我正要叫他。"

"不，我赶时间，我现在就要找他。"

"你的手怎么了？"外婆看着我包扎过的手腕。

"自杀没成功。"

"好吧，你真会开玩笑！"

是的，外婆，我一点也没开玩笑……五分钟后，亚当从家里走了出来。

"你好。"

"我取消约定。"

"什么？哦，哦，你说这个呀！为什么？"

"昨天……马特吻了我。"

"太酷了！还差一点点，他们……"

"够了！一切都走得太远了。我自己也不知道自己在做什么。捷兹对你很好，但她永远不会抛弃马特。"

"难道不是你告诉我，我做的一切都是正确的吗？"

"我说过……但现在需要看清事实。你是一个好人，即使捷兹爱上了你，她也只会偷偷地跟你见面，因为她需要派对、上流社会，你能给她什么？在公园散步？在汽车维修中心约会？"

"……毕竟她喜欢这样……"

"亚当，忘了她，以及我们的约定。"我转身走了几步。

"你能忘记你的马特吗？"亚当懊恼地问道。

我再次转身面对他。

"是的……我会试试。"

好吧，我做到了。现在，看着捷泽尔的眼睛，我可能不会那么难熬。

我还来得及去上课。英语老师还没有进入教室，像往常一样，没有他，这里就是个疯狂的世界。我透过门缝，看到捷泽尔正在准备上课。马特还没来。好极了！也许他今天不会来？这正中我下怀。

我走进教室。

"洛丽，你去哪儿了？"捷泽尔问。

"我早早就起床了，去了外婆那里一趟。"

"至少你应该告诉我一声！"

"对不起……"

突然我觉得有人用手拍了拍我的肩膀。是马特。

"你好！"他说。

我紧张地垂下视线，试图避开他的目光。

"你好！"我迅速说道，并紧张地在书包里找课本，假装没注意到他。

课持续了很久，这期间我尽量不去想我和马特的吻。即使我非常喜欢他，我永远也不会和他在一起。为什么还要徒劳地折磨自己？况且我活不了多久了，我不希望他因为我而受苦。

剩下的时间，我试着与捷泽尔和马特分开度过，我厌倦了打扰他们。让这一对小情侣独自相处，弄清楚自己的感受。

我走到有储物柜的那栋楼去拿课本。这里平时总是很安静。我打开储物柜，照照镜子，用手摸了摸眼睛下方的黑眼圈，并发现课本里有一个信封。

我真不敢相信自己的眼睛！还没结束吗？我打开信封："你做出了正确的选择。"

这是什么意思？还有什么选择？当我试着理解这封信的意思时，我完全没有注意到马特此时站在我旁边。

"你为什么要躲着我？"

"我没躲着你。"

"真的吗？我不明白，你不和我们一起上学，是为了避免见到我？"他注意到我手中的信，他的表情瞬间也变了，"这不可能……"

"他怎么样？被放出来了？"

"不，尼克被捕了，他的同伙都在被警察审讯。"

"那么，这意味着……"

"这意味着不是他给你投的这些信……"

"好吧，太酷了……很快我就会彻底发疯了。"

"必须找到这个伪疯子，并从他那儿弄清楚一切。"

"不，没必要。如果他喜欢用这些信来吓唬我，那就让他继续这样做吧。迟早他会厌烦，不再对我做这样的事。"

"随你的便……洛丽，我想了一下关于昨天的……"

"马特……"我打断他。

"听我说，这真是个错误。你是对的，我们喝醉了。我们必须试着忘掉它。"

"是的……"

"那现在又回到过去快乐的时光了？"

"当然。"我勉强笑着说道。

马特离开了。我觉得不自在。一方面我希望尽快忘记他，另一方面我仍然爱他，而且听到他这样说很伤心。我的天哪！我真的要疯了。

数学课。我真的不想上这门课，并不是因为我没有完成家庭作业。当我看到劳伦斯小姐的脸时，立即就能想象到爸爸和她在一起的画面，我只想吐。

"我看到格洛丽娅还有两个 2 分，所以请到黑板前来。"

呸，贱人，不要叫我的名字！我沉默，明目张胆地翻着作业本。

"请格洛丽娅·马克芬到黑板前来。"

"我不想去。"

"……没听懂吗？"

"我说，我不想去。今天心情不好。"

劳伦斯的脸上写满了愤怒。

"站起来，快点站起来！"我慢慢地起身。"马克芬，你这是什么反常的行为？我应该给金斯特利夫人打电话吗？"

"请打电话吧，然后顺便告诉她，我爸爸的接吻技术很好。"

劳伦斯目瞪口呆。我看到她眼中的惊讶，充满了恐惧。全班都呆住了，很多人张大了嘴巴。大家都看着我，而我处于暴怒中，我真的准备好紧紧咬住这个贱人。

"……坐下。我们继续上课。"

"什么意思，劳伦斯小姐？羞愧得不能直视吗？或者你又扮演着纯洁无瑕？"

"马克芬，现在在上课，请不要妨碍我。"

"也就是说，我不应该毁了你的课，但你可以毁了我的家吗？"我在整个教室里咆哮。我抓起自己的东西跑到走廊上，我一点也不想哭，我只想逃离这个地方。

> 亲爱的日记！
>
> 我恨她，恨她，恨她，恨她！让这个女人下地狱吧！她和我的爸爸睡觉，还不知羞耻地看着我的眼睛，假装什么也没发生！在我自杀之前，我的目标是让父母和好如初。毕竟爸爸可以回心转意并原谅妈妈，妈妈也可以原谅爸爸。这个老贱人妨碍了我，并毁了我所有的计划。爸爸喜欢她什么呢？骨瘦如柴，难看的卷发，戴着眼镜，关心数学。好吧，怎么能喜欢这样的人呢？我不懂。算了，一切都在我的掌握中！我倒要看看这贱女人还跟谁有联系！
>
> 还剩35天，洛丽

## 第16天

今天，我生命中第一次决定不旷课，因为我从来没有周六来过学校。

家长和老师已经接受这一点。但是这一天，我和捷泽尔例外，因为很快就要写选修课学年论文了。我明白，如果我用学习转移注意力的话，我很快就会忘记马特和家里的问题。但我的希望一如既往是徒劳的。

物理课。我们疯狂的老师科斯托先生正在进行关于某位科学家的讲座，除了查德，没人听他讲课。我看着窗外……看到爸爸拿着一束鲜花站在劳伦斯小姐身边。

"我产生幻觉了吗？"我大声说。

"什么？"捷泽尔问。

"看窗外。"

"你爸爸跟这个贱人……"

"所以，我没产生幻觉。"我举手，"科斯托先生！"

"是的，是的，怎么了？"

"我可以出去吗？我急需去医务室。"

"当然。"

我起身。

"洛丽，你要去哪儿？"捷泽尔疑惑地问道。

"我必须阻止他们！"

我闪电般沿着走廊跑，下楼梯，差点把校长撞倒在地，然后跑到外面。

爸爸和劳伦斯拥抱着，甜蜜地微笑，我觉得我要在柏油马路上呕吐了。我走近他们，但他们没有注意到我。

"你好，爸爸！"

爸爸看到我，几乎说不出话来。

"格洛丽娅……你终于回来了！我和乔迪到处找你！你去哪儿了？"

"哇！你是如此关心我。"我神经质地大笑起来。

"不要笑！我们坐立不安。我甚至来找劳伦斯小姐帮忙找你。"我的天哪！由于他的谎言，我的脑子现在就要爆炸了。

"这些花是给我上坟用的吗？如果他们杀了我，对吗？"

"不，你在说什么！这些花……是给你的。"他把花束塞进我手里。

我冷笑着看着他，带着前所未有的厌恶。

"大卫，她知道一切。"劳伦斯小姐说。

"她知道什么？"

"一切，爸爸。从她把舌头放进你嘴里开始，最后以……"

"够了！"劳伦斯打断我，"我再也受不了了。格洛丽娅，我理解你的感受，但……几周后你的父母就要离婚，到时你的爸爸就自由了……"

"那又怎样？这意味着你有权和他睡觉吗？"

"格洛丽娅！"爸爸介入，"我喜欢劳伦斯小姐，我想和她一起生活。你会和你妈妈一起生活，我给你们租一个漂亮的房子，我们还会经常见面。"

"是的，我宁愿死也不愿再见到你……"

我转身离开。我没走到大楼的主入口。体育场很安静，一个人也没有。我一个人坐着，号啕大哭起来。我非常讨厌忍受这一切。"我想和她一起生活"……狗杂种！他很清楚妈妈现在很糟糕。虽然她痛恨他的恶行，但她仍然爱着他。如果妈妈发现他又"重操旧业"，那么她的精神状态肯定玩完了。我恨爸爸，而且我更恨劳伦斯。她真的高兴当一个拆散别人家庭的人吗？她知道这对我和妈妈都不好吗？是的，这个贱货一切都不在乎，可能已经列好了婚礼客人的名单。

我听到脚步声，抬眼，因为眼泪，周围的一切都变得模糊起来，但我认出熟悉的夹克颜色。

"洛丽，你怎么了？上课被赶出来了？"马特问道。

"你在这里做什么？"

"我在这里训练。"

我擦掉眼泪，从看台上站起来，想要离开，我再次听到马特的声音：

"等等，发生了什么事？"

"是的，发生了一些事，我想一个人待会儿。"

"也许，最好说出来，你会觉得好一些？"

"这对你有什么好处？"

"洛丽，我们在一起经历了很多事，我想我们已经不是陌生人了。"

我明白，他是对的。我再次坐在远处的看台上，他坐在我旁边，我告诉他一切。关于爸爸、劳伦斯小姐、妈妈，关于我的苦恼，他认真地听我倾诉，点了点头：

"是的……太可怕了。但也许它会更好呢？"

"你指的什么？"

"好吧，如果你的父母不喜欢对方了，那他们为什么要一起生活相互折磨呢？"

"我不知道……但我无法理解，他们离婚后我就没有家了。"

"好吧，为什么？家还是有。毕竟，你爱你的爸爸妈妈。只是他们将分开住，是这样的情况。"

我沉思了一下：如果他真的是对的呢？如果我放开爸爸，让他做他想做的事？我和妈妈两人一起，我会支持她？

"金斯！快去训练！"教练喊道。

"马特，谢谢你的支持……真的，我非常感激你。"

"得了吧……不用谢。"

他起身，准备离开，突然他转身吻了吻我的脸颊。然后，一言不发地走了。我坐着，像个傻瓜一样笑着。你为什么开心？你又一次犯了同样的错误。

我把自己整理好，还来得及去上生物课。费奇先生站在教室中间，准备告诉我们一些重要的事情。

"同学们，我有一个消息要告诉大家。大家都知道，学期末你们必须提交学年论文。和往常一样，大多数学生都要写生物课学年论文。因此，我决定给你们安排过夜旅行！"费奇高兴地说。全班都处于惊讶的状态。周末要在森林里度过？开什么玩笑？

"为什么我没在你们的脸上看到快乐的表情？"课堂上一片沉默。"听着，我们会整天在森林里散步，认识不同的植物和动物，多么令人兴奋！"所有人都沉默了。

同学看上去像是在受折磨。

"好吧，我不在乎你们不喜欢这个消息，但必须出席！否则，你们将无法得到生物课成绩评定。大家都清楚了吗？"

"是的……"大家疲惫地回答道。

好吧，超级棒！整个星期天我将与全班同学还有性感的、惹人生气的费奇先生一起上课。

下课后，我悄悄地背着捷泽尔迅速拦了一辆出租车走了。

我说出我家的地址。是的，现在我想见见我的妈妈，听听她的声音。毕竟，她独自一人在那里。如果此时还和朋友们一起出去玩，我会觉得自己是个混球。

出租车开到了家门口，我犹豫很久才走了进去。这里如此空旷和灰暗，感觉房子似乎被遗弃了，或者房主们休假去了。我沿着吱吱作响的楼梯爬到楼上。这里如此安静，我甚至可以听到自己脉搏跳动的声音。我打开父母卧室的门，妈妈蜷缩着躺在床上。我看着她，微笑着，泪水开始在眼眶里打转。她看起来如此无助和孤独。我想拥抱她，温暖她。我坐在床边，慢慢抚摸她的头发。然后她醒了过来，眨眨眼，认出了我。

"……格洛丽娅。"

"你好！"

她起身，从抽屉里拿出一瓶药，从里面倒出四片蓝色的药片吞下。然后重新躺回床上，闭上眼睛。我白担心她了，我静静地站起来朝出口走去。

"留下……"

我急忙转过身，母亲看着我，泪水止不住地流了下来。

"请你留下来……不要让我一个人。"

我拥抱她。

"妈妈……妈妈，你怎么了？"

"别离开我……拜托……"

"冷静一下……我会和你在一起……"

"别离开我……留下来和我在一起。"

"嘘，嘘，我会留下来。"我亲吻妈妈的头顶。"我会留在你身边……"


# 第17天


我一早醒来。我站在炉灶旁煎培根。妈妈还在睡觉，昨天我们聊到了半夜。我试图以某种方式巧妙地暗示爸爸有了新的情人，但我难以启齿。

我听到楼梯上的脚步声，是妈妈。

"你这么早就醒了。"她说。

"是的，我把我们的早餐准备好了。"

妈妈微笑着。当妈妈看到过道的衣帽架上没有爸爸的外套时，又变得阴郁起来。

"大卫没回来……"

"可能他有很多工作要完成。你也知道他是一个工作狂。"

"他已经多少天没在这里过夜了……"

"妈妈，这有什么区别？我们两人住在这个大房子里，我们有很多食物。"我给妈妈一片奶酪。

"这包是怎么回事？"她看着徒步旅行的背包问道。

"今天我要和费奇先生还有全班同学一起去过夜旅行，我忘记告诉你了。"

"你要走了吗？"

"只去一天一夜。"

她从睡衣的大口袋里拿出一罐相同的药，然后又吃了一把药片。

"你吃的什么药？"

"弗雷兹医生开的药。"

"你还去找他吗？"

"格洛丽娅，我知道你不喜欢那个地方，但在那里我觉得不那么孤单。那里有很多人，我们沟通、微笑……世界似乎并不那么空虚。"

"妈妈，现在我会一直和你在一起。我保证不会再让你感到孤单。"

此时，我们听到汽车的喇叭声。

"是捷泽尔和马特，我得走了。"

"你吃过饭了吗？"

"我的背包里有很多食物，所以不用担心我。"我边说边背上沉重的背包。

我走到外面，马特的红色克莱斯勒已经准备好出发了。

"你好！"我说。

"洛丽，怎么，你有新的爱好了吗？逃避每个人，也不说去哪里和为什么？"

"捷兹，对不起。昨天我决定来看望我妈妈，我想知道她一个人待在这里怎么样，然后……总之，我必须和她住在一起，否则，我觉得会有不好的事情发生。"

"好吧……随你的便。"捷泽尔说，然后我们出发了。

能和全班同学一整天待在树林里，我并不兴奋。首先，我不想再让母亲独自一人。其次，我不能忍受在帐篷里睡觉，得堵住耳朵，以免听到有人打鼾。许多人在这里找到了某种浪漫，但很可惜，除了大量的蚊虫叮咬和可恶的罐头晚餐外，我什么也没发现。而且，我不得不面对随处可能遇到马特的情况。我想哪怕是星期天，我也能避开他休息一下，但也不是这样。当然，昨天他支持我，因为他，我真的感觉好多了，但是我无论如何都不能忘记那个吻。

我没注意到克莱斯勒换成了一辆大校车。费奇先生先生非常满意，全班同学都来了，他恨不得亲吻每一个人。他选了劳伦斯小姐当他的助手。是的，这个贱人就是喜欢到处瞎掺和！好吧，我知道这次旅行会让我崩溃。我坐在空座位上，捷泽尔和马特坐在我身后，费奇正在读在大自然中的安全规则，劳伦斯每隔五分钟就数一下我们的人数。

校车走了半个小时，我们已经远离城市。费奇下令把我们带到尽可能远的森林里去，那里会有更多的植物，通信信号也会消失，这样就没有人能和朋友联系或者上网聊天。他真的想要我们死。

校车停了下来。我们用麻木的双腿走向费奇和劳伦斯。在森林中绕了一小时后，我们到达一块林间草地，将背包放在地上。

"那么，我想我们可以在这里扎营。"

今天是阴天，如果下雨的话，我和其他同学都会诅咒世上的一切。有人为了生篝火而收集干树枝，有人将背包里的食物放在一起。有人脸上因为疲劳而一副愁眉苦脸的表情，有人恰恰相反，为这一天感到高兴，但高兴的只有两个人——维多利亚和查德，我们班上最狂热的书呆子。

"该死的帐篷！因为它，我所有的指甲都要断了！"捷泽尔尖叫着。

"捷兹，要看说明书，根据需要，一切都是合适的。"

"既然你是帐篷专家，请你帮我装好！"捷泽尔不快地喊着，然后去散步了。

我开始张罗着搭帐篷，马特走近我。

"费奇在我的背包里找到了啤酒，然后把它没收了。"

"真棒……我觉得我们在这里会非常'愉快'。"

"听着……昨天我吻你，只是想让你冷静下来，仅此而已，你别多想……"

189

"……要试着忘掉它吗？马特，我有似曾相识的感觉。"

我们开始旁若无人地大笑起来。

"格洛丽娅、马特，既然你们无事可做，请过来这边。"费奇说。

我们交换了一下眼色。

"还有人想和我们一起去探索闲游一会儿吗？或许，你，捷泽尔？"

"不，谢谢。我宁愿留在这里组装我的帐篷。"她靠近我，在我耳边说："祝你闲游愉快，失败者。"捷泽尔笑着离开。

如果不算费奇，我们有六个人，帕梅拉、格雷格、查德、维多利亚、马特和我。太棒了！我们在周末不去参加派对，而待在哥白尼爱好者俱乐部的人群里。

"如果我们悄悄地离开这里，你觉得他会注意到吗？"马特问道。

"难道你以为我没想过这个？他的后脑勺上长着第三只眼睛，他知道一切。"

接下来的半小时，我们在森林里徘徊，在每个灌木丛附近停下来，弄清它的名称、叶脉型和叶绿体颗粒大小。总之，你可以想象我们听到这一切是多么有趣。

我们走到一棵高大的树前停了下来。

"看看这个神奇的东西。谁知道这是什么？"费奇问道。

我们面前有一个落满树叶和树枝的坑。

"这是个洞穴。"

"好样的，维多利亚，这是矮猫鼬的洞穴。这些动物基本上很少生活在我们的地区，所以我们很幸运，我们找到了它。现在我想让你们看看它。"费奇开始用树干敲击，好让小野兽从坑里爬出来。

"费奇先生，也许犯不着这样做？"查德说。

"有必要，查德。你永远不要忘记这一点。"

他开始更用力地用树枝敲击，然后查德用手向上指了指。原来，有一个巨大的蜂巢悬挂在树枝上，还不止，它就要落在费奇的头上了。

"多可怕呀！得从这里溜走。"马特告诉我。

"费奇先生，那里……"

"我们走吧。"马特不让我说完，抓住我的手，我们就跑了。

"我们去哪儿？"

"远离这个疯人院。"

"但营地在另外一边！"

马特没有回答我。我们继续跑向森林深处。然后，当我们跑得远离营地时，我们停了下来。

"我们在哪儿？"

"不知道。但现在没有人找得到我们。"

"你这个笨蛋！费奇会杀了我们，然后是金斯特利夫人。"

"我救了你！不然现在我们就得在整个林子里上蹿下跳躲避野生蜜蜂。"

我微笑，转过头，听到灌木丛里传来一阵奇怪的声音。

"看，那是什么？"

我朝着有声音的地方走去，马特跟着我。瞬间我们面前出现了一个小瀑布，周围环绕着低矮的树木，岸边有不计其数的石头和落叶。

"哇！这些傻瓜居然不知道这里有这么美丽的地方。"马特说。

我走到水边，抓起一堆树叶扔向马特。

"喂，干什么？"

"干什么？是你把我带来的！"

我们再次像小孩子一样，奔跑，互相扔树叶，然后到了瀑布边上。马特把我推入水中，我也这样对他。难以置信，水非常冷，但我们不在乎。当我们的衣服需要拧干的时候，我们终于停了下来。

"都是你，我都湿透了！"

"相互的！"

他把 T 恤脱下来。

"你要干什么？"

"我脱掉湿衣服，需要晒干。顺便说一句，这样也妨碍不到你。"

"好吧，当然。我一直梦想着在你面前展现我的魅力。"

"你自己做得更糟。"

马特脱下牛仔裤。

"我的天哪！"我说，然后转过身去。

"每个学校的女生都梦想看到它。"

"好吧，我不是她们。行了，需要回营地去了。"

"在我晒干衣服之前，这种样子我哪儿也不会去。"

他拿起打火机，点燃树枝，在一根长棍上开始烤他的牛仔裤。

"他们很快就会开始找我们。"

"我没想到你是个好管闲事的人。"马特看着我说道。

"我没想到你穿着'南方公园'图案的内裤。"

"所有人都穿了。"

"是的，所有 12 岁的小男生都穿了。"

我大笑起来。马特对此很生气。

"好吧，够了……"我停不下来，"打住！"

"对不起，我不能。看前面。"

马特转过身来，看到他的裤子上烈火熊熊。

"该死的！"他跳了过去，牛仔裤还剩下一块满是黑洞的破布。

"好吧，今天不属于你。"

"现在我肯定哪儿也不会去。"

"很快野兽就会盯上我们。"

"动物不要紧。当天完全黑了，我们去营地吧。现在暂时休息一下。"
他裸着背躺在地上，闭上眼睛。

"好吧……"

我走开几米，效仿他。

"或者，你躺到我旁边？"

"为什么？"

"总之，人们这么做就是为了取暖，毕竟我们还在森林里。"

"尽管现在听起来也没多糟糕，但我永远不会和你一起睡觉！"

我侧身躺着，闭上眼睛。

天已经黑了，天空中布满了无数明亮的星星，我开始哆嗦。马特是对的，我需要放弃所有的原则，躺在他旁边。他还在睡觉。我悄悄地靠近马特，以便温暖他和我自己。他突然起身扑向我：

"啊哈，抓住你了！"

他跨坐在我身上，紧紧地抓住我的手腕。

"你在做什么？"

"你现在已经落入我的网中。"

"放开我！"我开始以一切可能的方式弯腰，但他更加用力地握住我的双手，"放开我！"

起初，我踢他，但是他的手从我的手腕慢慢地划到我的掌心，我们十指交握在一起。我觉得他在颤抖，我浑身鸡皮疙瘩都起来了，愉快地颤抖着。我躺在地上，他坐在我身上，我们的手没有松开。我忘了我刚才很冷，现在身体在熊熊燃烧。

我看着他的眼睛，他也看着我的眼睛。

"那……那是什么？"

"……手电筒。"

"什么？"

"我看到某人的手电筒。"

他从我身上下来，迅速将 T 恤穿在自己身上。

"该死的，他们找到我们了。"我说。

"马特、格洛丽娅？"黑暗中一个熟悉的声音问道。

"您好，劳伦斯小姐！"马特说。

"你们在这里做什么？你们有什么权利逃跑？"

"劳伦斯小姐，你不要在我们身上浪费时间，最好是给我爸爸打电话，告诉他今天你穿着什么样的内衣。"

我说完后，劳伦斯不再出声。我抓住马特的手，让他跟着我。

一半的路程中，我们都保持沉默，后来我打破了沉默：

"你还没解释，这算什么？"

我们停下来，他再次看着我的眼睛。

"马特，我不明白……为什么？"

他用手轻轻地抚摸我的头发。

"也许，因为我喜欢你？"

# 第五章

曾经对我们最重要的人可能只
是生命中的过客

只有当某人在生活中爱上我时，
我才会爱这生活。

# 第18天

　　地上非常硬，即使在帐篷里睡觉也很不舒服。我醒来时感到前所未有的不舒服，帐篷里查德坐在我面前，因为太出乎意料，我甚至跳了起来。

　　"什么鬼？"我说。

　　"我这么理解，这是'谢谢'我半夜把你放进了我的帐篷？"

　　昨天发生了什么事？我仿佛处于去参加了派对的状态。当我和马特回到营地时，大家早就在自己的帐篷里睡下了。天非常黑，我甚至擅自爬进了别人的帐篷，立刻就昏睡了过去。也就是说，我进入了痘痘王的帐篷。我的天哪！太丢脸了！我和痘痘王共度了一夜。

　　我没有回答查德，我迫切需要新鲜空气。我走出帐篷，看看同学们已经醒了：有人在点篝火，有人在大笑，有人在拍照。而我和查德，像一对甜蜜的情侣，最晚从帐篷里出来。

　　"算了，你不用感谢我。我不会生气。"

　　我还是一句话也没有回答，把他的话当耳旁风。

　　劳伦斯小姐靠近我们：

　　"格洛丽娅，我需要和你谈谈。"

　　"请不要用你的存在破坏我的早晨。"

　　我转过身，找到马特和捷泽尔，朝他们走去，远离这个贱人。

　　他们在远离人群的林间草地上，拥抱着坐一起聊着什么。我喉头一紧，马特表现得好像昨天什么也没发生过一样。

　　"哇！您终于醒了吗？"捷泽尔刻薄地说。

"捷兹，不要这样。我度过了一个可怕的夜晚，我在查德的帐篷里待了一晚。"

捷泽尔做着鬼脸：

"哎哟，不幸的人。你怎么样？"

"似乎还正常。"

"对一个和痘痘王共度一晚的女孩来说，你看上去还活着。"马特说道，然后他和捷泽尔大笑起来。

我看着他们的脸，一点也不懂。为什么马特要嘲笑我？在我们之间发生这一切以后。

"马特，你是个喜欢开玩笑的人，但要小心，否则洛丽可能会生气。"

"不，我没有生气。"我咬牙切齿地说。

"这个大自然太让我厌倦了，希望能快点回到城里。"捷泽尔叹息道。

"是的，我完全不明白为什么我们要来这里？现在我宁愿安静地坐在家里，看电视，喝热巧克力。"马特说。

"不要伤心，亲爱的。"捷泽尔亲吻了马特。我的天哪！多么恶心！他完全清楚我并不是对他无动于衷。

我跳了起来，离开他们。我再也受不了了。我走到临时营地自制的洗脸池旁，用手掌取了一捧水，把脸泡入其中。我心里很烦躁，我想把它从身上洗掉，洗掉马特的气味，还有昨天晚上的回忆。我想把它从我的记忆中抹去。

"孩子们，注意！"劳伦斯说，"很快我们就要回家了，但你们都知道，我们要体面地离开，所以现在我们收拾自己的东西，然后去校车那里集合。"

同学们疲惫地点点头。

我想回家。我想关在房间里，忘掉这里发生的一切。

"格洛丽娅……"

"你干什么？跟踪我吗？"我对劳伦斯小姐说。

"我跟你说过，我想跟你谈谈。"

"我不想跟你说话。"

我用卫衣袖子擦了擦脸，向前迈出一步。

"等等……是关于你妈妈的事。"

"不许说我妈妈任何事！"

"她生病了。"

我停下来，瞪着她。

"你说什么？"

"我知道她病了，大卫跟我说了一切。我可以帮助她。"劳伦斯从口袋里拿出一张名片，"拿着，这是一位非常好的医生的电话。"

"劳伦斯小姐，把你的帮助拿远一点，我母亲十分健康，她不需要任何医生！"

"还是拿着吧，"她朝我走来，把名片放在我手里，"然后，当你意识到自己不对时，就打电话。"

劳伦斯离开了。

我站着发蒙，脑子里有一个莫名其妙的声音。妈妈生病了？鬼才信！劳伦斯想出了什么主意，她想要摆脱我的母亲。这医生又是怎么回事？又一个邪教？还是精神病院？哦，不，劳伦斯，我永远不会上你的当。我手里握着名片，扔进背包里。我蹲下，试着把注意力集中在这样一个事实上：我很快就会回家，远离马特和爸爸的贱人。

"你想喝茶吗？"一个我尽力不愿再想的人问我。

"我什么都不想喝。"

"你又发生了什么事？"

"别烦我。"

他坐在我旁边，递给我一大杯茶。捷泽尔不在附近。

"拿着，只是要小心，它很烫。"

"我说过了，我不想喝。"

"在大自然中拒绝热茶是一种罪恶。"

我从他的手中接过杯子，喝了一小口，嘴唇和舌头感到火烧火燎，食道有一种不舒服的感觉。

"好吧，你怎么了？"

"为什么你要戏弄我，马特？"

"我不懂？"

"首先你戏弄了我，然后开玩笑，对我冷嘲热讽。"

"你都没理解对！"

"我理解得很对，马特！"

我突然抖了一下，热茶打翻在我身上。开水渗透了我的毛衣，身体也开始被烫到。

"我告诉过你，要小心！"

我跳了起来，朝烫伤的地方吹气。

"该死的！"

"脱掉毛衣。"

"不行！"

"这会让你变得更糟，傻瓜。"

他的话让我忘记了约束。我脱下毛衣，他给了我他的卫衣。锁骨周围的皮肤和胸部都烫红了，伴随着出奇地疼痛。

"很疼吗？"

"不，你说什么呢，我只是被开水烫伤了！"

"对不起……"

"我是一个失败者……"

"你想想，谁都发生过这样的事。你最好看看费奇，要说失败者，他就是。"

费奇坐在自己的帐篷附近，整张脸都被蜜蜂叮得肿了，肿得都看不到眼睛了。

"可怜的人……我们不应该逃跑，把它弄走，就什么都不会发生。"

"那么，那就当什么都没发生。"马特说道，暗示着昨天的事。

"也许这样更好。"

"你说什么呢？你不喜欢吗？"

"有什么区别？必须停下来。"

"难道你一点也不喜欢我吗？"

我看着他的眼睛，觉得烫伤部位的疼痛渐渐袭来。

"你错了，马特。我非常喜欢你，但我不能这样！你有女朋友，她是我最好的朋友！"

"我知道这看起来很疯狂，起初我以为我疯了，但后来我意识到，我和她见面，才能靠近你。"

他的话深入我的灵魂深处，我的脸上情不自禁地绽放着微笑。

但当捷泽尔用手搂住马特的脖子时，我的思绪又回来了。

"你们在说什么？"

"我们在说要回家的事。"马特撒谎说。

"我也是……洛丽，为什么马特的卫衣在你身上？"

"我把茶洒在自己身上了，非常烫。"我把烫伤给捷泽尔看。

"我的天哪！……你需要一些软膏或其他东西……"

"软膏？在森林里？也许顺便能在这里找到'麦当劳'。"

捷泽尔和马特大笑起来。

终于结束了！我们终于收拾好自己的帐篷和其他东西，朝校车走去。被叮咬的费奇仍试图用他肿胀的舌头告诉我们关于这些植物的知识，劳伦斯确保没有人落下。几十分钟后，我们终于坐上校车回布里瓦德。

我看着我们渐渐远离不计其数的树木和鸟叫声。这里发生了一件美妙的事。很可能，在我剩下的所有日子里，我将记住它。我很感激这片森林，它让我更加接近他。但劳伦斯和她的名片仍旧让我不能平静。难道她真的如此讨厌我的妈妈，以至于决定摆脱她？我是对的，她还是那个贱人。

亲爱的日记！

我终于在家里了。这两天我和全班同学一起去旅行。今天我向马特承认了我喜欢他，我没想到会这么容易。捷泽尔什么都不知道，这非常好。当然，背着自己最好的朋友和她男朋友见面是非常卑鄙的，但是我已经等得太久了。现在我觉得，梦想仍然可以成真。最后，在我死之前，我想知道和所爱的人在一起的感觉，亲吻他，感受他的气味。

和这一切告别将非常困难。

还有32天

## 第19天

幸运的是，课已经上完了，马特在车旁等我们，而我和捷泽尔则不慌不忙地边走边聊着八卦。今天谁穿了什么，谁和谁分手了，总之，我们谈话的主题永远不变。突然，捷泽尔停了下来。

"看，你爸爸在那儿。"

事实上，停车场那儿站着的是爸爸。我的心情立刻跌入谷底。

"又来找劳伦斯。他们干脆在我眼前胡搞得了，这样我死得更快。"

"呃，洛丽，不能这么粗鲁。顺便说一句，我想他在叫你。"

爸爸做了个手势，让我过去，但我毫无表情。

"我不在乎，走吧。"

"如果是重要的事情呢？"

"不管是什么，我不会靠近他。"

"那他会亲自来找你。"

我转身看到爸爸朝我们走来。

"你好，格洛丽娅！"

"你想干什么？"

"我需要跟你谈谈，这非常重要。"

"我不想跟你说话，你非常讨厌。"

他抓住我的手。

"我不在乎你是否愿意，你得跟我谈谈。"

"洛丽，那我走了？"捷泽尔问。

"好的，走吧。"

"上车。"

我砰的一声关上爸爸的车门，这里满是恶心的古龙水味，我打开车窗。

"好吧，我们走。"

"去哪儿？"

"你很快就会知道。"

"不！要么你现在说我们要去哪儿，要么我就下车！"

"耐心点，格洛丽娅，我又不是带你去屠宰场。"

爸爸发动车子，我们正常从学校离开。我看着路，试图弄清楚我们要去哪儿。

"你在学校怎么样？"

我沉默。

"格洛丽娅？……"

我再一次装作没听到。

"听着，无论家里发生了什么事，我都是你的爸爸，你是我的女儿！"

"学校很棒。每当我看到你的情人，就想象你如何背着妈妈和她滚床单。你怎么样？"我脱口而出。

"那么，你为什么这样？"

"再说一遍，我讨厌你！我期待你和妈妈离婚的那一天，我再也不想见到你！"

"好吧，我没注意到你这么快就长大了。"

"爸爸，得少花点时间和老女人在一起。"

我们走了差不多半个小时。然后，当我开始入睡时，车停了下来。

我勉强下了车。我们位于一座巨大的白色建筑附近，我看到了上面的标志。

"医院？……"

"是的，我们走吧。"

"你为什么带我来这里？"

"走吧，你自己会弄明白一切。"

我跟着他。我们穿过医院的院子，那里有很多病人。他们都带着空洞的眼神，静静地走路，也不说话。每个人都顶着大大的黑眼圈，一脸憔悴的表情。这一切让我感到不安。

我讨厌医院的气味，它让我想起了尼克的事，那时我和马特的生命危在旦夕。

我们走进医务室。这里非常宽敞，中间放着一张深蓝色的沙发。一位身材高大的中年男子接待了我们。

"格洛丽娅，认识一下，这是雷登医生。"

"你好，格洛丽娅！"

"你好！"我强迫自己清醒一点。

"请坐！"

我们坐在沙发上，医生手里拿着一些文件。

"测试结果已经准备好了。"他把结果交给我爸爸。

"还有什么测试？"我问爸爸，在其中一张纸上，我看到了"乔迪"的名字。妈妈？

"乔迪·马克芬被诊断为第三阶段的兴奋型神经衰弱。"

"这意味着什么？"爸爸问。

"这意味着她需要在我们医院接受紧急治疗。"

"……等等，我什么都没听懂。什么神经衰弱？"我困惑地问。

"格洛丽娅，你是否注意到你母亲的心情经常变化？冷漠，易怒，嗜睡？还有她大量酗酒？"

"……是的，但是……就在几个星期前，她变得完全正常了。"

"她体内已经生病了，并且离婚也是巨大的压力，在这种疾病的发展中起到了决定性的作用。"

妈妈真的病了吗？我简直不敢相信……我简直不敢相信……

"如果这病治不好会怎么样？"我含泪问。

"第三阶段的患者分为两种：其中一些人因绝望而自杀，其他人则会发疯。"

他的话让我感到震惊。我快速起身跑出医务室。

我打开通往街上的门，呼吸一口不含药物气息的空气。在里面，一切都让人发痒。我妈妈病得很严重，这一切都是因为我爸爸，他把她带入了这样的状态。

"格洛丽娅，"爸爸跟着我跑了出来，"我明白，你很难接受，但我正在努力帮助……"

"别撒谎！你特意想把妈妈送到这里来！"我歇斯底里地尖叫。

"冷静一下，你自己也听到医生的话了，她需要治疗。"

"你看看这些病人！他们是真正的精神病人！这儿不是妈妈该待的地方！"

"求求你，不要哭。我特意把你带到这里，是让你明白它有多严重。"

"送我回去……"

"格洛丽娅，这一切需要讨论。"

"带我回去！我想回家！"

"好的。"

我跳进车里。

"在没弄清楚乔迪需要什么之前，我不会把她送到这里来。我只是担心以后会为时已晚。"

我沉默，眼泪继续顺着脸颊滚落。

我不肯相信这一切。妈妈很健康，我知道。虽然她容易动怒，但她一直都这样，这是她的本性。这只是爸爸和劳伦斯想要摆脱她，就是这样。这个医生显然受了贿赂。这一切都是恶作剧，我是不会同意的。我绝对不会把我的妈妈送到精神病院去！

爸爸送我回家。我没有跟他说再见就下车了。他走了。我回到家里，到处都倒着空酒瓶，臭气熏天。我中午不在家，妈妈就已经烂醉如泥，躺在客厅的沙发上。我朝她走去，却被散落的瓶子绊了一跤。

"妈妈……妈妈……"

"哦，回来了。"然后她捂着嘴巴，跑到浴室，过了几分钟，我听到她吐了。

那么，这不是恶作剧，我的妈妈确实生病了……我的天哪！请你现在就把我枪毙吧！

妈妈走出浴室。

"妈妈，这是什么？"我平静地问。

"原谅我……原谅我，我会清理一切。"妈妈勉强地说。

"你喝了多少？"

沉默。我抓住她的肩膀，开始愤怒地摇晃。

"你喝了多少？"

"宝贝，你怎么了？"

我呼一口气，张开手臂紧紧地拥抱我的妈妈。

"请……请你别这样……我求求你。"我泪流满面地对妈妈低声说道。

"放开我，我想睡觉。"

"妈妈，你怎么了？你完全变了，我希望一切都和以前一样。"我紧紧地拥抱着她，我的哀求又变成了一贯地歇斯底里。

妈妈竭尽全力推开我。

"我说放开我！"她说完，勉强爬到二楼。

这就是结局……我失去了我的妈妈。永远。


## 第20天


你知道吗？不管愿意不愿意，在学校我们会忘记与父母、与男朋友的所有问题，我们的头脑里塞满了各种方程式、讲座和题目——它们就像止痛药一样起作用。尽管听起来很奇怪。

我试着远离捷泽尔独自待着，毕竟她透过我的眼睛立刻就会明白我想隐瞒的事。昨晚我还是给她打了电话，告诉她我妈妈发生的事情。是否需要带她去医院？我还没有决定。捷泽尔觉得整个情况对我有利，她说我妈妈让我如此伤神，因此有理由送她去治疗。此外，家里将是我的天下，因为爸爸寄居在劳伦斯那里，（在死之前）我可以举办一打派对。我喜欢捷泽尔的想法，但我又陷入了沉思，为了举办派对而将妈妈送到精神病院接受治疗？这很残忍，再怎么说她也是我的妈妈。

储物柜中的课本又出现了新的信件，里面写着：

"对你来说他是谁？"这些信不再让我感到惊讶，我根本不会尽力猜出这些文字的意思。我甚至没兴趣知道是谁写的，不在乎。如果有人喜欢给我写这些令人费解的信，那就继续吧，而我只会观察它。

哲学课，捷泽尔坐在我身边。

"听着，我们放学后去哪儿？电影院或咖啡馆？"

"捷兹，我不想去，我没心情。"

"行了你！别一副愁眉苦脸的样子。你需要娱乐，然后一切都会好起来的。"

"捷兹，我的妈妈生病了，我的爸爸和我的数学老师偷偷在一起了。似乎永远都不会'好起来'了。"

"你知道你最让我气愤的是什么吗？"

"什么？"

"你总是抱怨，让自己成为受害者。洛丽，有些事总不尽如人意，但没关系，人们照样以某种方式生活。"

这些话激怒了我。捷泽尔，你知道什么是问题吗？你有一个完美富裕的家庭，所有男生都想得到你，甚至一些女生也想。你的未来完全有保障，你有什么好抱怨的？

"请原谅我……"她看着我神情忧郁的眼睛，明白她的话伤害了我。

"没什么……你说得对。"我真是对这些愚蠢的问题钻牛角尖……

捷泽尔拥抱我，把头靠在我的肩膀上。

"我爱你，我知道你也爱我，当我们在一起时，一切都会没事的。"

我马上想起马特和我们之间发生的事。我是背叛者，我真是太恶心了。

"是的……我非常爱你。"我说。

我们的拥抱被哲学老师孔纳利先生打断，他又开始了无聊的讲座。我打开课本，看到一张小字条。我打开字条，上面写着："我八点来接你。马特。"

他在想什么？现在不是开玩笑的时候，现在是结束这一切的时候。

下课后，我像往常一样挽着捷泽尔的胳膊离开。正如捷泽尔所说，我们是精英，因此应该总是在一起，以便所有人都羡慕我们的友谊，甚至尽力效仿。听起来当然很愚蠢，但当你和学校里最受欢迎的女孩是好朋友时，他们也无可奈何。

突然捷泽尔停了下来。

"该死的，别这样。"

"怎么了？"我问。

"亚当在那边。洛丽，把我藏起来！"

"等等，不需要藏。他来找你，你就去找他，我会分散马特的注意力。"

"好吧，我很快。"

捷泽尔离开我去找亚当。

亚当没有结束我们的游戏，那好，既然我自己很好，我认为值得继续我们的约定。

马特走出教学楼。

"马特！"我喊他。

"你看到我的字条了吗？"

"看到了……"

"尽量别迟到。第一次约会时，你们女孩子总是喜欢让我们等。"

"别担心，我不会让你等的，我哪儿也不去。"

"为什么？"

"我不能去。捷泽尔对我来说非常珍贵，我不想失去我和她的友谊。"

"我不想失去你……听着，我知道你不想瞒着她，但现在我们需要一点时间做好准备，并告诉她一切。"

"你认为应该告诉她吗？"

"不应该吗？我应该和一个不再爱的人在一起吗？"他的话把我惊呆了。

"我觉得自己像个背叛者，这是最令人恶心的感觉，马特。"

"好吧，这样，我们进行一场朋友式的约会。"

"朋友式的？"

"是的，毕竟朋友也可以一起去某个地方吧？这也不意味着什么。"

"好吧，既然是朋友式的，那为什么不呢？"

"那很好。"

捷泽尔满意地朝着我们走来：

"那么，我们走吧？"

"好的，亲爱的。"

马特朝车子走去，我们慢慢地跟着他。

"他说了什么？"我问。

"他邀请我去看电影。想象一下，马特已经两百年没带我去过什么地方了。"

"那你同意了？"

"……洛丽，我真是个傻瓜。我想和亚当结束，但我没成功。他太可爱了，我不能没有他。"

"不要告诉我，你爱上他了。"

"不，当然没有！我……只是依恋他，常有的事。"

我们开始大笑起来。

家里静悄悄的，妈妈去找弗雷兹了。当我没看到她时，我觉得更加平静。

我从来没有约会过，即使是朋友式的约会。我完全不知道该如何表现，穿什么，说什么。在我这个年纪，女孩们都已经有了很多这方面的经验，但我，就像一个野蛮人，第一次知道这些。我翻遍衣柜，找到一件墨绿色的连衣裙——捷泽尔在我 16 岁的时候送给我的。我没有机会可以穿它，但现在有理由穿了。头发要怎么弄呢？松开或者编辫子？我总是和捷泽尔商量一切，现在我得自己思考了。即使它只是一个朋友式的约会，但我看上去应该是令人难忘的。

亲爱的日记！

我要和马特约会。这本来只能在我的梦里实现，但美梦成真了。我非常担心，害怕自己表现得像一个十足的傻瓜，怕他失望。总之，约会将在哪里进行呢？咖啡馆或者公园？好吧，一切都是第一次。你只需要放松并且顺其自然。

我正在寻找离开家的理由，不用看到妈妈是如何逐渐发疯的。今天马特将帮助我。明天会怎么样？后天……

或许，她去医院真的会更好？

还剩30天

我穿上裙子，头发弄成了卷发。在马特来接我之前一个小时，我就准备好了。最后，我听到了门铃的声音。

马特站在门口，看着我。我的心怦怦直跳。

"哇……我都不知道该说什么……你非常漂亮。"

"你也是。"

"那么，我们走吧？"

我关上门。马特为我打开车门。

"顺便问一下，我们去哪儿？"

"这是一个惊喜。"

夜晚的布里瓦德比白天更美。不计其数的灯光、汽车，夜生活如火如荼地进行着，只有晚上才能看到真正快乐的人。有人下班回家，有人像我一样去约会，有人只是在散步或坐在餐厅里欣赏夜景。这种氛围很迷人。

几分钟后，我们就到了。我还是不知道我们要去哪儿。这里很黑，既没有餐厅，也没有咖啡馆，周围甚至没有人，这里只有我们。

"马特，你干什么？你要在这里杀了我吗？"我一边说，一边从车上下来。

"不是的，亲爱的。跟我来。"

我们面前有一栋巨大的废弃的高楼。它是如此昏暗，似乎有狂人或某些怪物住在里面。我的第一次约会真棒！

我们沿着毁坏的楼梯往上爬。

"你知道吗？我从小就怕黑。"我说。

"和我在一起，你还害怕吗？"

"得了……怎么说呢。"

"喂，我可是你的勇士。"

"嗯，当然，和你在一起我不害怕，但你有一点点可怕。"

"还差一点点，我们就到了。"

我的双腿已经累麻木了。马特打开某个舱门，我沿着铁楼梯往上爬。一股清新的空气扑面而来，我们在屋顶上。我面前有一张小桌子，上面摆放着一堆食物，旁边有两把摇椅，在巨大的遮阳棚下像是一张床。

"哇！"我说，"你自己一个人弄的吗？"

"是的，但这不是最酷的。闭上眼睛。"

我听他的话，他牵着我向前走。

"抬起一只脚……现在是第二只，"他跟在我身后，"可以睁开眼睛了。"

我慢慢睁开眼……我们站在高楼屋顶的边缘，我们身下有不计其数的彩灯，我们上方是无尽的星空，感觉它们是那么近。我的呼吸要停滞了。

"我的天哪！太美了！"

"仿佛整个佛罗里达都尽收眼底。"

"我从来没有见过比这更美的画面，马特。"

"我尽力了。"

我们久久地站在楼顶边缘。风吹动我的头发，我觉得自己像美人鱼。

接下来的三十分钟，我们坐在桌子边吃东西，同时聊着一切。

"我可以问个问题吗？"我说。

"当然。"

"你带捷兹来过这儿吗？"

"没有。"

"为什么？她也会喜欢这里。"

"这里是我的秘密基地，就像童年时代的个人大本营一样。当我想独自一人时，我就来这里。这里很安静，让人平静。"

"那我摧毁了你的秘密基地吗？"

"不，现在它是我们共同的基地。"我笑容满面。

我觉得要被冻僵了。在屋顶上，我穿着薄薄的丝绸连衣裙。它一点也不暖和，我的身体开始颤抖。

"应该提醒我，让我带上外套。"

"这不是问题，现在我来温暖你。"

他从椅子上站起来，抱着我到床边坐下。他用手紧紧地抱住我，我感觉好多了。

"你知道吗？这个约会看起来不像是朋友式的。"我说。

"嗯，我应该用某种方式把你拖到这里来。"

"也就是说，你骗了我？你怎么能这样！"我笑着推开他，他躺在床上。

"如果你不想，你可以回家。"

"嗯，当然，你把我带到不知是什么鬼地方，现在让我回去？不！"

他把我拉到他身边，我躺在他肚子上，他再次拥抱我。这样的时刻又来了，只想默默地看着他深不可测的眼睛。他很帅，他真的很帅。

"从未想过和你在一起会这么好。"他说，用手掌抚摸着我的背。

我们十指交握。我吻了吻马特的脸颊。我不知道我为什么这样做，但这让我如此愉快和轻松。我把头枕在他胸前，他抱着我，吻了吻我的额头。我看着天空，听着他的心跳声。不经意间，我睡着了。


## 第21天


　　早上洗澡总是让人振奋。我闭上眼睛，水慢慢流过我的身体。我开始回忆昨天晚上，回忆马特，我感觉很好。在他身边的时候，我似乎充满了能量，我想要活着，我想要呼吸，我想要再次见到他。我不知道，当你幸福时，如何描述这种感觉。我很少真正有幸福的感觉。

　　我换上校服，我想快点准备好，然后悄悄离开。妈妈还在睡觉，我没打扰她。

　　我听到门铃响了，捷泽尔一脸担忧地站在我面前。

　　"捷兹？……"

　　"洛丽，我有问题。"

　　"发生什么事了？进来吧。"

　　她走了进来，我关上门。

　　"马特失踪了。"

　　"什么叫失踪了？"

　　"我昨天晚上给他打了一整晚的电话，但他都没有接。"

　　"等等，也许，你犯不着大惊小怪？也许他跟朋友去了什么地方？"

　　"也许吧。"

　　捷泽尔重重地叹了口气，走进客厅，坐在沙发上。

　　"洛丽，我很困惑。"

　　"你想喝茶吗？"

"不，根本没胃口。我该怎么办？马特还是亚当？"

"你更喜欢谁？"

"……好吧，亚当是如此……如此温柔和特别，我和他在一起感觉很好。而马特，他……我需要他。"

"需要？作为一个人或作为你的附件？"

"你在暗示什么？"

"我暗示你应该先了解自己，然后才能确定你真正需要的是谁。"

半小时后，我们来到了学校。我都忘记最后一次学习是什么时候了，最近发生了太多事。最让我担心的是，马特到现在还没来。他躲起来了？但是为什么呢？我很想见到他，闻闻他身上的古龙水香味。

食堂里，大家像往常一样分散地坐在桌边，每群人都聊着自己的事。不到一分钟的时间里，这里就会诞生各种各样的八卦，不知有多少是谈论我和捷泽尔的。捷泽尔喜欢成为关注的焦点，很享受这个，而我，虽然已经顺其自然，但我仍然无法正常地看待它。每个16岁的女孩都比我更了解我自己，这把我气坏了。

"我的天哪！你看她穿的！真是个噩梦！"捷泽尔边说边用手指指着那个女孩。她穿着侧边带拉链的绿色牛仔裙和黑色开衫。

"这是路易·特列维斯。"我说。

"那又怎么了？"

"她的父母一个月前因车祸去世了。"

"……我不知道这件事。即便如此，我们是女生，在任何场合我们都必须穿着得体。"

我的天哪！有时捷泽尔会疯狂地惹恼我。

下一刻，马特走到我们的桌子跟前。

"你好！"他说。

"你去哪儿了？"

"原谅我。"

"整个晚上我都在给你打电话，你却一次都没有接！"

"我……我在训练，你也知道，我很快就要参加比赛了。"

"至少提前说一声吧！"

"对不起，我没想到你会这么难过。"

"顺便说一句，我有消息告诉你们。"

"什么消息？"我问。

"查理要举办一场很酷的派对，我们都在被邀请之列。"

"查理是谁？"

"查理·埃德金斯是'曼哈顿'模特经纪公司副总经理的女儿，我们得去参加佛罗里达州最富有的女孩举办的派对。"

"我去不了，我得和我妈妈在一起。"

"你生活中哪怕能有一次什么都不考虑吗？我们只是去那里跳舞、聊天，这太棒了！"

"嗯，依我看，这是个主意。我同意，你怎么样，洛丽？"马特问道。

他坐在我对面，我感觉到他的手靠近我的膝盖，他握住我的手，我们十指交握。

"……好吧，既然你去，那我也去吧。"

"太好了！今晚正是我们所需要的！"

放学后，我立即开始为即将到来的晚上做准备。我并不是特别想去那里，但是捷泽尔会失望，如果她心烦意乱，就会一直发牢骚，所以我别无他法。我迅速卷起直发，提前化好妆，这样，稍后我就不会为此伤脑筋了。

快六点的时候，我开始穿衣服。我决定穿普通的蓝色牛仔裤和T恤，我毕竟不是上流社会的，我可以穿自己想穿的衣服去那儿。

我下楼去，马特和捷泽尔已经在门口等我了。突然我听到妈妈的声音：

"你要出去吗？"

"是的，我要去。"

"你要去哪儿？"

"去查理·埃德金斯的派对，你问的是不是太多了？"

"你生我的气了？"

"不，你说什么呢，我非常喜欢回家看到你醉醺醺的，听到你在浴室里呕吐真是太好了。继续保持这样的状态，妈妈。"

"……原谅我。"

"算了，走吧。"

"你爸爸在哪里？"

"什么？"

"大卫多少天都不在家过夜了。他在哪里？"

这一刻已经到来，我得把一切都告诉妈妈，不再对她撒谎。

"我想你应该知道这件事。爸爸……和另外一个女人在约会，我的数学老师，劳伦斯小姐。"

"……很久了吗？"

"我不知道。我也是最近才知道的。他住在她那里。"

妈妈沉默，垂下眼睛。我很担心这样的沉默。她走到梳妆台前，拿起相框，里面有一张她和爸爸微笑的照片，看着它，用尽全力扔了出去。相框的碎片散落满地后，她回到二楼自己的卧室。我跟着她。

"妈妈，冷静一下，"我们坐在床上，我拥抱她，"你和他反正都要离婚了。"

"那又怎样？我仍然爱他……"

"你怎么能爱一个两次背叛你的人呢？"

"幸好你还不明白，也不知道当你爱的人离开你的时候有多痛。"

这话紧紧地抓住了我的心。

"如果你愿意，我哪儿也不去？"

"不，去吧……"

"你很坚强……你可以做到。"我边说边抚摸着妈妈的背。

\*\*\*

查理·埃德金斯的家非常大。到处都闪烁着聚光灯，听得到笑声、高脚杯的碰杯声。我非常喜欢这种氛围。说实话，我没有见过这个查理，但从她的家来看，她是个人物。

"豪华的房子！"捷泽尔说。

"是的，派对结束后，她的家庭女佣就要上吊了。"

"喂，你们还在等什么？走吧。"马特说。

我们走了进去，里面很暗，闪烁着不同颜色的聚光灯。里面至少有一百人。每个女生都穿着优雅的连衣裙，男生们穿着西装。只有我一个人穿着牛仔裤来了，现在我明白为什么大家都这样盯着我了。

"查理，你好！"捷泽尔说。

一个高高瘦瘦、头发垂到领口的女孩来迎接我们，她穿着一件天鹅绒棕色连衣裙，与她黝黑的皮肤颜色一致。

"捷泽尔！很高兴在我的派对上见到你。"

"这是我的男朋友马特。"

"马特·金斯，我听过很多关于你的事。你是在橄榄球队吗？"

"是的。"

"很高兴认识你。"

"这是我最好的朋友，洛丽。"捷泽尔说。

"你好，可爱的 T 恤。"

"谢谢。"

"好吧，玩得开心，就像在自己家里一样。晚会正如火如荼地进行着！"

这个晚上，我要了一杯龙舌兰酒。马特和捷泽尔随即去舞池跳舞，当我忘记清醒的状态时，我加入了他们。

跳舞跳到腿酸疼时，我去了吧台，捷泽尔朝我走来。

"你怎么一个人站着？"

"那我还能做什么？跳舞跳累了，现在我想休息。"

"洛丽，在派对上要认识人。"

"是的，你看看周围。在这里大家都相互认识，我不想强迫任何人。"

"是的，我不是说这个。在这里你可以找到一个很酷的男朋友。"

"别说了，我暂时还不想。"

"等等。"

捷泽尔去了某个地方，消失在舞池的人群中。几分钟后，她挽着某个男生的胳膊回来了。

"认识一下，这是我的朋友洛丽。洛丽，这是詹姆斯。"

"你好！"他说。

"你好！"

"我想，马特叫我了，我该走了。"

真难以接受！我现在该拿这个詹姆斯怎么办？他从头到脚打量着我，然后说：

"想喝一杯吗？"

"是的。"我脱口而出。

"稍等。"

他给了我一杯鸡尾酒，我喝了一小口，知道这是朗姆酒混合了一些果汁之类的东西。罕见地恶心！也许詹姆斯自己会明白我很无聊而且不想和他交往，然后他就会离开？

"我甚至没想到你和捷泽尔·维克丽是最好的朋友。"

"为什么？"

"嗯，你看起来完全不同。"

"你知道吗？你是对的。"

突然响起了缓慢优美的音乐。

"要不我们去跳舞？"

"我不会跳舞。"我试着拒绝。

"我也是。"

他牵着我的手带我去舞池。我看着他的眼睛，我觉得偌大的房子里只剩下我们。詹姆斯有淡褐色的头发、浓密的深色睫毛、蓝色的眼睛，他有强壮的手臂和宽阔的肩膀。声音很动听，可能只是因为这个原因，我继续与他交流。

"我想我听到了一些关于你的事。"

"真的吗？"

"和尼克的事。"

"……我不想回忆这个。"

"对不起，我明白。我曾经是尼克的朋友。"

"发生了什么事？"

"我及时明白了他是个畜生，所以我很高兴他现在在坐牢。"

直到缓慢的音乐变快之前，我们一直拥抱着跳舞。

我们坐在皮沙发上，他告诉我他的情况，同样，我也告诉他我自己的情况。马特和捷泽尔加入了我们的行列。

突然，詹姆斯的电话铃响了。

"我马上就来。"

捷泽尔靠近我坐着。

"嗯，他怎么样？"

"你为什么这么做？"

"我希望你能有一个男朋友。"

"但不是以这样的方式。"

"他怎么了，你根本不喜欢他吗？"

"不，为什么，他很可爱……帅气，和他交往很有趣。"

"不好的，我不会推荐给你。"

"捷泽尔，可以来一下吗？"查理说。

"当然。"

剩下我和马特待在一起。

"所以他很可爱？"

"捷兹疯了，我不想跟他认识。"

"但是，你说和他交往很有趣。"

"是的，他是一个不错的聊天对象。"

"如果你想把他赶走，要不要我帮忙？"

"为什么？我喜欢他，我想和他交往。"

"也就是说，我仍然需要帮助你。"

"马特，别说了，我是自由身，我有权和我想交往的任何人交往。"

"如果他和尼克一样呢？拖你上床？"

"我会辨别清楚。最好看好你的女朋友。"

詹姆斯走到我们身边。

"洛丽，你想和我一起去散步吗？"

"很荣幸。"

我看着夜空，并立即回想起昨天晚上。我在做什么？现在我为什么
和詹姆斯在一起？马特试图阻止我。虽然，这样可能会更好。詹姆斯似
乎相当不错，捷泽尔也认同他，如果他能让我忘记马特，并开始过正常
的生活呢？

"你知道吗？我厌倦了这个派对，想不想和我一起环城兜风？"

"为什么不呢？"

"只是我有一个问题要问你。"

"什么问题？"

"你有男朋友吗？"

"詹姆斯，如果我有男朋友，你认为我现在会和你在一起吗？"

"当然不，愚蠢的问题。好吧，上车。"

在我面前是一辆巨大的黑色敞篷车，它闪闪发光，当我打开车门时，

双手甚至在颤抖。

"洛丽！"

我转身看见马特。

"你想要干什么，马特？"

"你们要去哪儿？"

"不关你的事！"

"马特，你是不是有问题？"詹姆斯站在我的身前。

"不，你说什么呢？我很好，只是洛丽不会跟你一起去。"

"马特，你走吧。"我说。

"事实上，你的女朋友似乎开始想你了。"詹姆斯咬牙切齿地说。

"是的，可能。你觉得你的妻子和孩子现在想你吗？"

"什么？妻子和孩子？你说什么呢？"我困惑地问道。

"有什么区别？我们走吧。"

"等等，你多大了？"

"这有关系吗？"

我转身离开。

"别忘了给你的儿子买尿布。"马特说。

我的天哪！难道这个世界真的没有真诚的人了吗？我再一次觉得自己被骗了，感觉我的心就像一张废纸一样被揉成一团。

"洛丽，等等！"

"你怎么知道他的事？"

"我是马特·金斯。我可以知道所有人的一切。顺便问一下，你想知道他多大了吗？他 31 岁。"

"真是个噩梦！……"

我走到路边开始招手。

"你干什么？"

"打车。"

"我可以送你回家。"

"不需要。"

"你怎么了？因为这个詹姆斯，你就生我的气吗？但他是一个真正的浑蛋，他背着他的妻子与你见面！"

出租车停在我身边。

"你不也一样吗？"

"你对我来说更重要。"

"这没什么关系。"我坐上车走了。

我讨厌我的生活，讨厌所有出现在我生活中的人，他们都是叛徒。成为一个脱离集体的人或者彻底死去或许会更简单。

我回到家里。这里又是一片寂静，就像在坟墓里一样。

"妈妈，我回来了。"

没有回应，可能在睡觉。

我上楼去。我打开卧室的门，但她不在那里。

"妈妈……"

我检查了所有的房间，空无一人。

我走到一楼，发现浴室里的灯亮着，门半开。

"妈妈，你在这里吗？"

我推开门，妈妈躺在地上昏迷不醒，手里拿着一小瓶弗雷兹为她开的那种药。我的心揪了起来。

"我的天哪！"

我冲向她，开始拍打她的脸颊。

"妈妈！"

没反应，她没有呼吸了。我摸了一下，还有脉搏，她还活着。我赶紧跑到客厅，拿起电话打给爸爸。

"喂。"爸爸说。

"爸爸，快回来！"

"出了什么事，格洛丽娅？"

"妈妈吞了药片，她没有呼吸了！"

"等着，别慌，我在路上，马上打电话叫救护车！"

\*\*\*

我的眼皮肿了，因为流泪眼睛发红，我坐着，没注意到周围任何人。

"一切都很好。医生说幸亏你及时发现了她。如果再……"爸爸说。

"我同意。"

"什么？"

"我同意你送她去医院。"

"好！这是正确的决定。她去那儿会好起来。我想现在可以直接把她送到那里。"

劳伦斯这个贱人向我们走来。

"大卫，你和她一起去，我和格洛丽娅一起。"

"好的。"

爸爸和医生离开了家。我听到汽车加速的声音，妈妈离我越来越远了。

"如果你想的话，我给你泡点茶还是别的什么？"

"滚开。"

"格洛丽娅，我非常同情你。而且我相信，你妈妈一定会好起来的。"

"从我家里滚出去。"

"大卫可能忘了告诉你，我们要搬到这里来，这座房子现在是你的，也是我的。"

"……不。"

"你必须接受这一点。"

我再也受不了了，我现在立刻就想死。

# 第22天


明亮的光线刺痛了我的眼睛，我听到有人在拉窗帘。我睁开眼睛，劳伦斯站在我面前。

"格洛丽娅，醒醒。"

我揉了揉眼睛，用嘶哑的声音问她：

"你在我房间里干什么？"

"叫醒你。你已经错过了一节课，但如果你愿意，我可以给金斯特利夫人打电话，告诉她你生病了？"

"从这里滚开。"

"我已经为你准备了早餐，所以起床吧。"

"好吧，劳伦斯小姐，你想用廉价的照顾来讨好我吗？"

"南希，你可以叫我南希。"

"好的，南希，请离开我的房间。"

"……好吧，我会给金斯特利打电话说你不去了，顺便准备秋季舞会。"

该死的！秋季舞会，我完全忘记了，明天就要举行这个舞会。该死的，该死的，该死的！算了，得想出个充分的不去的理由。

我听到手机铃声响了，不情愿地拿起电话。

"你好！"

"搞什么鬼，你懒惰的屁股怎么不在课堂上，啊？"

"捷兹……"

"它不仅没有向任何人解释从派对上逃跑的原因，它还逃学！怎么，你忘了我们的计划吗？”

“还有什么计划吗？”

“嗯，太棒了！我们得去商店拿我们的裙子！”

“我不去舞会。”

“什么？这又是为什么？”

“捷兹，我稍后向你解释一切。”

“我不想以后，现在就解释！”

“我的母亲吞药片差点死了，现在她躺在医院里。劳伦斯和我爸爸搬回了我们家，所以现在我顾不上舞会的事。”

“……太可怕了。那么，你妈妈怎么样？”

“似乎正常了。我不知道……我想去看她。”

“听着，我们一整年都期待着这个舞会快点到来，我想成为舞会女王。”

“你会的，你和马特一起去那里，一切都会好起来。”

“但我想你也在那儿！我们是一体的！”

“好的，捷兹，我会再给你打电话。”

“你敢挂电话！”

“再见。”

我迅速穿上衣柜里抓到的第一件衣服，下到一楼，然后往出口走去。

“我已经把你们的厨房弄干净了，它是如此小巧和舒适。”

“太棒了！”

“你要去哪儿？”

“不关你的事。”

“我想我知道你要去哪儿，你去看你妈妈吗？”

“是的，怎么，你不准我去？”

“不，只是我可以送你去。”

“不需要，我自己去。”

“你知道地址吗？”

"我知道。"

我拦了一辆出租车，过了一会儿，我到了医院附近。由于阴天的缘故，医院似乎比平时看着更阴暗。难道我妈妈会在这里接受治疗吗？太可怕了。

我走向接待员。

"您好，我想看望你们这儿的一位患者'乔迪·马克芬'。"

"稍等。"

接待员用鼠标点了很多次电脑。

"你是她什么人？"

"我是她的女儿。"

她继续点击，然后说：

"跟我来。"

在去的路上，我被迫穿上白大褂和鞋套。我们爬到三楼，过了一会儿，走进病房。这里一个人也没有，只有两张沙发床。

"在这里等一下。"

我听她的话等着。几分钟后，病房的门开了，接待员牵着妈妈的手。她穿着患者服，眼睛浮肿，肤色苍白，一副筋疲力尽的样子。

那个女人离开了病房，剩下我们两个人。

"妈妈，你好。"

她默默地坐在沙发床上。

"你觉得怎么样？"

"很好。"

"你吓到我了。你为什么这么做？"

沉默。

"你为什么不跟我说话？"

又沉默了。

我靠近她，抬起她的下巴。

"妈妈，妈妈，看着我！"

她的眼里一片空洞。

"妈妈！"

她似乎没有听到我的声音。

我走向门边，打开门。

"嘿！有人吗？"

接待员走了过来。

"发生了什么事？"

"你们给她注射了什么？"

"我不明白？"

"你们给她注射了什么？她就像一个僵尸！"

女人走近妈妈。

"乔迪，你还想跟她说话吗？"

妈妈慢慢地摇了摇头，表明她不想。

"马克！"

一个年轻人走进病房，带走了妈妈。

"妈妈，等等！别带她走！"

没有人注意到我。

"冷静一下，坐在沙发床上。她本人不想跟你说话。"

"你们给她注射了什么？"

"镇静剂。听说过吗？对不起，你叫什么名字？"

"格洛丽娅。"

"格洛丽娅，你妈妈试图自杀，在她这个年纪，毒素正慢慢地从体内排出。我们正在努力帮助她。"

"把她变成植物？"

"听着，你的妈妈很快就会从这个医院健康地出院，你只需要等待。"

***

228

"你还要茶吗，捷泽尔？"

"不，谢谢。"捷泽尔注意到我。"好吧，终于回来了！你妈妈好吗？"

"离开这儿。"我对南希说。

她顺从地离开了。

"嗯，她怎么样？"

"她被注射了镇定剂，并且他们说她会康复的。"

"嗯，你看吧，也就是说，什么坏事也没发生。那么，你对舞会改变主意了吗？"

"捷兹，你在说什么？什么舞会？我现在什么都不想干。"

"洛丽，我理解你。"

"不，你不理解我。"

"听我说，我们一整年都梦想着穿着漂亮的蓬蓬裙，这样大家都会看着我们，羡慕我们。难道你想让我们的梦想化为乌有吗？"

"好吧，如果这对你这么重要的话……"

"当然，很重要，如果你愿意的话，我自己去商店，给你拿裙子？"

"好的，这样更好。"

"我爱你。"

"我也爱你。"


亲爱的日记！

让我们从这儿开始：我比以前更想自杀了。妈妈企图自杀，依我看，这是家族遗传的，难道不是这样吗？实际上，当你意识到你爱的人生命垂危时，这非常痛苦。但是，非常好。没有人为我这么伤心。妈妈真的不会，最近她被困在精神病院里。爸爸更是如此，他永远毫不在意我。

马特？哈哈哈，也许他有点难过，好吧，然后他就不会了，找到新的对象并邀请她去屋顶看佛罗里达的夜景。捷泽尔很失望，毕竟她把贞洁给了一个无名小卒。她对我内心发生的一切都不屑一顾，她总是只想着自己。试想一下，我的妈妈差点儿死了，还有更重要的问题，比如，捷泽尔想要成为舞会女王，因此大家都应该为此使出吃奶的劲。

只有当某人在生活中爱上我时，我才会爱这生活。

还剩28天

## 第23天

这一天从令人厌恶的发胶味开始。整个上午，我和捷泽尔一起在沙龙待着弄头发。舞会将在晚上六点开始，在此期间，我们必须穿好衣服，化好妆，选好配饰，这一切都让我烦恼。是的，一年前我梦想这个舞会快点到来，但那时我不知道自己的生活会变成这样一坨狗屎。我现在无法想到快乐和其他。最后，我活着的日子剩下不是50天，而是只有27天，已经不到一个月了。你甚至无法想象，我对此多么高兴。被埋在厚厚的地下也比忍受这一切好。

亲爱的日记！

现在我在自己的房间里，穿着一件蓬蓬裙。它太漂亮了！淡蓝色，紧身胸衣，拖地长裙摆。穿上它看起来像童话里的女主角，和我的发型再般配不过了。我的黑色头发被卷成卷，用发卡固定好。这条裙子完全露肩，我非常喜欢，真想被埋葬在这条裙子里。

我还有不到一个月的时间活着。剩下的日子有必要尽可能仔细地考虑自己未来的死亡。

还剩27天

我听到门外的脚步声，这是爸爸。他走进我的房间，看着我。

"哇！格洛丽娅，你非常漂亮。"

"谢谢。"我顺口说道。

"喂，受什么委屈了？"

"一切都很好，爸爸。"

"格洛丽娅，我觉得有些不对劲。"

"为什么你不能和我分开住？"

"因为你还是个孩子，我不能让你一个人留在这个家里。"

"我能做到。"

"我是你的爸爸，我必须在你身边。"

"好吧，做你想做的。无论如何，很快就会结束。"

"结束什么？"

所以，好样的，格洛丽娅，你差点说漏了。

"嗯，我会去上大学并且离开你们。"

"当然。我送你去学校，还是有人接你？"

"送我去吧。"

"好的，我等你。"

爸爸朝门口走去，但又停了下来。

"南希爱你，她对你很好。"

"但我永远不会爱她，因为她是一个陌生人，因为她不是妈妈……她永远替代不了她。"

我勉勉强强坐到车里。爸爸启动发动机。我们没说话。我想知道我死后他会过上什么样的生活？我相信在几个月后，他们会有一个孩子，他们会不时地将他带到我的坟墓前来看我，然后他们会完全忘记。

我们开车到了学校。

"祝你玩得高兴，公主。"

我默默地下车。学校装饰着巨大的花带，散发出黄色的光芒，院子里不计其数的灯将教学楼变成了一座城堡。我走了进去，这里灯光很暗，大厅里挂着"秋季舞会"的横幅。通常大家都会成对地参加这样的活动，但我一如既往地与众不同。我走进大礼堂。来了这么多人！所有的女生都穿着蓬蓬裙，男生们穿着时髦的晚礼服。礼堂播放着安静温柔的音乐，到处都有数不清的花带。

我找到了捷泽尔和马特。我和捷泽尔的裙子几乎一样，只不过她的是淡粉色的。马特穿着别致的黑色燕尾服和衬衫，打着蝴蝶结。我牢牢地盯着他看。

"你好！"我说。

"小妞，你穿这条裙子比我更合适。"捷泽尔微笑着说。

"得了吧，不管怎么样，你都是个大美人，一定会成为舞会女王。"

"我希望是。好了，我去给所有人眉目传情、暗送秋波，好得到更多的选票。"

她离开我们而去。马特看着我的眼睛，我看着他的。我简直深陷其中。

"你太漂亮了！"

"谢谢。你看起来像个十足的王子。"

"只是我还没有白马。"我们笑了起来。"你不生我的气了？"

"让我们忘了它。"

"我同意。"

他握住我的手，我的心跳变得更快了。

"同学们，请大家注意，"金斯特利说，"你们都知道，在晚会结束时，我们将选出舞会王子和女王，但我们决定改变比赛的规则。晚会期间我们的摄影师会拍下你们的照片，我们最喜欢的那一对的照片就是赢家。"

"似乎捷兹不会喜欢这个主意。"我说。

"是的，这是肯定的。"

"什么鬼？从古到今都规定，舞会王子和女王通过投票选出，而不是愚蠢的照片！"捷泽尔歇斯底里地说。

"冷静一下，我们的照片会是最好的，我向你保证。"马特说。

接下来的两个小时我们分开活动。所有的高中生都聚集在大厅里，变得很闷。大厅四周摆放着混合甜饮料[1]和甜点的桌子。捷泽尔是对的，我们的连衣裙与其他人的相比，真的非常别致。音乐时快时慢，尽管女生们穿着连衣裙不方便移动，但我们仍然在跳舞。

我把樱桃饮料倒在高脚杯里，查德走到我跟前。我没认出他来。他没有戴眼镜，穿着优雅的黑色西装，这样显得他更加高大魁梧。他看上去无可比拟，脸上的痘痘也没那么明显了。

"格洛丽娅……你真漂亮。"查德腼腆地说。

"谢谢，你也是。这件衣服非常适合你。"

"妈妈给我选了这件衣服，说我看起来像詹姆斯·邦德。"

"看起来真的很像。"我笑了。

"你不想和我一起跳舞吗？"

"好吧，既然我要独自度过这个晚会，为什么不呢？"

查德搂着我的腰，我用胳膊搂着他的脖子。他身上的味道很好闻。以前我从未觉得他像现在这么可爱，他的手臂如此强壮有力，我还以为他只是个对物理和国际象棋痴迷的书呆子，原来他是一个可爱又聪明的人。音乐非常缓慢，令人沉醉。似乎这个大厅里所有的人都只看着我们。

---

1　酒、糖、果汁等掺和的饮料

我听到了马特的声音。

"洛丽！"

"我马上回来。"我对查德说。

我走到马特跟前，他面带微笑看着我。

"查德？认真的吗？"

"他只是请我跳舞。"

"你和他看起来很可爱。"

"别说了，你想要干什么？"

"或许我们暂时离开一会儿？"

"捷兹怎么办？"

"我跟她说我要打一个非常重要的电话。怎么样，我们走吧？"

他向我伸出胳膊，我不好意思地挽住它，看了查德一眼，我和马特便离开了。

外面很冷，一片寂静，校园里只有我们。我们去了学校的花园。

"这里谁也不会看到我们。"马特说。

我们对面有一个小凉亭，全都装饰着灯具。

"这里像在童话中一样。"我说。

我觉得有人看着我们。我环顾四周，周围没有任何人。可能是错觉。

"夫人，不想和我跳个舞吗？"

"这里连音乐也没有？"

"怎么没有？你没听到吗？"马特搂着我的腰，开始跳舞，"但是我听到了。"

我们开始跳华尔兹。

"我想我也听到这首音乐了。"

周围一片寂静，但我们仍然在无数昏黄的灯光中跳舞。

"我怎么也看不够你。"他说。

"别让我难为情了。"

马特抱紧我，用手抚摸我的头发，我们吻在一起。纯真的吻变得热情、灼热。我忘记了在离我们大约两百米的地方，整个学校都在尽情玩耍。我不希望这些时刻结束。我只想和他一起离得远远的，没有人能找到我们。

\*\*\*

礼堂里气氛不错，大家都很开心，跳着舞。几分钟后，比赛结果即将公布。

我们去找捷泽尔，她整个人都很激动。

"你死哪里去了？"

"捷兹，怎么了？"

"我们一次也没被拍过，你明白吗？"

"那又怎样？捷兹，这只是一场游戏。"

"对我来说，这不仅仅是一场游戏！你把我的梦想用马桶冲走了！"

金斯特利出现在舞台上：

"好吧，我们的晚会就要结束了，现在最有趣的时刻即将到来。谁将成为舞会的王子和女王？请注意看屏幕。"

当我在屏幕上看到我和马特在凉亭接吻的画面时，心碎一地。所有在场的人都张大了嘴巴。

"请马特·金斯和格洛丽娅·马克芬上台！"

我感到一阵燥热，我转过头看着捷泽尔。她也看着我，眼睛闪着泪光。

"捷兹，我……"

没听完我的话，她就跑出了礼堂。我和马特追了上去。

我们三个人在大厅里。捷泽尔变得歇斯底里。

"捷兹，冷静一下。"马特说。

"……等等，我什么都不明白……这是什么意思？你们在一起吗？"

"我们很久以前就想告诉你这件事。"

"很久以前？"

"捷兹，原谅我。"我轻声说。

"闭嘴！你怎么能这样？你是我最好的朋友……我一直支持你，在你身边，而你……"捷泽尔泣不成声。

"捷兹……"

"我说了，闭嘴！你，你怎么能宁可舍弃我，而喜欢这个？"捷泽尔一边跟马特说，一边用手指指着我。

"一切都变了，捷兹。我喜欢她。"

捷泽尔因为暴怒，脸变得通红。

"什么？你这个浑蛋！恶棍！"捷泽尔扑向马特，他推开了她。

"维克丽、金斯、马克芬，这里发生了什么事？"金斯特利出现在大厅里。

"我恨你！"捷泽尔冲我说。"我早该猜到是这样！你真是一只无辜的小羊羔。'可怜我，是如此不幸'，事实上你就是个畜生！"她推开我，我重重地摔倒在地上，顿时全身痛得要命。

"维克丽，冷静一下！"校长大声喊道。

"我恨你！"捷泽尔坐在我的身上，开始打我的脸，我试图抵抗她的打击。马特和另外两个男生把她从我身上拉开。"你最好和你发疯的妈妈一起去死，明白了吗？"

所有学生都从礼堂聚集到了大厅里。有人用手机拍我们，有人在哈哈大笑，有人在喊："揍她！"

我站起身。我的嘴流血了，看来她"很好"地揍了我的眼睛，我的眼睛开始肿了。没什么可惊讶的！这不仅仅是一个男朋友被抢走的女生，而是捷泽尔·维克丽本人，她会活埋了想染指她的东西或她的人的人。

"明白了，"我回答道，"既然已经亮出所有的底牌，我认为马特也应该知道一些事情。或许你应该自己告诉他？"

捷泽尔沉默。

236

"好吧，我来说。马特，你的女朋友和亚当一起背叛了你。然后，背着你偷偷地见面、约会，还让我保持沉默。"

"马特，别听她的话，请不要听，她说的都是谎话！"

马特一句话也没说。他推开聚集在出口处的人群，走出大楼。

"如果你们现在不停止这无法无天的行为，我就报警了！"金斯特利说。

捷泽尔久久地盯着我的眼睛，然后默默地离开了学校。

这就是全部。我无法相信我们多年的友谊就这样结束了……现在关于这个舞会大家会说两年，甚至更久。

我走到外面，看见远处的马特，我跑了过去。

"马特！马特！等等。"

他停了下来。

"怎么了？"

"你要去哪儿？"

"原谅我。"

"为了什么？"

"事实证明，跟过去说再见非常困难。现在整个学校都认为我是个浑蛋。"

"那又怎么样？关学校什么事？现在我们可以在一起，并且不用向任何人隐瞒。"

"你知道吗？我爸爸几周前建议我搬到加拿大去，在那边学习。那里的教育更好，就是这样。想必我会同意。"

"什么？等等，你不能离开，那我呢？"

"我已经请求你原谅。"

"你怎么了？抛弃我吗？"

"我们之间有什么吗？很容易忘记的。"

"你不能这样对我。"

"很抱歉……我会给你打电话，我保证。但我不会再回到这所学校，我受够了。"

马特转身离开。

我独自一人站着，吹着刺骨的寒风，热泪从肿胀的眼睛里夺眶而出。

"马特！请别走！"

他甚至没有转身。每一秒，他都离我越来越远。

现在我的内心无力向任何人描述。空虚，肉体无比疼痛。一瞬间，我失去了这么多年来我爱的好朋友和我爱的人。

\*\*\*

一瓶威士忌会让人变得轻松，我喝光了所有的酒。我坐在桥上的人行道上，汽车从我身边经过，也没任何人在意我。当我喝完最后一滴威士忌后站起身，摇摇晃晃，我从来没有喝过这么多酒。喝了第三口后，我已经断片了。我如梦似醉。我走到桥边，把瓶子扔进运河。我看着落下的瓶子，想到了自己。在这里，我也能和它一样飞。很快我就想到，当你的身体全力冲入水中时会有多痛。我想成为这个瓶子，我想死。今天，就是现在。

我把一只脚放在铁制梁木上，接着是另一只，然后站了上去，用手紧紧抓住边缘，从这个位置向下看。我泪如泉涌，这真的是全部吗？我的生命是如此短暂。据说自杀的人要在地狱中燃烧，毕竟他们自己放弃了生命。但我并不害怕，我完全不相信这些。有一点我非常确信。我死了，会停止呼吸，会停止感觉。大家会忘记我。我的坟墓将长满杂草，由于经常下雨，墓碑也会逐渐坍塌。这并不可怕。人们来到墓地，看看我生活的这些年，并为我为什么活得如此短暂以及发生在我身上的事情感到惊讶。

"不需要这样做。"

我转身，查德站在我身后。

"怎么，你跟踪我吗？"

"可以这么说。从那里下来。"

"不。走开。"

"格洛丽娅，别做傻事！"

"走开！"

查德走近一些，越过边缘向我靠近。

"你跳，我也跳。"

"滚开！"

"我只会和你一起离开这里。"

"我不能再这样了，我累了。所有人，听着，所有人都不在意我，妈妈是，爸爸也是。他们只是假装想起我，事实上没有人需要我！我再也不想活了。"

"我需要你。"

"不，别骗我。"

"我真的需要你。"

"不，不，不！"

"好吧，如果是这样的话，那我也不需要再活着了。"

查德跳了下去。

我的心揪成一团。

"查德！"

我开始喘气，然后跟着他跳了下去。

冰冷的水。我喘不过气来。运河的水流很缓，我游到底部，因为黑暗，水里似乎也完全是黑色。我开始寻找、触摸身体。我无法呼吸，浮出水面，吸了一口氧气，发现岸上有一些动静。是查德，他拧着运动衫看着我。

"喂，水怎么样？"

我狂怒。我走上岸，因为寒冷，我的整个身体都在打战。

"你这个傻子！我还以为你淹死了！"我尖叫。

"你可以打我。但你还活着，我很高兴。"

我松了一口气。他怎么了？救我吗？他为我跳进这冰冷的水里？我无法相信。

我们点燃了篝火，火焰开始温暖我们，但穿着湿衣服的我怎么都感觉自己像身处冰中一样。

"那你是真的需要我吗？"

"从预科学校开始，我就喜欢你了。我给你写了一百张情人节贺卡，但只送给了你一张。因为我知道像你这样的女生永远不会跟我这样的人约会，其他人只是没有被发现……但我准备好等待。"

我们又沉默了。我打破了我们之间的沉默。

"我很冷。"

"穿我的运动衫，虽然还是湿的，但似乎已经略微干了些。"

他坐在我旁边帮我穿上运动衫。我摸了摸他的脖子，这让我觉得非常温暖。我看着他的眼睛。他非常可爱，穿着湿漉漉的 T 恤，我看到了他的肌肉。他离得这么近，我忍不住想亲吻他，他把我推开了。

"你在干什么？"

"保持安静。"

我再次吻了他，他躺着，我在他身上。然后我脱掉了他的运动衫。

"格洛丽娅，你想要干什么？"

"查德，你喜欢我，并且我喝醉了，这很值得。"

我失去了自控力。除了查德，我什么都不想要。

# 第六章

## 换个发色交个新朋友就会有一段新的故事

是时候让一切重新开始了。这些日子我要好好地活着，能让我长久地记住它们。

# 第24天

头像被劈成了成千上万块，我什么也不知道了。到处都是浓雾，寂静。我们躺在潮湿的地面上，周围没有一个人。他还在睡觉，我希望他不会注意到我的离开。我的淡蓝色连衣裙变成了一团泥。因为可怕的宿醉，我步态不稳，摇摇晃晃，但我想尽量远离这里。当我到达公路边时，我突然意识到，除了可怕的头痛外，我的下腹疼得难以忍受。我开始回忆昨天的事，并且……我和查德·马克库佩尔。这是我的第一次。我觉得自己更糟了。我从没想过我的第一次会是这样的。

我恨自己，觉得自己像个妓女。状态实在太令人讨厌了。如果按照我自己的意愿，我会剥了自己的皮，因为它让我感到恶心。

我裹着查德的运动衫走在路边。汽车经过我身边，司机像看着年轻的妓女一样看着我。我尽量不去在意他们。

一眨眼，我就站在自己的家门口。我打开门。爸爸和南希坐在饭桌边，他们一看到我，就从自己的座位上跳起，朝我跑了过来。

"格洛丽娅，你去哪儿了？我们一整晚都在找你！"爸爸喊道。

我没听到他的话。他仔细地把我检查一番，我看到他的眼中出现了恐惧和蔑视。

我走进浴室，打开水，开始号啕大哭。照了照镜子，睫毛膏使我的脸颊变成了黑色，头发像鸟窝，捷泽尔的殴打让我的嘴和左眼都肿了。泪水顺着脸颊滚落下来。

*亲爱的日记！*

*我想死。我想死。我想死。*

*昨天我失去了童贞，和一个每年只跟我说一次话的男生。我也不再有闺密了。马特甩了我。我只是不明白一件事，为什么老天如此恨我？*

*我的整个身体痛极了。*

*一晚上我的生活发生了翻天覆地的变化。现在我怎么能挽回捷泽尔？我爱她。我不希望我们的友谊就这样结束。*

*而马特？当他离开时，我有这种感觉，好像我的腿被砍掉了，我非常疼，动弹不得。*

*但昨天的舞会大家会记得很久。我可以想象会生出多少关于我、捷泽尔和马特的流言蜚语。*

*算了，不管怎样，我没有多久可活了，我期待着这一切终将结束的那一天。*

*还剩26天*

我躺在床上，一动不动，已经好几个小时了。我什么都不想干。我试着睡觉，但脑子里总是思绪万千，一件接一件的事。我觉得自己很可怜。

房间的门打开了。

"格洛丽娅，我给你拿了一些食物。"南希说，我听到她把托盘放在梳妆台上，"我知道昨天在舞会上发生的事，我相信你和捷泽尔很快就会和解。"

"非常感谢支持，但是你能离开我的房间吗？"

"好……"南希走到门口，然后又转身，"顺便说一句，有人来找你，要我转告你很忙吗？"

马特立即浮现在我脑海中。真的是他吗？我的天哪！真希望是他。

我差点把劳伦斯摔倒在地上，迅速从一个台阶跳到另一个台阶下楼，四下里张望，搜寻着他。当查德走进客厅的时候，我浑身发热。

"你好，格洛丽娅。"

"你来这儿做什么？"我愤怒地问。

"我来看看，你跑了，我以为发生了什么事。"

"是的，发生了。"

"但是……是你自己想要的。"

"我喝醉了！我完全什么都不知道，而你感到满足了！"

"对不起。我真的很内疚，但我这样做是因为我爱你，我想和你在一起。"

"滚吧。"

"格洛丽娅，我……"

"滚吧，否则我会告诉我爸爸，说你强奸我！"

查德默默地看着我。然后，他一言不发地离开了我家。

南希走下楼梯。

"怎么？查德走了吗？我以为他会留下来喝茶。"劳伦斯说。

我双用手抱着头，四周的墙壁让我觉得压抑。这个家让我作呕。我跑了出去，拦下一辆出租车。

\*\*\*

我不知道为什么来这里。通常情况下，当我感觉非常糟糕时，我就会来这里，显然现在正是这样的情况。

我摁响了门铃。马西打开门。

"哦，格洛丽娅，你好。"

"你好，马西。外婆在家吗？"

"在，进来吧。"

这个家里总是有好闻的味道，最重要的是，在这里的人总是乐于随时听你倾诉。

我们走进厨房。

"科妮莉亚，看看谁来了。"

"格洛丽娅！我本来想亲自去看你，我非常想你！"外婆拥抱我。

"你好。"

"你的脸怎么了？"

"绊了一跤，跌倒了。没什么大不了的。"

"马西，给我们准备咖啡。"

"马上就准备，我的夫人。"

我坐在小沙发上，外婆坐在我旁边。

"你真的一切都还好吗？你看起来很疲惫。"

我保持沉默，尽量不去看她的眼睛。

"格洛丽娅，告诉我发生了什么事？"

"妈妈在医院里，她企图自杀。"

"我知道，大卫告诉了我一切。"

"你去看她了吗？"

"没有。现在事情太多，还要准备婚礼和所有这一切。我下周末去看她。"

"你知道爸爸现在正和一个新女人约会，他们住在我们家吗？"

"这我也知道。我为大卫感到高兴。"

"外婆，你怎么了？你的女儿差点死了，而她的丈夫对此不闻不问！"

"格洛丽娅，乔迪把自己弄到这个地步。我从来没有觉得她的行为情有可原。"

"如果她不在了，你也会说同样的话吗？"

"是的。乔迪早已不再以我女儿的身份存在。格洛丽娅，我爱你胜过我的生命，我希望你有一个真正充满爱的家庭。大卫和南希就是这样一个家庭。"

"不再以我女儿的身份存在"这句话铭刻在我的心里。外婆和我妈妈完全一样。对我妈妈来说，我也从未存在过。如果这件事发生在我身上，她也不会动一动手指来帮我。我真是个傻瓜。我一直认为外婆是个圣人，只有她才能理解我。这是多么残忍，我错了。

"算了，我们换个话题。两个月后，我要和马西举行婚礼，所以开始寻找最漂亮的衣服！"

两个月后，我将在棺材里腐烂，外婆。

"科妮莉亚，我来了。"

"哦，亚当来了。我相信你想跟他说会儿话。"

\*\*\*

"这么说来，现在你和捷泽尔不再是朋友了？"亚当问道。

我们坐在外婆家附近的门廊上。我很想跟他说说话，说出我的想法。毕竟，他是我儿时的朋友。

我告诉他昨天舞会的事。

"是的。一切都是我的错。如果她这样对我，我会恨她身体的每个细胞。"

"也许，犯不着这么夸张吧？过两个星期，或许更多，我相信你们会和解。只是需要和她谈谈，她会理解并原谅你。"

"亚当，她不会理解，更别说原谅了。"

"我想吃棉花糖。"他说。

"什么？"

"我非常想吃棉花糖，已经流口水了。"

他迅速走开，朝某个地方走去。

"亚当，你去哪儿？"

我勉勉强强赶上他。我们去往游乐园。当然，这里是棉花糖居住的地方。亚当有时表现得有点像小孩子，但这让我很高兴。

"我不明白你们女人：你们可以成为十几年的朋友，然后因为一些蠢事又彼此痛恨至死。"

"可以想象，对你们男人来说，一切都要简单得多。"

"当然。如有必要，我们可以争吵、打架。然后我们会和解，这是自然法则。"

我们找到一个棉花糖摊子，我酷爱这糖的气味！童年的气味。我立即回忆起当自己还很小时，那些幸福快乐、无忧无虑的时光。当妈妈和爸爸还在一起时，似乎我们所有人都很幸福，现在这都不能言说了。

亚当和我坐在公园的一张长凳上，嚼着棉花糖。它在我的嘴里融化，我感觉非常好，把头枕在亚当强壮的肩膀上。

"你还会跟她来往吗？"

"是的。你知道吗？可能你是对的。上流社会不需要乡村男孩。"

"不，我错了。她对你的感觉远远超过马特。现在他们分手了，那你有机会实现自己的梦想了。"

"那么，你有机会吗？"

"我？难道我没告诉你故事的第二部分吗？"

"显然没有。"

"我和他分手了。好吧，也就是说，当我们分手时，我们从未谈过恋爱，但是……他决定去加拿大，忘记这里发生的一切。"

"那你怎么想？我本来以为他喜欢你。"

"我本来也这么认为。但这是一场游戏，只是一种迷恋。"

"你应该阻止他。"

"这没有意义。"

"格洛丽娅，你们可能永远不会再见到对方，你必须和他谈谈。"

"现在吗？"

亚当从长凳上站起来，拉着我的手。

"是的，我们走吧。"

"我不知道，我觉得这很蠢。"

"你想要他留下还是不留？"

是的，我非常想让他留下。我微笑着，抓着亚当的手，我们一起跑去拦出租车。

\*\*\*

我的心怦怦直跳。我到现在还没找到合适的言语。我要跟他说些什么？这不仅仅是少年的钟情，而且是爱情。虽然它不完美而且不是相互的，但如果我失去他，那将是我生命中最大的损失。我希望他能和我共度剩下的 26 天。

"祝你成功。"亚当说。

我走到门口，摁门铃。五分钟后，一个女人打开门。

"您好，我能见见马特吗？"

"对不起，你是谁？"

"我……是他的同班同学。"

"马特现在不在，他在准备文件，明天他要去加拿大。"

我感到一阵燥热。就是明天，剩下的时间太少了。

"他在哪儿？我着急要见见他。"

"我已经告诉你，他在大使馆，准备文件。我不知道昨天晚上发生了什么事，但他再也不打算留在这里了。"

"……对不起。"

我转身，太阳穴怦怦直跳。难道这就是全部吗？我很快就会死去，在我死前，我再也见不到他。这个想法让我感到不自在。

"对不起，你是捷泽尔吗？他的女朋友？"那个女人问我。

"不，我是格洛丽娅。"我用嘶哑的声音回答。

"等一下。"

她走进家门。我不明白发生了什么事。然后那个女人再次打开门，递给我一个黄色的信封。

"也许，这是给你的。"

"这是什么？"

"他说把它交给洛丽。是你吗？"

"……是的，谢谢。"

"再见。"

她关上了门。我的手在颤抖。我撕开信封，里面有一张字条。

我喘不过气来。天旋地转，眼里满是眼泪。

为什么他这么对我？为什么总是要把一切复杂化？为什么？

我听到亚当的脚步声。

"我很抱歉。"

我开始号啕大哭，亚当拥抱我。我们沉默。现在很难说点什么。我失去了马特。我永远失去了他。

\*\*\*

我们沿着布里瓦德狭窄的街道漫步。我们沉默，我只听到了我们频率一致的呼吸声。已经很晚了，但我们没打算回家。

"喂，你怎么样，正常了吗？"

"我不知道。"

"洛丽，忘了他。如果他真的爱你，他就不会去任何地方。因为离开所爱的人去鬼才知道的地方，这很愚蠢。"

"你叫我什么？"

"洛丽，我以为你喜欢别人这么叫你。"

我记得马特这么叫我。我更加忧郁起来。

"我厌倦了。我厌倦了一切。这座城市，这个秋天，所有这些人，甚至我头发的颜色，它是如此暗沉，就像我的生活！我觉得自己非常可怜，毫无用处。"我从牛仔裤口袋里掏出马特的信——"你真的必须忘记一切，然后重新开始生活。"我把信撕成碎片，毫无遗憾地扔向空中，"我要变得不同，一个新的格洛丽娅。"亚当困惑地看着我。"我们走吧。"我说。

过了一会儿，我们来到我和捷泽尔经常来的美容院附近。

"你好，登。"我说。

"宝贝，很高兴见到你。舞会怎么样？"

"非常棒！这么多'愉快'的回忆。"

"坐下。告诉我，这是谁？你的男朋友？"他指着亚当。

"不，这是我的朋友，亚当。"

"亚当，你想要一个酷酷的发型吗？"登靠近亚当，气息喷到他的脸上，"你有这么柔软厚实的头发，可以弄出很多造型来。"亚当听到他的话感到不自在。登笑了起来，"我喜欢开直男的玩笑。"

我也跟着笑起来。亚当不知所措。

"那么，我们怎么弄？"登问。

"我想把头发染成明亮的与众不同的颜色。"

"看，这有完整的调色板，"登递给我颜色目录，"我建议你染红褐色，红褐色现在很时尚，或者红色，你也会变得火热。"

我没听他的话，明亮的天蓝色引起了我的注意。

"天蓝色。"我说。

"什么？"

"天蓝色是如此美丽。"

"我同意。但除了怪胎之外，没有人用这种颜色。"

"决定了，把我染成天蓝色。"我合上目录。

"怎么？你在跟我开玩笑吗？"

"不，我说得很认真，我想要天蓝色。"

"好吧，我现在就弄。"登走进另一个房间。

亚当来找我。

"怎么，疯了吗？"

"我希望变得不同，亚当。"

"你觉得你把头发染成鲜艳的颜色，生活就会变得更好吗？"

"为什么不呢？我想让所有人震惊。"

"的确，如此可怕，你肯定会让所有人震惊。"

"那样最好。"

登拿着一堆软管和毛巾回来。

"你确定要这种颜色吗？"

"是的。"

"你得先把头发褪色，然而这并不令人愉快。"

"我忍耐。"

"我的天哪！你真的疯了！"

"登，开始你的工作吧。"

在接下来的几个小时里，登摆弄着我的头发。在褪色的那一刻，我差点没忍住眼泪，这真的令人很不愉快。我想起我和捷泽尔在这个沙龙里为巴黎之行做准备，第一次染头发，它将永远留在我的记忆里。

登用吹风机吹干我的头发。暂时他还不许我照镜子。

"怎么样，准备好了吗？"

"是的。"

他转过椅子。在镜子里，我看到了另外一个女孩。我天蓝色的眼睛与头发的颜色融为一体。浅蓝色，波浪式，如此柔软的头发。我震惊了。

"太棒了！"我说。

"谁都会怀疑你的话。"

"我要给你多少钱？"

"千万不要！弄得这么糟糕还收钱。"

"登，我崇拜你！"

我走到街上，在灯光的照射下，我的头发变得更加明亮。亚当久久地盯着我看。

"你疯了。"他最后说道。

"我知道。"

\*\*\*

我急着回家。我可以想象爸爸对此做出的反应。我打开门，走了进去。我看到厨房里有烛光，他们好像在吃浪漫的烛光晚餐。好极了！正是破坏它的时候。我站在他们面前。爸爸和南希睁大眼睛看着我。他差点呛着了。

"我的天呀！你对你的头发做了些什么？"

"我知道你会喜欢的。哦，我们有什么吃的？意大利面吗？"我看着桌子，"我非常喜欢意大利面！"

他们仍然继续像看一个外星人一样看着我，这让我很开心。

是时候让一切重新开始了。这些日子我要好好地活着，能让我长久地记住它们。


## 第25天


艳丽的妆容，黑色眼线笔勾勒的双眼，深色的眼影；齐肩的天蓝色头发，皮夹克，黑色短裤——我这样来到了学校。惊讶得无法合上的嘴巴，瞪大的眼睛，紧张的低语，诧异的眼光——我走在教学楼的走廊里，所有人都看着我，感到震惊。我自信地走着，不理会任何人。我的内心在沸腾，真想喊叫：怎么样？你们觉得我坏掉了吗？真不是！

我走近哲学课教室，同学们都说不出话来，特别是捷泽尔。她盯着我，我试图假装没有注意到她张大的嘴巴，坐在摆放课本的课桌后。在学校的储物柜里，我又发现一封信："要坚强"。

我注意到查德惊讶地看着我。我看着他微笑。也许现在我不喜欢他，这太酷了。从今以后，我不再想喜欢任何人。爱只会带来痛苦。

在上课之前，金斯特利夫人挽着一个女孩走进教室。

"请注意，我想介绍新同学给大家认识，丽贝卡·多涅尔。"在女孩的眼中看得到害怕和拘束。她非常瘦，深色的头发，看起来很柔弱。我真的感到遗憾，因为她现在将在我们学校学习，她会被摧毁，就像一根燃尽的火柴一样。"丽贝卡，我希望你能很快习惯并找到新朋友。"

"谢谢你。"她胆怯地回答道。

丽贝卡不自信地一瘸一拐地走到一张空桌子面前，摆放好自己的东西。

"还有，这堂课结束后，请格洛丽娅·马克芬和捷泽尔·维克丽来我的办公室。"

说完之后，金斯特利离开了教室。

该死！我怎么没想到，因为在舞会上搞出的事，我们有受惩罚的危险。好吧，俗话说，星期一总是艰难的一天，必须尽力忍耐。

上完哲学课，按照吩咐，我要去金斯特利的办公室。

捷泽尔已经坐在校长面前的椅子上，我加入了她们。

金斯特利鄙视地看着我的样子。

"你在舞会上演了出什么闹剧？"

"金斯特利夫人，你知道吗？格洛丽娅·马克芬已加入我们学校的妓女名单。"捷泽尔笑着说道。

"什么？对不起？"

"是的，她今天以这种样子出现并非偶然，这种风格正好强调了她的本性。"

"金斯特利夫人，如果您忘了，在这种场合我才是受害者，因为捷泽尔扑向我，开始当众殴打我。"

"她说得对。"女校长说。

"这是她应得的，因为在那张照片中，她正在亲吻我的男朋友！如果按照我的方式，我会开膛取出她的肠子，并且绝对不后悔。"

"我对你们的私人关系不感兴趣，事实是，捷泽尔，你公开殴打了格洛丽娅，因此你将受到惩罚。"

254

"这不公平！"捷泽尔尖叫着。

我看着她，脸上露出邪恶的笑容。

"显然，因为这件事，马特·金斯从我们学校拿走了文件。"

"什么？"捷泽尔问。

"你不知道？他会搬去加拿大。"

捷泽尔如鲠在喉，她没想到这个。但是我很高兴，让她感受到和我一样的痛苦。

"金斯特利太太，我们现在可以走了吗？"我问。

"是的，当然。"

不知不觉中，数学课、历史课、英语课很快就结束了。我真的给学校的每个人留下了令人震惊的印象。每个人都习惯了我，像平常一样——不化浓妆，谦虚，不多话。但是现在我身上发生了变化，但我还不能最终确定是什么。

我走进食堂。每群人都在谈论我、马特和捷泽尔的事。现在我开始喜欢这样。处于关注的中心并不是那么糟糕。我看着我们的餐桌，现在捷泽尔和她的新朋友都坐在旁边，对我来说真的没有多余的位置。我手里拿着托盘，环顾四周，所有的桌子无一例外地都被占了。我第一次发现自己陷入了如此困难的境地。我看着最远处的桌子，那里坐着查德。他旁边还有两个座位。好吧，你得接受这种情况。

我走到他面前，他笑着看着我。他照样戴着眼镜，穿着格子衬衫，打着蝴蝶结。我的天哪！我为这个男人失去了贞洁。

"你好。"他说。

"你不介意我坐在这里吧？"

"当然，不，只是不要坐那把椅子，否则椅子腿断了，你会摔倒。"

我坐在他旁边。

"天蓝色很适合你。"

"谢谢你，你是第一个跟我说这话的人。"我拿起盘子里的叉子。"你知道吗？请原谅我昨天赶走你的事，我心乱如麻。"

"好的，我理解一切。也请你原谅，我……"

"明白，忘了吧。"

"嗯，你觉得我坐的地方怎么样？喜欢吗？"

"说实话，不喜欢。难怪我和捷泽尔称它为失败者之地。对不起。"

"没什么，我已经习惯了。但是这里没有人赶你，这里也没有人会注意到你。"

我们没有注意到丽贝卡来到我们的餐桌前。

"你好，我可以和你们一起坐吗？"她静静地问道。

"当然。"查德说。

"谢谢。"

她坐在那张坏了的椅子上，一瞬间，椅子的腿断了，手里拿着食物托盘的丽贝卡摔在地上，托盘的所有东西都撒在她身上。所有在场的人都对这个新生哈哈大笑起来。

"真见鬼！丽贝卡，你还好吗？"我帮她站起来。

"一切都好，一切都好。"她重复道。

学生们仍然没有沉寂下来。

"我给你拿一个新托盘。"查德说。

丽贝卡张皇失措地站着。我能想象她现在有多尴尬，恨不得找个地缝钻进去。

"我们走吧。"我说。

我们去了洗手间，我帮她洗掉食物的残渣。

"难怪我妈妈说新学校的第一天非常艰难。他们会取笑我，嘲弄我，你只需要忍受就好。"

"看来你的女士衬衫是救不回来了。"我说。

"没关系，这不是致命的。"

门打开，查德走进洗手间。

"喂，你们怎么样？"

"查德，这里是女厕所。"我说。

"我知道，从五年级起，高年级的学生就拿我的头蘸马桶，所以现在对我来说，女厕所还是男厕所根本没有区别。"

"格洛丽娅、查德，谢谢你们的帮助。我不知道该如何感谢你们。"丽贝卡说。

"算了吧，小事。"

"如果有事，你可以来找我。我知道成为一个失败者是什么感受。"查德说。

"是的，你很会安慰别人，查德。"我笑着说。

\*\*\*

我的脑子里再次一片混乱。就在不久前，我们三人还走在一起：我、马特和捷泽尔，一切我都觉得满意。我不厌其烦地等待着我和马特两人单独相处的时刻。现在这也没有了。一切结束得太快，就像刚开始一样。整整一天，捷泽尔都带着厌恶的神色看着我。她的周围盘旋着一群想取代我位置的梦想家——捷泽尔·维克丽最好的朋友的位置。真是太讨厌了！一直以来，我都和那些看重别人意见的人来往，他们的生活不过只是公众的游戏。

沉浸在自己的思绪中，我没有注意到丽贝卡沿着走廊走在我旁边。

"格洛丽娅，你能告诉我图书馆在哪里吗？还有，我最近刚来你们这座城市，也许什么时候我能和你一起去散步，你跟我讲讲这里的一切？"

"我没时间。"

"明白，我只是想……"

"丽贝卡，我没有受雇当你的朋友。而且我讨厌别人跟着我！"

我加快脚步，躲在角落里。我不需要朋友，现在不需要了。独自一人比迎合某人、在问题中来往和生活更简单。我再也无法忍受友谊的再次破裂。

捷泽尔从我身边经过，然后她突然停了下来。

"我看到你有新朋友了？你也没有难受很久。有趣的是，她是否知道你会背着她和她的男朋友接吻？或者这对她来说也是一个惊喜？"捷泽尔讽刺地说。

"她不是我的朋友。"

"好吧，这意味着我有充分的权力进行'新生仪式'。"

该死！我完全忘了这回事。"新生仪式"是献给新生的某种仪式。我和捷泽尔想出了各种令人讨厌的笑话嘲笑新生。这种"仪式"的目的是羞辱人，从而表明你在这所学校不受欢迎。这些人中有一半直接离开学校，有些人到现在为止还在这里，但心灵创伤永远存在。现在，捷泽尔想对丽贝卡实行这个仪式。我真心为这个女孩感到难过，她是如此无辜，轻信人，简直成了被嘲弄和挑衅的一块肥肉。

"捷兹，别这样，她已经在食堂里当着所有人面出丑了。"

"首先，现在我现在对你而言，不是捷兹，而是捷泽尔。其次，食堂不算。我自己会举行这个'仪式'。所以准备好相机，丽贝卡会被彻底羞辱。"

不，我不能让这种情况发生。我绝对无法成功说服我卑鄙的前闺密，也无力阻止她，只能暂时成为丽贝卡的保镖。我无计可施，只好跟她交朋友。

我走进教室，现在是物理课。丽贝卡独自坐在课堂最远的角落，没有人注意到她，对所有人来说，她是个微不足道的人，简直跟我一样。

我走到她跟前。

"丽贝卡，我想了想，我刚好今天不忙，所以可以带你在城里游览一圈。"

"真的吗？这太棒了！谢谢你，格洛丽娅！"她像一个5岁的孩子一样拥抱我。

"我和你一起坐，贝克丝，如果我叫你贝克丝，你不介意吧？"

"贝克丝，这很酷！还没有人这么叫我。"她笑了。

"太好了。现在听我说，贝克丝，看到那边那个金发女郎了吗？"我指向捷泽尔。

"看到了。"

"这是捷泽尔·维克丽，一个真正的巫婆，我建议你离她远远的。"

"为什么？"

"请相信我，并一直待在我身边，这样会更好。"

"你不是不喜欢我跟着你吗？"

"要知道，现在我和你是朋友了，朋友应该一直在一起。"

"酷！我上学的第一天就交到了朋友，妈妈会很满意的。"

\*\*\*

课终于结束了。我差不多已经接受，我得假装是丽贝卡的好友。我的主要目的是保护她免受捷泽尔的伤害，我认为这是我的责任。

丽贝卡站在正门口等我。

"那好，我们走吧？"我问。

"……格洛丽娅，我今天去不了了。"

"发生了什么事？"

"你会生气的。"

"贝克丝，说吧。"

"总之，捷泽尔来找我，并邀请我去参加派对。"

"你同意了？"

"是的，从未有人邀请我参加派对！"

"我告诉过你要远离她！"

"她并没有像你描述得那么可怕，相反，她很可爱。"

一切都很清楚。"仪式"将在聚会上进行。

"贝克丝，别去那里，这是一个假派对，捷泽尔想在所有人面前羞辱你。"

"你知道吗？你只是嫉妒我，因为你没有被邀请。顺便说一下，捷泽尔告诉了我你的事。你抢了她的男朋友，这非常不好！所以请原谅。"

丽贝卡一副傲慢的样子，转过身，向前走去。

"丽贝卡！"我喊道。

她不理我。好吧，让这个矮瘦难看的女人自己拿主意吧！我不会在她面前自取其辱，让她去她想要去的地方。

"发生了什么事？"查德走近我。

"没什么，她只是为自己签了判决书。"

"你在说什么？"

"捷泽尔想要安排'新生仪式'，她邀请丽贝卡去参加派对，她同意了。"

"你告诉她别去那里了吗？"

"说了，但她不相信我。"我看着查德的眼睛，想起马特也是这么看着我的眼睛。这立刻刺痛了我的心。我的天哪！帮我快点忘记他。"查德，我可以拜托你一件事吗？"

"当然。"

"别再戴眼镜了，你很帅，但戴着它，你就像一个40岁的心理压抑的处女。"

"好的，"查德笑着说。

我笑了，"那么，我们要拿丽贝卡怎么办？"

"让她受到羞辱，她就会明白捷泽尔·维克丽是什么人。这是给她的一个教训。"

"你现在说话就像捷泽尔一样。"

他的话刺激了我。

"好吧，你有什么建议？"

"我们需要参加这个派对，并且阻止捷泽尔实现她的计划。"

"但我们没有被邀请。"

"难道你总要遵守规则吗？"

　　亲爱的日记！

　　只需要再稍微忍耐一下，一切都结束了。对我来说，永远的结束。我仍然无法从与捷泽尔的友谊破裂中恢复过来，不能停止想念马特，也许这样会更好？我指的是我们之间发生的一切？捷泽尔和马特是我最亲近的两个人，我不希望他们有人因为我的死亡遭受折磨；我不希望他们有人为我的死亡而惋惜，为我哭泣，为我煎熬，为我自责；我只是希望他们不要忘记我。

　　离我自杀还有 25 天的时间。我将永远离开这个世界，这些人，这个毫无意义的生活。

还剩25天

　　我下楼。我穿着宽松的条纹外衣、网眼连裤袜和靴子。卷卷的天蓝色头发美丽地散落在肩上。

　　看到我，爸爸差点说不出话来。

　　"你打算去哪儿？"

　　"不重要。"

　　"怎么？又决定不听话了？不仅不在家过夜，你还在半夜跑出去！"

　　"现在才晚上九点！"

　　"你要去哪儿？"

　　"参加派对。让我去吧。"我推开他，他抓住我的手腕，我很痛。

　　"你哪儿也别去，尤其是穿成这样！"

　　"爸爸，我们别让一切又重新开始！我不需要你的'关心'。你有自己的生活，我有自己的生活！"

　　"要么你回房间去，要么我再次没收你的电话，关着你！"

"大卫，让她去吧。"南希干涉道。

爸爸放开我的手腕。

"怎么，你为她辩护吗？"

"是的，大卫。我也曾经是一个少女，我明白当爸爸管得太多是什么感受。"

爸爸沉默了。

我听到查德摁门铃的声音。

"来接我的。"

我赶紧跑到门口，停了下来。

"南希……谢谢。"

她笑了。

\*\*\*

我们站在维克丽的家门口，听到大声的男低音音乐。我和查德彼此对看了一眼。

"怎么样，你准备好了吗？"他问。

"是的。我们需要悄悄潜进去。"

"我担心因为你的头发，这不会那么容易。"查德指着我天蓝色的头发。我们笑了。

几分钟后，我们进到房子里。狭窄的大厅里挤满了一堆人。有人在跳舞，有人在喝酒，有人在角落里拥抱亲吻。总之，派对正如火如荼地进行中。我搜寻着丽贝卡的眼睛。但这简直毫无意义，因为这里人太多了，甚至连空气都不够了。

"你看到她了吗？"我问查德。

"没有。人太多了。"

我们走进屋里，看到一个深色头发的小巧精致的女生站在捷泽尔旁边。是丽贝卡！

"看。"我说。

"看来她取代了你的位置。"

"或许捷泽尔开始进行她的计划了。"

我们躲在角落里。

"贝克丝！"我喊道。

丽贝卡注意到我们。

"格洛丽娅、查德，你们也受到邀请了吗？"

"可以这么说。听着，你在这个派对已经待得够久了，现在可以和我们一起去城里溜达溜达。"我说。

"现在离开有点不方便，捷泽尔会不高兴。"

"贝克丝，我最后问你一次：你和我们一起去吗？"

"不。对不起，伙伴们。我们可以下次去溜达。只是别怪我。"

"丽贝卡！……"我们远远地听到了捷泽尔的声音。

"哦，捷泽尔叫我。好吧，稍后见。"丽贝卡离开了。

我愤恨极了。

"我们离开这里。"我说。

"等等，丽贝卡怎么办？"

"听着，我讨厌这样。我厌倦了扮演伟大的救世主的角色。我们已经提醒过她，剩下的都是她的事。"我抓住查德的手，向出口走去。突然，音乐戛然而止，我们听到麦克风的声音。

"女士们、先生们，我很高兴你们都来参加我的派对，我希望你们在这里玩得开心。"大厅中间有一个高台，捷泽尔就站在上面。

屋子里所有人都开始吹口哨和拍手。

"我想向你们介绍我的新朋友丽贝卡·多涅尔！"丽贝卡不太自信地走上台。我觉得马上就要发生点事。"丽贝卡，说点什么。"捷泽尔递给她麦克风。

"我……我很高兴来到这里……"

"够了，丽贝卡。好吧，让我们的夜晚继续，尽兴地玩吧！"捷泽尔向某人点点头。

出乎大家意料的是，有人把丽贝卡身上的连衣裙扯了下来，而捷泽尔把她推了下去，我们看到她半裸着身体摔倒了。所有人，包括捷泽尔在内，都开始大笑起来。我的心碎了。

几乎所有人都拿着手机拍着发生的画面。丽贝卡试图用双手遮住自己，她的衣服被扔在地板上。她拉着裙子，但是捷泽尔推她，丽贝卡向后倒去，捷泽尔抢过她的裙子，然后把它高高地举了起来。

"捷泽尔，拜托。"丽贝卡恳求道，她的脸上满是泪水。

"吻脚。"捷泽尔说。

"什么？……"

"吻我的脚和你的衣服。"

大家都笑了起来。丽贝卡俯身靠向捷泽尔的脚。好了，我再也受不了了。

我自信地推开人群。

"大家都散开！"我喊道，然后用所有的力气从捷泽尔的手中抢走连衣裙，扔向丽贝卡，"查德，把她带走。"

查德乖乖地拉着丽贝卡的手。

"该死的！你在我的派对上到底干了些什么？"捷泽尔喊着。

"哟，我怎么能错过捷泽尔·维克丽自己的派对！"我讽刺地说。

"哦，你个畜生！我多么恨你！"捷泽尔扑向我，但我及时用双手抓住了她的头发，捷泽尔痛得大呼小叫，周围的人甚至都没想把我们拉开。

"听我说，捷泽尔，"我全力地推开她，她倒在地上，我等着她看着我的眼睛的那一刻，"决定和我开战了？你给我记着。我生命中一半以上的时间都和你交好，我知道你的一切，一切细节。你所有的弱点，你所有的恐惧。如果我利用这些，你就是自掘坟墓！"大厅里一片寂静。捷泽尔惊恐地看着我，我微笑。然后，我用傲慢的眼神看了她一眼，转身，现在我不再需要推开人群，他们让出一条道，我慢慢地走着，没有觉察到自己笑容满面。我是最棒的！沉默不起眼的格洛丽娅，以及最近发生在我身上所有狗屎般的事，都留在了过去。

我从房子里走出来。

查德和丽贝卡坐在隔壁房子的门廊上。丽贝卡泪流满面。

"喂，你怎么样？"我问。

"格洛丽娅，请原谅我，原谅我不相信你。我真是个傻瓜！我为什么这么幼稚？"丽贝卡全身通红，眼睛也肿了，膝盖上有一块巨大的擦伤，出血严重。查德把自己的夹克给了她，但她仍然紧张得在颤抖。她让我想起了我自己。我也因为自己轻信人的态度而恨自己。我信任尼克、马特、捷泽尔。结果，自杀的原因变得更多了。

"别担心，明天没有人会记得这些。"

"你干什么去？"查德问我。

"没什么特别的。贝克丝，别哭了。我们去个酒吧，我很饿，想喝东西。"

我们从门廊上站起来，手牵着手往前走。

我、查德、丽贝卡，这可能是一个新故事的开始。


# 第26天


我们坐在桌旁，在盘中摆弄着叉子。如此安静，我能听到我们每个人吞下每块"家庭"早餐的声音。爸爸沉默地看着我。我假装没注意到他的目光，继续冷静地在盘中摆弄着叉子。

"听着，我们这周末出去玩一下怎么样？天气很好，可以去野餐？"南希说。

再次陷入恼人的沉默。

"这会持续多久？你还要折磨我多久？"爸爸问我。

"大卫，现在别谈这个。"劳伦斯说。

"不，就是现在，因为她稍后又要去闲逛了！"

我沉默。

"大卫，她还是个青少年。"

"那又怎么样？16岁的青少年有变成妓女的天赋吗？"所有的注意力都集中在我身上，"怎么不说话？或许你要说点什么？"爸爸大喊大叫着。

"请给我一块奶酪。"我讥笑着说。

爸爸终于崩溃了，他拿了一盘切好的奶酪，全力地把它扔到了地上，无数的奶酪片散落在我们家里。

然后爸爸推开椅子离开。

"那么，野餐怎么样？"劳伦斯安静地问。

"南希，不用装作我们是一个完美的家庭。你什么人也不是。你住在这里，只是因为你献身给爸爸。"

"你怎么能这么说？"

"我能，"我推开椅子，走向门口，然后又转身看着南希，"你知道吗？我只是不懂爸爸哪里吸引你了？他是一个十足的浑蛋，他总是伤害所有人，总有一天你会明白这一点。"

\*\*\*

学校里所有人都看着我，不是因为我天蓝色的头发，而是因为昨天的派对。我很好奇捷泽尔怎么样了？可能已经损坏了她的声誉，但我不在乎。之前我从未想过我有能力做到这一点。只要没有人惹我，我就袖手旁观，这样更舒服。但现在一切都发生了变化，我真的很喜欢这样的变化。

文学课教室里，查德坐在我旁边。昨天，我、他和丽贝卡几乎在酒吧度过了一晚，真是太棒了！总之，我从未想过像查德这样的书呆子会如此有趣，多亏了他，我开始有点忘记马特了。

"你好，你昨天过得怎么样？"查德问。

"还好，我的头有点疼，但可以忍受。"

今天，查德没戴眼镜，哦，我的天哪！太适合他了。他穿着牛仔衬衫、深色的牛仔裤，看上去非常酷。

下一瞬间，捷泽尔走进教室。她第一次穿着有领的长袖上衣来上学。一切都是因为我留在她身上的伤痕。她看起来很沮丧，我很喜欢。

"她怎么了？"查德问。

"也许，派对成功了。"

"你在聚会上对她做了什么？"

"我告诉过你，没什么特别的。"

"没什么特别的？捷泽尔·维克丽看起来像个被吓到的孩子。"

"查德，我只是让她知道自己的本分。这是她应得的。"

赖丹夫人走进教室，几分钟后教室的门再次打开，丽贝卡出现了。

"对不起，我可以进来吗？"

"是的，快点！"正如我说过的那样，赖丹不能忍受别人上她的课迟到。

丽贝卡急忙走到桌子边，开始摆放她的东西。

"第二天来上学，就要迟到了？"我说。

"昨天晚上过后，我勉强醒了过来。"

"你喝的是不含酒精的饮料呀？"

"那又怎样？我的身体太容易受到新事物的影响……何况我今天根本就不想来上学。"

"因为派对？"

"是的……"

"贝克丝，大家早就忘记这件事了。"

"但我没有忘记。我甚至梦见它了……"

\*\*\*

我走进女厕所，捷泽尔站在镜子旁边，肖娜在她身边——一个高大的黑白混血儿，声音非常令人讨厌，可能是她的新朋友。一路货色。

我走到镜子前面。

"伤痕非常适合你。"我嘲笑着说。

"嗯，我不知道你怎么样，但我已经厌倦了。我建议中立。"

"你投降了吗？"

"不，我只是不想让某个狂吼乱叫的人破坏我的声誉。怎么样？"

"好的，我同意。"

"那很好。肖娜，我们走吧。"

\*\*\*

"捷泽尔·维克丽建议中立？这真是新鲜事。"查德说。

我和他一起沿着走廊去放教学用品的储物柜那边。

"起初我并不相信，但事实证明确实如此。"

"你同意了？"

"是的，况且不管怎么样，我在这场战斗中都胜利了。"

我打开储物柜，一堆课本上再次躺着一封信。

"查德，请把我的书包拿到教室去。"

"好的。"

我拿起这封信："你是完美无缺的人"。我脸上露出一丝奇怪的笑容。我已经开始喜欢这些信了。

"格洛丽娅……"我哆嗦一下，转过身看到丽贝卡，"你要去上数学课吗？"

"是的，是的，我来了。"我把信揉成一团，扔进了垃圾箱。

\*\*\*

数学课教室里一片安静。劳伦斯直盯着我的眼睛，可能到现在为止仍然不能忘记早晨的事。

"我想用一个相当不愉快的调子开始我们的课。我检查了你们的测试，非常糟糕。你们都知道学期即将结束，你们的成绩这样还得了！格洛丽娅·马克芬，你是否打算学习，纠正你的错误？"

"我无所谓，劳伦斯小姐。"

"你无所谓？以这样的认知，你很快就会被学校开除！"

"我现在该怎么办？"

"要么你改过，要么我……"

"怎么？把我的爸爸叫到学校来或者你们在家里谈，按照家庭的方式，可以这么说吗？"

"我会想出些办法，让你改正。"

"你知道该去哪儿，劳伦斯小姐？"

班上同学们的张大嘴巴，目瞪口呆。

"你说什么？"

"我重复一遍？"

"要么你现在结束这个闹剧，要么从教室里出去！"

我立刻把自己的东西装进书包。劳伦斯惊呆了。

"你在干什么？"丽贝卡低声问道。

"收东西。"

"什么？"

"我说：收拾你的东西，快点！"

丽贝卡乖乖地开始把书塞进背包里。然后我们两人从桌子后站起来，向门口走去。

"多涅尔，我请你留下来。"南希说。

"我请你闭嘴。"我一边说，一边抓住丽贝卡的手。

我们离开教室，丽贝卡变得歇斯底里。

"你在搞什么？"

"冷静一下。"

"冷静一下？我现在被学校开除了！"丽贝卡紧贴着墙。

"你不会被开除，劳伦斯能力有限。"

"你怎么知道？"

"我知道。她住在我家里，和我爸爸一起睡觉。"

"你在开玩笑吗？……"

"当然，我开玩笑，我有这样的幽默感。"

我转过身，迅速走到正门。

"格洛丽娅，等等！"

\*\*\*

学校被我们甩在身后。我告诉丽贝卡关于我家里的所有故事。关于爸爸对妈妈做的事，关于劳伦斯，我的新继母，关于一切。我的内心如此痛苦。我完全理解，我和丽贝卡认识顶多不过两天，但在我看来，我可以信任她，因为没有别人。

"好吧……我没想到劳伦斯还有这样的本领。那你妈妈现在怎么样？"

"我不知道，我已经好几天没去看过她了，我希望她一切都很好。你看，现在我们是真正的朋友了，你了解我的一切。"

"但是你对我一无所知。顺便问一下，我想把你介绍给我的妈妈，行吗？她很好，你会喜欢她的！"

"为什么不呢？"

"只是稍微晚一点，才不会产生怀疑。"

"好的。我刚好想顺便去一个地方。"

这里很平静。我喜欢来这里忘记一切。这大概是这个城市我最喜欢的地方——野生海滩。岸边礁石林立，波浪猛烈地拍打着礁石，礁石似乎都在颤抖。旁边是一个废弃的栈桥码头。除了我之外，其他人来这儿的可能性不大。

我和丽贝卡直接躺在地上。我们闭上眼睛，每个人都在想自己的事，听着大海的声音。如果可能，我想在这里死去。

"那个马特真的很帅吗？"丽贝卡问。

"非常……"

"在他对你做了这些之后，你还爱他吗？"

"我不知道。但是要停止爱那个对你生命有意义的人非常困难。"

"你需要忘记他，只需要从记忆中删除。"

"如果一切这么简单就好了。"

"那捷泽尔呢？你曾是她最好的朋友，而现在她非常恨你。"

"如果我这样对你，你会原谅我吗？"

"……是的，原谅。当然不会立刻，但如果我们是多年的朋友，我绝不会因某个男生而舍弃你。"

"你谈过恋爱吗？"

"没有。"

"好吧，我说真的。"

"我也说真的，我从未恋爱过。"

"这有可能吗？"

"当你对其他的事感兴趣时，可能。"

"你对什么感兴趣？"

"学习，书籍，互联网。爱情会带来痛苦。它就像毒品一样。起初你感觉很好，然后就开始毒瘾发作，你简直就要死了。"

\*\*\*

我们到了丽贝卡的家。说实话，我有点害怕和她妈妈认识，完全不明白这有什么意义。

丽贝卡自信地打开了门。

"妈妈，我回来了。"

家里飘着油炸的味道，立刻勾起了我的食欲。一个大约 40 岁的女人向我们走来，仔细地打量着我们。

"丽贝卡，你怎么这么早？"

"我们提前放学了。妈妈，认识一下，这是格洛丽娅，我的新朋友。"

"您好。"我礼貌地说。

"你好，你好。这就是和你玩到凌晨两点半的朋友吗？"

"妈妈，我们现在不谈这个。"

"听你的。来厨房，我给你们准备了热巧克力。"

我觉得有些不自在。我们走进房子里面，我看到书架上有一个大相框，我把它拿在手上。

"很棒的照片。这是你和你的家人吗？"

"是的，这是我、爸爸和弟弟。"

"他们现在在哪儿？"

"……他们在车祸中去世了。我弟弟迈克要去参加训练，爸爸决定送他去，一辆卡车撞到了他们。我和妈妈勉强忍受着，所以搬到这里，想要……忘了这一切。"

听了这些话，我头都晕了。想象一下她所经历的痛苦，我很害怕。

"……对不起。"

"没什么大不了的。你看，现在你对我也有所了解。"

"那么，请坐，我给你们拿了巧克力蛋糕和牛角面包。"

"格洛丽娅，试试吧，我妈妈自己烤的。"

我拿起蛋糕咬了一口。

"太棒了……很好吃，多涅尔夫人。"

"谢谢，请随便吃。"

"嗯，你觉得我们家怎么样？"丽贝卡问。

"很漂亮，你家里非常舒适。"我尽量保持礼貌。

"虽然我们还没有最终布置好，但我希望我们能够慢慢安定下来。"丽贝卡说。

"格洛丽娅，说说你自己，你对什么感兴趣？"

"嗯……好吧，我以前喜欢跳舞，但后来我放弃了，我画画也不错……"

丽贝卡的妈妈用眼睛盯着我。

"你学习怎么样？"

"妈妈，难道这重要吗？"

"对我很重要。我希望我的女儿和跟她同水平的人来往。"

这让我很生气。我知道，她想让我明白，我不应该在她女儿身边。

"我学习很糟糕，多涅尔夫人。你知道吗？我喜欢逃课，不做家庭作业。"

"格洛丽娅……"丽贝卡打断了我。

"这是什么意思？我只是回答了这个问题。或者你们有什么不满意？"

"为什么不，一切我都满意。"多涅尔平静地说。

"对不起，洗手间在哪里？"

"一直走左拐，不要迷路了。"

"谢谢。"

我飞快地跑到洗手间。

真想快点逃离这个家。我没想到丽贝卡的妈妈这么凶。也许悲伤深深地影响了她。没有人想这样，一下子失去丈夫和儿子。我无法忍受这些。

厨房传来一些声音。我把耳朵贴在门上。

"怎么回事？怎么回事？这个女孩太糟糕了！"

"不！她非常好。"

"我确信这个'好'会把你带进一个坏群体。"

"不要这么说！"

"还有她的样子！你知道吗，谁是这个样子的？"

"妈妈，别说了！"

我无法再忍受了。我走出洗手间，向出口走去。丽贝卡和她的妈妈走出厨房。

"格洛丽娅，你要去哪儿？"丽贝卡问。

"……我爸爸给我打电话，叫我赶紧回家。"

"我送你。"

"不，不用，我自己就行。"

"那么明天见！"

"明天见。再见，多涅尔夫人。"

\*\*\*

呼吸困难，特别是当你靠近这个地方时。我手中拿着袋子，塞满了各种各样的东西。我想见见我妈妈。通常在这样的见面之后我不想再活下去了，但我是如此想念她的目光、笑容和颤抖。我必须见到她。

医院里空荡荡的，在工作日很少有人来探访他们的亲人。我很快找到了妈妈的病房。我用颤抖的双手打开门。她坐在一张小桌子旁，看着窗外。然后转身。

"格洛丽娅？……"

"你好，妈妈。你怎么样？我给你带了水果和一些东西。"

"你的……？"妈妈指了指我的头发。

"你注意到了吗？我以为你还在那种状态。"

"如果我没有打镇静剂，我会拧下你的头和你这可怕的头发。"

"好吧，终于，我认出了之前的妈妈。"我们的脸上浮现着笑容。

"你一切都还好吗？"

"是的……但我非常想你，你保证不会再做傻事。"

"我保证……"妈妈闭上眼睛，突然她脸上的表情发生了变化。

"怎么了，妈妈？"

"安眠药……我现在要睡一会儿。"

"我扶你躺下。"

我扶着妈妈的手臂，把她带到床上。她已经失去知觉。我久久地看着她，握着她冰冷的手。然后靠近她，吻了吻她的额头。

"我爱你。"

> 亲爱的日记！
>
> 我崩溃了。我唯一在意的是，要如何祈祷，妈妈才能最终好起来。我想起我说过多少次我恨她。我很痛苦。我希望她活着，希望她幸福。我非常希望我死后，她找到她命中注定的男人。他们会生孩子，这些孩子不会过我这样糟透了的生活。
>
> 至于爸爸，我希望他最后明白他是一个真正的畜生。我希望他到死都遭受折磨，但愿别让他们有孩子。我不希望任何无辜的小灵魂再称这个人"爸爸"。
>
> 还剩24天　洛丽

## 第27天

一封新的信："你不会摆脱所有的问题"。该死的！你是谁？看来这个人了解我的一切，甚至比我对自己的了解还要多。

我希望自己不被关注，我想变成一个微不足道的人。这样我遇到的问题会更少。我看到她的脸后，试图躲在一群学生中间，但她还是注意到了我。

"格洛丽娅……"丽贝卡喊道，我假装没听到，加快了步伐。"格洛丽娅，等等。"

丽贝卡跑到我跟前，抓住我的手。

"你怎么了？"

"我只是想避开你。"

"为什么？发生了什么事吗？"

"这难道不是你妈妈想要的吗？"

"你听到了一切……格洛丽娅，我不在乎我妈妈说的话。我想和你成为朋友。"

"你的母亲是对的，我会给你带来很多麻烦。"我急忙把手缩回，然后离开。

\*\*\*

"然后在酒精中加入硫酸。记住，酒精中加硫酸，别弄反了！"

化学实验课。我一如既往地和查德搭档。

"你还好吗？"

"什么？什么意思？"

"你有点烦躁。"

"只是没睡好。"

查德拿着一支空试管，我小心翼翼地将硫酸倒入其中。

"我从没想过你这么不喜欢劳伦斯小姐。"

"'不喜欢'只是轻描淡写，我很乐意把这硫酸倒在她的喉咙里。"

"和你在一起很危险。"

"别提啦。"

我分心了，我的目光集中在捷泽尔身上，她和肖娜是搭档，她笑着，仿佛是故意要把我激怒。看着这一切真令人讨厌！我久久地看着捷泽尔，退到一边，然后听到一声尖叫声。我把试管里的最后一滴硫酸滴到了查德的手上。

"我的天哪！查德！"我尖叫。

"查德，一切都会好的，跟我走。"化学老师派珀小姐用忐忑不安的声音说道。

我看到查德的手变成棕褐色。我的心怦怦直跳，全班的人都看着我。

我恨不得找个地缝钻进去。

\*\*\*

大约一小时后，查德在医务室。我坐在门对面的走廊里。我的天哪！我搞了些什么？我净给大家带来不幸。门开了，查德的手臂上缠着绷带，走了出来。我的眼里满是泪水。

"查德，你怎么样？"

"一切都很好，所有糟糕的事情都过去了。老师给我注射了止痛剂。的确，整只手都会留下疤痕，但这不是致命的。此外，他们让我回家。"

"请原谅我。我是头笨手笨脚的牛。"

"我已经说了，小事。这可能发生在每个人身上。"

"不，我应该以某种方式弥补我的过错。"

"得啦。"

"我很认真的。你想要什么？也许是芝士汉堡包？还是和一个很酷的女孩约会？说吧，我会安排一切。"

"约会？这很好。"

"那么，说吧，和谁。"

"……和你。"

"没准和肖娜会更好？捷泽尔的新朋友？还是杰西卡？她是一名篮球运动员，她身材非常好！"

"不，我只想和你约会。"

"好吧。什么时候？"

"今天七点钟到我家来。"

"好的。"

我们的谈话被校长的声音打断了："请同学们和所有老师在体育馆集合。"

\*\*\*

一群人聚集在体育馆里。我们坐在看台上，很困惑为什么把我们聚集到这里来。

"尊敬的同学们、同事们、嘉宾们：我很高兴我们聚集在此，我们开会要宣布一件非常重要的事。我们学校成立了基金会，以支持不幸家庭的青少年。"

剩下的时间里——超过半小时，学校的嘉宾们一个接一个地上台发表演讲。这太无聊了，我差点睡着了。大部分的话都是关于青少年在家庭中遭到凌辱、殴打和抹杀他们的个性。我理解每一个字、每一句话，就像他们在说我的生活一样。如此愚蠢的是，有人认为这个基金会能帮助某人。难道某些毫无价值的心理学家会改变你的生活吗？让你的父母爱你，明白你是一个活生生的人，你有感觉。这一切都是胡说八道。如果你无法改变自己的生活，那么外人也未必能帮到你。

"好吧，我们的会议即将结束。如果有人想对基金会提出建议，请到这里来。"

当我看到捷泽尔站在麦克风旁边时，我口干舌燥，惊呆了。

"大家好！我叫捷泽尔·维克丽。很高兴我们学校创建了这样的基金会。这非常好，我希望它能够帮助很多人……比如，我的朋友格洛丽娅·马克芬。"我的心情紧张起来。"她的爸爸背叛了她的母亲。但这不是最糟糕的。你们能想象马克芬太太企图自杀吗？现在她躺在精神病院里。格洛丽娅不止一次离家出走，她可能已经尝试过毒品或者更糟的东西。我希望你们可以帮助格洛丽娅，请把她从不幸中拯救出来。我说完了。"捷泽尔用邪恶的笑容看着我。我看着她走出体育馆。出席会议的所有人都看着我。试想一下，大约有三百人用眼睛盯着你并谈论着你。熟悉的愤怒感又被唤醒。我快速走出体育馆。

"捷泽尔！"我喊道。

她转过身来，大笑起来。

"怎么，还要打我吗？"

我快速走向她，把她推到墙上。我伸展双手，撑在冰冷的墙壁上，看着捷泽尔的眼睛。

"肖娜，拍下这段。"她说。

"已经开始拍了，捷兹。"

"我只是想帮你，朋友。"捷泽尔挖苦地说道。

我呼一口气。我摸到脖子上马特送我的项链[1]，扯下扔向她。

"马特给你买了这条项链，但他送给我了，因为他爱我，而只是利用你。"我把项链放在前女朋友的手中，"真的很漂亮吧？"我笑着说，虽然觉得自己立刻就要泪如雨下。

我转身，抬起头，远离肖娜和捷泽尔。

我双手蒙着脸，手掌已经完全被泪水弄湿了。我哭不是因为我觉得非常委屈，拜捷泽尔——我以前最好的朋友所赐，我把自己所有的秘密都告诉了她。而现在，数百人都知道了我的家庭问题。只有完全冷酷的人才会这么做。我哭是因为绝望。

整整 27 天前，我希望我的生活不再这么可怕，我犯不着自杀。但我错了，再次。我坐在我和马特在舞会时跳舞的凉亭里。这里非常安静，没有任何人的声音，什么也没有。但是过了一段时间，我的宁静被某人接近的脚步声破坏了，是丽贝卡。她默默地走进凉亭，坐在我身边，紧紧地拥抱我。我什么都没说，她也没有。我们沉默，拥抱。这样过了几分钟，我冷静下来，擦干因流泪而泛红的眼睛。

"哭吧，你应该把一切都释放出来。"丽贝卡说。

"我已经感觉好多了。"

"她真是个浑蛋。我讨厌她。"

当我听到这些话时，我有了一个主意。

"贝克丝，你能帮帮我吗？"

"当然，无论什么都行。"

---

1　嵌有肖像等的（椭）圆形颈饰。

\*\*\*

好吧，捷泽尔，如果你决定继续战争——我支持你的决定。

我们和丽贝卡站在维克丽家门前。我已经彻底考虑好我们的行动计划。

"你确信要这么做吗？"

"是的。"

"听着，如果我们被发现怎么办？"

"不会被发现的。"

"如果邻居看到我们呢？"

"贝克丝，你同意帮助我，所以请跟着我，别吱声。"

丽贝卡的紧张也传递给了我，如果我们真的被抓住了怎么办？维克丽是这座城市里非常有名的人，我们到死都会被折磨。虽然我剩下的日子并不多，但为什么不再进行一次疯狂的行为？我们绕着房子走，面前有一根排水管。我用手紧紧抓住它，开始往上爬。

"你还在等什么？"我向丽贝卡喊道。

她效仿我。我爬到屋顶的遮阳板处，左边有一扇窗户，我小心翼翼地用手摸到了金属遮阳板下的木棍。然后我试着用这根木棍打开窗户。

"快点，我手滑。"丽贝卡说。

"还差一点点！"经过我几秒钟的努力，窗户打开了，"准备好了！"

我潜进屋子里，丽贝卡勉强跟上我。我们在维克丽的储藏室里。太棒了！计划的第一部分完成得完美无缺。

"我觉得你不是第一次这样做。"丽贝卡说。

"小时候，当捷泽尔受到惩罚时，我只能这样偷偷进入她家，然后我和她一起看电视剧。"

我和丽贝卡踮着脚走出储藏室，朝楼梯走去。

"你确定他在这儿吗？"

"嘘——"我环顾四周。是的，我确信。

我们所做的事是违法的，但既然捷泽尔决定玩成人的游戏，那我就必须报复。

"你听到了吗？"我低声问道。

一楼传来沙沙声，女人和男人的笑声。他在这儿。我们轻轻地走下长长的楼梯。我们走到客厅门口。我从门缝里窥视——维克丽夫人和她的情人正躺在床上享乐。当我住在捷泽尔家时，我非常清楚地记得捷泽尔的母亲和这个喜欢老富婆的情人的对话。而且我也知道，维克丽先生是一个非常严肃的人，即使他有外遇，他也不会原谅任何人的背叛。

"来吧。"我对丽贝卡说。

她从包里取出相机，把门稍微打开，开始拍照。

我们站在门口几分钟，然后我们听到脚步声，是格蕾丝。当然，我怎么能忘记他们的用人。

"贝克丝，快跑。"

我们迅速打开前门，用惊人的速度跑出维克丽的家。我的脸上露出疯狂的笑容。风刮在我们脸上，我和丽贝卡飞快地跑着，好像警察正在追捕我们一样。

在我们展示一堆照片之前，街上已经一片漆黑。我手中拿着一个白色的信封，上面写着维克丽先生公司的地址。信封里装的是他妻子和情人的照片。我恶毒地笑了，从未想过复仇是如此美好。

"我可以想象，当她爸爸看到这些照片时，会是什么表情。"丽贝卡说。

"别忘了，明天还有另外一个惊喜等着捷泽尔。"

"一切都会完成。"

我把信封丢进邮筒里。好吧，现在最有趣的要开始了。

\*\*\*

*亲爱的日记！*

*为什么不能冷酷无情地杀死那些冷酷无情地让你心碎的人呢？让我们总结一下这一天。我差点毁了查德，同意和他约会，然后我在全校面前当众蒙羞，最后我和丽贝卡弄到了一些败坏维克丽家名声的黑料。我不知道在我身上会发生些什么事，我以前从未这样做过。可爱的、安静的、不伤害人的格洛丽娅跑到哪里去了？她再也不存在了。这非常好，至少我现在知道，展示真正的"我"是多么酷。特别是当你的生命还剩下 23 天的时候。*

*还剩23天*

蓝色的丝绸连衣裙在灯光的照耀下闪闪发光。我到了查德家。虽然我答应他七点钟来，但最终八点半才来。我摁了门铃，几秒钟后门开了。

"你好，我还以为你不来了。"

"得了，我还得弥补我的过错呢。"

我走进屋。这里非常舒适，味道也非常好闻。

"去客厅吧，我马上就来。"

我按照他说的，打开客厅的门，我被无数的小蜡烛弄得眼花缭乱。房间里没有灯光，但因为这些蜡烛到处都闪烁着光芒。我喘不过气来。但是，我和马特在摩天大楼的屋顶上度过的那个夜晚的记忆再次浮现在我脑海中。这非常令人难忘。

"我不知道你喜欢喝什么，所以我买了最贵的。"

"杰克·丹尼尔斯？在约会？很棒的饮料。"我难以抑制地笑了。

"我从未给人安排过约会，所以不要笑。顺便问一下，你觉得这怎么样？"

"这里很漂亮。你是个浪漫的人。"

"我尽力。"

"你的手怎么样了？"

"还好，说实话，我甚至很高兴你这么做。否则你永远不会和我约会。"

查德把威士忌倒进我的高脚玻璃杯里，然后是自己的，我们一起喝了一口。

"多么讨厌的东西呀！"他眯着眼睛说。我又开始笑了。然后，我发现厨房里冒着浓浓的白烟。

"查德，什么东西燃起来了！"我尖叫。

"该死的！"

我们跑到厨房。他打开烤箱，取出类似苹果派的东西。

"我的蛋糕！"他看着托盘说。

"你烤蛋糕了吗？太可爱了。"我说，一直笑着。

"是的，我是个不中用的厨师。顺便说一下，还剩一边可以吃，你要吗？"

"好的。"

查德切了一块给我。我咬了一口未烤煳的部分。

"嗯，非常好吃。"

"算了吧，我知道它很糟糕。"

"别提多糟糕了！"我笑了。

"唉，你可以不同意的。"他也笑了起来。

我听到手机一直响，我挂了电话。

"爸爸打来的。"

"你为什么不接电话？"

"我不希望他破坏这么美好的夜晚。"

接下来的几个小时，我们只是吃喝和聊天。我跟他讲了今天他回家后学校发生的事情。和他在一起，我很舒服，很平静。想永远这样下去。

不要回家。永远不。

"我完全喝醉了。"

"不，我比你喝得醉。"

"我从来没有喝过这么多酒。何止这样，应该说我从不喝酒。"

"这么说来，我让你变成了一个坏男孩？"

"结果是这样。"

"你喜欢吗？"

"非常。"

我们又喝了一口威士忌。

"我甚至无法想象，我这个样子怎么回家。"

"我送你。如果你愿意，你可以留在我这儿。"

"这听起来别有深意，查德，"我们笑了，"我累了……"

查德坐在地板上，我躺在他旁边，把头枕在他的膝盖上。我们周围布满了小蜡烛，散发着令人愉悦的香气和温暖。

查德开始抚摸我的头，温柔地用手穿过我的头发。我融化了。

"你还爱马特吗？"

"……我想他。经常。"

"我明白，爱一个不珍惜你的人非常难。"

他这是在说我。我起身，看着他的眼睛。

"我珍惜，查德，真的。但是一切都很复杂。"

他用手掌捧着我的脸颊。我完全融化了。但他突然停了下来，查德避开我。

我看着他。他衬衣上端的纽扣开了，我看到他强壮的胸肌。我体内的欲望被唤醒，我从未有过如此强烈的感觉。

我的身体充满了愉快的颤抖。我抱着他紧张的身体，我觉得他也在颤抖。

我永远不会让你离开，你听到了吗？永远。

# 第28天

我睁开眼睛。房间里很明亮。他用手抱着我。我转向查德。

"早上好。"他说。

"不太好。"我的头痛极了，因为我们昨天喝了那么多。

"我有惊喜给你。"

查德的手中拿着一杯冷水和头痛药。

"这是目前最好的惊喜。"我笑着，用水喝了药。查德看着我，用手指抚摸着我的手。我觉得痒痒的，身上起了鸡皮疙瘩。

"别看着我，我现在很糟糕。"

"你非常漂亮。"

"当然，肿胀的眼睛和嘴里难闻的酒气'非常漂亮'，"我们笑了，然后我看了一下时钟，"该死的！"

我跳起来，急忙开始找我的东西。

"怎么了？"

"我们上学迟到了！"

"怎么，你以为我们第一堂课会迟到？我们今天一切皆有可能。"

"查德，我们现在应该在学校，穿快点！"

\*\*\*

我们从房子里走出来。

"我拦出租车。"查德说。

"好的。"与此同时，我给丽贝卡打电话。

"喂。"

"贝克丝，你在哪里？"

"我在学校，一切都准备好了。"

"好极了！我很快就来。"

"格洛丽娅。"查德喊道。幸运的是，他已经拦到了车。我挂掉电话，爬上车。

"麻烦开快点！"我对司机喊道。

"也许你能解释一下，为什么这么着急？"

"我和丽贝卡为捷泽尔准备了一个小小的惊喜。"

"什么惊喜？"

"去学校，你就知道了。"

\*\*\*

对名声的恐惧、眼泪、窘迫、仇恨——捷泽尔现在正在经历这一切，她刚到学校，就看到她母亲和情人的照片挂满了整个大厅。我和丽贝卡特意复制了照片，现在全校都看到了。肖娜和捷泽尔开始撕照片，但为时已晚，现在这些将被记住好几年，可能更多。

我和丽贝卡站在中央楼梯上观看所发生的一切。

"丽贝卡，你好样的！"

"我们好样的！现在她知道，当你在所有人面前受到羞辱的感觉。"

我在人群中看到了查德，他走到我们跟前。

"查德，你怎么样？"我问他。

"你们做的事不道德！"

"真的吗？那她昨天对我做的事是正常的？"

"或者在那个派对上对我做的事，怎么？已经忘了吗？"丽贝卡说。

"只是没有必要降低到她的水准。"他责备地看着我们，然后离开。

"查德！"我喊道，但他没理我。

"多涅尔和马克芬，立即到我的办公室！"金斯特利叫喊着。

\*\*\*

286

"你怎么能想出这个？你们知道这是刑事犯罪吗？"

"我们知道，但我们别无他法。我们只不过对捷泽尔·维克丽一报还一报。"

"我知道捷泽尔不是天使，但你们所做的事情已经越界了。我有责任惩罚你们。"

"太棒了！这次要干什么？洗马桶？还是你想出一些新东西？"

"是的，我想好了。我现在叫捷泽尔过来，你们两个人向她道歉。"

"千万不要！我们不会向这个贱人道歉！"

"请注意你的措辞，马克芬！"

"我乐意这么说，金斯特利夫人。"

"那这样，要么你们道歉，要么我把你们开除。"

"我同意道歉。"丽贝卡尖叫道。

"好吧，丽贝卡。"

所有人的目光都集中在我的身上。

"我同意，开除我吧。"

"这是你的最终决定吗？"

"是的。所以给爸爸打电话，准备文件，我同意一切。但请记住，我永远，听着，我永远不会向任何不值得的人道歉。"

"我准备好为我们两个人道歉。"丽贝卡说。

"丽贝卡，格洛丽娅已经做出了自己的选择。"

"但你不能开除她！"

"怎么不能？好吧，格洛丽娅，你暂时自由了，稍后我会叫你来教务委员会讨论开除你的事。"

"走吧，贝克丝。"

我们离开办公室。丽贝卡再次歇斯底里。

"如果我知道一切都会这样结束，我不会帮你！"

"冷静一下，一切都很好。"

"很好？你被学校开除了！"

"那又怎样？生活并没有就此结束。算了，我要找到查德。"

\*\*\*

我站在走廊里寻找查德。我必须向他解释一切。我的天哪！我不能失去他。这些天，他对我来说非常珍贵。

捷泽尔的新女友肖娜来找我。

"你做的事真让人恶心。"

"真的吗？但我觉得，这正好符合你女朋友的风格。"

"因为你，她的父母离婚了。"

"真的吗？真可怜。真想知道她要如何忍受这些，不幸的人。"我挖苦地说。

肖娜用鄙视的眼神看着我，然后离开。好吧，我的复仇计划百分之百完成了。我一点也不同情捷泽尔，相反，我只会高兴，因为她终于处在我的位置了。在这场"战争"中，我赢了。我不觉得自己是个浑蛋，我甚至喜欢这样。

我看到查德走出教室，我喊他，他停了下来。

"听着，不要生我的气，毕竟我没有对你做什么不好的事。"

"我一直以为你很特别。你跟那些脑子里只有男生、派对和报复前女友的女孩不同。事实证明我错了。"

"是的，你是对的，我并不特别。非常不幸的是，你现在才明白。顺便说一句，我想告诉你，我罪有应得，我被开除了。"

"什么？等一下，我以为一切只会像往常一样受到惩罚！"

"也可以，但我选择了第二个方案。"

"为什么？……"

"我……希望所有人都忘记我。你，捷泽尔，丽贝卡。就这样忘记我。算了，我得走了，现在教务委员会要开始了，要决定开除我的问题，总之，事情非常多，"我准备离开，突然我又停了下来，看着查德的眼睛，"顺便说一句，昨晚很开心。"

他抓住我的手，但我急忙猛地把手缩回，转身离开。

\*\*\*

"那么，我们聚集在这里，就格洛丽娅·马克芬开除的问题做出最终裁决。"金斯特利夫人说。

"听着，也许我们可以商量一下？我不希望我的女儿被开除。"爸爸说。

"马克芬先生，你女儿自己做出了这样的决定。当然，如果她没有改变主意的话。"所有人都盯着我看。

"不，我没有改变主意。"

我看到爸爸怒气冲天，脸色发红。

"金斯特利夫人，格洛丽娅还是个孩子，她不明白这有多严重。"南希介入说。

"劳伦斯小姐，我有足够的理由开除格洛丽娅。理由一：她多次旷课逃课；理由二：对老师蛮横无理，破坏上课；理由三：打架；理由四：学习成绩差；理由五：学校里没有一次打架闹事是她没有参与的。我还要继续吗？"所有人都保持沉默，只有我的爸爸喘不过气来，愤怒地看着我。"而她今天做的事情根本不需要解释，所以我要把格洛丽娅·马克芬从我们学校开除，"金斯特利在某张纸上签字，并让所有人都效仿她，"好吧，这样我们的会议就结束了。"

"好吧，终于完了！"我笑着说完，离开办公室。


亲爱的日记！

我被学校开除了！现在我变成了一个非常坏的女孩，我真的很喜欢这样。我现在在家，听到爸爸和南希在谈论些什么。与此同时，我想起了昨晚，这次我非常喜欢。我喜欢他的身体、他的温暖、他的声音。我从未想过和他在一起感觉这么好。

至于学校，这太酷了！我活着的日子还剩22天，我不想把它们浪费在功课上，这对我来说已经足够了。我要激昂快乐地度过剩下的日子。哪怕在死之前，我觉得自己还是一个人。

还剩22天

房间的门被打开，南希走了进来。

"格洛丽娅，大卫想跟你谈谈。"

"我现在没心情跟他说话。"

"这很重要。不要生他的气，最好下来。"

我呼一口气，起床，然后下楼。爸爸坐在客厅的桌子旁。噢，我觉得谈话会很严肃。

"那么，你想说什么？又要说我是一个多么坏的女儿？"

"不，我说腻了。拿着。"

爸爸把一本小册子递到我手上，我读了上面写的东西，惊讶地睁大了眼睛。

"女子军校？你在开玩笑吗？"

"完全没有。既然我无法教育你，我希望军装和条例能够驯服你。"

"我不会去那里学习！"我把小册子撕成两半。

"你现在去房间收拾东西，明天早上我送你去这所学校面试。"

"怎么？你聋了吗？我说过了，我不会那里学习。我哪儿也不去！"

"格洛丽娅，大卫是对的。这是一所非常好的学校，在那儿会培养你的纪律性，这相当重要。"

"你滚！"

"你敢这么跟她说话！"

"那她是我什么人？妈妈？她现在甚至都不是我的老师了！因此，我可以随心所欲地跟她说话！"

爸爸抓住我的手腕。

"听我说，我不知道你在那儿自命不凡些什么，但我希望你能成长为一个正常的人。你昨天没有在家过夜，我们差点疯了！"

我甩开他的手。

"算了。爸爸，现在听我说。我活了16年，没有你的关心和照顾，因为当时你正在跟其他女人睡觉！而现在你的父爱莫名其妙地被唤醒了，你和这父爱一起滚吧！你让我和妈妈受尽折磨，因为你，她差点死了，你听到了吗？因为你，你这个浑蛋！"我大喊大叫。

"闭嘴！"

"不！现在我会告诉你一切！我恨你！我一生都恨你，你这个该死的东西！"

"闭嘴！"

"想教我如何生活吗？那你的一生取得了什么成就，啊？浑蛋！"

爸爸挥手，用尽全力打了我一耳光。

"大卫！"南希喊道。

我飞了出去，头撞到了咖啡桌角上。有一分钟，我失去了意识，稍后我又醒了过来。一开始眼前发黑，后来一切渐渐模糊起来，耳朵里有嗡嗡声。我鼓足力气站起来。我摸到额头上有擦伤，流血了。我看着我的爸爸。现在他的脸不再是愤怒的表情，而是我从未见过的其他东西——"懊悔"。

"对不起。"他平静地说。

我从震惊中缓过神，向前迈出一步。我不想在这个家里多待一分钟。

爸爸抓住我的手，跪倒在地，望着我的眼睛。

"原谅我！"他大声喊道。

我也看着他的眼睛，感觉血慢慢地从我的额头上流了下来。

"……你不再有女儿了。"

我推开他。

我跑到门廊，脑袋天旋地转，但这并没有让我停下，我从衣架上抓起卫衣，打开门，开始全力奔跑。

\*\*\*

我不知道自己现在在哪里。眼睛看到哪儿，我就走到哪儿。头部的伤口似乎不再流血了，但是太阳穴疼得非常厉害。不管怎样，我还是光荣地撞伤了，可惜还没死。

我的手机铃声响了。我唯一能够成功带出家门的就是手机和日记。

外婆打来的电话。我无视电话。但几秒钟后，铃声再次惹恼我。

"该死的！"我大声说。"喂。"

"格洛丽娅，宝贝！大卫说你离家出走了。"

"是的，我离家出走了。"

"亲爱的，来我这儿，我求求你。"

"不，去那里他会找到我。"

"那就告诉我你在哪儿，我求求你。"

"我不能……外婆，我很好，不要担心我。"我用颤抖的声音说道。

"格洛丽娅，拜托……"

"再见。"

我挂掉电话，然后把它扔在柏油马路上，全力用脚踩碎了它。现在你们绝对找不到我了。

走了几米后，我听到音乐声和嘈杂的人声。我看到远处有音乐人和小聚光灯，我迎着光走了过去。

一群人围着三位音乐人，他们在弹吉他，演唱一首我不熟悉的歌曲。主唱的声音相当动听。

我挤过人群，走到第一排，开始听歌。

我的女孩，

我记得我们躺在你的院子里，

看坠落的星星穿过夜空。

而关于我们许下的誓言，

在床上度过的时光，

希望这一天从未结束？

但是，

我们像阴影一样，

从未如此接近太阳。

所有这些时刻都会随着时间流逝而消失，

就像雨中的泪水一样。[1]

这种音乐穿透了我的心，让我颤抖，似乎主唱透过这些聚光灯紧紧看着我。

\*\*\*

音乐会结束了，大家开始各自回家。他们都很幸运，有地方可去，有人在等着他们。我无话可说。我不会回家。难道能把那些称为家吗？不。

我独自一人坐在举行过音乐会的公园里。这里天完全黑了，也变冷了。我戴上风帽，把手插进口袋里。难道我要在这里过夜吗？疯了。

"你好。"

我因害怕和意外而哆嗦了一下。那个乐队的主唱坐在我旁边。

"你好。"我说。

"一切都好吗？"

---

1  Colt Silvers—*Rain Comptine*

"可能会更好。"

他开始在口袋里翻找。

"要烟吗？"

"我不抽。"

"好样的！"

他点燃烟，开始抽。

"我可以吗？"我说。

主唱给了我一根烟，我把它放进嘴里，吸一口，下一秒我不停地咳嗽，吐出一股浓烟，我的头天旋地转，喉咙在燃烧。多么讨厌的东西！

"怎么样？"

"……不错。"

"你可以留着它。"

"你们的音乐很棒。"

"谢谢你，起初我不想把这首歌加到专辑中，后来我改变了主意。"

"并不是没有理由，每个人都为你疯狂。"

"亚历克斯，你在那里偷什么懒？"乐队里一个开朗的小伙子喊道。

"来了！"

"那么你叫亚历克斯？我是格洛丽娅。"

"美丽的名字。格洛丽娅，你喜欢流浪的摇滚音乐人吗？"

"说实话，不喜欢。但你给我留下了深刻的印象。"

"明天我们会在布里瓦德海滩演出。如果你愿意，就来吧。"

亚历克斯起身，并渐渐离我越来越远。

我目送他离去。

\*\*\*

我又回到了这里。时间大约是夜里一点半。我的天哪！只要他能听到我的门铃声。无论是尝试第一次，还是尝试第二次，门都没打开。好吧，格洛丽娅，看来你真的要在街上过夜了。

门突然开了。

"格洛丽娅？"

"你好。"我对查德说。

"你在这儿做什么，现在已经这么晚了？"

"也许你能让我先进屋？"

"当然，进来吧。"

我进入查德的家。这段时间我在街上完全冻僵了，哆嗦得很厉害。

"你的头怎么了？"

"没什么大不了，我摔倒了。"

"说实话，你受到攻击了吗？"

"不……是我的爸爸。"

"……我的天哪！某个地方应该有急救箱，现在我找找看。"

"查德，我离家出走了。除了你这里，我无处可去。"

"你在说什么？我的家就是你的家。浴室在那边，你先洗澡，我给你找干净的衣服和急救箱，还有，你饿吗？"

"唉，一点点。"

"太棒了，我点了一只北京烤鸡，冰箱里好像有苏打水，"查德走进厨房，我张皇失措地站着，"你要一直站在门口吗？"查德问。

我微笑，虽然眼睛已经湿润了。我如此爱他，没有人像他这样关心过我。

我的天哪！难道我真的承认我爱他了吗？

我爱他。

# 第29天

太阳光透过深色的窗帘，照在我的眼睛上。我把手伸到床的另外一边，发现只有我躺在床上。最后，我睁开眼睛，开始享受安静的环境。你知道这是多么不寻常吗？不是在爸爸的叫喊声中醒来，不用听到家庭纠纷。

我闻到香喷喷的油炸味从厨房飘来。我起床，穿着查德大大的蓝色衬衫，我被淹没在衣服里，但我还是喜欢穿他的东西。

我走到厨房门口。查德站在炉灶边，我看到他裸露的身躯。我靠在门柱上，继续欣赏他。他很漂亮，双手熟练地在砧板上挥刀。我从未想过男生可以正常做饭。原则上，这种观点来自我的爸爸，他可以把肉弄成炸皮鞋的味道。

我走近查德，从背后拥抱他，把头放在他的肩膀上。他甚至没有颤抖一下，好像觉得我已经瞪大眼睛看了他五分钟。

"我想给你一个惊喜。"

"闻起来很美味，我无法抗拒。"

查德转向我，难为情地用双手抚摸着我的脸，看着伤口。

"还疼吗？"

"当你在我身边时，我哪里也不疼。"

"多温柔呀！"他笑着说，然后他的手抚摸着我蓝色的头发，同时还吻着我。

"我们去洗澡。"我说。

"你和我一起吗？"

接下来的半小时，我们两人在一个浴室里洗澡。自己从未觉得这么放松过。

\*\*\*

"我从未想过自己能和梦中的女孩共进早餐。"

我们坐在厨房的桌子旁，只有我和他，没有其他人。好像我们独自在我们自己的小世界里，除了我们之外，其他任何人都无法进入。

"查德，我有话要说。"

"怎么了？吐司煎过了，还是牛排太咸了？"

"不，牛排非常棒。我想说……我自己从未感到如此幸福。我和你在一起很好。"

"比马特更好吗？"

"你不要再提他了，这都是过去的事了。"

"格洛丽娅，不要想他。"

"我只想这永远不要结束，你永远在我身边，无论如何。"

"我爱你。但是，我得去上学了。"

他从桌子边站起来，整理了一下自己的西装。甚至不相信，现在我不用去上学了，我觉得自己像是个被漏掉的人。

"我现在要做些什么？"

"你想做的任何事。难道你现在无事可干吗？这房子完全是你的天下了。只是答应我，别弄出火灾或者水灾出来。"

"我保证。"

我走近他。

"或许，你和我一起去学校，请求金斯特利的原谅，她会再次接受你，啊？"

"不，千万不要。"

"但你不能永远待在家里什么都不做。教育是神圣的。"

"我肯定会想出什么，查德，"我吻了他，"走吧，否则你要迟到了。"

***

电视里没有一个正常的节目。从一个频道调到另一个频道，我觉得我的眼皮就要慢慢合上了。

"我的天哪！多无聊啊！"我大声说。

我关掉电视，开始研究查德的家。当然，如果将它与捷泽尔富丽堂皇的家相比，它并不是很大。

在其中的一个房间里，我发现了一个小型图书馆。这里有很多书，空气中萦绕着令人愉快的书香。书架上放置着许多页面泛黄的书，也有很多全新的书，合上书皮的时候发出噼啪声。在这些书中，我看到了一些完全没想到的东西。

"现在我明白为什么你是这方面的行家了。"我嘲笑着说。

我把书放回去，注意力立刻被另一本封皮明亮的书所吸引——是一本食谱。在一个对开页上，我找到了标题——用美食取悦你喜欢的人。正好！这就是我今天要做的事，为查德做点可口的食物。我应该感谢他让我进入他家，并如此关心我。

我列出了我需要的食物清单。

***

为了往后的独立存在，我需要钱。起初，这种想法让我走进了死胡同。我从哪里可以拿到钱？回到爸爸身边，我不能，也不想。而依靠查德生活，非常不便甚至令人羞愧。但我想到了一个主意。如果现在一切按照我的计划进行的话，那我的口袋里会有很多钱。

我去银行。这里人很少，我走向一个无人排队的款台，款台后面坐着一位小伙子，可能是一个实习生。好吧，和他一起，我的想法将更容易变成现实。

"您好。"我说。

"上午好，请问有什么可以帮您？"

"你看到了吗？我遇到了一件麻烦事。我的钱包被偷了，里面有我的信用卡。我现在该怎么办？"

"别担心，我可以帮助您。您有证明您身份的证件吗？"

"证件也在我的钱包里。我已经去过警察局，但是他们何时能找到盗窃犯还是个未知数。"

"好吧，我想在一周内，我们可以为您重新办卡。"

"一周？我现在就需要这张卡，这非常重要。请您帮帮我，我知道有一些例外的情况，您可以在特定情况下立即重办信用卡。"

"对不起，这不可能。"

"你可能不知道我爸爸是谁和他的能力？我告诉你吧。我的爸爸是理查德·维克丽，他是布里瓦德几家大公司的老板，如果你珍惜自己的工作，我建议您在这种不寻常的情况下还是帮助我一下。"

听到这番话，小伙子目瞪口呆。

"……好吧。我想可以使用特例，但它会花您一笔钱。"

"我同意。"

"您叫什么名字？"

"捷泽尔·维克丽。"

"请告知您卡片代码的最后三位数字。"

"5、9、4。"

"对的。请填写这张表格，您得等几个小时，让我为您重办信用卡。"

"很好。"

我知道捷泽尔的一切，所以这对我来说并不是难事。在银行停留三个半小时后，我终于拿到了捷泽尔的信用卡。当我得知我现在有多少钱时，我惊讶得差点下巴都要掉了。新生活万岁！

\*\*\*

我买了一堆食物，还来得及做饭。蘑菇炖猪肉，一些甜点和一堆好吃的东西。

为了营造更浪漫的氛围，蜡烛不够了，我正好忘了买。但是在我们约会之后，查德应该还剩下几根。

我开始翻橱柜，进入储藏室，这里有很多被遗忘的东西，在其中我找到一小包蜡烛。由于兴奋过度，我一下子失去了平衡，推倒了身后一些用深色布料盖着的盒子，发出非常令人不快的声音。因为这个意外，我甚至大叫了一声。慌乱中，我开始收拾倒在地上的东西，并且……在其中一个盒子里，我发现一些让我震惊的东西——信封。这是我收到神秘信件的信封。它与其他普通信封的不同之处，在于边角处有白色凸起的字母"L"与背景融合。我惊讶地揉了揉眼睛，发现这个箱子里有无数这样的信封。我惊呆了，我的身体开始颤抖。我的天哪！难道是他吗？不，不可能。他不可能这样对我。当我发现这些信的时候，我忍受了多少恐惧。我现在变得害怕起来，不敢相信自己的眼睛。

\*\*\*

我听到门打开的声音。我现在想直接缠着他问这些信封的事，想知道为什么他这么对我。

"格洛丽娅，我回来了，"我坐在厨房的桌子旁发呆，尽量不去思考发生的事，但我做不到，"哇！你怎么来得及准备这么多食物？惊呆了！"我沉默，"喂，发生了什么事？"

我慢慢抬起头，看着他的眼睛。

"坐下，拜托，"查德坐在我旁边，我双手下垂，其中一只手里拿着那个信封，"我想告诉你一件事。"

"我听着呢。"

"差不多一个月了，有人偷偷地塞给我一些奇怪的信。我每天都在学校的储物柜里发现它们。早些时候，这些信件吓到我了，后来我也习惯了。我从未搞懂这些信的含义，并且我总想知道这些信是谁写给我的。"

"太可怕了。有人想敲诈你吗？"

"是的，有人……"

"毕竟现在你不害怕任何事了？你已经不再去我们学校，而这意味着你再也收不到这些愚蠢的信件了。"

我鄙视地看着他，我脸上写着："好吧，承认吧，你这个懦夫！"

"你怎么了？"他问道。

我忍不住把信封拿了上来。

"我想知道你怎么了，你给我写了这些信吗？"

"你有什么根据？"

"每封信都装在这样的信封里。全城都找不到这样的信封，而你有无数个！"

"这只是一个信封，格洛丽娅！我没有给你写任何信，我也不会恐吓你。"

我呼一口气。

"对不起……我只是要发疯了。这个人感觉像我一样，他了解我的一切，我的一举一动。"

"听着，让我们忘掉它？你做了很棒的午餐，我不想毁了它。"

我们开始慢慢地吃东西。突然一阵电话铃声打破了这份安静。查德离开去门厅，我听到他和某人的对话：

"喂……不，我是他的儿子，有什么需要转达的吗？……等等，我记下来……好的……再见。"查德重新回到厨房。"有人打电话找我爸爸，非常令人不愉快的类型。"

"顺便问一下，你的父母现在在哪里？"

"我也想知道他们在哪儿。我的父母是探险家，他们环游世界，收集有关大自然的资料。总之，我有一个疯狂的家庭。"

我们笑了。

"那你觉得我的食物怎么样？"

"非常好，我都不知道你这样居家。"

"你先吃着，我去呼吸一会儿新鲜空气，我头晕。"

我正走向门厅，想打开大门，突然，查德刚写的小字条阻止了我，它放在外套衣柜附近的桌面上。我把这张字条拿在手里，然后我的手再次开始疯狂地颤抖。笔迹和那些信中的笔迹非常相似。我的天哪！这完全是一样的笔迹！

"哦，我的天哪！"我低声说。就是他。

门铃响了，我从猫眼里看到门外站着警察。我变得加倍恐惧起来。

我跑进了厨房。

"该死的！"我说。

"怎么了？"

"警察来了！"

"冷静一下，去藏起来，我会解决所有问题。"

我张皇失措地上楼，跑到一个房间，听到查德打开门。

"下午好，您是查德·马克库佩尔吗？"

"是的，我是。发生了什么事？"

"您以前的同班同学格洛丽娅·马克芬失踪了，她的爸爸非常担心，来向我们寻求帮助。您知道她的下落吗？"

"我？您说什么呢！我从未与她来往过，我们是不同的社交圈子。"

"太可惜了。如果您发现了相关信息，请通知我们。"

"当然。"

"祝您一切顺利。"

查德关上门。

我慢慢地走下楼，小心翼翼地看着查德。

"好吧，别害怕，他们已经走了，你的爸爸永远不会在这里找到你，"查德走向我，但我推开了他，"格洛丽娅，你怎么了？"

"是你……是你写这些信给我。"

查德垂下他的眼睛，然后转身，静静地说：

"是的……"

我再次觉得痛苦万分。

"我的天哪！为什么，你为什么这么做？"

"听着，这是什么？这只不过是些纸片。"

"如果它只是些纸片，你就不会骗我！"

"格洛丽娅，冷静一下。"

"在发现真相之前，我不想冷静！你为什么给我写这些信？"

"我只是爱你爱得发狂，像中了魔一样。这段时间我一直跟着你，跟着你的每一个步伐。我看到你哭了、你笑了。我参加了你们所有的派对，其中马特和尼克打架的那次，还有你以前最好的朋友和你农村的发小一起睡觉的那次，我都记忆犹新。我看到你多次离家出走，到捷泽尔家或外婆家。当你去酒吧或其他地方时，我也跟着你。我甚至知道舞会时在凉亭里发生了什么事。我记得马特离开时你的哭泣。我看到了一切。我看到你买了一瓶威士忌，来压制失去好朋友和梦想男神的痛苦。我知道你的一切，格洛丽娅。一切，甚至比你想象的还要多。"

我的心像疯了一样怦怦直跳。我简直不敢相信。

"……你病了，你需要治疗！"

"格洛丽娅，我……"

查德试图向我迈进一步，但我再次避开了他。

"别靠近我！我怕你。"

"难道不是你告诉我，你和我在一起有多好？"

"直到现在，我才发现你是一个该死的精神病。"

我绕过他，拿了自己的东西，走了出去。

"你去哪儿？"查德喊道。我朝前走，听到他跟着我的脚步声，"停下！"我加快了步伐，但他跑到我身边抓住我的手，"为什么你总想逃避这些问题？"

"放开我！"

"我爱你，你也爱我，我感受到了。"

"除了恐惧和厌恶，我现在对你没有任何感觉！从我身边滚开！"我推开他，跑了。

\*\*\*

我用自己的方式摁着门铃，希望不被忽视。除了她，我再也无人可找了。门打开了。

"您好，多涅尔夫人。丽贝卡在家？"

"不，她出去了。有什么需要转达的吗？"

我的天哪！当我如此需要她时，她在哪里？

"……不，不用了。再见。"

"妈妈，谁来了？"我听到丽贝卡的声音。我惊呆了！她的妈妈愚蠢地决定撵走我。这让我更愤怒了。

"不重要！"她喊道。

"贝克丝，是我！"我全力大声尖叫着。

丽贝卡的母亲用恶毒的眼神看着我，而我对她回报以微笑。

"格洛丽娅！"丽贝卡跑到我身边，拥抱我，"我整天都在想你。"

"丽贝卡，快点回家！"

"妈妈，你怎么回事？她是我的朋友，怎么，我无权和她来往吗？"

"你无权和这样的'朋友'来往，回家！"

"不要吩咐我该怎么做！我不小了。"

"你是怎么回事，没听到我的话吗？"

"我听得很清楚！"丽贝卡抓住我的手，我们加快步伐离开了她家。

"丽贝卡！"多涅尔夫人尖叫着，"你最好别回来！你听懂了吗？"然后我们听到砰的一声，门关上了。

我们停了下来。

"她把我气坏了。"丽贝卡说。

"我没想到你擅长这个，我喜欢。"

"我觉得整个区都会听到争吵。"

"你做得对。"

"好吧，我们现在去哪儿？"

"暂时不告诉你，但我相信你会喜欢那里的。"

\*\*\*

我们在布里瓦德海滩。我来这里，是为了忘记我和查德之间发生的事。

"太棒啦，人真多！"丽贝卡说。

"我们走近一点。这是一支非常出色的乐队，他们演唱的歌曲也很酷。"

我们推开人群，挤到前排。最终，我们到了舞台旁边。我紧紧地抓着丽贝卡的手，看到她对这里发生的一切感到欣喜若狂。

"现在我们将为大家演唱我们的新歌。"

所有在场的人都开始大声尖叫，声音震耳欲聋。

> 你让我幸福，
>
> 你让我变得更好，
>
> 你让我变得更明确，
>
> 虽然我现在拥有的只是——
>
> 只是你的照片。[1]

音乐会持续了一个半小时。这段时间我只欣赏音乐，尽量不去思考任何事。

"我从未来过这样的音乐会，事实证明，这太棒了！"丽贝卡说。

"我告诉过你了。"

当大家开始离开海滩时，我们也跟他们一样。只剩下一个问题：我现在应该去哪儿？肯定不能回家，也不能去外婆家，我也不想看到查德，

---

1 Incubus — *Monuments And Melodies*（纪念碑和旋律）

我不想跟这个神经病多待一分钟。无论如何我也不能去丽贝卡家。那么，今天我得在街上过夜。好吧，太棒了，无话可说。

"格洛丽娅！"我们听到背后传来一个男人的声音，转身——是亚历克斯。

"他怎么知道你的名字？"丽贝卡困惑地问。

"需要解释很长时间。"

亚历克斯走到我们身边。

"你好，很高兴你来了，还不是一个人。"

"你好，亚历克斯。音乐会很棒，我们真的很喜欢。"

"是的，我一定会把你们所有的歌曲都下载到我的播放器里。"

"这是我的朋友丽贝卡。"

"叫贝克丝就行。"

"好吧，贝克丝，格洛丽娅，我现在与伙伴们要走了，去一个很酷的地方，想和我们一起去吗？"

我立即想到我没有过夜的地方，警察还到处找我。

"……不，我们要回家了。"丽贝卡说。

"我想去。"我回答。

"太好了，那跟我来吧。"

亚历克斯转身离开。

丽贝卡突然拦住我，像看一个疯子一样看着我。

"你在搞什么？"

"贝克丝，他们很好！这里有无数的女孩，但他们叫我们一起去。这太酷了！"

"这些搞音乐的！难道你不知道，他们要对像我们这样的人做什么吗？"

"也许我想要呢？"

"格洛丽娅，你疯了！"

"听着，如果你不想去，那就回家。在那里，你可怕的妈妈正等着你，她将会永远把你关起来，并希望你成为她的傀儡！快点走吧！你的生活仍旧毫无价值，你将永远不知道什么是活力！"我跟上亚历克斯。

"等等！"我停下来，看着丽贝卡的眼睛。"……我和你一起去，只是为了让你没事发生，明白了吗？"

"我崇拜你！快走吧。"

我们赶上亚历克斯。下一刻，我和丽贝卡同时屏住呼吸。

"欢迎来到我们车轮上的家。"亚历克斯说。

在我们面前是一辆巨大的白色房车。我从来没有坐过这样的车。

"哇！"我说。

两个小伙子走到我们跟前。这是乐队的其他成员。其中一个是高个子肌肉发达的小伙子，五官分明的面孔，染着一头金发，另一个比金发小伙子矮一点，黑色头发，有点喝醉了。

"那么，这是谁？"金发男子问道。

"认识一下，这是格洛丽娅和贝克丝。姑娘们，这是史蒂夫，"他指向金发男子，"和杰伊。"

"你的嘴巴又不是傻瓜，亚历克斯。"杰伊说。

"你们会喜欢我们这儿的，小不点们。"史蒂夫笑着说道。

我们沿着楼梯爬进房车里，里面的空间比我想象的还要大。这里有厨房、卧室、浴室和电视。总之，不错，如果没有"但是"的话。现在我真的开始感到不安。我和丽贝卡现在正和一群陌生人去陌生地方。但是，我仍旧别无选择。无论如何，这里比露宿街头好。

"怎么样，我们走吧？"杰伊问。

"当然。"亚历克斯说。

我和丽贝卡环顾四周，小伙子们像野兽盯着猎物一样看着我们。我抓住丽贝卡的手。

"格洛丽娅，我害怕。"她低声说道。

"我和你在一起，一切都会好的。"

MIND 心研社图书

为 心 灵 提 供 盔 甲 和 武 器

你不是猫，不会有多余的八条命，

所以好好活着吧。

你会发现，你有一万种方法，

为自己找到继续存在的理由。

她叫格洛丽娅·马克芬，

她还有 50 天的时间来决定是否继续活下去。

# 我选择活下去

下　〔俄〕斯泰西·克拉默　著
梁琼　译

北京联合出版公司
Beijing United Publishing Co.,Ltd.

**图书在版编目（CIP）数据**

我选择活下去：全两册 /（俄罗斯）斯泰西·克拉默著；
梁琼译 . ——北京：北京联合出版公司，2020.9
ISBN 978-7-5596-4314-8

Ⅰ . ①我… Ⅱ . ①斯… ②梁… Ⅲ . ①女性－成功心
理－通俗读物 Ⅳ . ① B848.4-49

中国版本图书馆 CIP 数据核字（2020）第 102838 号

@ by Stace Kramer, 2016
this edition is published by arrangement with AST Publishers Ltd.
The simplified Chinese translation rights arranged through Rightol Media
（本书中文简体版权经由锐拓传媒取得 Email:copyright@rightol.com）

**我选择活下去**

作　　者：（俄罗斯）斯泰西·克拉默
译　　者：梁　琼
出 品 人：赵红仕
图书策划：耿璟宗
责任编辑：高霁月
特约编辑：李光远
特约统筹：高继书
装帧设计：仙境设计

北京联合出版公司出版
（北京市西城区德外大街 83 号楼 9 层　100088）
北京联合天畅文化传播公司发行
北京美图印务有限公司印刷　新华书店经销
字数 558 千字　880 毫米 ×1230 毫米　1/32　20 印张
2020 年 9 月第 1 版　2020 年 9 月第 1 次印刷
ISBN 978-7-5596-4314-8
定价：78.00 元（全两册）

# 目　录

contents

# 第七章

## 我们反抗生活是因为我们从未感到幸福

认识到你实际上是一个强大的人，并且能够克服困难，是件多么令人愉快的事。

# 第30天

我看着他已经一个多小时了。看他闭合的眼睑、微张的嘴巴、放松的肩膀。他就像个婴儿，看上去如此无助，不想把目光从他身上移开。

我们的床似乎是一个小岛，这里只有我和查德。我用手抚摸着他的额头，然后是颧骨、嘴唇。他睁开眼睛，微笑。

"醒了很长时间了吗？"

"是的。"

"一直看着我？"

"是的，"我笑了。查德略微起身，抱住我，"查德，当然，你是个疯子……但我爱你。"

"我也爱你，我保证不再用信吓唬你了。"

我们再次微笑。

查德躺在床边，不停地看着我。

"希望这一天永远也不结束。"我说。

"格洛丽娅。"

"什么？"

"格洛丽娅！"

我抬起头，疑惑地看着查德。

"怎么了，查德？发生了什么事？"

"格洛丽娅！"查德抓住我的手，开始颤抖，我觉得很痛，我大叫一声。

"查德，你在干什么？"

他更加用力地握住我的双手。

"查德！"我尖叫着，猛地睁开眼睛。

一扇巨大的窗户。窗户后面时而可以看到湖泊，时而是丘陵，时而是荒漠。

"格洛丽娅，你怎么了？我总算把你叫醒了。"丽贝卡说。

我终于缓过神来。我们在房车上。每一秒，我们都离家越来越远了。

"我们在哪儿？"我问。

"我不知道。我怕出去见到他们。"

"我的天哪！我是怎么搞的？"我低声说。

也就是说，从查德开始的美丽早晨只是一个梦？我起了一身的鸡皮疙瘩。对未知的恐惧正困扰着我。我们要去哪儿？我们为什么要去？我们身上会发生什么事？

我们在房车的一个小房间里。我打开门，去厨房。丽贝卡跟着我。金发男人史蒂夫正坐在桌边，手里拿着像汉堡包一样的东西。

"你们睡醒了，小不点。"他说。

"亚历克斯在哪儿？"我问。

"在开车。"

我们去驾驶室。亚历克斯和杰伊坐在不同的座位上，他们两人的手中都拿着烟，杰伊手里还拿着一把吉他。

"早上好，女士们。"亚历克斯说。

"我们要去哪儿？"

"我说过了，一个很酷的地方。"

"我们想回布里瓦德去。"

亚历克斯和杰伊听到我的话，开始疯狂地哈哈大笑起来。

"对不起，小姐，但是布里瓦德已经离我们两百英里远了。"杰伊说。

我浑身充满了愤怒。为什么我们需要这些亡命之徒？如果他们想要强奸我们，他们昨天为什么不立刻就这样做呢？相反，他们还分给我们食物和房间。他们甚至没有碰我们一个手指头。

"停车。"我说。他无视我的话，这让我更生气了。"停车！"我扑向方向盘，并开始把它朝不同的方向转动。

"你干什么，你这个白痴！"

"格洛丽娅！"丽贝卡喊道，但我也没想过松开方向盘。

"怎么，脱线了吗？"杰伊抱住我的腰，把我从亚历克斯身边拖走。

"停下这该死的车！"我大喊大叫，然后再次紧紧地抓住方向盘，迫使亚历克斯踩下刹车，但他猛地转弯，然后下一秒我们巨大的房车撞到了一根木制电线杆上。我们四个人的头都撞在挡风玻璃上。

"我的天啊！"杰伊说。

"我们停下了……"亚历克斯说。

披头散发的史蒂夫跑进驾驶舱。

"喂，出了什么事？"他问道。

"向那个蓝头发说谢谢。"亚历克斯说。

小伙子们走下房车，开始评估事故造成的损失。

我到现在都没回过神来。

"格洛丽娅……我们差点被你害死！"丽贝卡说。

"对不起，我犯了一个我生命中最可怕的错误。"

"……我们需要离开这里。"

"你有什么建议？"

"你问我？我们在这里都是因为你，你忘了吗？"

"……没有。"

我们下楼梯，走到外面。当史蒂夫看到我时，他猛地抓住我的肩膀。

"你真病得不轻吧？"他喊道。

"我好好跟他说，但他不听我的话！"

"怎么办，我们引擎坏了，为了它，我们又得忙活一阵，这样我们就迟到了。"亚历克斯说。

"去哪儿要迟到了？"我问。

"杰伊，去拿工具。史蒂夫，帮我。"亚历克斯继续说道。

"喂，你们能听到我说话吗？"我大喊大叫。

每个人都散开去干自己的事。小伙子们开始修理房车，丽贝卡冷漠地站在一边旁观。

"贝克丝……"

"别烦我。"

"贝克丝，我没想到会这样。我只是想去俱乐部，就这样。"我靠近她。我自己也无法想象，我们会陷入这样的境地。

"我们现在该怎么办？鬼知道他们会带我们去哪儿……如果他们要把我们卖到色情场所怎么办？"丽贝卡含着眼泪说。

"别哭，我们要不动声色。我想我有个主意。"

"什么主意？"

我抓住她的手，静静地向前走。

"我们去哪儿？"

"嘘……"

每走一步，我们就慢慢地离房车越远。我加快步伐，转过身，好像已经走得相当远了。

"贝克丝，快跑。"我说。

我不知道已经过了多久，但我们没有停下来，继续逃离这帮音乐人。我不觉得累，我身上充满前所未有的能量。我也不知道要跑去哪里，只要能尽快找到一辆车并乘车远离这个地方。

"停！我跑不动了。"丽贝卡气喘吁吁。

"来吧！再多跑一段。"

"不……"她摔倒在炽热的柏油马路上，上气不接下气。

我走到她身边。

"算了，我们休息一下吧。"

我坐在她旁边，安静得只听得到我们的呼吸声。我环顾四周，没有任何人，没有任何汽车的声音。绝对是个荒无人烟的地方。

我听到丽贝卡开始哭泣了。

"我可以想象现在妈妈的感受。"她说。

"贝克丝，冷静一下。"

"我不能冷静！我们不知道在哪里，我们不知道会发生什么事！"

"……贝克丝，我离家出走了。警察在找我。我想藏在某个地方，因此我和这帮音乐人一起走了。"

丽贝卡沉默了很长时间，接着说：

"你知道吗？我们只认识了几天，但我已经明白你是个什么样的人了。"

"那我是什么样的人？"

"你是个利己主义者。你不在意别人的看法，你希望每个人都按照你的方式行事。也许这就是你和捷泽尔交好的原因，因为你们在这方面是如此相似。"

"我和她不相似。"

"怎么不相似……是的，你感觉很糟糕；是的，你现在有烦恼；但是你难道没想过有人的情况可能比你更糟吗？你从未失去亲人，你不知道真正的痛苦是什么。而我知道。我看到我的爸爸和弟弟被埋葬在地下，我看到我的母亲差点跟着他们跳进坟墓。这个世界上的每个人都有烦恼，格洛丽娅，你永远别和自己过不去。"

听到这些话，我呆住了。我看着丽贝卡，最后说了句可怜兮兮的话：

"你是对的……"

然后我又沉默了。丽贝卡也沉默。

我真的很自私。我和捷泽尔一样。这就是为什么马特抛弃了我，因为他认为我与众不同，而我只是捷泽尔的绝对副本。

当你终于明白你的生活是多么狗屎，你自己是多么狗屎时，你能做的就是说服自己并决定自杀。这就是我的情况。

我们的沉默被汽车的噪音打断了。

"你听到了吗？"我说。

"有车来了！我们得救了！"

我们站起来，环顾四周，顿时就开始魂不守舍，因为下一秒我们看到那辆房车向我们驶来。

我们和丽贝卡站在一起，我们想再次逃跑，但我们明白无处可逃。

房车停了下来，亚历克斯从里面走出来。

"怎么样，溜达好了？"

"我们想回家。"我说。

"我们'不想'。"

"好吧……那你们走吧，我们会留在这儿等顺风车。"

"等着吧，只是告知你们一下，女士们，这条公路甚至在地图上都没有。它早已关闭，而且那些像我们一样的隐士，两年能经过这里一次。距离最近的居民点有300英里。如果你们愿意，可以步行，这很有益处。"

亚历克斯再次爬进房车里。丽贝卡在我身边站了几分钟，然后跟着亚历克斯上车了。

"贝克丝……"

"我们仍然没有其他选择。"


亲爱的日记！

我不知道我在哪儿，也不知道如何离开这里。他们三人是谁？史蒂夫、亚历克斯和杰伊。他们并不像强奸犯，但他们把我们强行留在了这里，没有解释原因。

我是个大傻瓜，居然同意和他们一起走，并且把贝克丝牵扯了进来。我感觉到她讨厌我。

我总是常常想起查德，想起那些他写的信，想起自己的怪脾气。如果我平静地听他说，没有逃跑，一切就都能好起来。

唯一让我开心的是，我没有看到或听到我爸爸的消息。他去警察局申报我失踪，让我觉得很搞笑。假装担心我，哈哈。

　　还有个悬而未决的问题——我和贝克丝该怎么办？而且由于这种不确定性，我变得加倍恐惧起来。

还剩20天

***

　　又过了几个小时。天很快就要黑了，这里还是没有居民点的影子。房车突然停了下来。丽贝卡坐在床上，看也没看我一眼。这期间我们只是看着窗外，沉默不语。

　　"贝克丝，你这样是不跟我说话了吗？"

　　"我不知道该说些什么。我什么都不知道了。"

　　"听着，我有个计划。"

　　"如果我没有记错的话，你的一个计划刚刚成功地落空了。"

　　"这次会一切顺利。当我们到达那个地方时，我们就逃跑。我们找到警察局。我的名字已经在搜索名单里，你的母亲一定也开始找你了。他们会带我们回家，贝克丝。"

　　丽贝卡脸上露出一丝笑容。我感觉轻松不少。

　　门开了，亚历克斯走了进来。

　　"女士们，请到桌子边来。"他说。

　　我们走进厨房。小桌子的中央摆放着一个鸡肉烤盘。杰伊和史蒂夫已经就座了，我们也加入他们。伙计们开始吃东西，而我和丽贝卡一个手指头也没动。我们的内心都有一种莫名其妙的感觉。不知是我们害怕，还是我们只是讨厌待在这里。

　　"你们不喜欢鸡肉吗？"亚历克斯问道。所有人都盯着我们看。我决定掰下一小块肥鸡肉，丽贝卡跟着我。"那好，我想，现在是时候介绍一下你们自己了。谁第一个？"

我和丽贝卡彼此对看一眼。

"你们先介绍，我们再介绍。"我说。

"我们只是音乐人。"

"为什么你们需要我们？"丽贝卡问。

"你们回答我的问题之后，我才会回答这个问题。"

我嚼完了一块鸡肉。

"我是格洛丽娅。我离家出走了，因为我的爸爸狠狠地揍了我一顿，我差点失去意识。而且我也被学校开除了，因为我在整个大厅里挂满了我之前最好的朋友的母亲的裸照。暂时就这么多。"

伙计们看看丽贝卡。

"我是丽贝卡，我不久前搬到了布里瓦德，认识了格洛丽娅。我恨我的母亲，我爱我的爸爸，不幸的是，他已经被长埋在地下。我说完了。"

"现在轮到我了。我把你们带走，因为我觉得你们和我们一样——隐士，脱离集体的人，想尽可能远离自己烦恼的人。可以认为，我实现了你们的梦想。"

沉默片刻。史蒂夫和杰伊继续盯着我们看。显然，他们没想到会知道我们到底是什么样的人，以及他们自己是如何想象的。

\*\*\*

晚上九点，我们来到一个陌生的地方。这里相当暗，两盏灯照亮了整座小楼，能听到里面传来的强劲的摇滚乐声。

"这个地方是什么？"丽贝卡问。

"我们要在这里与人会面。你们暂时可以好好玩玩，顺便说一句，这里有一种非常好的啤酒，我建议你们试试。"亚历克斯说。

丽贝卡抓住我的手。

"格洛丽娅，我希望你没有忘记我们的计划？"

"还有什么计划？"

"怎么，你全忘了？我们打算逃跑。"丽贝卡低声说道。

"当然，我记得！只是贝克丝，稍微晚点，我想跳舞。"

"喂，你们来吗？"我们听到远处传来的声音。

"来了——来了。"我说。

我跑到杰伊身边，抓住他的手，我们一起进入俱乐部。

音乐声震耳欲聋，我的腿立刻跟着节拍跳动起来。我浑身充满能量，我想把它们释放出来。

"这是你说的很酷的地方吗？"

"正是，你会喜欢这里的。"

\*\*\*

我渐渐忘了我是谁、我在哪儿、会发生什么事。我只想在俱乐部不太真实的嘈杂音乐声中跳舞。我和另一个自己一起笑，同时把鸡尾酒倒进嘴里，不停地跳舞。

我很好，我真的很好。我闭上眼睛，不去关注聚集在这里数以百计的人。我想飘散在空中，在这里，现在。我的身体好像在海浪中颠簸起伏。我举起双手，继续闭着眼睛随意动作。

我想起自己曾经的生活是多么糟糕，爸爸打我，马特抛弃我，捷泽尔和我断绝关系，尼克·休斯敦差点强奸我，因为他，我割腕自杀，我看到因药丸中毒没有呼吸的母亲。我想起我的母亲参加邪教，在我眼前割伤自己的手。这一切都在我的脑海中滚动，我开始疯狂地笑起来。大声，更大声，再大声一点。笑着笑着，眼泪突然就落了下来。

有人抓住我的手。眼里的一切都渐渐模糊起来，但我认出来是丽贝卡的轮廓。

"格洛丽娅，我们已经在这里待了将近两个小时，是时候离开了！"

"为什么要离开？这里真好……"我说。

"我的天哪！你的瞳孔怎么了？"

"喂，别多管闲事，去喝啤酒，别缠着我啦。"

\*\*\*

灯光。如此多的灯光。我睁开眼睛，只看到这些灯光。我开始觉得轻飘飘的，脑海里浮现出一些童年的片段。我和父母在海滩散步，那时一切都还很好。至少我是这么认为的。我喜欢做一个小女孩，因为父母总是在我面前假装他们很幸福，我们是世界上最好的家庭。我们沿着海滩散步，爸爸牵着我的一只手，妈妈牵着我的另一只手，我赤脚走在晒热的石头上，听爸妈聊着他们的工作日。这可能是童年时代最好的记忆。而现在我又回忆起我生命中的旧时光，大笑起来，边笑边哭。

我奔跑着，前方我只看到眩光，但我继续向未知的地方跑去。

一阵冷空气扑面而来。我环顾四周，看来我在外面了。我跑啊跑啊，突然我撞到了一个人。

"喂，你怎么回事？"一个男声问道。

我抬起头，发现查德站在我面前！

"……你在这儿？"

"我应该在哪儿？"

"我的天哪！我真高兴你在这里！"我拥抱查德，"我……我有事要告诉你。"

"格洛丽娅，不是现在，我得走了。"

"请等一下，原谅我逃跑了……我爱你。"

"一切都很清楚，你被活捉了。"

"查德，听我说！"

"查德是谁？我是亚历克斯。"

我的意识开始慢慢清醒过来，我揉揉眼睛，看到我正在和亚历克斯说话。

"什么……"我说，"我怎么了？"

亚历克斯盯着我，他的眼中露出不安的神情。

"格洛丽娅。"不知从哪里传来一个男人的声音。

"把我从这里拉出去！"

我睁开眼睛。白色的房间，我甚至想称它为白色空间，没有窗户、门和天花板。我环顾四周，白色开始灼伤我的眼睛。

"格洛丽娅。"我听到一个女人的声音。在一片白色中，我认出熟悉的脸庞。

"妈妈？"

"你还好吗？"她问道。

"……不，我有点不对劲。"

妈妈开始用力地打我耳光，我尖叫，但她听不到我的声音。

"妈妈，你在干什么？"

妈妈继续打我耳光，我觉得鼻子里流血了。我的脸颊因为无数次的耳光变得火辣辣的，但妈妈并没有停止。我疼得大喊大叫，喘不上气来。

\*\*\*

我躺在柏油马路上。我勉强睁开眼睛。起初，一切都模糊不清，随后都变得清晰起来。亚历克斯、杰伊、史蒂夫和丽贝卡都站在我身边。

我勉强呼吸着，每一次微弱的吸气都伴随着肌肉莫名的疼痛。我转过头，看到我的手上和衣服上都被吐脏了。

"似乎她已经清醒了。"亚历克斯问道。

亚历克斯和史蒂夫离开了。

"喂，她需要看医生。她勉强还活着。"丽贝卡说。

"她什么也不需要。最可怕的都已经过去了。"杰伊说。

"你听着！你差点杀了我的朋友！"

"首先，你可以随意喊叫，这里没有医院，没有警察，也没有一个清醒的人。这对她来说是一个教训。"

杰伊离开了。

"格洛丽娅，你怎么样？"

我鼓足力气想动弹一下，丽贝卡帮助我起身，我再次呕吐，吐了很多东西出来。我觉得每一刻都有力量从我的身体中抽离。

我试图向前迈一步，但我的脑子里仍然有一些嗡嗡声，协调性完全被破坏了。

"怎么，这就是你有活力的生活吗？在我看来，这太狗屎了。"

我站着，闭上眼睛，试着让身体服从我。我大声笑起来，声嘶力竭。我歇斯底里的笑声伴随着泪水和哭泣声。我笑着。柏油马路上有一片水洼，我看向它，看到了自己的倒影，倒影中的自己是如此凄惨，毫无价值和令人厌恶。我又开始新一轮的歇斯底里。

亚历克斯走到我身边并审视着我：

"你怎么样？"

"似乎有人在钻我的脑袋。"

"这很正常，很快就会过去，你差点死翘翘。算了，我们走吧。我们在这里无事可干。"

"那我们现在要去哪儿？"丽贝卡问。

"听着，难道到现在你还不明白，我们不会告诉你们我们的计划吗？必须接受这个，我们就这样。"史蒂夫说。

丽贝卡抓住我的手，我和她一起跟在这帮家伙后面。再次离开，去未知的地方。


# 第31天


我处于这样的状态，好像卡车碾轧了我大概十次。似乎我所有的骨头都折断了，我不知道该如何解释这种无法忍受的疼痛。我睁开眼睛，丽贝卡就躺在身边，她睡得很沉，我不想叫醒她。房车停在原来的位置，并且也没听到门外有任何声音。我起身，跑进浴室，昨日"狂欢"的最后残余物被我吐了出来。我洗了个冷水澡，洗掉污垢，洗掉呕吐物。我的皮肤黏糊糊的，我讨厌这样的自己。

\*\*\*

我走到外面，看见亚历克斯在不远处。他站在那边，看着朝霞，手里拿着一支烟。我走向他。

"几点了？"我问。

"早上五点半。我喜欢在这个时候醒来。"

"我们现在在哪儿？"

"这有关系吗？"亚历克斯转过身来问我，"谁是查德？"

"不重要。他来自我过去的生活。"

"也许他是唯一让你幸福的人，因为你把我错认成他后是如此高兴。"

我笑了。"是的，对我来说，他太珍贵了。"

"你做得对，试着忘记这一切吧。只有这样，你才能开始新的生活。"亚历克斯转身朝房车走去。我决定继续欣赏朝霞。


亲爱的日记！

我昨天差点死了，但没死。这个想法让我难受。我有这样的机会，但亚历克斯救了我。我从桥上跳下去，本来可以淹死，但是查德拯救了我。大家似乎预感到我想死，并且现在似乎要保护我。

又不知道我们要去哪儿了。这次我真的不在乎我们要去哪以及为什么要去。我有什么理由担心自己的生命？我真的不珍视它。唯一令我心慌意乱的是丽贝卡，我担心她。如果我们跟这帮搞音乐的一起度过我生命中剩下的 19 天，然后呢？我死了，只剩下贝克丝和他们在一起？……我白白地将她卷进了这一切。我再次确信，我是个傻瓜。

又过了几个小时。从昨天开始丽贝卡就不跟我说话了。如果我是她，我也不会跟自己说话。我坏透了，我讨厌自己，因此我目前的唯一目标是尽快弄死自己。

房车停了下来。我走出房间。

"发生什么事了？我们为什么要停下？"我问。

"需要买些食物，希望在这个棚子里能找到些东西。"亚历克斯回答了我的问题。

我看向窗外，离房车几米外的地方有一家小商店。生锈的铁皮制成的屋顶，一半的窗户都用木板钉紧了。好吧，就这么个小地方。

"我和你一起去，我想溜达一下。"

"好的。追上我。"

我走出房间。

"贝克丝，你跟我们一起去吗？"

"不，我不想去。"

\*\*\*

尽管外面烈日炎炎，还是感觉很凉爽。一阵强风吹过，尘土飞扬到脸上，眼里不太舒服的感觉。我们走进商店。这里有股令人恶心的味道，但我们别无选择。

"我们要拿些什么？"我问。

"水和一些开胃的食物。"

亚历克斯和我分道行事。我环顾四周，拿起购物筐，把水果放了进去，其中一半已经腐烂了，但还有一部分可以食用。我又拿了几包意大利面、米、鸡蛋、牛奶和瓶装水。我和亚历克斯在柜台会合。

"真是太可怕了！这里都是恐龙时代的食物。谁会来这里？"我说。

"和我们一样的人。在路上得满足于能得到的东西。"

店主是一个大约50岁的亚洲人，他久久都没有注意到我们，最后他发现了我们并开始检查食物。

柜台上放着一台古老的收音机，播放的音乐把我搞疯了。然后音乐突然结束了。

"我们打断一下，插播一条紧急寻人启事：有个女孩失踪了！年龄：16岁，特殊特征：浅蓝色头发，身穿灰色卫衣和牛仔裤，额头上有擦伤。如果您有这个女孩的消息，请联系警方，必有重谢！"再次开始播放音乐，我的内心一阵抽搐。店主盯着我看，然后他的手移到电话的位置。我看着亚历克斯，他也看着我。下一瞬间，亚历克斯抓住了店主的头，用力地撞在桌子上。

"亚历克斯！"我害怕地尖叫起来。

但是他没有在意我的尖叫声，继续痛殴着店主。我对所看到的一切感到非常震惊，转向门口，我发现有视频监控摄像头，亚历克斯也发现了。

"快跑！"他说。

我们拿起食物跑出商店。史蒂夫和杰伊站在外面，看到我们奔跑，脸上一片慌乱。

"史蒂夫、杰伊，离开这里。"亚历克斯说。

我们跑进房车里。我喘不过气来。丽贝卡走出房间。

"你杀了他？"

"并没有，他很快就会醒过来。"

"如果没醒呢？"

"格洛丽娅，他想给警察打电话，你会再次和你爸爸在一起。你想这样吗？"

我保持沉默。亚历克斯和伙伴们去了驾驶室。

"你还好吗？"丽贝卡问。

"是的，似乎是的。"

"来吧，我要告诉你一些事情。"

我们走进房间。

"当你们离开后，我打开电视，电视里正在播新闻，我把这个视频拍了下来。"

丽贝卡递给我已经点开视频的手机。

"今天上午，知名罪犯阿尔伯特·沙恩，黑社会中称为沙恩王的尸体被发现。"

我不寒而栗。

"亚历克斯、史蒂夫和杰伊昨天跟沙恩王见过面。"

"这么说，这不仅仅是一次会面。"

"你认为他们杀了他？"

"惊呆了……"我说。

"现在你终于明白他们不仅仅是音乐人了吧？"

"我们该怎么办？"

"跑！如果不是你，昨天我们就成功了。"

"是的，现在我们真的不能留在这里。"

"否则这个旅程将不会有好结果。"

天黑了。丽贝卡仔细思考着我们的逃跑计划，而所谓的过去生活的片段再次浮现在我脑海中。我想起尼克，他绑架了我和马特，在这样的情况下，我和马特走得更近了。我想起我们第一次接吻的时候，想起捷泽尔光天化日下痛打我的时候，那一天，我和查德·马克库佩尔在一起，失去了童贞。如此不想回到布里瓦德，虽然半个我因为查德的吸引想回去，而另外半个我却反对，因为我非常清楚，与爸爸和南希的家庭争吵将再次开始，我又会见到注射镇静剂的母亲。一切都会回到熟悉的轨道上，我剩下的 19 天生活将在无聊和平凡中度过。

我们到达了目的地，一个小镇。几栋房子，几辆车，一家商店和一家药房。路上很热闹，让人高兴。我们五个人走下房车。丽贝卡看着我微笑。

"哦，该死的，我忘了拿钱包，你们先走，我们会追上你们。"她说。

"我们俱乐部会合。"亚历克斯说。

伙计们渐渐离我们远去。

"怎么样，你准备好了吗？"

"……我不能。"

"什么？'我不能'是什么意思？"丽贝卡问。

"也许亚历克斯是对的，我真的需要开始新的生活。"

"格洛丽娅，你怎么回事？你忘记他们是杀人犯了吗？"

"没有……但他们在一起比和我爸爸在一起更好。"

"那我呢？"

"贝克丝，你必须在没有我的情况下逃跑。我会分散他们的注意力，你拦一辆车，尽可能远离这里。"

"我不会把你扔在这里！"

"对我来说一切都会好的，我希望你也一切都好。想想你的母亲，毕竟只有她一个人在那里。"

"你妈妈也是。"

"我的妈妈至少还有医生照顾她，他们会帮助她。贝克丝，你还没有失去一切，离开这里，把它当成一个噩梦忘掉。"

丽贝卡开始哭泣，我也是。她紧紧地拥抱我。真希望这些拥抱别结束，要知道以后我和她再也不会见面了。

她久久地看着我，然后默默地离开。

我背靠在房车上。泪水落满脸颊。格洛丽娅，冷静一下。现在，如果一切顺利，丽贝卡将过上正常的生活。正常——也就是说，没有我的生活。只需要为此高兴。去俱乐部吧，以免那帮音乐人起疑。

\*\*\*

这里有很多人，他们已经烂醉如泥。房间更像是酒吧，而不是俱乐部。在一个小 T 型台上，一支当地的乐队正在演出。在场的人都在喝啤酒、龙舌兰和威士忌。我开始用眼睛搜寻那帮音乐人中某人的身影。在人群中，我看到史蒂夫在接吻，同时非礼着某个轻佻女孩的胸部。

"史蒂夫！"我大声喊道。

"哦，你朋友去哪儿了？"

"她……很快就来。你知道亚历克斯在哪儿吗？"

"他现在很忙。"史蒂夫一边说，一边继续亲吻那个女孩。

那好吧，格洛丽娅，现在你真的是一个人了。这种想法让我更加害怕。我从酒保那儿买了一大杯啤酒，用捷泽尔的信用卡付款。我的两边坐着一些男人，酒气熏天，令人生厌。我喝完啤酒，开始找洗手间。

太好了，这里一个人也没有。我照照镜子，我的脸像我的头发一样蓝，可能我的身体还没有完全从昨天的情形中缓过来。嘈杂的音乐让我的头疼得像要裂开似的。我打开水龙头，把脸浸入水中。有人再次走进洗手间，这次是一个女孩。她检查了一下洗手间，从她脸上的表情可以看出，她希望没有人在这里看到她。我没敢打开厕所单间的门。女孩把手放在便池后面，从那里拿出两沓纸票。

"在这里。"她对某人说道，想必是站在女洗手间门外的人。

"拿着。"一个男声说道。我看到这个男人的手里拿着一大包白粉，像面粉一样。

"喂，剩下的在哪儿？"女孩问。

陌生男人离她更近了，现在我终于能看清他的脸了。

"宝贝，价格已经变了。所以对不起啦。"亚历克斯说。

\*\*\*

我再次坐在吧台前，到目前为止，我都对我所看到的感到不安。原来这就是他们从事的事情——卖毒品，所以我们要去一些莫名其妙的地方找买家。

不，我不想再待在这里了，这帮家伙不好惹。丽贝卡是对的，必须在一开始就逃跑，因为没有好结局。

我朝出口走去，突然有人抓住了我的手。

"你要去哪儿？"亚历克斯问道。

"放开！"

"怎么，贝克丝逃跑了吗？"

我的额头上直冒冷汗。

"你怎么知道？"

"因为我想起来她没有带包。"

"是的，她逃跑了，我也想逃跑。我知道你们是什么人，做了什么事。"

"我们是什么人？"

"你们是毒贩，还会杀人。"

"好吧，好极了。你猜到了我们的秘密。现在你要离开吗？"

"是的。你说得对，我需要新的生活，但不是这样的生活。"

"好吧，那我祝你好运。"

"你放我走吗？"

"我又没有强迫你留下。格洛丽娅，我没想对你和丽贝卡做任何坏事。请注意，我甚至一个手指头都没有碰你们两个人。我们生活的世界非常残酷。我们只是普通的音乐人，我们杀人只为了在极端情况下自保。所以，如果你想离开就离开吧，只是小心一点，独自应对这一切是非常困难的。"

亚历克斯的话深深触动了我的内心。也许，这真的没什么可怕的？至少在我的生命中已经有更糟糕的人出现过。我一个人要怎么办？跟音乐人在一起，至少我觉得自己是被保护的，我甚至开始慢慢习惯他们了。此外，警方极有可能找到我，并送我回到爸爸身边。哦，不，我不想这样。

我又点了一大杯啤酒。酒精没有让我喝醉，这惹恼了我。我看着亚历克斯，他和杰伊一起喝着龙舌兰。我看着史蒂夫，他激情四射地从男洗手间出来，喘着粗气。我发现某人的手放到了我的膝盖上。我转过身，看到有个卑鄙的醉汉在我身边乱蹭。

"把你的手从我身上拿开！"我愤怒地说。

但是他醉得太厉害，以至于什么都不知道了，还继续摸我。

"离我远点！"我尖叫起来。

我的喊声只是让他更加兴奋，他开始再次摸我。

我把所有的愤怒都集中在脚和拳头上，用尽全力踢了他的腹股沟。他缩成一团，失去平衡，跌倒。我浑身充满了愤怒，我再次想起我的爸爸是如何打我的，我把这个卑鄙的人想象成我的爸爸。我坐在他身上，开始用拳头愤怒地、狠狠地揍他的脸。他没有反抗，但我还在揍他，同时想象自己正在殴打我的爸爸，报复他对我、我的母亲和我们全家所做的一切。我的拳头上沾染了这个亡命徒的血，似乎他已经昏迷不醒。我起身来，呼吸沉重，然后环顾四周，最终我发现，不再播放音乐，也没有人再跳舞，所有人都只看着我，以及那个亡命徒破碎的鼻子。突然，亚历克斯抓住我的手，我们跑出俱乐部，史蒂夫和杰伊也跟着我们跑出来。

"发生了什么事？"我问。

"你踢碎了最大帮派之一的头目的蛋蛋。"

我们全力飞奔着，我回头一看，七个魁梧的男人正拿着手枪追我们。我充满了恐惧，绊了一跤，摔倒在柏油马路上。

"快点！"亚历克斯喊道。

我站起来，跟他身后跑，史蒂夫和杰伊超过了我们。亚历克斯向后看，意识到这七个人现在已经赶上我们。我们在一栋楼的拐角处转弯，但那里是条死胡同。

"该死的！"亚历克斯说。

六个匪徒从我们身边跑过，只有一个看着我们的方向并停了下来。我听到他给手枪上膛的声音。我的心疯狂地怦怦直跳，我想用自杀来结束自己的生命，而不是被某个浑蛋枪杀。

他瞄准了我们。

亚历克斯看着我，我看着他，这一刻，我们听到匪徒背后传来一个声音。

"放下枪！"

转过身，我看到他变成了丽贝卡的瞄准目标。

"如果你不放下枪，我就开枪了！"

我旁边有一小块鹅卵石，我悄悄地把它拿在手里，蹑手蹑脚地靠近歹徒。他扣下扳机，枪声响起，丽贝卡及时卧倒在柏油马路上，子弹从她身边飞过。我挥动石头并击中了匪徒的头部，他摔倒在地。我的恐惧与我们得救的快乐混合在一起，我帮助丽贝卡站起来并拥抱她。房车以疯狂的速度靠近我们。

"快点上来。"杰伊说。

我们跳上房车，然后动身了。

"你为什么不离开？"我问丽贝卡。

"我再说一次，我不会留下你和这些杀手在一起。"

"也许，你可以告诉我，你是怎么找到我们的枪的？"亚历克斯问道。

"也许，你可以告诉我们，你到底是谁？"

"贝克丝，我知道一切。"我说。

"我也知道一切，你们是杀人犯！"

"我们只是为了自卫，就像现在。这样的人应该受到惩罚。你们知道沙恩王强奸并杀死了自己的亲生女儿，还因为毒品卖了自己的儿子吗？就算我们在地狱中燃烧，但这些浑蛋将与我们同在！"

\*\*\*

森林里很黑，但是由于燃起了篝火，这里又变得非常明亮和温暖。我们来这里休息一下，远离几小时前发生的一切。我们独自在森林里，没有人打扰我们，只有在这里才能深呼吸。

杰伊坐在篝火旁弹吉他，旁边坐着亚历克斯和史蒂夫。我和丽贝卡坐在离他们远一点的位置，欣赏夜空。我的手中拿着一支烟，我开始喜欢它了。

"我不明白你怎么能吸入这些讨厌的东西。"丽贝卡说。

"我们度过了一个艰难的夜晚，需要放松一下。"

"难道一支糟透了的香烟会让你忘记一个被杀的人？"

"他想杀了我们，亚历克斯做得对。"

"老实告诉我，你爱上他了吗？"

"这是哪儿跟哪儿？"

"因为只有恋爱中的人或疯子才会为凶手开脱。"

史蒂夫走近我们，递给我们一罐鸡尾酒。

"接着，小不点。"

"谢谢，"我说，"你看，他们并没有那么坏。"

丽贝卡嗤之以鼻作为回应。我和她一起喝了一口鸡尾酒。

"亚历克斯，你过来一下。"我说。

"怎么了？"

主唱坐在我旁边。

"警察现在会找我们吗？"

"我不这样认为。那些帮派中的人自己会把他的尸体藏起来，没有人会知道任何事。"我松了一口气。"顺便说一句，贝克丝，谢谢你，你救了我们的命。"

"去你的，"丽贝卡起身，"我去睡觉了。"

我笑了，亚历克斯也笑了。

"我没看错你，你踢那个头目的时候真是太酷了。"

"希望他很快好起来。"

"你想加入我们的事吗？"

"……我不知道。你确定我的新生活应该是这样的吗？"

"当然。你可以通过疯狂的行为来忘记你过去的生活。"

"亚历克斯，我的生活中已经有如此多疯狂的行为，它们数不胜数。"

"例如？"

"……有一次我和我的好朋友以及她的男朋友一起去参加生日派对，然而，那个过生日的男孩想强奸我，我用玻璃杯打了他的头，让他血流不止。"

"好吧，还不错……"

"我亲自把我的母亲送到了精神病医院，虽然，可能，这是正确的，也许，她会康复。我悄悄地和我最好的朋友的男朋友约会，然后她知道后开始报复我。然而就在不久前，我离开了一个给我一些幸福日子的人，因此我现在和你一起坐在这里，告诉你所有这些非常'有趣'的故事。"

"好吧……如果我是一个女孩，如果我是你的话，我早就自杀了。"此刻我真的想笑，也想说"我正好打算19天后这样做"，"但是你遇到了我们，你的生活会发生巨大的变化，我保证。现在我们一起对抗整个世界——这太酷了。"

## 第32天

清晨，脚下是湿润的土地，森林还没有醒来。我礼貌地离开了我们的营地。我慢慢地向前走，享受宁静，在这里我心平气和，我从未有过这样的经历。早晨的世界是多么美妙啊！我环顾四周，记住这片森林的每一个细微之处。我永远不会再来这里了。我们将再次离开，去一个未知的方向。

当我费力地爬上一个小斜坡时，我的心跳加快。我终于达到了目的地，同时在我眼前呈现出一派美丽的景色。我站在悬崖上，下面的河水哗哗作响，碧绿的湖水倒映着沿岸巨大的树冠。我屏住了呼吸。

"真的，漂亮吧？"

我旁边站着查德。他看着美丽的风景，与此同时，我恐惧地看着他。他为什么要出现在我面前？我怎么了？难道我真的疯了……

查德看着我。

"我一直在你身边。"

我觉得很温暖，就好像我再次来到查德家一样，我们吃了他烤焦的蛋糕，整个世界对我们来说似乎遥不可及。

"格洛丽娅，"出乎意料，我猛地转过身来，"你怎么走了这么远？"丽贝卡问道。

我发现查德已经消失了，心里再次觉得空荡荡的。

"想溜达一下。"

"亚历克斯正在找你。"丽贝卡爬上来找我。

"亚历克斯？"

"是的，我觉得这位音乐人迷上你了。"

我笑了起来。

"贝克丝，你说什么胡话呢？"

"我很认真。当然，他很奇怪，但也很可爱。"

我脸上的笑容很快就消失了。

"他们在那儿。"我听到杰伊靠近的声音。

三位音乐人都靠近我们，然后往下看，我发现他们的脸上洋溢着孩子般的喜悦。

"哇！惊呆了！"史蒂夫说。

亚历克斯站在我旁边，抽完他的烟。

"那么，谁第一个？"他问道。

杰伊打破了整体的沉默。

"好吧，让我来。"

他开始脱衣服。

"怎么，你打算跳下去吗？"丽贝卡问。

"不，我只是决定给你们跳个脱衣舞。"

我们都笑了，除了丽贝卡。

"疯子……"她咕哝道。

杰伊走了几米远，跑起来，跳了下去。悬崖差不多有五层楼那么高。我们听到杰伊"啪"的入水声，水花四溅，随后一切都停止了。我们惊恐地低头看，此刻我们每个人的脑海中都在想："他怎么样，淹死了吗？"当杰伊满足地浮出水面时，这种想法顿时烟消云散。

"水太棒了！跳下来！"

我们都松了一口气。

"走开！"史蒂夫已经脱掉衣服，他跑了几步，跟着杰伊跳了下去。

"女士们，下一个是谁？"亚历克斯问。

我往下看，毛骨悚然。

"不，这不适合我。"我说。

"也不适合我。"丽贝卡随声附和道。

"怎么，你们害怕了？"

事实上，我怕什么呢？无论如何，如果我从悬崖上跳下去，撞击水面，这并不那么可怕。试想一下，没准只是把自杀的既定时间提前了，事情不会变得更糟糕。

"去死吧。"我说，然后开始脱掉T恤和牛仔裤。

"格洛丽娅，你敢把我一个人留在这里！"

"跟我们一起？"

"不……千万不要。"

"你怎么这么害怕？"亚历克斯问道。

"我恐高，我怕那里有各种各样的鱼，万一那里有鳄鱼或鹅卵石怎么办？我的头会摔碎，或者脊椎会折断。"

"贝克丝，你真是个事儿妈。"我说。

"我不是事儿妈，我只是担心我的生命，不像有些人。"

"那么走近一点，看我们是如何跳下去的。"亚历克斯建议说。

丽贝卡慢慢地走近悬崖边，我听到她喘着粗气，然后我注意到亚历克斯奇怪的表情，好像他在打什么鬼主意。

"跳吧，自杀的浑蛋。"丽贝卡的声音有些抖。

突然，亚历克斯推了丽贝卡一下，她撕心裂肺地叫喊着，从悬崖上掉了下去。那一刻，我想象着她正在经历的恐怖。

丽贝卡浮出水面，几分钟后缓过神来。

"浑蛋！你是个浑蛋，明白吗？"她大喊大叫。

我笑了起来。

"她现在比食人鱼还可怕。"

"你准备好了吗？"亚历克斯问道。

我给自己几秒钟的时间喘一口气。

"是的。"

亚历克斯握住我的手，几秒钟后，我们抬起脚，一起跳了下去。

我的身体仿佛被困在数千个水泡中。如果不动的话，我估计会沉到河底。这里的水如此冰冷，我觉得我的肌肉渐渐都冻僵了。我缓过神来，手和脚用力划水，将身体浮出水面。我浮了上来，深深吸一口气。我的心脏疯狂地跳动着，到现在为止，我仍然无法相信，我从这么高的地方跳了下来。

我们五个人手脚乱动，使劲挣扎，相互把水溅到对方身上，这期间伴随着大家的狂笑声。我们就像孩子一样，我喜欢这样。我觉得自己活着。在这样的时刻，我想活下去。我忘记了发生在我身上所有不好的事。这个地方是一个小天堂。我看着天空，用手支撑着，漂浮在水面上，闭上眼睛，祈祷这些美好的时刻还会重来。阿门！

\*\*\*

我们在房车旁。我的头发仍然湿漉漉的，身体一直颤抖。丽贝卡坐在快要燃尽的篝火边。她披着一条毛巾，我看到她的下巴瑟瑟发抖。

"贝克丝……"

"我不想跟你说话。"

"这只是个玩笑罢了。你也喜欢这样。"

"我可能会死！我有恐高症，你明白吗？"

"又不是我推你。"

"有什么区别？"

> 亲爱的日记！
>
> 我开始喜欢我崭新的疯狂生活。一切都不同，不同的人，不同的关系。我们每天都去新的地方，结识新的朋友和冒险。我很惊讶，为什么以前我的生活不是这样？为什么那时不是这些人在我身边？为什么因为这一切，我决定自杀？
>
> 我不知道我和丽贝卡将如何结束这次旅程。这18天里会发生什么事？也许我会改变主意，不会自杀。谁知道呢？突然觉得在我的生命中并没有失去一切。
>
> 还剩18天

我们坐在厨房里，望着窗外，我享受着我们神秘的路线。

亚历克斯和杰伊走进厨房。

"如果这个节日如期举行，那我们就会红了。"亚历克斯说。

"什么节日？"我问。

"独立摇滚音乐节。那里会有很多竞争对手，但我们必须打败他们。"

杰伊说。

\*\*\*

我们又抵达了一个不为人知的城市。这里将举办摇滚音乐节。我和丽贝卡决定在伙计们安装设备的时候去溜达一会儿。我们沿着小街道前进，打量着过往的路人。在丽贝卡旁边，我觉得自己不那么孤单。这些天里，我们不太真实地相互亲近。我珍视她的关心，但有时候我会感到厌烦。可能因为在我短暂的生命中，很少有人真正关心我，当然，如果不算上我外婆的话。她对我来说是个圣人。现在她有了新的生活，新的年轻丈夫，我对她来说将成为一个16岁的巨大负担。我不想这样，所以把她温暖、温柔的双手和善良的眼睛留在过去的生活中。

"我想知道是谁创造了这些被老天遗忘的城市？"丽贝卡道。

"我喜欢这里，只是这里的人有些奇怪。"

"蓝头发的女孩说道。"

我们笑起来。我发现有栋楼的角落里有一家卖连衣裙的商店。

"看看他们这里有什么。"我说。

我们朝商店走去。我想起我和捷泽尔几乎每个周末都去精品店买连衣裙。当然，我的连衣裙与捷泽尔的连衣裙不同，因为我要么买打折款，要么买最低价款。但我穿上它们也非常完美，和捷泽尔一样。

现在我和丽贝卡一起逛商店，看连衣裙。

"你觉得这件连衣裙适合我吗？"丽贝卡问道，她手上拿着一件蓝色天鹅绒连衣裙，上面装饰着小水晶。

"我想是的，试试吧。"

"没有试的必要，它值250美元，而我口袋里连5美分也没有。"

"贝克丝，我有钱。"我向她展示了捷泽尔的信用卡。

"怎么，你偷了别人的东西吗？"

"不，这是我的卡，"我撒谎说，"这样我们就可以在这里买到我们想要的东西。"

接下来的一个半小时里，我们试穿了这里每件连衣裙。当我们找到搞笑的款式时，我们边试边笑。我怎么都觉得不够似的——简单的少女情怀。你穿哪些连衣裙最适合、哪些不合适，这选择不容易。

最后，我们确定好了款式并前往收银台。收银员检查了我们购买的物品。丽贝卡选了一款白色天鹅绒裸肩连衣裙，款式简单，但穿着很完美。我给自己买了一件黑色吊带连衣裙，上面镶着巨大的红色水钻。我很喜欢它，非常显我的身材。

我拿出信用卡。

"那么我们要如何处理这些连衣裙？"丽贝卡问道。

"我不知道。"我笑道。

当丽贝卡在发票上看到"买方：捷泽尔·维克丽"时，她的脸色变得阴郁起来。

我拿起袋子走了出去。

"你说是你的卡？"

"贝克丝，有什么区别，管它是谁的？"

"你偷了它！这是偷来的钱，这也就是说，这是偷来的连衣裙。"

"听着，捷泽尔的这些卡比你的脑回路还多，所以我认为我用它没有任何坏处。"

\*\*\*

我慢慢地向房车走去。我是多么不想和丽贝卡吵架，毕竟她现在是我最亲近的人。我应该向她解释一切。

我上车，打开我们房间的门，但没有任何人在。

伙计们一边聊天，一边准备他们的乐器。

"怎么，贝克丝还没回来吗？"我问杰伊。

"没有。你没有遇到她吗？"

"是的。"

又过了几分钟，丽贝卡还是没有出现，我很担心。

"节目半小时后开始，在此期间我们还有时间准备。"亚历克斯说。

我们走出房车。

"等等，"我说，"也许，等贝克丝一起去？"

"她自己会来的，她能跑到哪儿去？我们不能迟到。"史蒂夫说。

***

巨大的舞台、聚光灯和疯狂女粉丝们的尖叫声——这就是我现在看到的场景。从高中开始，因为捷泽尔，我参加了最酷的只邀请上流社会人的派对。现在我在这里，这里聚集了社会的所有糟粕。但我已经开始习惯了。在这里可以找到和我一样的人，对生活感到失望、正在寻找自我的青少年。

伙计们在舞台上表演，我站着，看着他们，但我内心仍有一些担忧，丽贝卡不在这里。我环视了三次，但没有任何结果。她不可能逃离我们，而且她单独闲逛会感到不适。那么她在哪儿？

我再次开始在人群中寻找她——没有。她出事了，这种想法把我吓坏了。

伙计们演出完，从舞台上下来后，粉丝们炸开了锅。我推开他们。

"亚历克斯——"我说，但是他要么在与某人合照，要么在某人的大腿上签名，"亚历克斯！"没反应。

"史蒂夫！"他也没有回应我。

我抓住杰伊的手。

"杰伊，等一下。"

"我们的演出很酷吧？"

"是的，是的。"

"我们轻易就打败了他们！"

"杰伊，好像我们有点问题。"

"还有什么问题？"

"丽贝卡到现在都还没回来。"

"呃，我还以为是什么严重的问题呢。这里有这么多人，我相信她就在这里的某个地方。"

"她不在这里！我找遍了所有的地方……我和她吵架了，然后她朝另一个方向走了，我觉得她出事了。"

杰伊久久站着，不知所措。

"好吧，我们走。"他说。

\*\*\*

"我确信她现在坐在房车里。"

"我是多么想这样。"

"因为你，我错过了签名会，这些家伙会杀了我的。"

我们走到房车旁。我打开门，爬进车里。

"贝克丝？"一片安静。

我环顾所有的房间，包括浴室，空无一人。

"她不在这里……"

"看。"杰伊递给我一张字条。

"你们的辣妹在我们手里，如果五小时内你们不拿六千美元来赎人，我们就杀了她。我们在当地的墓地见！"

"哦，我的天哪！……"我说。

"所以，别慌，需要去找伙计们。"

\*\*\*

我们在人群中找到了亚历克斯和史蒂夫，他们把签名分发给所有人，与此同时，另一支乐队上场演出。

"亚历克斯，我们需要离开这里。"杰伊说。

"发生了什么事？"

"昨天的团伙跟踪了我们，并绑架了贝克丝。"

"……该死的！"

当亚历克斯和杰伊准备离开时，史蒂夫阻止了他们。

"喂，你们怎么了，真的决定离开吗？我们努力争取了这么久！"

"史蒂夫，闭嘴。他们向我们宣战了，我们要接受挑战。"亚历克斯说。

\*\*\*

房车飞速疾驰着。我们都坐在驾驶室里。我试图集中精神，冷静下来，但怎么也做不到。丽贝卡现在怎么样？她还活着吗？我永远也不会原谅自己。

"……这都是我的错。我总是给所有人带来痛苦。"

"她没事。他们需要钱，不会杀了她的。"亚历克斯说。

"好吧，我们从哪儿可以弄到这么多钱？"史蒂夫问道。

"我们会想出办法。"

"真是一个讨厌的女孩，因为她毁掉了我们的计划！"史蒂夫说。

我紧紧抓住他。

"闭嘴！不许再说她什么，你明白了吗？"

"喂，小心点！我现在就把你赶出房车！"

我呼一口气，把史蒂夫摁到门上。

我拉开把手，门开了，史蒂夫勉强抓住了扶手。

"你干什么，你这个傻瓜！"他喊道。

"我再说一遍，闭嘴！"

"格洛丽娅。"我听到身后传来亚历克斯的声音。我的天哪！我干了些什么！我回过神来，走到一边，史蒂夫关上了门。"我喜欢你的情绪，遇到那帮浑蛋时就会派上用场了。"

\*\*\*

我们到达指定的地点。这里非常黑。我们面前是一座墓地和一栋半塌的楼房。我全身都在颤抖，不知道这里会发生什么。无论如何，我只知道一件事，我准备为丽贝卡牺牲自己的生命。我希望她活下去，拥有美好的未来。反正我也不怕死。

"喂，这里有人吗？"亚历克斯问道。

没有人回答。在这个危险的地方，只有寒风和寂静。过了一会儿，我们听到了女人的声音。

"救救我！"

"是贝克丝。"我说。

我们四个人朝着声音的方向跑去，似乎是从二楼传来的。我们爬上楼梯，我们每个人都有武器，这给了我们信心。我们是对的，丽贝卡真的在这里。在她旁边有三个高大的男人。其中一个人用手捂着她的嘴，另一个人准备好了手枪，第三个人微笑地看着我们。我认出他，他是昨天在俱乐部纠缠我的人，我踢了他的腹股沟。正是因为这个，他才报复我们。

我看到丽贝卡流泪的脸庞，我非常担心她。

"好吧，我们又在这里见面了。"头目说。

"德斯蒙德，放了她，我们会给你钱。"亚历克斯说。

"只能在你们给钱之后。"

我们站着沉默了很久，我瑟瑟发抖，但是下一分钟，我想到一个主意。

"给！"我递给他那张捷泽尔的信用卡，"这张卡上有一万多美金。"

"我为什么要相信你？我需要现金。"

我深深地咽了一口唾沫。我的计划出了问题。

"那么，如果你们一分钟后不给我钱，我就会用枪打死她，然后是你们所有人。"

丽贝卡涨红了脸。我觉得她的身体颤抖得非常厉害。

我走向伙计们。

"你从哪里搞到这么多钱？"杰伊低声问道。

"我稍后再解释，现在这不重要。"

"我们房车上有钱，但我不确信他是否会满意这笔金额。"亚历克斯说。

我又看了看丽贝卡。现在她只是因我而受苦，所以只有我才能解决这个问题。

"听着，我们没有现金，但我可以为你提供别的东西……"所有人都呆住了，"……我自己。"

丽贝卡发出一声惊呼，我没有在意。

"你放她走，作为替代，你可以对我随心所欲地做任何事。"

德斯蒙德从头到脚打量着我，然后做出一个手势，其中一个大块头放了她。她跑向我们。

"格洛丽娅，请不要这样做。求你了！"她喊道，紧紧地抓住我的手。我把她推开，向那个头目走去。

"我早就喜欢你了，在俱乐部里。"

我看着亚历克斯，他点点头，好像他知道我的想法。

"希望你原谅我对你所做的一切？"

"还没有，你会得到我的原谅。"

我是如此靠近他，我能感受到他的呼吸。

"很乐意……"我用尽全力踢向他的膝盖，他摔倒了。亚历克斯走到我身边，一个动作就打晕了德斯蒙德。

"我们需要离开这里。"他说。

\*\*\*

我坐在丽贝卡身边，却无法因为她活着而高兴。房车逐渐驶离那个可怕的地方。我和丽贝卡到现在为止都还在颤抖。我们不大可能忘记发生的事情。

"他们对你做了什么？"我问她。

"没什么。他们只是告诉我不要大喊大叫，否则他们会杀了我……格洛丽娅，请原谅我跟你说过的话。"丽贝卡哭着说道。

"忘了吧，我很高兴你一切都好。"我们互相拥抱，轻松地出了一口长气。好吧，这就是生活给我们准备的"惊喜"。以前，我安静地躺在自己床上睡觉，想着如何逃历史课，现在这一切似乎都变得如此遥远。

"是的，小不点，我错看你了。你似乎还是个聪明的女孩。"史蒂夫说。

"如果你再次叫我'小不点'，我就踢破你的蛋蛋。"

认识到自己实际上是一个强大的人，并且能够克服困难是多么令人愉快的事。在我的一生中，我认为自己很软弱，但是现在我非常怀疑。如果这次自杀真的是一个坏主意呢？毕竟，强者不会这样做……

## 第33天

夜晚很难过。我很难入睡。我的脑子乱成一锅粥，纠缠着如此多的想法，头都要炸了。

我躺在床上，慢慢地睁开惺忪的眼睛。这里的味道太香了！我让自己的身心都醒了过来。

"早上好。"丽贝卡说。她手里端着一托盘煎饼、果酱和热茶。

"我的天哪！你怎么有时间做这一切？"

"我觉得应该以某种方式感谢你所做的一切。"

"我没有做什么特别的事。"

"是的，你只是救了我的命。"

丽贝卡把托盘放在床上，我坐下。一切闻起来清香爽口。似乎我很久没有吃过正常的家庭自制食物了。我拿起一块煎饼，在它的边缘涂上草莓酱，然后咬了一口。

"多好吃呀！"我说，入嘴即化，一瞬间，我觉得仿佛我现在在外婆家里。

"妈妈教我做的。她很擅长制作煎饼。"

"……你想她了？"

"非常想。也许，只有在与某人分离后，我们才能明白这个人对我们的珍贵。"

我想起了查德，明白丽贝卡现在说得非常正确。

"是的……"我看着窗外，晚上我们远离那座可怕的城市，"你觉得我们现在在哪儿？"

"这里绝对不是佛罗里达州。可能我们正靠近俄克拉何马州。"

"俄克拉何马州……我没去过那里。"

"我去过。我们在塔尔萨住了好几年，然后我们搬了很多次家……然后发生了这起可怕的事故。"

我看到她的目光忧郁起来。

"贝克丝，你必须忘掉它。"

"怎么忘？那一天，就像心中的碎片一样。"

"那一天已经过去了，它不会回来，事情也不会改变。我们所能做的就是变得更强大并向前迈进。"

听完我的话之后，丽贝卡的心情好了一些。

"那么，俄克拉何马州万岁？"她拿起一杯茶。

"俄克拉何马州万岁！"我也拿起杯子，我们碰杯，微笑起来。


亲爱的日记！

我可以自信地告诉你—— 我现在完全不同了，并且这个完全不同的格洛丽娅，我非常喜欢。我不知道在短短几天内，我可以变成一个全新的人。我所需要的只是忘记所有我爱的人，我为之煎熬的人和我深深思念的人。我必须忘记妈妈、爸爸、南希、外婆和马西、马特、捷泽尔、亚当和查德。我不确信，有一天自己还会见到他们，这可能也非常好。我想，贝克丝、亚历克斯、杰伊和傻头傻脑的史蒂夫永远在我身边。

全新的我还是无法决定：活下去还是17天后死去。

还剩17天

\*\*\*

亚历克斯开车，杰伊和丽贝卡在厨房聊天，这里第一次出现了平和的氛围。我走进浴室，锁上门，转身……我看到史蒂夫赤裸裸地站在我面前，身上没有一块布料。

"我的天哪！"我叫喊着转过身去。

"你没学过敲门吗？"

"我以为这里没有人。"我开始拉门锁，但被卡住了！该死！

"锁早就坏了，所以我们不关门。"

"喂，开门！"我大喊大叫，用手拍门。好像没有人听到我的声音。

史蒂夫抓住我的肩膀，转向他自己。

"听着，如果这个小小的误会是为了创造一个愉快的过程呢？"

"你将在酒吧与妓女一起享受这个愉快的过程。"

他开始用一只手抚摸我的脖子，而另一只手把我的腰搂得更紧。

我的天哪！他怎么能对我做出这种事？

"史蒂夫，如果你现在不放开我，我会从洗脸盆上拿你的剃须刀切掉你的小弟弟。"

他呼出一口气，手缓缓松开。我再次转身，开始摆弄锁，希望最终打开这该死的门，但暂时我无法成功。

"让开，这应该让男人来弄。"

"喂，男人，先用毛巾盖住你的身体。"

史蒂夫嗤之以鼻作为回应。他对门锁施了几分钟的魔法后，门终于打开了，我松了一口气。

我走进厨房。

"我好像听到你尖叫了？"杰伊问。

"我还用手拍门了，显而易见，你们很忙，什么都没听到。"

"我看到史蒂夫走进了浴室。"丽贝卡说。

"是的，我正是在那里遇到了他。"

"他没纠缠你吗？"杰伊继续追问我。

"春天还未开始，但这只叫春的猫似乎已经疯了。"

"现在他不会让你一个人待着。"

"这是为什么？"

"他喜欢像你这样的人。如果你不和他一起睡觉，他就会一直追着你，把你压在角落里。"

"……我认为是时候阉了他。"

房车突然停了下来。因为停得太猛，我们差点都跌倒了。

"出了什么事？"丽贝卡问道。

亚历克斯走出驾驶室，走到我们身边。

"我们跨过了州界，现在警察会检查房车。"

"警察？如果他们在这里找到我，那么……"我的声音开始颤抖。

"……我知道。格洛丽娅，你跟我来。"

亚历克斯把我带到他的房间。这里挂着很多知名乐队的海报和数百张照片，地板上放着三把吉他，氛围不寻常。亚历克斯打开一个类似小储藏室的地方。

"我希望这里能装得下你。"

我很惊讶，这么小的空间怎么能装下我。我听到警察在房车周围走来走去，开柜子，房门，最后，他走进亚历克斯的房间，环顾四周，然后离开了。在这个小储藏室里再待三分钟，我就会窒息。我走到外面，肌肉疯狂地抽筋。我想让自己的身体恢复正常，不经意间碰到了架子上的盒子，它掉了下去。该死的！如果警察还在这里并且听到了声音，那我现在最好消失，否则他们会给我弄一张回家的车票。幸运的是，没有人听到声音。我开始捡盒子里的东西，是一些照片。上面的女孩苍白得不自然，黑色头发，细腰盈盈一握就要碎掉似的。很多这样的照片，一点皱褶也没有，好像被小心翼翼地保存着。我把一切都回归原位。门打开了。

"一切都结束了。"亚历克斯说。

我走到他身边。

"谢谢……"

***

几个小时后，我们到达一个小城市。在这里，至少还有繁华的街道，很多来往的路人、汽车。这里能感受到某种生活。在我们进入所谓的城市文明之后，我们找到一家汽车维修中心。正如亚历克斯所说，警察坚持要我们把房车进行维修，因为在那次事故之后（我促成的），发动机出现了严重的问题。

由于我们现在没有地方过夜，我们找到一家古老的酒店。这里只有几个房间。伙计们住在二楼，我跟丽贝卡住在三楼。

发黄脱落的壁纸，古老的绿色窗帘，似乎还未抹去老布什时代的影子。两张带床垫的床，闻起来不是很好，直接可以说是散发着"臭味"。是的，这就是我们的房间。看了它一眼，我想起和捷泽尔在巴黎的时候，那个房间也不完美，但至少它看起来不像是为流浪汉开设的小客栈。

"最好别去洗手间，我看到那里有死的蟑螂。"丽贝卡说。

我笑了。从来没有在如此糟糕的环境中生活过，顺便说一句，我们支付的费用为每人 50 美元。

"这些天，我已经抛弃了在真正的床上睡觉的习惯。"我说。

"是啊……"丽贝卡望向窗外，几米远处是一堵砖墙。"你是怎么做到的？"

"你指什么？"

"让别人爱上你，你是怎么做到的？马特、查德，现在是史蒂夫。"

我又笑了。

"首先，我和马特之间只有好感。是的，我爱了他好些年，但是当你得不到对方的回应时，你会逐渐疏远他。其次，史蒂夫这简直是太糟糕了！他身上除了可怜的男性荷尔蒙之外，别无他物。第三，查德……那么，可能，你说得对。也许，这是唯一一个对我有感觉的人。等等，你为什么这么问？"

"没什么……只是想知道。"

丽贝卡脸红了。

"杰伊……当我走进厨房时，我注意到你看他的眼神。"

"……他聪明、英俊、有趣。我以前从未遇到过这样的人。"

"那么，还有什么问题吗？追他。"

"说得容易。他是一名音乐人，像我这样的人，他有数百个。"

"你知道吗？生活教会了我一些东西：如果你想要什么，就必须努力去得到它，不要理会所谓的原则、恐惧和他人的意见。"

房间的门打开了。

"喂，我们打算去这个偏僻的小城里溜达一圈。你们要和我们一起吗？"杰伊问。

"五分钟，我们就准备好。"我说。

门关上了。

我打开酒店的衣柜，我们的袋子就在那里，我从中拿出了我们昨天买的东西。

"我好像找到了我们连衣裙的用途。"

丽贝卡的眼睛瞬间亮了起来。

\*\*\*

小伙子们很慌张。他们从未见我们穿过这样的衣服，只见过我们穿牛仔裤和 T 恤。现在，我和丽贝卡用优雅一致的步调，微笑着走了过来。

这几个音乐人站在离我们几米远的地方，每个人都盯着我们穿着连衣裙的身材。

"我想我们只是去溜达一下，而不是走红毯。"亚历克斯说。

"你不喜欢？"我问。

"恰恰相反，你们很迷人。"

"咳，亚历克斯，这是什么话？亏你还是个摇滚音乐人！小妞们，这些衣服很显你们的翘臀。"史蒂夫说，

我和丽贝卡同时都对他嗤之以鼻作为回应。

\*\*\*

在灯光和不同颜色招牌的照射下，这座城市的夜晚似乎变得如此美丽，有点像布里瓦德，拥有自己的秘密和谜题的小城市。我们漫步在街道上，看着陌生人的脸孔。有完全空无人烟的街道，相反，也有繁华的街道，那里有大型商店、公园和停车场。我们观察着周围，伙计们一直开玩笑，并嘲笑眼睛所看到的一切。我和丽贝卡牵着手，欣赏着这种氛围。这是我们应得的。昨天我们度过了不愉快的一天，到目前为止，我回想起来，仍旧不寒而栗。

我们在一栋楼旁的海报前停了下来。

"看，这是 80 年代的派对，或许，我们可以去那儿？"杰伊建议道。

"如果我听到凯特[1]的声音，我的耳膜都会破裂。"史蒂夫说。

"但我觉得那里很有趣，而且这里还写着免费提供饮料。"丽贝卡说。

也许，小伙子们并不支持迪斯科类型的音乐，但不花钱的东西吸引了他们。

我们进到一栋小楼里。这里有很多人，但其中我没有看到任何同龄人，只有 30 岁、40 岁和更大年纪的人。这一切让我疯狂地发笑，我们

---

1 C.C.Catch，本名为 Caroline Catherine Mulle（卡洛琳·凯瑟琳·穆勒），老牌歌星。

不关心老人们摇晃的身体。吧台向我们提供了承诺的饮料——苏格兰威士忌。我从未尝试过苏格兰威士忌，它比普通的威士忌劲更大。从高脚杯中喝一小口就已经让我失去了自制力。我看着伙计们一口气喝完了一整杯，然后是第二杯、第三杯……丽贝卡，就像我一样，喝了一小口，就把威士忌吐在地板上，最后她点了一杯不含酒精的莫吉托。我没有效仿她，而是将玻璃杯的威士忌喝得一滴没剩，然后喝了更多。

我朝着不同的方向摇摇晃晃，居然还踩上了"Boni Em"的节拍，小伙子们也和我一起。丽贝卡继续坐在吧台，看着发生的一切。

\*\*\*

我和亚历克斯背靠在墙上，吐着烟雾，现在正是最放松的时刻。我们沉默，甚至没有相互看对方一眼。人们继续在 80 年代的热门歌曲的伴奏下同步起舞，突然音乐停了。

"现在请想要赢得我们晚会大奖的人走到舞池中来——一张刻有 80 年代所有明星歌曲的黑胶唱片！"主持人说道。

我站了起来。

"你要去吗？"亚历克斯问道。

"是的，我喝得太多了，为了不让呕吐物弄脏我的连衣裙，我宁愿跳舞去去酒劲。你跟我一起吗？"

"不，我在一旁观看。"

主持人播放了一首节奏非常快的音乐，我跟着节奏让身体自由舞动着，头发四处飞扬，手和腿都要与我分离了。我醉了，我彻底醉了，我喜欢这样。我发现史蒂夫坐在亚历克斯旁边，他们两人都盯着我看。这给了我更多的动力和满足。我闭上眼睛，完全断开意识，只听着音乐起舞。我觉得聚光灯直接照射着我的脸庞，我伸出双臂，觉得自己仿佛不在这个地球上。我想象着，聚光灯照射在连衣裙的水钻上，闪闪发光，我蓝色的头发也闪闪发光，我浑身都散发着光芒。只有在这样的时刻，我才觉得自己是完美的，所有人都看着我，欣赏我。

\*\*\*

丽贝卡和杰伊坐在一张桌子后面，我加入他们当中。

"你们在聊什么？"

"杰伊告诉我他们是如何决定创建乐队的。"

"我从未想过，像你这样的人会喜欢摇滚乐。"

"……当然，我喜欢摇滚乐。"丽贝卡犹豫地说。

"我酷爱米克·贾格尔。"

"是的……非常棒的乐队，我听过很多次。"

"实际上，他是滚石乐队的主唱。"杰伊说。

我注意到丽贝卡的脸开始红了。

"啊，啊，啊，米克·贾格尔？当然，他是一名主唱，我刚才好像听成了一个非常有名的乐队的名字……"丽贝卡开始圆谎。

一阵沉默。我觉得杰伊开始渐渐对丽贝卡感到失望，她的脸如火烧。

"听着，你们为什么不去跳舞？"我提议。

"我不会正常跳舞。"杰伊说。

"好极了！丽贝卡跟我说过，她从小就跳芭蕾舞，现在正好放着慢音乐，所以她会教你。"

"好吧，反正无事可做。"

杰伊起身走向舞池。

"贝克丝，做你自己，然后他会喜欢你的。"

"谢谢你……"

我观察，这对在舞池中看上去还挺可爱，我又享受了几分钟我的"劳动成果"，然后开始找亚历克斯和史蒂夫的身影，但我明白他们已经离开。我也要走了，我太累了，喝了威士忌和跳了这些疯狂的舞蹈后，我的头非常痛。

\*\*\*

酒店非常安静。这栋楼几乎是半空的。我独自走在走廊上，手里拿着房间的钥匙，我把它插进门锁里，但我发现门已经打开。我走了进去。太黑了！我用手在墙上摸着开关，摁了一下，我看到史蒂夫躺在我的床上！

"再次问好。"他说。

"史蒂夫，你在这儿做什么？"

"你知道吗？我的一些女粉丝已经准备好亲吻我的脚了，最好就在我的床上。你无法想象我拒绝了什么。"

"正好我能想象。我拒绝那个自恋的金发男子，他自命不凡，觉得自己是万能先生，除了自己的性欲之外什么也感受不到。"

他从床上起身，抓住了我的手。

"格洛丽娅，难道你不明白，用这种方式跟我说话，只会让我更加兴奋？"

"让我帮你消除欲望，"我用膝盖踢向他的肚子，他缩成一团，"从我的房间消失。"

但史蒂夫是一个难对付的人。他紧紧地抓住我，把我扔到床上。

下一秒，我觉得有人揪住了史蒂夫的衣领，用力地抽了他一嘴巴。这个人是亚历克斯。

"怎么，你疯了吗？"史蒂夫脱口而出。

"完全没有。我没有警告过你，别碰她们两个人吗？"

史蒂夫什么也没说，只是不满地离开了。

我坐在床边，整理好衣服。

"你怎么样？"

"我有种似曾相识的感觉。奇怪的是，我居然没有用玻璃杯打破他的头……"

"别在意他。我确信他一个手指头也不会再碰你。"

"好吧……谢谢你及时赶到。"

亚历克斯朝门口走去，又突然停下。

"你舞跳得很好。"

"我只是喝醉了。"我笑道。

"教教我？"

我起身，拿起我的奖品走向亚历克斯。

"我赢到了唱片，你知道哪里可以找到唱片机吗？"

***

我们在亚历克斯的房间里。他翻了很久自己的东西，最后拿出一只旧的小行李箱，打开它，现在我看到它里面是什么了——唱片机。

"这是稀有的珍品，我把它当作我的眼珠一样珍藏。"

我把唱片递给他，他让设备开始运作，我们终于听到了音乐。

"那么，亚历克斯，昨天你教我如何开枪，而今天我会教你如何正确移动你的骨盆。"

我们笑了。他搂着我的腰，我搂着他的脖子。

"跳舞时最重要的是放松。记住，音乐不是来自唱片机，而是来自你的内心。"

我开始教他最简单的动作，他跟着我重复。我尽力让自己别大笑，因为他实在太滑稽了。我和亚历克斯渐渐融入舞蹈中。这一切都伴随着笑声，我在亚历克斯的脸上看到了马特，然后是查德，我不喜欢这样。为什么过去的回忆至今还困扰着我？正如亚历克斯所说，忘记一切，需要做一些疯狂的事。我最大限度地贴近他。令我惊讶的是，他并没有推开我，相反，把我搂得更紧。我们向后退了几步，我坐在抽屉柜上，亚历克斯把双手放在我裸露的肩膀上，突然他停了下来。

"我不能……"他说。

"我也是。"我撒谎道。

亚历克斯离开了。我继续坐在抽屉柜上。我体内的一切都在沸腾，我的心脏怦怦跳个不停。

"你是因为查德吗？"

"是的……而你是因为那个女孩吗？"亚历克斯猛地转过身，困惑地看着我，"在你的房间里，我偶然发现了一个女孩的照片，她非常漂亮。"

"你翻过我的东西吗？"

"我说了，我是不小心发现的。这个女孩是谁？"

"不重要，你最好回你的房间去。"

我沮丧地呼了一口气。从抽屉柜上下来，向出口走去。

"亚历克斯，为什么我告诉你关于我的一切，而你不能告诉我？"

"因为我没必要告诉你任何事！走吧！"

我久久地看着他。

"我向你敞开心扉，而你……"

我从他的房间走出来，希望他会改变主意并阻止我，但我所有的希望都泡汤了。他的门关上了。我觉得很尴尬，我以为这个男人了解我，哪怕我对他知之甚少。难怪说陌生人比亲人更了解我们。这么说来，我看错了亚历克斯。现在我们之间发生的一切都是一个纯粹的错误。

我向前看，查德笔直地站在我面前。他看着我，不知是怜悯还是鄙视。这让我烦透了！如果亚历克斯不能帮我忘记另一种生活中发生在我身上的一切，那么另一个人会帮我。

我敲了敲他的门。过了几分钟，门开了。

"哦，美女是来道歉，还是打伤我的第二只眼？"史蒂夫问道。

"……我来祝你晚安。"

史蒂夫微笑着，握住我的手，把我带进他的房间。

门关上了。

# 第八章 ——
二
一

即便我们没有选择，生活也会替
我们做出决定

我想朝着好的方面改变，而情况只会变得更
糟。我想变得更强大，却变得更加软弱。我想
遇到好人，事实上，所有好人都已经疏远我。

## 第34天


头嗡嗡作响。一连喝好几天从来都不是我的风格，但现在一切都变了。我已经开始忘记清醒和不用任何药片麻醉自己是什么感觉。我勉强睁开眼皮，噪音和太阳穴的疼痛快把我折磨疯了。我环顾我所在的地方，是酒店的房间，到处散落着东西。我觉得我不是一个人在床上。我转过头，看到史蒂夫躺在我旁边！喝了大量的苏格兰威士忌之后，我的脑子很难清醒。这个夜晚我和他一起度过。事实上，这是我的第二个男人，因为除了查德，我再没有其他人。我的天哪！酒能让人们做出些什么事！尽管我做了件傻事，但到目前为止，我脑子里还是盘旋着查德和逃离他的想法。

我看了一眼被子下面。

我微微欠起身，坐在床边，开始穿衣服，史蒂夫把手放在了我的腰上。

"醒了，小不点？"

"你忘了我跟你说过'小不点'的事了吗？"

"当你生气的时候，我如此爱你。"

他靠近我，想亲吻我的脖子。

"史蒂夫，你别缠着我，还是让我狠狠地揍你一顿？"

"等等，我没弄明白。首先，是你跳上我的床，然后你扮纯真。"

"我来找你只是因为我很无聊，想要点新感觉。顺便说一句，你并没有看上去那么雄壮。"

史蒂夫退后几步，我转过身看到他愤怒的样子。

"你是第一个这么跟我说的人。"

"我希望不是最后一个。"

我起床，看着他，我想笑。

"这么说，你租了我一晚？"

"结果，是这样。"

"我的天哪！我觉得自己像一个被强奸的女孩！"

我笑了起来。

"把我的连衣裙给我。"

史蒂夫非常生气，我喜欢这样。我想这是他生命中第一次感受到过一夜后被抛弃的感觉。他觉得自己和那些被他抛弃过的女孩一样。这正是我想要达到的目的。

\*\*\*

我朝自己的房间走去。我想知道丽贝卡昨晚是怎么度过的。我相信她现在非常生我的气，并且一整天她都会烦人地问长问短。

房间的门打开了，我看到杰伊走了出来。我退后几步，躲在墙后面，以免他发现我。他从我旁边走过，没有注意到我。我脸上露出了笑容。好吧，我的计划奏效了，丽贝卡有男朋友了，现在我们俩都准备开始新生活，没有父母和其他的问题。

我打开门。丽贝卡不知所措地站在那里。

"格洛丽娅，你去哪儿了？我很担心。"

"真的吗？在我看来，你和杰伊度过了一个美好的夜晚。"

丽贝卡的脸泛起红晕。

"……什么也发生。我们甚至没有接吻。只是聊了一夜，然后睡着了。在一张床上。"

"得了，我可不认为和摇滚音乐人一起，能整晚不睡觉只平淡地聊天。"

"好吧，我的夜晚都弄清楚了，你的呢？"

"我不想说这个。"

"喂，太不公平了！怎么，你在俱乐部认识了个人，和他一起过了一晚吗？"

"可以这么说。"

丽贝卡大跌眼镜，"算了，我去洗澡。"

> 亲爱的日记！
>
> 　　逃离过去的生活，做一些我以前从未做过的疯狂行为，好像非常有趣。再说一遍——我喜欢这样的生活。没有父母，没有规则，没有监管。我只做我想做的事，而不是别人想我做的事。
>
> 　　唯一让我有些困惑的是亚历克斯，他有很多秘密。从我们第一次见面开始到目前为止，他对我来说是神秘的、奇怪的。只是为什么他不想告诉我任何事？……我对他很诚实。希望我能很快得知照片中的这个女孩是谁以及她对亚历克斯的意义。
>
> 还剩16天

\*\*\*

我们坐在酒店的咖啡馆里。这里几乎没有人。我的身体正在消化刚刚在小餐馆里吃下的饭菜。

"有人顺便去探望过亚历克斯吗？"杰伊问。

"没有。他又不是皇帝，还要去探望他，通知他吃早餐。"史蒂夫暴躁地说。

"喂，你怎么了？我只是问问。"

"我也只是回答一下。"

"顺便说一句，你这个大大的黑眼圈非常适合你。显而易见，你度过了一个快乐的夜晚。"杰伊笑道。

"闭嘴。你今天也不在房间里，我想你也玩得很开心。"

"哦，是的。"

"和谁一起？"

我看着丽贝卡，她的脸颊发红，但她微笑起来。

"我在俱乐部里找了一个，然后我去了她那里。"

丽贝卡脸上的微笑立刻消失了。难道杰伊只是羞于告诉大家昨晚的真相吗？

"呃，变态。她们都 40 多岁了。"

"不好意思，我打断这段高智商的对话，但是，或许，你能闭嘴吗？"我忍不住说。

丽贝卡心神不定。我非常同情她，而杰伊，看他的样子，并不在意。

服务员走到桌边，递来账单，我给他那张捷泽尔的信用卡。

"顺便说一句，你答应告诉我们，你从哪儿弄到这么多钱。"杰伊说。

"这很简单。这是因为我正在销售像你这么好奇的家伙的器官。还有问题吗？"

史蒂夫大笑起来，而杰伊，从他的面部表情判断，不喜欢我的冷嘲热讽。

下一刻，亚历克斯朝我们走来。

"大家好！"

"我去尿尿。"史蒂夫随口说道，然后离开了。

亚历克斯没在意这些，坐在我旁边。

"我回房间，格洛丽娅，你跟我一起去吗？"丽贝卡问。

"我等信用卡。"

丽贝卡点点头，离开了。

"你怎么样，哥们儿？"杰伊问。

"非常好。当你整晚都玩得开心的时候，我写了一首新歌。当然，它还未完成，但我想我们下一场演出的时候可以唱它。"

"超棒！"

过了一会儿，我们看到一个穿着西装的年轻人在我们的餐桌旁停了下来。

"对不起，我不小心听到您说您写了一首歌，也就是说，您是音乐人？"他问亚历克斯。

"是的，怎么了？"

"我叫埃里克·罗德斯，我安排婚礼，今天刚好有场这样的活动。但这个城市很无聊，我没找到适合正常婚礼派对的东西。您不会拒绝在派对上演出吧？我保证有酬金。"

亚历克斯想了几秒钟。

"为什么不呢？新观众总是很有趣。"

"好极了！拿着我的名片，晚上打电话，我会告诉你地址。"

"好的。"

埃里克拿起电话，离开了桌子。

"亚历克斯，怎么，你真的希望我们在这个婚礼上出丑吗？"杰伊疑惑地说。

"他承诺给钱。"

\*\*\*

我进了房间。我和亚历克斯一句话都没有说。我无法弄清楚我们当中谁觉得委屈：我或者他。这些天里，我变得过于依赖他，他有什么东西吸引我。这绝对不是爱情，而是别的东西，让我在几秒钟内改变的东西。尽管有可怕的宿醉，但我还是清楚地记得我昨天与亚历克斯的事。当然，我喜欢他。但为什么他停了下来？在我看来，即使他像对待孩子一样对待我，我也像个女人一样吸引着他。

在床角坐着一个非常熟悉的轮廓，查德，又是他。我真的要疯了，毕竟幻觉不会出现在正常人身上，尤其是当他们没有喝醉时。

"查德，你在这儿做什么？"

"你忘了吗？我承诺永远在你身边。"

我呼一口气。有时我害怕他出现在我面前。以前他用带有预言性的信件吓唬我，而现在用他的幻影跟踪我、吓唬我。

"一切都变了……我变了。我想把你从记忆中抹去。"

"人不可能在几天内改变。"

"我好像可以。求求你，别再跟着我。"

查德静静地坐了很久。

"坐到我旁边来。"他说。

我朝前走了一步，顺从地坐下来。查德紧紧地握住我的手。他的手很温暖，我不想放开它，我是如此想念与它的碰触。

"我在这里，我和你在一起，为什么要改变这一切？"他问道。

"这仅仅只是一个梦。"

"但你已经感觉到我的手。"

"查德，停下。"

"我不想失去你。"

下一刻，我们的嘴唇紧紧贴在一起。我觉得温暖，然后很热，然后更热。如此不想停下来，如此不想醒来再次回到现实中。我在利用这可怜兮兮的诱惑的瞬间。我吻他，紧紧握住他的手，然后睁开眼睛。

我躺在床上，我旁边是史蒂夫，是他在吻我。我疑惑不解地推开他。

"该死的！"我尖叫。这么说，这真的是一个梦，而不是查德，我亲吻并握着史蒂夫的手……我的天哪！我真的疯了。

"喂，别对我大喊大叫。我特意把你的朋友赶出了房间，这样我们就可以单独在一起，你的感激之情在哪里？"

"难道你真的不明白，我们之间的一切都是错误的结果吗？"

"明白了，我明白了一切。我想继续这个。"

史蒂夫又朝我探身过来，但我再次把他从床上推了下去。

"但我不想要。你滚开！"

他脸上的表情迅速变化，变得阴郁起来，嘴上露出恶意的笑容。

"哦！原来如此！我们的蓝发姑娘迷上了主唱，而我只是一个安慰。现在一切都弄清楚了。"

"你在说什么？"

"只是要记住，宝贝，你对他来说谁也不是。他把你当作可怜的流浪者一样选择了你，一旦玩够了，他就会把你赶走，像其他人一样。"

"其他人？"我重问了一遍。

"当然。你以为你是唯一特殊和神秘的人吗？做梦去吧！"

史蒂夫的话触动了我。几秒钟后，他不满地离开了房间。

或许这个金发男子是对的。如果照片中的那个女孩也是"其他人"之一怎么办？只是她发生了什么事？亚历克斯为什么要保留她的照片并且不想提及她的任何事？这一切都如此奇怪。

\*\*\*

外面天黑了，远处传来过往车辆的声音。我穿着破旧的皮鞋，在潮湿的柏油马路上走得沙沙作响。

人很多，重重的男低音和难闻的酒气，没什么新鲜的。对我来说。已经成为熟悉的环境。舞池的中央，新娘和新郎点燃了全场。这个女孩的连衣裙变成灰白色。在我看来，新郎已经不记得今天是什么日子以及他在这里做什么。有人倒在地板上自己的呕吐物中，还稍微清醒点的人在讨服务员欢心。我厌恶地看着这一切，明白自己就是其中之一，我已经融入了这个群体。我被学校开除，我离家出走，现在我每天喝酒，放纵自己。我就是他们所谓的"困难青少年"吗？毕竟，我所有的同龄人都有一些目标，他们在学校刻苦学习，计划着上哪所大学，以及以后如何生活。我的计划是死亡。但在死之前，我想尝试自己从未尝试过的一切，感受冒险带来的摧毁心灵的快感。

"埃里克！"亚历克斯说。

这一切的煽动者面带微笑来到我们身边。

"我很高兴你们来了，伙计们。你们拯救了我，演出结束后立刻就能拿到酬金。"

"那说定了，"亚历克斯看着我和丽贝卡，"喂，别抖了，最好去喝点什么。"

我们什么也没有回答。转身的同时，我和丽贝卡向酒保走去。过了一会儿，两杯淡绿色的酒放在我们面前。

"这是什么？"丽贝卡问道。

"冷玛格丽特。试一下，你会喜欢的。"

我喝了几口。这酒很好喝，但喝进去食道里也火辣辣的。

丽贝卡模仿我。喝了第一口后，她的脸扭成一团，然而她没有停下来，一口气喝完了杯中剩下的酒。我的下巴都要惊掉了。

"我还要……"

"贝克丝，你还好吗？"

"是的……非常好。再给我些玛格丽特酒！"

"听着，如果你发生了什么事，可以告诉我。"

"什么也没发生，格洛丽娅。只是谁也不喜欢我，永远也不会喜欢。"

"为何得出这样的结论？"

"他羞于告诉大家，和我一起度过了这个夜晚……当然，我还小，我又需要谁呢？"

"我需要你，并且我确信杰伊喜欢你。"

"然而我不确信。"

小伙子们在舞台上表演，在场的人都听着他们的歌曲，有人举起双手跟着节拍跳动。

\*\*\*

我们在这里已经待了三个多小时。派对继续进行着，还不知道什么时候会结束。我又开始在这群和我一样醉酒的人中跳舞。我从未想到，自己会变成这样。

突然，有人抓住了我的手。是亚历克斯。我们一起走到墙边。

我背靠在一扇门上。

"这是哪儿？"我问，打开门。

街道的味道、潮湿的柏油马路的味道扑面而来，是屋顶的出口。长长的楼梯通往顶层阁楼的小门，我爬了上去。

"你想干什么？"

"我想冷静一下。"

亚历克斯跟着我。几分钟后，我们出现在楼顶上。夜空，寒风，楼下汽车的噪音——这一切让我想起了我和马特的约会——与我梦想的男生的约会。我内心出现了莫名的痛苦，过去的痛苦。当你真的想要挽回什么时，就会产生这样的痛苦，但时间好像比我们强大得多，而且不以我们的意志为转移。我细看着这个小城的全景，它是如此陌生，这里的人也完全是陌生人，不像布里瓦德，连这里的空气都是陌生的。你可能已经注意到了，我脑海里现在全是胡言乱语。我朝前走，走到屋顶的边缘，爬上横梁，闭上眼睛。

"格洛丽娅，从那儿下来。"我听到亚历克斯的声音。

"……我想飞……飞这么高……让每个人都看着我……并且羡慕我有翅膀……"

现在的我神情恍惚，整个身体完全不受自己的控制。

风破坏了我的平衡，我自己也没有发现，我的脚已经离开地面。我睁开眼睛，明白我马上就要从高处摔下去。我不觉得害怕。一秒钟后，我的生命就要结束。虽然有些人从屋顶掉下去没有死，但余生成了残废。

就在那一刻，我觉得亚历克斯搂住了我的腰，我们快速地摔在了屋顶上。主唱倒在我身上，我们齐声呼吸。我看着他害怕的脸，歇斯底里地笑起来。他向后仰了过去，躺在我身边。我的天哪！现在本来是我要躺在地上，周围一摊深红色的血，然后聚集起来的人们会议论纷纷，问同样的问题："她为什么要这样做？"每个人都惊呆了！但亚历克斯剥夺了这一切。现在感恩和仇恨在我内心做着斗争。然后我听到打火机的声音，亚历克斯狠狠地吸了一口烟，然后吐了出来。黑色的星空变成了灰色，因为烟雾而暗淡。

"没人教你要与女孩分享吗？"

"烟不是给女孩子吸的。"

"只要一口。"

"那也不行。"

我们笑了。我们看着天空，没在意非常寒冷潮湿的屋顶，我们的身体颤抖起来。

"原谅我昨天把你撵走了。"

"……你也原谅我，有时我太好奇了。"

"有时候？"

"打住。我正试着以正常的方式向你道歉，而你在戏弄我？"

"沉默，沉默。"

他是如此成熟，和他在一起非常舒服。我想知道，亚历克斯多大了？他看起来完全不像 18 岁。硬硬的胡须、长长的黑发和强壮的手臂使他显得非常有男子气概。

突然，我发现环境发生了一些变化。下面没有男低音，绝对安静，对于婚礼派对来说实在太奇怪了。

"没有放音乐了。"我说。

"我去看看那里怎么了。"

亚历克斯起身走向门口。我坐了起来，双手抱着膝盖。太冷了！身体的每个毛孔都起了鸡皮疙瘩。

"该死的！"亚历克斯喊道。

"发生什么事？"我跳了起来。

"那里到处都是警察，有人发现了你们。"

一瞬间我就浑身燥热起来。

"……我的天哪！这不可能。"

"要逃跑了。"

主唱开始寻找消防梯。

"贝克丝还在那里，我不能抛下她！"

"她与史蒂夫和杰伊在一起，他们会离开。"

亚历克斯的话对我来说似乎很有说服力。我跟着他，他紧紧地抓住楼梯往下走。

"主要是不要往下看。"他告诉我。

一瞬间，我觉得非常害怕，破坏我平静的想法蔓延到了我的脑海。

我从一根铁梁跨到另一根铁梁上，手上还残留着由于生锈而产生的令人不快的黄色锈迹的味道。我们已经在楼背面的地面上了。我和亚历克斯前往餐厅的正门，我数了数，大约有六辆警车。

"他们人可真多。"我说。

亚历克斯快速走向停车场，拿起一块石头，打破了其中一辆车的玻璃窗。

"亚历克斯，怎么，你打算偷走它吗？"

"你还能给我什么建议？"

"让我们等等伙计们，我们去酒店，待在那里。"

"警察开始到处找我们，当他们找到我们时，我们的余生将在监狱中度过。"

主唱坐进车内。我环顾四周希望看到丽贝卡，但没有人从楼里出来。我仍然别无选择，上了车。亚历克斯摆弄着电线以便启动汽车。我看到几个警察走出大楼。

"快点！"我说。

汽车启动，几秒钟后，我们悄悄地离开这个地方。

\*\*\*

夜幕中的城市、闪烁的灯光和一堆路过的出租车。过了一阵，我们到了城外。我们没走联邦公路，这里没有车，只有我们。我每分钟都回头看看警察是否跟着我们。幸运的是，这条路完全空荡荡的。

"我们要去哪儿？"我问。

"我不知道。最重要的是，尽量远离这个地方。"

"贝克丝、史蒂夫和杰伊怎么样？"

"我告诉过你，他们会离开的。现在我们只需要考虑我们自己。"

我的额头靠在玻璃窗上。车外死寂的环境只会让我们的处境变得暗淡，我们正去向未知的地方。警察将搜寻我们，如果被找到，我和丽贝卡将被送回佛罗里达州，在那里比自杀更糟糕。我最后的日子最好在自由中度过，与人交流，而不是在一个牢笼里慢慢变疯。

这些想法让我的眼皮在打架。我完全明白，我现在无论如何也不能入睡，但疲劳起了支配作用。

\*\*\*

我没有听到发动机的声音，我的额头因为移动差点碰到玻璃窗。我睁开眼睛，车停在路边，旁边有一根灯柱，光线暗淡，令人讨厌。我发现亚历克斯不在位置上。我下了车，脚非常麻。我看到亚历克斯，他坐在柏油马路上，深呼吸。

"我们为什么要停下来？"

"我的事没成功。"

我坐在他旁边，冷得直打战。我用双手捂住鼻子和嘴巴来呼吸，但也无法暖和过来。

"我曾经认为我的生活是狗屎，如果我逃跑，一切都会改变……该死的，我错得有多离谱。"

"我保证，我们会摆脱这些狗屎。"

"是的，不是这个问题，"我跳了起来，"问题是我成了谁。我想朝着好的方面改变，而情况只会变得更糟。我想变得更强大，却变得更加软弱。我想遇到好人，事实上所有好人都在疏远我。"

"你现在在胡说八道。"

"……我和史蒂夫睡觉了。"我不知道为什么我要说这个，我只是无法隐瞒任何事，让他知道真相吧。

"那又怎样？半个地球的人都和他睡过觉。"

这让我很困惑。

"换句话说……这对你没有任何意义吗？"

"当然没有。"

他的话就像在背后捅了我一刀。史蒂夫是对的。我对亚历克斯而言什么人也不是，什么也不是。我觉得他开始厌烦了，很快他就会摆脱我。我的天哪！怎能如此看错一个人？我早就该明白，所有人都是只利用你的畜生。

"好吧，要走了。"

亚历克斯上了车，而我继续站在那里，内心充满难以置信的龌龊的感觉。

"你还要站在那儿很久吗？"

我多想迅速地离开和逃跑，但我知道自己一个人会完蛋，因为我无处可去。

我爬进车厢。车启动了。

我试图在黑暗中细看，但我仍旧什么都没看到。路上没有灯光，只有旧车灯能救我们。我又困了，但这次我不打算屈服于它。汽车突然开始朝不同的方向摇晃。我看着亚历克斯。他的眼睛红红的，脸上流着汗，样子令人害怕。

"你不舒服吗？"我问。

"不，一切都很好。"

"也许，还是停下来？"

"我说了，一切都很好！"

我闭上嘴。他真的感觉很不好。车急剧转向对面的车道。

"亚历克斯，看路！"他没有听到我的声音，我觉得他的意识逐渐消失了。下一刻，车向道路一边歪去，我有某种失重的感觉，黑暗中我试着弄明白发生了什么事，最后，弄明白的时候，我们摔了下去。

"亚历克斯！"我尖叫。

车轮全力撞向泥土，以极快的速度滚下斜坡。亚历克斯试图刹车，但设备不听他的话。下一分钟，汽车撞到什么东西然后翻了过去。

我的意识瞬间中断了。

## 第35天

水深处。冰冷的水，使肌肉瞬间不能动弹。一片黑暗，我看不到周围的任何东西。我体内还有一些空气，但不足以生存下去。我漂浮在水中。再过一分钟，空气就一点也不剩了。我的肺里会充满水，我会死。我向上看，那里很明亮，水似乎更温暖。我用双手双脚帮助自己，希望能浮出水面。空气正阴险地离开我，但还差一点点，我就能离开这个该死的深度。一秒钟，两秒钟，终于浮出了水面，我用嘴呼吸。我活着。

\*\*\*

我睁开眼睛，呼吸困难。几分钟后，我才意识到，现在自己头朝着地。稍微动一下都会发出令人厌恶的金属吱吱声。我在车里，处于悬挂状态，只有一根安全带绑着我。挡风玻璃碎了，我的手上有血迹和割伤。我努力转过头——亚历克斯仍然没有意识。我艰难地把手伸向他，再次听到这令人厌恶的吱吱声。

"亚历克斯——"

我感觉不到任何疼痛，只听到自己强劲的心跳声。我还活着。我又活了下来。我们在这辆车上待了很久，再过一会儿，车就要爆炸，需要从这里出去。我解开安全带，开始用脚踢卡住的车门。第一次没成功，第二次也没有成功，但第三次我成功制服这块铁件，我直接从一大堆金属中爬了出来。我用双手抓住地面，再也闻不到汽油刺鼻的气味，清新的冷空气扑鼻而来。我又在地上躺了很久，蜷成一团，克服了慌乱。由于长时间处于倒置状态，血液在太阳穴的脉管中怦怦直跳。我头晕，吐了出来。

为了站起身，我重新找回了力气。环顾四周，没有任何人，没有任何声音。这里只有我、亚历克斯和汽车残骸。如果我已经死了该怎么办？毕竟，在这样的事故之后，我不可能什么感觉都没有，虽然可能只是很震惊。我一瘸一拐地绕着车走，好不容易打开驾驶室的门，亚历克斯浑身都是凝固的血迹，有一刻我觉得他根本没有呼吸。我又变得惊慌失措起来。我紧紧地抓住亚历克斯，开始把他往车外拖。事实证明这比我想象中要难。我觉得，再过一会儿，我的肌腱好像就要断了。我闭上眼睛，下意识地跟自己说，我必须这样做。我把他拖了出来。头开始更晕了，我坐在他旁边，现在我真的很害怕。整个情况本身就很糟糕，因为亚历克斯吸毒后的快感，我们摔伤了。如果我死了会更好，毕竟现在亚历克斯的生命完全取决于我。

"亚历克斯，醒醒。"我一边说，一边拍着他的脸颊，"拜托，醒醒！"我泪如泉涌。他没有呼吸，他的胸部根本没有动静。

我毫不犹豫地把双手叠放在亚历克斯的心脏部位，然后开始胸外心脏按压。与此同时，我吸气并把空气渡到他口中。上学的时候我们学过如何急救，我只是走投无路了。

"醒醒！"我每吸气两次就对胸骨进行十五次按压，动作笨手笨脚。

"醒醒！"我喊道，不停地按压。现在我觉得手腕很疼，但我无所谓。

"醒醒！"

我把手指放在他脖子上，检查他的脉搏，我感受到了。我又开始做人工呼吸。这时，他睁开了眼睛。

"亚历克斯，你还活着！谢天谢地！"我拥抱他，泪流满面。

我看着他，感受到他的疼痛。他慢慢地用嘴呼吸，转过头，看了看车，我看到他眼中充满恐惧。

"该死……"他平静地说，然后我注意到他更疼了，"我想我的肩膀脱臼了。"

我轻轻地碰了一下他的手臂，摸到肩膀上的关节头，亚历克斯的额头冒着冷汗。

"是的……需要把它复位。"

"……你可以吗？"

"我尽力。"我不确定地说。

我一只手紧紧握住他的一个手腕，另一只手握住他的肩膀，数到"三"，我猛地拉了他的手臂。亚历克斯发出撕心裂肺的叫喊。我不知道我是怎么做到的。我好像被某人附身了，一个更强大更勇敢的人。

"你可真有力气。"亚历克斯疼得眯着眼睛说，"……谢谢。你怎么样？"

"还好。在这种情况下，只能说我们运气好。"

我们俩都闻到更明显的汽油味。

"该死的！这里马上就要爆炸了！"亚历克斯喊道。

"来吧。"我帮他站起身，慢慢地离车越来越远，过了一会儿，我们背后传来了爆炸声。我们倒地。耳朵瞬间被堵塞，一切都被黑烟笼罩住了。我看着亚历克斯，我们俩抖得非常厉害。

"早上好。"他说。

我歇斯底里地笑了，我们一起大笑起来。无法描述我们现在的感受。这比恐惧、恐慌和所有这些合起来都更糟。

\*\*\*

现在我们就像 90 岁的老人，甚至他们都比我们更健康、更活跃。我们互相搀扶，互相帮助，一瘸一拐地着往前走。好不容易我和亚历克斯到了路边。这又是一个无人区。不知我们到底等了多久，也没有一辆车经过。街上昏暗潮湿，我从未想到俄克拉何马州如此昏暗。

"杰伊，我不知道我们在哪里。我们可能开了大约 100 英里……"亚历克斯用好不容易在事故中幸存下来的手机说道。

"问一下，丽贝卡怎么样。"

"小不点和你们在一起吗？"他们称丽贝卡为"小不点"。非常可爱。

"是的，她和我们在一起，每隔一秒都会问你们的情况。"

我微笑着，松了一口气。

"你们好样的，带走了所有的东西，没有人跟着你们吧？……太好了。一旦我们到了居民点，会立刻给你们打电话。"为了省电，亚历克斯挂断了电话。

我们走在路中间。吹着过堂风。因为太多的擦伤，我浑身沾满了鲜血，只穿了一件带水钻的连衣裙。我非常冷。

"你在想什么？"亚历克斯问道。

"关于内心、温水、床和热茶。"我边说，牙齿边打战。

亚历克斯停下来，递给我他的皮夹克。

"穿上。"

"你也很冷。"

"别说了，"他轻轻地给我穿上夹克，我觉得暖和多了，"你真的一切还好吧？"

"我说过了，只是擦伤。"

我们继续往前走。灰蒙蒙的天气让我觉得有压迫感。

"你知道吗？我刚想了想……你需要回家。"

我立刻口干舌燥。

"为什么？……"

"我差点杀了你。"

"这是一次意外。"

"格洛丽娅——"

"什么？"我们停了下来，看着对方的眼睛，"你想摆脱我了？你不再需要我了？"

"你还小，你不懂。"

"够了！不要和我这么说话，就像我是一个小女孩。"

"难道不是吗？你和你爸爸吵架，离家出走——这是一个普通青少年的行为。"

"……你自己不也说过，我需要新的生活吗？"

"我错了，"亚历克斯再次向前走去，"我们会找到居民点，拦辆车然后你离开。"

我继续站在原地。

"我哪儿也不去。"

"那我就得强迫你了。"

"那丽贝卡呢？她会和你们在一起吗？"

"我们也会和她弄清楚。格洛丽娅，你要明白，我不想再伤害你了。因为这次事故，我们差点死了。"

"我宁愿在那辆车上死100次，也永远不会回到我爸爸那里！我恨他！你听到我说的话了吗？我恨他！"突然，我所有的敏感又重新回到了我身上。我感到侧身一阵剧痛，好像有人在那里刺了一刀并顺时针旋转。

"你怎么了？"

"……没什么。"我找到了回应的力气。

冷冷的冰雨从天而降，落在我的脸上，渐渐沿着我的下巴滑落下来。

"太好了！就差没下雨了。"亚历克斯愤恨地说。

我们继续上路。每一秒雨都下得更大，小雨变成了倾盆大雨。每走一步都会变得越来越困难。冰雨和风一起成了致命的混合物，伤口变得异常刺痛，似乎有人用针在扎我。没有车，我们独自走在荒无人烟的地方。肚子饿得咕咕叫，我忘了最后一次把面包屑放在嘴里是什么时候了。头晕，我们渐渐失去力气。

过了一阵，我们离开路边，找到一棵大树，树冠很宽大，我们坐在树干上。每一刻疼痛都在加剧，我呼吸困难，到目前为止我也没搞懂这痛来自何方。

"我觉得雨永远不会停了。"亚历克斯说。

我无处可看，试图忘记我现在经受的折磨。

"你打算这样保持沉默吗？"

"史蒂夫是对的……"

"什么意思？"

"你对每个人都这样，对所有的女孩。首先你找到她们，扮演英雄的角色，然后抛弃她们，现在我就是其中之一。"

"这是胡说八道，"亚历克斯坐在我旁边，"史蒂夫这么说只是因为你和我要好，他吃醋。"

"吃醋？他只是一个好色之徒，对他来说，吃醋和爱情是不能接受的东西。"

"你错了……"

我说不出话来。史蒂夫喜欢我吗？这不可能。他没有爱人的能力。

"格洛丽娅，我想，如果你和我一起走，知道生活真的叫作狗屎的时候，那你就回家，你的一切都会好起来。"

"在家里我永远也不会好。"

"那查德呢？"

"忘了他！除了查德之外，那里等着我的还有要靠镇静剂生活大约五年的母亲、暴君爸爸和继母。我不想回到那里。和你们在一起我觉得很好，我不再需要家人了。"

"……我曾经也这么说过。你知道吗？我的爸爸比你的爸爸还要糟糕得多。他殴打我、妈妈和妹妹。母亲几乎每六个月就会因为头骨开裂躺在急救室。我厌恶了这样的生活，离家出走了。我认识了史蒂夫和杰伊，音乐把我们组合在一起，我们决定离开这座城市并创作歌曲。起初一切都很酷，后来我才意识到自己是个畜生，我把我的妈妈和妹妹抛弃给了这个怪物。我回去了……但是我看到的是废墟而不是我的家。那里发生了火灾，妈妈和爸爸被活活烧死。那时我才明白，当我说'我不需要家人'时，我是多么白痴。"

我对听到的话感到震惊。

"那你妹妹呢？她在哪里？"

"邻居说，火灾发生后她离开了，不知所踪。我现在剩下的就是照片了。"

"这么说……那个女孩是你的妹妹？"

"邓恩。她有点像你，一样的愚蠢……但强大。"

最终，现在我知道了关于他的一切。他的生活、痛苦与失落，他所有的弱点。

"亚历克斯，我们的家庭不同。我家里没有发生这样的事。相反，只有我不在，他们才会生活得幸福。我想留下来，和你们在一起。"

主唱沉默了。我没有听到他的回应。

"雨停了，得走了。"他突然说。

真的变得如此安静，甚至连风声都听不到了。

\*\*\*

地上都是深深的烂泥，运动鞋滑滑的，走路都困难。疼痛一直相随，还很难分散注意力，行动都变得不灵活起来。我试着假装自己一切都很好。

"可以问一下吗？"我说。

"今天是问题日吗？"

我大笑起来，疼痛又发作了。

"你多大？"

"好吧，是时候亮出底牌了。26。"

"你是个老头！"我笑着说。

"谢谢。"

"我开玩笑的。26 岁……十年的差距……所以这就是为什么在你旁边，我觉得有些不同，好像你是我的老师甚至是爸爸。"

他停了下来。

"我和你在一起也觉得不一样。好像你是我的妹妹，我在这个世界上剩下的最亲的人。"

他的话让我措手不及。

"你试过找她吗？"

"没有意义，我已经永远找不到她了。"

"你试试，不行吗？"

下一刻，我们不敢相信我们的眼睛—— 一辆车出现了！我们站在路中间，开始拦车，一定得让它停下。

幸运的是，车停了下来。

"喂，这样的天气，你们在这里干什么？"一个大约 50 岁的男司机问道。

"我们的车坏了，能把我们带到城里吗？"亚历克斯说。

"上来吧。"

这里很暖和。放着广播。因为潮湿和雨水的味道，我都要吐了。汽车开动了。我用双手抱着自己。侧身疼得我想尖叫，但我忍着，深呼吸，看着窗外。

"是的，俄克拉何马州，不是你的天堂，这里整天下雨。你听天气预报了吗？"

"没有。"亚历克斯说。

"看得出来，你们不是本地人。"

"警方在继续搜寻一群卖毒品的青少年。据推测，该团伙有两名女生和三名男生，暂时还没有犯罪嫌疑人的画像。请持续关注事件的进展。"电台播音员播报着。我不寒而栗，我和亚历克斯相互看了对方一眼。

"这些青少年为什么不能安静地生活？他们总是在冒险。"

\*\*\*

过了一阵，我们来到一座小城里。我害怕看到人们的眼睛，因为我觉得好像他们会立即知道我是谁并报警。亚历克斯一直在打电话，然后走到我身边。

"我给杰伊打电话了，告诉他我们现在的坐标。他们很快就来。"

"我想吃东西，我现在要疯了。"

"我看到附近有一家咖啡馆，走吧。"

我和他面对面坐着，吃汉堡包。食物让我忘记了侧身的痉挛。

"亚历克斯……"

"什么？你还想问我什么事吗？"

"猜对了……你曾经爱过吗？"

"是的，音乐。"

"如果认真地说呢？"

"也许吧。我总是尽量避免这种感觉，它会让人变得软弱。"

"在我看来，软弱但是被人爱比一直孤独更好。"

"当你长大的时候，就会明白事实并非如此。"

"你又开始了？我已经是一个成年人，完全明白一切。"

"是吗？"

"是的。"

"正常地吃汉堡包都还没学会。"他伸出手，擦去我脸上的蛋黄酱。

"不用你教我，爸爸。"我边说边移开他的手。

"怎么愁眉苦脸的？微笑，我命令你微笑！"

"还有什么！"

亚历克斯站起来，用双手触摸我的脸，用手指拉伸我的嘴角。我觉得痒酥酥的，笑了起来。

"这样好多了。"他说。

侧身的疼痛突然加剧了三倍，我无法克制自己，觉得再过一会儿，泪水就会夺眶而出。

"我马上就来。"

我勉强起身去厕所。谢天谢地！这里没有人。我走到镜子前，脱下夹克，发现上面已经被血浸透了。然后我照了照镜子，我一半的连衣裙上都是血。我慢慢地拉开侧身的拉链，发现我的肋骨下面有一块挡风玻璃的碎片！身体变得异常疼痛。我眯起眼睛，抓住碎片，猛地把它从身体里拔了出来。我疼得大叫一声，血流如注。碎片没有扎进去太深，虽然看尺寸大约为六厘米。我拿起纸巾，试着止血，但我没成功。我疼得号啕大哭。我很惊讶，我居然能忍受这么多，太震惊了！纸巾被鲜红的血液染红了。我拉上连衣裙。我的双手强迫自己变得哪怕再强大一点点。我只能安慰自己说，再过一会儿，我可能会因失血过多而死，需要再坚持几个小时。亚历克斯应该不会怀疑什么，也许，今天我会得到永恒的安宁。

我走到桌边。我的夹克已经扣好了，所以亚历克斯看不到血迹斑斑的连衣裙。

"你还要别的吗？"他问道。

"不，我饱了。"我平静地回答。

"你看起来很苍白。"

"我只是累了。"

"我打算在伙计们抵达前找一家汽车旅馆休息一下。"

我两眼发黑，头晕，但我尽力不失去意识。亚历克斯牵着我的手。

询问路人之后，我们找到了一家汽车旅馆。它看上去更像一家废弃的农场，但我们别无选择。现在我觉得有些轻松，没有痛苦，好吧，也许它确实存在，但由于某种原因我感觉不到了。每一秒力量都在消失。我往下看，看到一条腿上血流不止。它变得越来越暗。我蹲下，亚历克斯还在往前走。

"你在那儿干什么？"

"鞋带散了。"

"赶上我。"

他转过身去，我用夹克的袖子快速擦去腿上的鲜血。没有别的东西能从我体内流出，我的腿变得更红了。我起身，慢慢走，依我看，我在蒸发。眼前的一切都在旋转，头脑中有种莫名的嗡嗡声。也许，这是一个人临死前的感觉。没有恐惧，没有痛苦，只有轻松和平静的预感。

当亚历克斯定好房间并从旅馆服务员手中拿到钥匙时，我仍然坚持用双腿站着。但是当我们进入同一个房间时，我意识到我活不了多久了，甚至连深呼吸的力气都没有了。

"怎么样，这里还不错吧。"亚历克斯去检查卫生间，然后我倒在床上。我闭上眼睛。格洛丽娅，一切都很好。再坚持一会儿，你就不会在这里了。只是可怜了亚历克斯，他得把我的尸体藏起来，虽然我已经无所谓。

"你先去洗澡，还是……"亚历克斯看着我，我的状态出卖了我，"格洛丽娅……"主唱带着惊恐的表情走到我身边。

"我……稍后再去。"

亚历克斯摸了摸我的额头。

"我的天哪！你在发烧……"

"没关系，我需要睡一下。"

亚历克斯解开我身上的夹克，我看到他脸上真正恐怖的表情。

"我的天啊！你为什么不立刻告诉我？"

"这只是一个划痕。"

主唱迅速走到门口。

"你要去哪儿？"

"去接待处，让他们打电话叫医生。"

"我们正被通缉！救护车来了，警察就要来了……"

"你听到我说的话了吗？我不在乎警察！如果有的话，一切都是我的错。"

"亚历克斯，不需要。拜托！"我倒在地上，亚历克斯跑到我身边，双手抱住我。

"一切都很好。一切都会好起来。"他的双手抚摸着我的脸颊。

"……我……想死。"

"什么？……"

"让我……死吧。"

"你在说胡话。"

"不……你记得吗，你说……如果你……是我的话……你会自杀？所以……整整35天前……我就决定这样做……我在给自己计数……50天……如果我能早点死……什么也不会改变……"

听到这些话，亚历克斯睁大了眼睛。

"愚蠢……你是多么愚蠢啊！"他边说边亲吻我的额头。

"……让……我……死吧。"

眼中完全一片黑暗。

"格洛丽娅，看着我……格洛丽娅！"

我失去了意识。

\*\*\*

"失血不是太严重，幸好你及时送来了，否则不输血就不行了。身体很年轻，会康复的。"一个有点秃顶、戴着眼镜穿白大褂的男人站在床边，医疗器械散落在桌子上。我几乎赤身裸体地躺在床单下。"需要去医院，女孩需要静养和持续的检查。"

"如果不去医院呢？我保证静养和检查，"一阵沉默随之而来，"您为什么这样看着我？"

"我只是觉得这好像有点奇怪。女孩的伤口非常像刀伤，并且你偷偷地把我叫到这里来。"

"等等，您想说是我用刀刺伤了她？"

"在我看来，好像是这样。我听说过这个蓝头发的女孩，她的父母正在找她。"

"他没有这样做。"我脱口而出。

"格洛丽娅，我自己会处理的，"亚历克斯说完，突然打昏了医生，"你怎么样？"

"……很可惜，还活着。"

亚历克斯坐在我旁边。

"听我说，这次记住，也永远记住——忘了这该死的自杀，你必须活着，你的生活才刚刚开始。"

"你没有权力决定我的命运。在这 50 天里，我本以为能有 100 次改变自己的想法，但现在我有 100 个自杀的理由。"

亚历克斯手机铃声响了起来。

"是的。好，我们出来，"亚历克斯挂掉电话，"是杰伊，他们到了。"

"太好了，我们需要在他苏醒过来之前离开。"

我慢慢地从床上起来。医生给我打了一针止痛剂，所以现在，幸运的是，我没什么感觉。我穿上血迹斑斑的连衣裙——虽然已经不能称它为连衣裙了，扣上夹克。当我打算走出房间的时候，亚历克斯抓住我的手。

"我想成为你活下去的原因之一，你只需要知道这个。"

\*\*\*

房车里。伙计们。我见到他们是多么高兴呀！真想快速忘记我和亚历克斯经历的这场噩梦。

"好吧，终于来了！"杰伊愉快地一边说，一边朝我们走来。

他拥抱我和亚历克斯。丽贝卡走出车厢。

"格洛丽娅！"她跑向我，差点摔倒。

"贝克丝——"我们紧紧地拥抱。

"没有你，我差点要疯了。"

"你们是怎么离开的？"亚历克斯问杰伊。

"走后门。在某个废弃的建筑里待了很久，然后从酒店拿走了所有的东西。现在我们在这里啦。"

我们拥抱着走向房车。我没有看到史蒂夫，他甚至没有出来找我们。难道他真的生我和亚历克斯的气？好像我看错他了。

\*\*\*

我仔细看了看我的侧腰，缝合的接缝现在把它变丑了。伤口似乎很小，我甚至不敢相信因为它，我可能会死。到目前为止我仍然觉得很虚弱。洗完澡换好衣服后，我轻松不少。我身上穿着亚历克斯的长 T 恤，很舒服。

"格洛丽娅，伙计们正在吃晚餐，你来吗？"丽贝卡问。

"当然。"

这种氛围对我来说怎么都不够！我们都坐在厨房里，吃吃喝喝，说说笑笑。不用逃离警察，不用开枪射击那些卑鄙的家伙，也不用跟着俱乐部音乐的节拍剧烈抖动我们的身体。

史蒂夫从驾驶室走回自己的房间，杰伊拦住了他。

"史蒂夫，你能礼貌地和我们坐在一起吗？"

"打断你。"

"他怎么了？"丽贝卡问。

"我去和他谈谈。"亚历克斯从桌子边站起来，向史蒂夫的房间走去。

几分钟后，我跟着他，站在门口。我转过身来，看到杰伊和丽贝卡甚至没有注意到我离开。他们笑着聊天，我想丽贝卡似乎成功了。

"你怎么了？"我在门外听到亚历克斯的声音。

"没什么。"

"史蒂夫，你的行为就像一个15岁的小男孩。"

"你……因为某个小妞，你打我！你从来没有这样做过。我们几乎是兄弟……但现在一切都变了。"

"史蒂夫，你完全清楚，她不仅仅是个小妞，你喜欢这个姑娘。"

长时间的沉默。

"可能吧，但这已经没有任何意义了。她选择了你，所有人都选择你。你真是超级酷，除了你，别人完全都不存在。"

"……我对格洛丽娅不同。当我第一次见到她时，在我看来，她和其他人一样。站在人群中，听我们的音乐，觉得我们是一群花美男。但是当我在演出结束后接近她时，我意识到我错了。她完全不同，有一堆无人问津的问题。她跟我的妹妹一样，孤独地与整个世界斗争。我觉得她就像邓恩……所以，如果你需要她，就去追她。我不会挡你的道。"

我哽咽了，背靠着墙站了很久，再次逐词逐句在脑海中回想着听到的一切。


亲爱的日记！

这一天被添加到我生命中最可怕日子的存钱罐中。是的，35天中还是有美好的时刻：与儿时的朋友亚当见面，养猫，去巴黎旅行，与马特约会，与查德在一起的夜晚，认识丽贝卡。我会永远记住这些。

但现在一切都变了。我的内心压抑着一种奇怪的感觉。亚历克斯像对待他亲妹妹一样对我。他非常爱她，总之，他家庭的整个情况简直太可怕了。我从来没有过兄弟姐妹。我不知道对亲人的爱和关心是什么感觉。

到目前为止，从来没有人像对待妹妹一样对待过我，我不知道自己该怎么办。

但这不是最糟糕的。我告诉亚历克斯我的计划了，现在他会监督我，这样我就不能干傻事。该死的！当我告诉他这些时，我到底在想什么？

现在我想死更难了，但我希望自己能处理好它。

离我自杀仅剩15天了。

还剩15天

## 第36天

深呼吸很痛。因为侧身伤口有缝合，束缚也会令人不快。我觉得有人拽着我的手，我不情愿地睁开眼睛。房间里半明半暗，房车停在原地。我很难辨认谁站在我面前。

"亚历克斯？"我在黑暗中说。

"嘘——"他让我起来，"我们走吧。"

为了不吵醒大家，我们踮着脚，走出房间。我顺便看了看表。

"早上五点？你想杀了我。"我说。

"未来的自杀者没有权利说这种话。"

我笑了。

亚历克斯打开天窗，拉出楼梯，几秒钟后，我们出现在房车顶上。

现在我终于明白，为什么他这么早就把我叫醒了——是朝霞。天空同时呈现出粉红色、橘黄色和黄色三种色彩，太阳躲在低矮的绿色山脉后，伴随着清晨的寂静和非凡的新鲜空气。看到这一切，我觉得有些震撼。

"哇！"我一边说，一边环顾四周。

"漂亮吗？"

"非常漂亮。"

我们蹲下。

"你知道，我还无法从你昨天告诉我的事情中缓过神来。50 天，计划自杀，这一切是为了什么？"

"我这样决定了。"

"你有没有想过你的父母和你的朋友？"

"是的，想了很多次。爸爸有了新的情人，所以我是他的负担。也许会伤心一周，然后他又重新开始过正常的生活。妈妈生病了。她 16 年里反复地说她是多么讨厌我，以及从她得知怀孕的第一天起，她就后悔没能摆脱我。外婆要结婚了，我替她高兴，我想这会帮助她忘记我。朋友？我几乎没有。最好的朋友准备把我活埋，而我和丽贝卡互相还知之甚少，她会应付的。再也不剩什么人，再也不为了谁而活下去。"

"看看这个朝霞，这是世界第八大奇迹，为此需要活下去。每天早上享受它，享受音乐，享受自由。人们不需要只为了幸福而活着。相信我。"

"亚历克斯，我们已经认识有一阵了，你为什么如此关心我？"

"因为我不明白，为什么一个年轻健康、充满活力的女孩想要去死。"

"问题是，这是我的生命，只有我才能决定是否去死。"

"我无论如何都不允许你这样做。"

"但我横竖不想活了。有什么意义？难道我们的一生就是要去狗屎般的小城市，去俱乐部喝酒吗？这就是你所说的生活吗？"

"不管怎么样，如果你自杀，就意味着你是个软弱的人。"

"我不在乎。是的，我很软弱，我不能再这样了。"

我们一阵沉默。清晨，一片死灰般的寂静。

"人们在死之前，通常会列出他们死前想做的事情。"他说。

"我几乎做了所有的事。我去了巴黎，吻了我的梦中情人，向爸爸说出了 16 年来累积的一切，还认识了如此出色的音乐人。"

"还剩什么没有做呢？"

"嗯……我不会冲浪。"

"真的吗？你在佛罗里达度过了一生，从未冲过浪？"

"是的。"我笑了。

"那你更加不能死了。"

我吸了第二口，然后是第三口、第四口。风吹起了灰尘。

"你缝合的地方怎么样？"

"还好。有点疼，但是可以忍受。你好吗？你的手怎么样？"

"一切都很好……听着，如果你想死，你为什么要下车？它爆炸了的话，你所有的问题都解决了。"

"……那么你就会死，我不希望有人因为我的任性而受伤。"

\*\*\*

我醒了。房间变得非常明亮。在我与亚历克斯谈完话后，大概过了至少五个小时。丽贝卡不在身边。我起床，打开门，发现杰伊和亚历克斯也不知去哪儿了。我听到厨房里有些沙沙声，是史蒂夫。他站在炉灶边，光着上身，下半身裹着一条白毛巾。

"大家都去哪儿了？"我问。

"不知道。"

我看到旁边有一张字条。我把它拿在手里："我们去商店了，别丢下我们。"

这么说来，他不知道。太好了！现在他要报复我，因为我这个小妞抛弃了他。

"你不能穿得体面点吗？"

"哦，哦，我的身体让你不好意思了？几天前你还愉快地碰过它，"我转向他，"是的，你这个狗屎样，我怎么能跟你睡觉呢？"

"难道我触犯了我们光屁股先生的自尊心？"我笑着说。

我打开冰箱，想拿火腿，但史蒂夫先一步抢了过去。

"真可惜，火腿不够两个人了。"

"怎么，你开玩笑吗？"

"你想要什么，小不点？你不是一个人住在这里，而是在一个大家庭中，俗话说，机不可失。"

我觉得再有一个瞬间，我就愤怒地要爆炸了。

我走到炉灶边，想拿土耳其咖啡壶倒咖啡，但史蒂夫推开我。

"咖啡我给自己煮的，请原谅。"

他得意地笑着，回到他的房间。我从半空的冰箱里取出一盒沙拉。肚子饿得咕咕叫，我拿起叉子，尝了一下沙拉，然后才发现沙拉发霉了！

"顺便说一句，沙拉是三周前的。"史蒂夫在门外偷看，看到我因这令人讨厌的东西而扭曲的脸，开始像马一样嘶鸣。

真是个美妙的早晨！


　　亲爱的日记！

　　史蒂夫恨我。我不知道这会持续多久，但我相信他会为了让我从他们的生活里消失做一切事情。

　　亚历克斯继续说服我不要自杀，我已经相当厌烦。他是唯一知道我想法的人。我犯了一个大错误，告诉他这件事。现在，每天我都要听他讲课，讲生活是多么美好，而我是个多么蠢的女孩。

　　到目前为止，我走路还很困难。我已经在床上待了整整一个小时。时而睡着了，时而醒了，然后又睡着了。我不想走出房间，毕竟那里又会有史蒂夫白痴般的玩笑，还有他越轨的举动，我肯定会踢他。

　　　　　　　　　　　　　　还剩14天

"喂，瞌睡虫，睡够了吧！"丽贝卡把我叫醒，"我们现在在一个多么棒的城市。"

"贝克丝，我的头要裂开了，别大喊大叫，拜托。"

"对不起。你怎么了，不舒服吗？"

"不，你说什么呢？我只是昨天奇迹般地幸免于难。"

丽贝卡笑了。

"你睡觉的时候，我拿了捷泽尔的信用卡去商店。你不介意吧？"

"你都已经做完了，为什么要问？"

丽贝卡把从不同商店买来的一堆购物袋放在床上。

"我买了连衣裙，还有 T 恤和牛仔裤。我们的尺寸似乎是一样的，所以我们可以换着穿。我厌倦穿一样的衣服，我决定更新我们的衣柜。"

"很酷……"

"你不喜欢吗？我不该没有征求你的意见就拿了信用卡？"

"不，没关系。"

"那么试一下这些衣服，对了，今晚有一个海滩派对，你和我们一起去吗？"

"不，我想休息，远离这些派对和人，哪怕只有一天时间正常度过。"

"随你的便。"

丽贝卡开始在滑门衣柜内的架子上摆放东西。

"你整个人容光焕发。"我说。

"……我只是觉得这样会幸福，这一切都归功于你。"丽贝卡把购物袋抛到一旁，躺在我旁边。我拥抱她。

"你现在和杰伊在一起吗？"

"还没有，但是我们沟通得很好……你知道吗？以前我害怕和男生沟通，我认为他们脑子里只有一件事，但杰伊不是那样的。"

"贝克丝，你不能百分之百相信一个人。"

"你不是也想让我和他在一起吗？"

"我想过……现在我也想，但我希望你幸福，这样你就不会像我一样被人背叛。"

"当你在我身边时，我就会幸福。"

我更加紧紧地拥抱丽贝卡。

"你想回家吗？"我问。

"是的……但不是现在。也许，一年以后。我将回到布里瓦德，让我母亲看看我变成了什么样子。你呢？"

"我不知道……一年中一切都会发生变化。"

"那么，你只是想象一下，你回到家，你的爸爸晕倒了，因为每个人都一定以为我们已经去世了……而我们还活着。我们很幸福，也很自由。"

"我们很幸福，也很自由……"她的话在我脑海中回响了很久很久。

\*\*\*

我睁开眼睛，周围一片漆黑。我看向时钟——晚上十点。惊呆了！我睡了一整天，因此我浑身酸疼。我走出房间，这里一片安静，空荡荡的，所有人都去参加派对了。我开始思考我自己一个人在这里做点什么。我剩下的日子不多了，而我在家待了一天，卧床休息了一整天，现在需要寻欢作乐。我去洗澡。脱掉皱巴巴的衣服，我在镜子里看到的画面让我震惊，身上几乎没有一块地方没有擦伤或者瘀青。我的身体就像一个烈士的身体。可怕的景象！我打开水，看着缝合的地方，它开始抽痛，我眯着眼睛。这只是某种折磨，最轻微的动作都会给我带来新的疼痛。

\*\*\*

我打开衣柜。新东西的味道可真好闻。我浏览了每一件新衣服，最后选择了其中的一件。黑色的连衣裙采用某种柔软温暖的材料，长袖，正是我需要的，我不希望大家看到我的伤痕。我把自己打扮好，梳好头发，整理好连衣裙。不过，史蒂夫是对的，我看起来真的很糟糕。

\*\*\*

我沿着黑暗的街道朝着音乐的方向走去。这个城市比之前的城市大很多，周围环绕着美丽的山脉，佛罗里达州没有这样的山。我习惯了空旷，习惯了一望无际的大海。而在这里，似乎所有的空间都被压缩了。

"喂，美女，跟我们一起吧，不要害怕！"四个人在路的另一边冲我喊道。

"一群丑八怪。"我暗自想着，并加快了脚步。几分钟后，我来到了沙滩上。山脉，星空，黑暗的河流，一切都倒映在其中。这里非常美。很多人光着脚在黄沙上跳舞，处处燃着篝火，中间站着一名 DJ，用他热情的音乐诱惑着每个到场的人。

有人享受着狂欢带来的快感，有人直接喝醉了。只有那些问题一大堆的人才聚集在这里，但他们满不在乎。

我在人群中找到主唱。

"亚历克斯！"

他转身走向我，我注意到他醉酒迷离的样子。

"哦，我们的睡美人醒了？"

"我从来没来过海滩派对。"

是的，我知道这听起来不正常。我住在佛罗里达州内，海边通宵达旦地举行派对，但当时我一直待在家里，妈妈不准我去那儿，我只能秘密地去捷泽尔的派对。

"你生活中没有经历的事还有很多，而你想要自杀。"

"……我们不说这个。"

我开始环顾四周，寻找丽贝卡的眼睛，但亚历克斯分散了我的注意力。

"走吧。"他握住我的手，带我去某个地方。我们推开人群，爬上 DJ 所在的木制舞台。

"疯了！这里每个人都会看到我们。"我说，没有隐藏自己的笑容。

"你想象一下，这里没有别人，只有我们。这个音乐，这个空气，这个夜晚，都只为了我们。"

我逐渐沉浸在今晚的气氛中，尽管我移动很困难，但我还是让自己的身体舞动。

我们听到下面冲我们大喊大叫："点燃这个舞台吧！"我完全听从音乐，看着亚历克斯，他看着我。今天我们是明星。今天我们感觉很好。

"在那儿你是怎么教我跳舞的？"他一只手抱着我的腰，另一只手紧紧握住我的手心，尽管放着俱乐部的音乐，但我们开始在它的伴奏下跳起了华尔兹。事实上这非常荒谬可笑，但这一切让我们大笑起来，并忘记了最近几天发生的事。

"你是一个有天分的学生。"我说。

我们跳了几个舞蹈动作，DJ 特别为我们混音。突然，亚历克斯脸色变了。

"你怎么了？"我问。

"没事，只是刚刚转身太猛。"

从他的脸上可以看得出疼痛。

"你确信吗？"

"……是的。我们最好去喝一杯。"

我们从舞台上下来，前往酒吧。我们花了几分钟选择喝什么，最后点了"Absolut"伏特加酒。当酒保把两杯冰伏特加递给我们后，我们深呼一口气，喝下了整杯酒，嘴里完全麻木了。首先，伏特加烧胃，然后酒劲愉快地上来了。我们看着对方，看着对方扭曲的脸，大笑起来。然后我失去平衡，一把抓住亚历克斯。我慢慢地闭上眼睛，但亚历克斯把我推开了。

"格洛丽娅，不。"

"为什么？"

"你自己知道。"

"……亚历克斯，我不是你的妹妹！"

"这很明显。"

"那你为什么要像对小女孩一样对待我？"

"因为我们都知道这之后会发生什么。"

"……那又怎么了？"

"格洛丽娅，我不想把你和只想跟我发生关系的女孩相提并论。你很特别。"

"那我身上有什么特别之处？只要告诉我，说我不吸引你。"

亚历克斯沉默了很久，看着我的眼睛，然后从他的口中脱口而出：

"你不吸引我。"

空虚。现在我的内心充满空虚。我转身离开。他甚至没有试图阻止我。我的天哪！格洛丽娅，你在想什么？像亚历克斯这样的人，你永远也没希望。你只配得到像马特这样的人，有一个漂亮的外壳，但内心丑陋。你只配得到懦弱的家伙，背叛你的家伙。为了他们可怜的声誉，准备抛弃你，去未知的地方。

我在人群中看到一个穿着可爱的天蓝色连衣裙的跳舞的姑娘。是丽贝卡。

我走到她身边，但她没注意到我。她闭着眼睛，我觉得她的理智已经被酒精控制了。

"看，你在这里玩得很开心。"我说。

"格洛丽娅，你还是来了！我知道你穿这件衣服很适合。你有没有喝过苦艾酒？"

"喝过……"我马上想起了尼克的事件。

"不是一般的讨厌，但喝进去还好。"她笑着说。

"……我不认识你了。"一瞬间，在我看来，我与她互换了角色，她曾经那样看着我，用鄙视和不解的眼神。

"你要吗？"丽贝卡递给我一瓶苦艾酒。

"不，今天我已经够了。我们去散步吧？"

"……我和杰伊打算沿着海滩走走，你知道吗？星星，海浪的声音，很浪漫。你不会生我的气吧？"

"当然不会。"

杰伊来找我们。

"对不起，格洛丽娅，但我不得不从你那儿偷走这位美女。"他说。丽贝卡笑起来，他们和那些人一起一边轻歌曼舞，一边离开。

我开始感到不安。我又一个人了吗？丽贝卡逐渐变成另外一个人，史蒂夫恨我并且用各种方式证明，而亚历克斯……我根本不想想起他。我看到他在人群中拥抱着两个女孩。我厌恶极了。我打算离开海滩，突然听到身后传来史蒂夫的声音：

"怎么，你的英雄和朋友抛弃你了？"

我转向他。

"你跟踪我吗？"

"这有什么。我亲自跟踪你这样的人。"

"……什么样的人？"

"把生活安排得不好的小女孩。"

"你知道吗？我们的感觉是相同的，我也无法忍受觉得自己很完美的男生，事实上只是些色坏。"

"哦，哦，小不点生气了。"

"你让我厌恶。"

我转身，但又听到了他反驳。

"那么，亚历克斯在你身上发现了什么？"

"而你在我身上发现了什么？"我猛地转身向史蒂夫问道。

"你身上没有吸引我的东西。"

"得了吧！你不会撒谎。昨天我听到了你和亚历克斯的谈话。"

史蒂夫向前朝我走了几步。

"你也不是什么美女，你的身材也不是喷泉，你还喜欢钻牛角尖，只有最后一个白痴会喜欢你。"

听到这些话，我觉得很不愉快。我准备在他面前像一个5岁的孩子一样放声大哭，但我没这样做，看着他笑眯眯的眼神，把自己的仇恨和委屈藏了起来。

"……谢谢，史蒂夫。你可真会恭维女生。也许，这就是为什么你独身一人，唯一能让你容光焕发的就是与放荡的女子和小女生发生关系。"

我再次转身。

"你的屁股也不好看。"他说。

"而你的太小！"

"什么？……"

"……脑子，史蒂夫，脑子。"

\*\*\*

音乐离我越来越远。街上几乎没有人。本地的老住户已经在家中睡着了，而年轻人正聚在海滩上。我只看到自己长长的影子。

"喂，看，就是她。"我已经听到了那个声音。我转过身去，看到派对前死乞白赖地纠缠我的那四个小伙子。我加快了步伐，但他们四个人跑到我跟前。

"别着急，美女。"

他们身上散发着一股臭味，身上也脏兮兮的，这让我更加反感。

"看看她蓬松的头发，她来自另外一个星球吗？"一个尖细的嗓音说道。

另一个人抓住我的手，他呼出的气息喷到我的脸上。因为厌恶，我眯着眼睛，全力挣扎着要逃脱。

"走吧，我们去玩玩。"他说。

"马上。"我愤怒地踢中了他的腹股沟，但他的一个浑蛋朋友推了我一下，我摔倒在潮湿的柏油马路上。新的疼痛与昨日的疼痛夹杂在一起。我开始呼吸困难。我的天哪！为什么这一切都发生在我身上？

"姑娘并不想好好玩，那就糟糕地玩吧。"

我找到力量站起来，反击他们，但我没成功。最好他们能立刻杀了我。

突然，我们听到从离我们几米远的地方传来一个声音。

"喂，哥们儿，你们完全玩上瘾了，"我看向那边，看到了史蒂夫，带着他标志性自得的笑容，"我也知道一个很酷的游戏，叫作'射穿亡命徒的小弟弟'，我们从谁开始呢？"

"你滚吧，丑八怪。"其中一个人说。

史蒂夫拿出一把手枪。

"游戏已经开始了。"他向天空射击，我看到这帮亡命徒吓得屁滚尿流。

"快跑！"他们喊道。

史蒂夫赶快追了上去，然后他停下来，看着我。

"给我你的手还是怎么样？"

我自己艰难地站了起来，抖掉连衣裙上的污垢。

"现在你也没跟踪我吗？"

"我只是想回房车去。"

我对他的敌意和救我的感激之情混合在一起。

"听着……我明白，你恨我，因此让我们互相无视对方？"

史蒂夫没有回答我。他只是慢慢地走近我，看着我的眼睛。

"什么？还有什么？说吧，我是多么可怕，你是如何瞧不起我！来吧！"我喊道，但就在这时，史蒂夫抱住我，吻了我。我很困惑，推开了他。

"……这是什么意思？"

"也就是说，我是最后一个白痴。"

"只有最后一个白痴会喜欢你"——我的记忆中浮现出这句话。史蒂夫现在似乎完全不同。他等着我的回应，但是我吓呆了。为什么他整个早上找我的麻烦，挖苦我，羞辱我，难道他试图以这种方式隐藏自己的感情？

"……我还没跟你说谢谢。"

"安啦。"

我握住他的手。

"史蒂夫，别再扮演凶巴巴的金发男子了。我觉得你内心的某个地方非常好，但是你藏在面具下。"

他久久地看着我的眼睛。

"我的天哪！我真不该爱上一个小姑娘！"

我们分道扬镳。一切又重新回到了原来的轨道。

"真的！你是个美男子、情场老手，所有的女生都拜倒在你脚下。"

"是的，所有，但你没有……"

史蒂夫继续往前走。

"房车在另一边。"我说。

"我想继续游戏。"

我跑到他身边。

"也许，犯不着？"

"你想象一下，如果我没跟着你，会发生什么事？"

是的，那些浑蛋可以对我做任何事，我甚至都不敢想。

"好吧，我们去哪儿？"

"我看到其中一人跑到拐角的一家酒吧去了。"

五分钟后，我们也来到了同一个酒吧。我对聚集在这里的败类充满了愤怒和前所未有的仇恨。

"他在那里。"史蒂夫告诉我，我看到其中一个骚扰我的人。他在洗手间附近亲吻一个女孩。

史蒂夫握紧拳头，但我阻止了他。

"等一下，我想亲自对付他。"

"啊，小不点，你不会停止让我惊讶。"

"给我枪。"

史蒂夫顺从地给了我武器，我朝洗手间走去。推了推亡命徒的肩膀。

"哦，又是你。要加入我们吗？"

我假笑着，打开厕所门，他走了进去，我跟着他。

"滚出去。"我对那个一分钟前正与他拥抱接吻的妓女说。

关上门，他立刻脱掉了自己的裤子。

"来吧，脱掉你的衣服。"我注意到他有一颗门牙没了。从外表看，这个乡巴佬大约30岁了，现在无法描述我和他一起在这里是多么恶心。我把手枪往前推，他瞪大了眼睛。

"喂，你怎么了？"

我保持沉默。我的手在颤抖，不是因为恐惧，而是因为我身上燃起的熊熊怒火。他慢慢地走向门口。

"站住！靠墙，快！"

"我对你做了什么吗？我不想纠缠你，都是他们！"

我注意到他裤子口袋里有一个钱包，我把它拿了出来，一分钱也没有。

然后我在钱包的透明塑封下看到一张小照片，上面显然是他与他的妻子和孩子。我脑海中立刻浮现出我爸爸的脸。这个亡命徒和我爸爸完全一样，当他的妻子和孩子坐在家里等他时，他正在寻欢作乐。我多么讨厌这些畜生！

"败类……"我说。

"拿走一切，但不要杀我！我有孩子！"

浑蛋……只是现在，似乎，他才想起孩子。

我挥手，用枪柄打在他的太阳穴上。

我呼吸沉重。

我走出洗手间，沉闷的空气中夹杂着酒精和香烟的味道。我看到史蒂夫坐在吧台后面，当他看到我时，立刻跟了上来。

我们走到外面。我呼吸了一口冷空气。

"你这么快就解决他了，"我看向一旁，史蒂夫走近我，"他有没有碰你？"

"没有……拿着。"我把枪递给他。

"我们回房车那儿还是回海滩上去？"

"……我有个更好的主意。"

"我全神贯注听着呢。"

"我知道一个名为'真心话大冒险'的游戏。"

史蒂夫笑了。

"你认真的吗？"

"真心话还是大冒险，史蒂夫？"

"……真心话。"他不确定地说道。

我花几秒钟想了想问题。

"你第一次喜欢的女孩叫什么名字？"

"我的天哪！再问问我第一次是几岁。"

我瞪了他一眼。

"艾米丽……她的名字叫艾米丽。"

"她是你什么人？"

"这已经是第二个问题了。"

"你选择了真心话，那就要回答。"

"……她是我的保姆。"

我大笑一阵。

"有什么好笑的？我那时 12 岁，而她是我的女神。"

"你 12 岁的时候有保姆吗？现在我明白，你是从哪儿来的这么多综合体。"我一直在笑。

"那么，真心话还是大冒险？"

"……大冒险。"我说。

史蒂夫环顾四周，然后说：

"看到那个摩托车停车场吗？"他用手指了指一栋楼，附近停着十辆黑色摩托车。

"是的……"

"偷走其中的一辆。"

"……我不会开。"

"你选择了大冒险，小乖乖，所以不好意思。"

我不由自主地咽了咽口水。好吧，我自己选择玩这个游戏，我得完成它的条件。我慢慢地走到停车场。史蒂夫站着，看着我，笑得花枝乱颤。

"打住。"

"你看起来很严肃。"

"听着，爱保姆的家伙，拜托，闭嘴！"

我选择了其中一辆摩托车，试着推走它，但它非常笨重。我的膝盖都在颤抖。如果有人发现我，那我和史蒂夫就完蛋了。

我把摩托车推到他面前。

"现在呢？"

"坐上来。"他说。

我好不容易穿着短裙爬上闪闪发亮的黑色摩托车，然后我们背后传来一个怒气冲天的男人的声音：

"喂，你们干什么？这是我的摩托车！"

"抓紧了。"史蒂夫说，同一瞬间摩托车出发了。我们加速，我紧紧地抓住史蒂夫的背，感到我们两人都肾上腺素飙升。风吹动我的头发，道路上空空的，不成体统的速度和整个环境带来一种莫名的快感。

突然，我意识到现在路上不只我们，我回头看，整个摩托飞车族的灯光立刻让我眼花缭乱。

"史蒂夫，他们跟上来了！"

"向他们竖中指！"

"疯了吗？他们会弄死我们。"

"来吧，数三下。"

"一、二、三。"我和史蒂夫同时向一群暴怒的摩托飞车族做了这个不雅的手势。我大笑起来，用手紧紧地抱着史蒂夫。他开始疾驰，然后转进一条狭窄的街道，然后再转弯，然后我们停下来。当我们看到追捕者从我们身边经过时，史蒂夫启动引擎，我们转身开走了。

只有我们，独自在这漫长的夜晚。我们骑着摩托车，享受着拍打在我们脸上的强烈刺骨的寒风。过了一会儿，我们停了下来。

轻松呼吸。在我们看来，我们是无懈可击的，天不怕，地不怕。不现实的感觉。

"似乎已经甩掉了。"史蒂夫说。

我开始慢慢地恢复过来。

"真心话还是大冒险？"

"……大冒险。"史蒂夫说。

"你知道'小飞机'的游戏吗？"

"呃……'小飞机'？"他问道。

"是的，你伸开双臂，并沿着斜坡跑下来，想象你是一架飞机。"

"格洛丽娅，我25岁了，我是摇滚音乐人……或许，我们还要扮演芭比娃娃？"

"怎么，爱保姆的家伙，你怕有损你的面子吗？"

"如果我这样做，你不再叫我爱保姆的家伙了？"

"……再说。"

我们正好在小山丘上。史蒂夫站在我面前，他向两边伸开双臂，向下跑去。

"呜，呜，呜，呜，呜，呜！"他喊道。

我哈哈大笑。我也抬起双手，跟着他跑了下去。我们尖叫，大笑。

如果有人看到我们的话，我们就要被送往精神病院了。

我们很开心，也很自由。我们很开心，也很自由。

我忘记已经折磨了我两天的痛苦，我很放松，我感觉很好。

我们停了下来，心脏在胸口怦怦直跳。热气袭来，浑身都在流汗。

"我和你都疯了，"史蒂夫说，"真心话还是大冒险？"他气喘吁吁地问道。

"真心话。"

"……你能和我一起逃走吗？"

"逃走？"

"是的……逃离杰伊、丽贝卡和……亚历克斯？"

"……这很愚蠢。我不想。"

史蒂夫呼出一口气，转过脸去。

"而且，"我继续说，"……我爱另外一个人。"

"当然，你怎么能不爱主唱！"史蒂夫愤怒地说。

"……不是亚历克斯。我过去的生活中有一个人帮助了我做出改变。"

"如果你这么爱他，为什么还和我一起睡觉？"

"我想让你帮我忘记他……但是我没做到。"

史蒂夫握紧拳头，突然转身看着我。

"我不能忍受你利用我！"他把我推到一边，朝摩托车走去。

"我以为你不同，那天晚上过后你会忘记我！……史蒂夫！"他没有回头。

我觉得自己像个真正的畜生。我也被利用过，不止一次，而现在我变得跟那些人一样，做同样的事情。捷泽尔利用我，我是给她跑腿的女孩。亚当利用我，我做一切的事情，以便他和捷泽尔在一起……

史蒂夫坐在摩托车上。

"如果你没有参加那场音乐会会更好，如果我完全不认识你会更好。"

我什么都没说。我只是感到惭愧。我坐在后座上。

摩托车开得飞快，然后越来越快。我们的驾驶速度如此之快，以至于在我看来，这样的速度能把我的头皮都吹落。

"史蒂夫，别开这么快！"我对他说，但他把速度加得更快。

"史蒂夫！"

我觉得我们现在要飞起来了。我不怕死，我担心他。他不应该死，他的时间尚未到来。

摩托车突然停了下来。我的头发变成了鸟窝，全身都在颤抖，双手死死地抓着史蒂夫。

"不喜欢我这么开车？走开。"

"拜托！"我用颤抖的声音说。我下了车，摇摇晃晃地往前走。

"你要去哪儿？"金发男子问我，"应该把你留给那些亡命徒，也许，他们会让你忘记你的前任。"他嘲笑道。

"你把我激怒了！"我大声喊道，走到他身边，把他从摩托车上推下去，摩托车倒了，而他差点没跳下来。当他试图弄清楚发生什么事的时候，我抓住这个机会，打了他一耳光，如此地疼，我的手都在抖。我大叫一声，但史蒂夫一声不吭。我忍着痛，多次捶他的胸，而他只是笑了起来。我停下来，困惑地看着他。

"来吧，再打一次。当你生气的时候，你真酷。"

出于无奈，我最后一次打了他的肩膀，然后转身，他突然抓住我的手，紧紧地抱着我，我们的嘴唇又贴在了一起。起初我想打他的胸口，让他不再纠缠我，但这个吻就像毒品一样，越来越蛊惑人心。我迷失了自己，完全顺从于他。他强壮的手臂伸到我的脖子上，然后抚摸着我的头发。因为打人，我的手在燃烧，整个身体也随之熊熊燃烧着。我们停下来，看着对方的眼睛。我多想说些什么，但我到目前为止都没有从中缓过神来。我低垂着眼睛，坐在摩托车上。

"走吧。"

"我们两人在一起很酷，承认吧。"

"走吧，史蒂夫。"

"我不想。"

那好，我想以一种好的方式，但你自己非要把我推向另一边。

我们面前有一栋非常像办公室的楼。我下了摩托车，拿起砖头扔在这栋楼的一个窗户上。玻璃碎了，警报响了起来。

"你真该死，格洛丽娅！"

"现在你肯定会走了。"我跟自己说。

史蒂夫启动引擎，我们离开了这个地方。

\*\*\*

海滩。我们看到杰伊、丽贝卡和亚历克斯坐在篝火边，轮流喝着一瓶酒。我和史蒂夫骑着摩托车到他们身边。

我坐在丽贝卡旁边。篝火散发着令人愉快的温暖，沙子也暖暖的。波浪声让人不由自主地放松。

"这里很好。"我说。

"我们买了棉花软糖。"丽贝卡说。

我把美味的棉花软糖穿在一根棍子上，把它们放在火上烤。这是最喜欢的童年甜食。

"也就是说，仍然是史蒂夫？"丽贝卡问道。

"什么，对不起？"

"你选择了史蒂夫？"

"……我谁也没选。"

"格洛丽娅，得了。他们像看猎物一样看着你。"

"或许，讲讲你们去哪儿了？"亚历克斯问道。

史蒂夫坐在我旁边。

"你不是我们的爸爸，我们不用向你报告我们的行动。"

"说到行动，我们忘记了我们的游戏。"我说。

"没错！需要继续下去。杰伊，真心话还是大冒险？"

"嗯……真心话。"

"告诉我们……你怎么称呼你的小弟弟？"

"我不怎么称呼它。"

"得了吧！"

每个人都盯着杰伊。

"听着，这是什么胡话？"

"游戏就是这样。你必须说实话。"我说。

杰伊沉默了几分钟。

"……芭比。"

我们笑得前仰后合。杰伊脸红了。我们笑得眼泪都流出来了。

"好吧，好吧。让你们笑个够，"杰伊尴尬地说，"史蒂夫，真心话还是大冒险？"

"大冒险。"

"……去吧，跳到水里去……"

"太容易了。"

史蒂夫走向海边，但杰伊拦住他，并增加了一个条件：

"……赤身裸体。"

大家都僵住了。史蒂夫，拜托，聪明一点，别同意。

"没问题。"他边说，边开始脱衣服。

我们都大喊大叫，大笑起来。

"我的天哪！我无法忍受这个。"丽贝卡说。

史蒂夫脱下他的牛仔裤，T恤，接着是内裤。他把衣服都脱了，然后露着他肌肉发达的屁股，冲进了水里。

我的嘴角都笑疼了。史蒂夫潜入水中，大喊着"Yeah！"。

"走吧。"杰伊抓住丽贝卡的手。

"你疯了吗？水是冰的。"

"你去不去？"

"不，我还没有精神失常。"

"好吧，算了。"

杰伊抓住丽贝卡的双手，把她扛了起来。

"走吧！"丽贝卡笑道。

他们加入史蒂夫，一起在黑暗冰冷的水中尖叫。我和亚历克斯坐在篝火边，继续笑着，看着发生的一切。

主唱从瓶子里喝了几口酒，我嚼着热乎乎的棉花糖。我们互相看着对方。

"瞧他，虽然他有时表现得像个傻瓜，但他知道如何去爱。"

亚历克斯拿起瓶子，然后起身离开海滩。

"知道如何去爱。"

突然，我想到了一个坏主意。史蒂夫的衣服乱扔在沙滩上无人看管，我把它们藏在了一块灰色的大石头后面。

最后，他们三人上了岸，所有人都瑟瑟发抖。

"太冷了。"杰伊边说牙齿边打战。

"看，你的芭比没掉。"史蒂夫笑着说。

"去你的！"

"需要喝一杯取暖。"丽贝卡说。

史蒂夫环顾四周。

"我不明白，我的东西去哪儿了？"

我靠近他。

"没有它们，你很好。"

"你的杰作，我现在要变成冰人了。"

史蒂夫颤抖着，我觉得他肌肉发达的身体全身都起了鸡皮疙瘩。我碰了他一下，他是如此紧张，我喜欢这样。

"……我会温暖你的。"我说。

这次我把他拉到自己跟前。

# 第九章 二

## 我们只想要幸福，却不知道幸福是什么

我意识到有些事它迟早都会发生，每个女孩都会经历这个，这是成长的特殊阶段，无法避免。

## 第37天

现在几点了？也许，大约是早上九点或十点。我不在自己的房间里。我完全不记得我是怎么出现在这儿的。

我侧身躺着，史蒂夫结实的手臂抱着我。显然，我这种姿势躺了很久，因为我的全身发麻。我试着翻身背躺着，但史蒂夫立刻用手抓住了我。

"你想再次从我身边逃开吗？"他说，把我抱得更紧了。"现在我不会让你去任何地方。"

史蒂夫抱着我的肩膀，我慢慢地融化了。

"我没打算从你身边逃跑。"我笑着说。我们互相看着对方很久。我第一次感觉和他在一起非常好，并且我准备好承认——他帮助我忘记了查德以及我过去生活中发生的一切。

我端详着他。他是如此可爱，半睡半醒，蓬乱的金发，他似乎变得完全不同了，我真的非常喜欢这样的他。

然后我环视他的房间。墙上都贴着海报和照片，氛围不同。我旁边的墙上贴着一幅画，画着史蒂夫、杰伊和亚历克斯，每个人都拿着自己的吉他。

"这是你画的吗？"

"是的，我知道，它很糟糕。"

"疯了吗？非常漂亮。"我用手指触摸这幅画，这张铅笔素描栩栩如生，承载着完整的故事，让人看了还想看。

"我还有其他的画。"

史蒂夫打开床头柜，翻了翻，最后拿出一样东西。

是另一幅画。他递给我。画的是我和丽贝卡。我们站着，拥抱，无忧无虑地笑着。

"你画了我们？惊呆了！"我说道，没有隐藏自己的笑容。这幅画真的很漂亮。

"是的，这是我的弱点。我看到新人或有趣的东西，就想在纸上记录下来。"

"……你很有天赋。"我继续看画。

"你留着吧。"

"谢谢……"我小心翼翼地把画折起来，"为什么你不能总是像这样？"

"什么样？"

"……开朗，温柔。你为什么想成为一个冷酷的浑蛋？"

"因为我就是这样的人。"

"不对……你知道吗？我想我是唯一一个看到你真实面目的人。"

史蒂夫会心地看着我。过了几秒钟，我开始找自己的东西。史蒂夫死死地盯着我。

"也许，你别再看着我了？"

"不。"他微笑着说道。

"史蒂夫，如果你不转身，我就挖掉你的眼睛。"

他笑了起来，然后转过身去。

在房间的一堆杂物里，我没找到我的黑色连衣裙，地上有件乱扔的白衬衫，我捡起来穿在自己身上。

\*\*\*

我和史蒂夫走进厨房。亚历克斯、杰伊和丽贝卡已经坐在自己的座位上，全神贯注地看着我们。

"哦，看，谁来吃早餐了？我们可爱的兔子们！"杰伊笑着说。大家都笑了起来，除了我和史蒂夫。

"你也早上好。"我说。

我们狼吞虎咽地吃着早餐，继续听着伙计们的笑声。这种感觉就像是在自己的学校。毕竟，当某个女生或男生开始有暧昧关系时，其他人都会嘲笑地看着他们，胡乱地跟他们开各种玩笑。虽然我和马特的私情没有被任何人开玩笑，但大家都知道了，因为捷泽尔·维克丽仍不依不饶，在整个学校面前嘲弄了我们，让我们成了大家的笑柄。

"小姐，您的火腿。"史蒂夫说，昨天早上，我们还在为冰箱里的剩菜而战。

"哦，你总是这么殷勤吗？"我问，亚历克斯、丽贝卡和杰伊再次疯狂地笑起来。

"我看到你加入了一群白痴的队伍里，他们在精神病院就笑不出来了。"

"史蒂夫，最好别惹我生气。"

"那你又能拿我怎么办？"

我拿起一杯水，突然把它泼到了史蒂夫的脸上。他握紧了拳头。

"嘿，你……"没说完这句话，史蒂夫就起身，我也跳起来跑出了房车。史蒂夫跟在我身后。

几秒钟之后，我才意识到我只穿了一件白衬衣就跑到了外面，有很多人在路上走，胸罩和黑色迷你短裤隔着衬衣都能看到。

我光脚跑着。尽管早晨的太阳才刚刚被唤醒，但柏油马路上非常热。我来到沙滩上，停下来让自己休息一下，此刻我发现史蒂夫的身影已经消失了。我稍微轻松了一下，但几秒钟之后，有人突然抓住我的手，笑得很邪恶。是史蒂夫。我用双臂抱住他的脖子，直到我确信他要放开我，但史蒂夫开始沿着海滩奔跑起来。

这不寻常！海滩上有一大堆人，浪花拍打着海岸，炎热的阳光与早晨令人愉快的凉爽混合在一起。史蒂夫抱着我跑着。我们疯了似的大喊大叫。我更加紧紧地抱住他，海滩上的人都看着我们，但我们不在乎。这里只有我们，这个世界只有我们，周围的一切都只属于我们。

"年轻人，你们别大喊大叫！"一位白发苍苍的老妇人跟着我们说。

"圣母马利亚！"老太太一边说，一边在胸前用手画十字祈祷。她快步离我们而去，继续数落着我们。

我们目送她离去，大笑起来。这很搞笑，我们甚至喘不过气来。

> 亲爱的日记！
>
> 我不想死！我以前觉得自己不幸福，但今天情况发生了巨大的变化。与史蒂夫一起度过的每一分钟都变成了小天堂。我想和他在一起，和他一起笑，只要看着他，就明白他想要的和我一样。我忘记了查德，每一微秒，他都离我越来越远。我们永远不会再见面，这是事实，所以我认为没有理由继续想着他，并认为自己和史蒂夫在一起是对他的背叛。如果我不自杀，那么我只能忘记自己以前的生活。现在我的新生活中出现了新的让我幸福的人。
>
> 也许亚历克斯是对的，我犯不着去死。也许我的新生活为我准备了一堆惊喜，在剩下的13天中，一切都会改变。
>
> 还剩13天

小电视上播着新闻，佛罗里达州发生一起事故，幸好无人员伤亡。摄像师匆匆地拍到了城市的全景，我看着屏幕下方的字幕"佛罗里达"，泪水在我眼中打转。我似乎很高兴离家生活，但或多或少，我仍然感到悲伤，我永远不会再回到那里。

"甚至不相信，我们曾经在那里待过。"丽贝卡说。

因为意外，我哆嗦了一下。

"是的……"

"格洛丽娅，我需要和你谈谈。"丽贝卡平静地说。

"当然，我在听。"

"别在这里。"

我们走进我们的房间，丽贝卡关上了门。

"发生了什么事？"我问。

"……我，"丽贝卡坐在床边，"我甚至不知道该怎么说……总之……好像我已经准备好了。"

"准备好什么？"

"我的天哪！……和杰伊一起。我已经准备好了……"

"……失去童贞？"

"我的天哪！这么说太糟糕了。"

我坐在她旁边，身上有些发热。

"怎么，你真的想要这样吗？"

"好像是这样。我看着你和史蒂夫在一起，你们很幸福。"

"打住，我和史蒂夫之间只是一场游戏。"

"什么意思，一场游戏？"

"我和他在一起感觉很好，他和我在一起感觉也很好，暂时就是这样，我们会扮演幸福的情侣。"

"但不能这样！毕竟他真的很喜欢你。"

"贝克丝，让我们谈谈你和杰伊。"

我注意到丽贝卡脸红了。

"……我很害怕，但我真的想这样。"

"那么，勇敢一点。但我必须提醒你，现在暂时你还没有这样做，你还可以考虑一百次。只是……我不希望你和我犯同样的错误。毕竟，贞洁再也回不来了，而心中的负担和记忆，将永远伴随着你。"

"谢谢……现在我感觉更糟了。"丽贝卡不自然地微笑着说。

"贝克丝，这是你的生活，我没有权力说服你这样或者那样，想想你自己想要什么。"

房间里沉默了好几秒。

"难道你后悔跟查德在一起吗？"

我的脑海中又浮现出自己试图以一切可能的方式隐藏的记忆。

"如果你知道我当时是多么歇斯底里的话，我讨厌我自己。后来我意识到它迟早都会发生，每个女孩都会经历这个，这是成长的特殊阶段，无法避免。最重要的是，要相信你想要和他这样做的人，至少第二天早上他不会逃离你，或者把你视为不需要的东西。"

突然房车猛地停了下来。我和丽贝卡莫名其妙。

"为什么停车了？"丽贝卡问道。

我们走出房间，朝伙计们走去。

"真见鬼！我们必须八点准时到达这个城市。如果我们取消这次演出，那么与这支乐队和音乐彻底告别会更简单！"

"史蒂夫，不要歇斯底里，"亚历克斯说，"杰伊，我们还有油箱吗？"

"不，我们在路上很多天了，都空了。"

"好吧，让我们看看还能怎么办，"亚历克斯拿起地图仔细查看，"好极了！几英里外有一个居民点，需要找一个加油站，事情就结束了。"

亚历克斯向出口走去，然后打开一个柜子，从中取出几个大油箱。

"我和你一起去。"我说。

"为什么？"

"我想活动活动腿脚。"

"好吧，拿着油箱。"

"我也和你们一起去。"史蒂夫突然喊道。

亚历克斯不情愿地同意，并给了史蒂夫几个油箱。

"我们就留在这里看车。"丽贝卡说。

"是的，只是要尽快回来。"杰伊说。

"看情况吧。"亚历克斯打开门，我们三个人下了车。

我不知道我们在哪儿。我们再次被绿色的矮山所包围，前方延伸着一条炽热的柏油马路。我们远离了房车。史蒂夫专注地看着我和亚历克斯。我不明白他为什么非要和我们一起去。想监督看看我是不是和主唱做了什么傻事？真搞笑！

"总之，我和格洛丽娅自己可以应付。"史蒂夫说。

"真的吗？你走两步就要迷路。"亚历克斯嘲笑道。

"听着，给我们一张地图，然后回到房车上去。"

"首先，我不会回到任何地方，其次，我没有叫你，你硬要跟着我来的。"

"硬要？你以为你是谁？"

"够了！"我尖叫，"你们都是快30岁的人了，却表现得就像孩子一样！"

我从他们手中抢过了油箱。

"你干什么？"史蒂夫困惑地问。

"我一个人去，而你回到车上去！"

我转过身，快步走向前走去。

"格洛丽娅——"我听到身后亚历克斯的声音，"也许你应该拿着地图？"

"我自己会找到路！"

\*\*\*

我已经停止计算我在路上的秒数。虽然油箱还是空空的，但提着它们，手也非常累。烈日炎炎，头都在燃烧，我想喝东西，躺在冰床上，但我没有停下。我看到面前有一个长长的村庄标识或类似的东西。

我的脑海中回想着不久前与丽贝卡的谈话。我与捷泽尔也进行过完全相同的谈话。那时我仍然爱着马特，听到那天晚上他要和捷泽尔发生关系，我觉得非常痛苦。幸运的是，正好相反，捷泽尔和我儿时的朋友亚当上床了。总之，我们从中学开始就梦想在毕业舞会前，与佛罗里达州最酷的小伙子们初尝禁果。我和捷泽尔详细考虑过这件事每一秒的细节，但一切都没有按照想要的进行。我一直希望我的第一个男人是马特。当捷泽尔与我分享她关于未来晚上的计划时，我很羡慕她，并千方百计地企图隐藏它。最后，我的第一次是与查德，一个学校里的书呆子和一个脱离集体的人。但是，俗话说，第一印象总是具有欺骗性。毕竟，每个女孩都幻想着她的第一次与一个特别的人在一起，而查德·马克库佩尔正是这样的人。所以现在我一点也不后悔，但是，不管我多么难过，我都应该忘记我们之间发生的一切。

我好不容易到达了居民点，找到一个加油站，走了进去。这里空荡荡的，有些莫名的气味，像是某种油。我按铃，门开了，一个大肚子的老男人走了出来。

"有什么能帮忙的？"

"请把这些油箱加满。"

"离这儿远吗？"

"足够远。"

"哦，对你表示同情，"老男人清点了油箱和升数，"您付我20美元。"

我递给他信用卡，过了一会儿，他把卡归还给我，然后拿起油箱去了某个房间。

我听到汽车驶进加油站的声音，小心翼翼地看着它——是警察。我的手立刻开始紧张地颤抖。我确信，每个警察都已经认识我、丽贝卡和这些音乐人。我把卫衣的帽子戴在头上。

"拜托，快点。"我颤抖地说。

那么，格洛丽娅，表现平静一些，好让他不会怀疑任何事。

警察走了进来。我背对着他站着，尽量让他看不到我的脸。

"查尔斯，把我的破车加满油。"

男人拿着已经装满的油箱从房间出来。

"哦，马修，很久没见到你了。打击犯罪进行得怎么样？"

"我们正在应对。现在很多青少年都在我们局里，他们老想着和人打架、卖毒品或者偷东西。"

"拿着。"男人跟我说。

"谢谢你。"我平静地说完，迅速打开门，然后走到外面。呼吸几口新鲜空气，帮助我缓过神来。

我走了几步，突然发现亚历克斯和史蒂夫站在我面前！

"你们在这儿做什么？"

"我们来找你。毕竟，你是格洛丽娅，你总是陷入困境。"史蒂夫说。

小伙子们走到我身边，从我手中接过沉重的油箱。

"那里有一个治安官。"

"他认出你了吗？"亚历克斯拿着最后一个油箱问。

"不，既然我站在这里，"亚历克斯突然打了个趔趄，我再次看到他脸上很疼的表情，"怎么了？"

"……没什么。"他快步向前走去。

"需要离开这里。"史蒂夫说。

\*\*\*

我们已经看到了远处的房车。我和伙计们真的厌倦了这种"散步"。我走在史蒂夫旁边，亚历克斯与我们相距甚远。

"你为什么要和我们一起去？"我问。

"我想帮忙。"

"史蒂夫，你骗谁呢？你表现得像在吃醋。"

"必须相爱才会吃醋。"

他的话惊得我一时说不出话来。

"……当然。"我勉强回了一句。

"等等。"史蒂夫抓住我的手。

"我们落在亚历克斯后面了。"

"只是不需要假装我的这些话刺痛你！毕竟，我和你之间只是一场游戏，不是吗？"他的眼中充满了仇恨。

"……你偷听我和贝克丝的谈话？"

"偶然听到的。非常好，我听到了这些话。"

"史蒂夫，我……"

"别说话！你知道吗？我真的以为你与众不同，但你比他们更糟糕。你利用人，伤害他们。当你感觉不好时，你会跑来拥抱我，但是当你感觉好的时候，你要么逃跑，要么高扬着脸。而我，告诉你，有感情，我现在不能忍受有人来伤害它。"

"你想从我这儿得到什么？在我看来，我在你面前是真诚的！我说过，我爱的是另一个人，我不能在一些亲吻或者夜晚后马上变成你的，我也有感情！"

"不需要弄成对你有利的情况！好像我是一头卑鄙的野兽，而你是一只不幸的小羔羊……我退出游戏。"

史蒂夫转身向前走。

"史蒂夫——"我说，但随之而来没有回应。

我再次失去了想要活下去的理由。

\*\*\*

我们在房车上。我冷漠地走进房间，丽贝卡跟着我。

"格洛丽亚，一切都好吗？"

"……是的，一切都非常好。"我极其厌恶地对自己说。

丽贝卡开始翻衣柜。

"看，"她说，我转身，丽贝卡手里拿着一件红色的连衣裙，"你觉得这件衣服适合今晚吗？"

"……你还是决定了吗？"我笑着问，丽贝卡点了点头。我从床上起身并拥抱她，"你穿这件衣服棒极了。"

"格洛丽娅，谢谢你听我说。你知道吗？有时我觉得，我已经认识你一百年了。"

"祝你好运，一切都会好起来。"

\*\*\*

经过几个小时的驾驶，我们到达了目的地。正如亚历克斯所说，我们现在所处的城市规模很大，这里将举办一场不出名的摇滚音乐会，乐队为了继续他们的职业生涯而寻找赞助商。

我和丽贝卡在换衣服。我帮她扣上她小巧玲珑的红色连衣裙。而我穿着长衬衣和安全裤。

"先生们，今天我们必须征服新的观众。我相信我们会成功的。"亚历克斯说。

\*\*\*

巨大的音乐会场地闪烁着无数的聚光灯，一群人围站在舞台旁，女孩们坐在自己男朋友的肩膀上。每位在场的人手中都拿着一罐啤酒或鸡尾酒。在舞台上，一组演出完，接着是另外一组。显然，我们在城市的郊区，因为演唱会场地周围山峦耸立，太阳正缓缓落到山后。

最后，亚历克斯、史蒂夫和杰伊出场，每个人都用疯狂的欢呼声迎接他们。他们缓慢优美的音乐吸引着每一个人。我甚至不敢相信，就在几天前，我们彼此还不认识，我还像其他所有女生一样看着他们，欣赏着他们的歌曲。

"惊呆了！他们有多少粉丝啊！"丽贝卡说。

"是的，但他们只归我们所有。"

我看着史蒂夫，看到他对那些向他伸手的女孩使眼色。我的内心感到有点不自在。难道我吃醋了吗？"必须相爱才会吃醋"的话语闪过我的脑海。不，我不喜欢他。这太复杂了。更重要的是，他不会再跟我说话了。我觉得自己很令人讨厌。

突然，在歌曲结束时，亚历克斯手中的主音吉他停了下来，主唱紧紧地抓住麦克风。史蒂夫和杰伊也疑惑不解地停止了演奏。亚历克斯看起来现在好像要晕倒。

"请原谅。"他说完，就离开了舞台。

人们不明白现在发生了什么事，包括我、丽贝卡、杰伊和史蒂夫。

"他怎么了？"丽贝卡问道。

"我马上就来。"

主持人出现在舞台上，并宣布下一组乐队的表演。

我用双手推开人群，跑到后台。这里有很多音乐人，我环顾四周，试图找到至少一张熟悉的面孔。然后我看到亚历克斯，他走进了一个房间。我朝那边走去。

我打开门，看到亚历克斯靠在墙上，呼吸困难。

"亚历克斯……"

"出去。"

"亚历克斯，你怎么了？"

"我说了，出去！"

"不，"我走到他身边，他眯着眼睛，"你的脸色太苍白了……"

"我很好。"

"很好？你逃离了舞台，我看到你感觉很糟糕。亚历克斯，我担心你，我百分百肯定这是交通事故的后遗症。"

"你想要我做什么？"

"没什么。我会去给你请医生。"

"不……"

"不要试图阻止我。"

亚历克斯突然站起来，抓住我的手，把我压在墙上。此刻门打开了。

"亚历克斯——"史蒂夫说，杰伊站在他旁边。他们蔑视地看着所发生的一切，亚历克斯继续把我压在墙上。

史蒂夫大口地呼气，然后转身离开。

"不，史蒂夫！……"我喊道，但为时已晚。

杰伊，一言不发，也离开了。

116

亚历克斯松开双手。

"对不起。"他说。

"你到底发生了什么事？"他沉默，"我想帮助你，但你显然满不在乎。好吧，做你想做的。如果你喜欢忍受疼痛，那么继续这种状态，受虐狂。"

我走出房间，丽贝卡站在后台旁，她拦住了我。

"发生了什么事？"

"你看到史蒂夫了吗？"

"看到了，他像个疯子一样跑出了房间，非常愤怒。"

"他去哪儿了？"

"似乎从后门走了。发生了什么事？"

"……一切都结束了，贝克丝。"

我从后门跑出来，是一条荒无人烟的街道，人们留在舞台的另一侧。我向前奔跑，时不时转身，希望能在某处看到史蒂夫，但我的期望并未实现。我看到我面前有一个火车站，很可能，这是现在唯一能找到史蒂夫的地方，因为继续走下去会延伸出一条山脉，完全没有人类的足迹。我走近车站，结果证明是对的。史蒂夫坐在灰色的石板上。我久久都不敢说一句话，最后，我握紧自己的双手。

"史蒂夫……我需要向你解释一切。"

"别管我。"

"拜托，你应该听我说。"

"我不欠你什么！"

"我和亚历克斯之间什么也没发生。"

"当然。毕竟，我和杰伊在错误的时间出现了！我厌倦了这样。需要彻底停止这一切。别再折磨我了！"史蒂夫沉默了一会儿，然后用低声说："走开。"

我没在意他的话，走到他身边，坐了下来。

"我不想失去你。这样对你是因为……因为我信任的人……我爱的人也用同样的方式对我，我只想扳回一城。"

"但是什么时候，你才明白我不是个玩具，我是个人？"史蒂夫跳了起来。

"我已经明白这一点了……原谅我。"史蒂夫默默地转身背对着我。我走向他，用我的双手拥抱他厚实的肩膀，将脸颊贴在他的背上。"原谅我……"我又重复了一遍，但他没有说一句话。"史蒂夫，如果你不原谅我，我就拧断你的脖子。"

我觉得我即兴的一句话把他逗笑了，但他继续保持沉默。我从他身上挪开。

"怎么样？"

"……走开。"

我尴尬地咽了咽吐沫。早上我还想为这个男人活下去，但现在我已经完全失去了他。我们的沉默被火车靠近的声音打断了。

"好……"我说。

我跳了下去，走到铁轨上，几分钟后火车就要靠站。我呼气，在史蒂夫眼前躺在铁轨上。

"你在做什么？"史蒂夫喊道。

"我会离开你的生活，史蒂夫。永远。"

"从那里站起来，你个神经病！"他跳到我身边。我看到他眼中的恐惧。转过头，我看到还差一点点，火车就要过来了。我的心都要跳出来了。从整个情况来看，我很害怕，同时也很有趣。

"快点起来！"史蒂夫猛地拉住我的手，但我紧紧地抓住铁轨，用腿将他推开。

"不。"我笑着说。

"我原谅你了！"

"我不相信你。"

还有几秒钟，我将在火车下方。

史蒂夫走近我，俯身吻我的嘴唇。铁轨在我身下颤抖。火车离我们只有几百米了。史蒂夫继续吻我，然后迅速地抱住我，紧紧握住我的手，背倒在地上，我们跌到了铁轨外。一列长长的火车呼啸而过。我们喘着粗气，两个人都在颤抖。我明白我干了些什么。他担心我，他原谅了我，而我只是需要这样。

"怎么，害怕了？"我笑着。

"我的天哪！你这辈子害怕过什么吗？"史蒂夫喊着。

"是的，"我喘着粗气说，"我害怕失去亲近的人……我害怕回忆，就像我脖子上的套索一样，逐渐扼杀我……并且我还害怕拥抱一个人……而他同时在背后捅我一刀。"

这一刻，史蒂夫紧紧地抱着我。我觉得他的整个身体都在颤抖。

"我永远不会这么做。"

我回应他的爱，闭上眼睛，拥抱他。

"我知道……"

"你永远都是我的，你听到了吗？"

我们的心疯狂而一致地跳动着。我们坐在卵石路上，火车车厢继续敲打着铁轨。但在我们看来，我们根本不关心这个和整个世界。

\*\*\*

"你在想什么？该死的极端主义者。"史蒂夫说。

他的手放在我的肩膀上。天已经完全黑了，但音乐会还在继续进行，因为大麻和酒精而迷迷糊糊的年轻人越来越多。

"你能看看你自己的脸就好了，你看着像一个 5 岁的小男孩。"我笑了。

"这样是任何正常人都会做出的反应。现在再也不会忽略你了，你疯了。"

"什么，你要跟着我吗？甚至是上厕所？我突然会淹死在马桶里？"

"对你可以期待任何事。"

我用胳膊肘顶了一下史蒂夫的肚子，他把我拉到他身边。

"喂！"杰伊和丽贝卡跑到我们身边，"你们看到亚历克斯了吗？"

"没有，怎么了？"我问。

"他消失了，不接电话，不回短信。"

"怎么，该死的！如果他以为我们会追着他，那他就大错特错了。"史蒂夫说。

"我同意。"

"等等，"我插一句，"我们必须找到他。"

"这是为什么？"史蒂夫问道。

"他从舞台离开是因为觉得不舒服，他不是第一次这样了。"

"这是怎么回事？"杰伊问。

"史蒂夫、杰伊，你们怎么了？你们是兄弟！"

"格洛丽娅，我们已经厌倦了跟在亚历克斯后面不断奔跑，我确信他正坐在小酒馆里与某个脱衣舞娘腻歪。"

"……好吧，你们是对的。亚历克斯是一个成年人，我们不应该控制他。"我艰难地说。

"没错。那么，谁有什么晚上的计划吗？"

"可以去俱乐部。"杰伊建议道。

"或者就去个咖啡馆吧。"丽贝卡说。

"听着，难道你们不厌倦每天聚会吗？"我问。

"你有什么建议？"

"我希望这个夜晚只有我们，没有其他人，"我翻遍我的短裤口袋，拿出信用卡，"这张卡上还剩很多钱，我建议去把钱花光。"

"哇，哇，哇！"杰伊、史蒂夫和丽贝卡齐声喊叫起来。

\*\*\*

我们走在这座大城市里，杰伊搂着丽贝卡，史蒂夫搂着我。我们去市场买了香烟和两瓶最贵的香槟酒。杰伊和史蒂夫同时打开它们，向我和丽贝卡喷洒白色的泡沫。大家轮流喝酒，除了丽贝卡之外，所有人都会抽几口，再倒酒喝。伙计们开我们的玩笑，我们反过来也开他们的玩笑。在这样的时刻，我又忘记了这样一个事实，从前我的生活像狗屎。我想活下去，为了这些幸福的时光活下去，把它当成我生命中的最后一天活下去。但我又想起了亚历克斯。他在哪儿？总之，他会发生什么事？事故发生后，他救了我的命，现在我想做同样的事，但他把我推开了。我脑子里盘旋着很多问题：他消失去哪儿了？他为什么消失？现在，我很担心他。

我们来到一条宽阔的大街上，旁边有一栋最高的大楼，上面刻着"Grand Palace"的字样。人们坐在长椅上聊天，我们慢慢地从他们身边经过，突然视线停留在附近一个年轻的小伙子身上，他弹着吉他唱歌，显然是他自己的作品。他本人穿着破破烂烂的衣服，脚边放着一顶鸭舌帽，里面有可怜的三美分。除了我们，没有人听这个小伙子唱歌。

"我真替他可惜。"我说。

"他有一个美好的未来。"史蒂夫笑着说，然后他拉着杰伊一起，走到这个年轻的音乐人身边。

"他们要做什么？"丽贝卡问。

杰伊从那个小伙子手里拿过吉他，走到一边。史蒂夫站在杰伊旁边，开始唱歌。

So you lost your trust ,

And you never should have , And you never should have ,

But don't break your back ,

If you ever see this ,

But don't answer that.

In a bulletproof vest,

With the windows all closed,

I'll be doing my best,

I'll see you soon,

In a telescope lens,

And when all you want is friends,

I'll see you soon.[1]

　　一群人立刻围在我们周围，大家听着史蒂夫美妙动听的歌声。杰伊闭着眼睛弹吉他，笑容十足。我和丽贝卡站在他们对面，慢慢地融入音乐中。人们开始往鸭舌帽里投硬币，然后是纸币，最后都没有多余的空间投硬币了。

　　史蒂夫唱完歌，大家都为伙计们鼓掌喝彩。那个小伙子笑得合不拢嘴，跑到他们面前。

　　"谢谢！"他说。

　　"不客气，奥古斯特·拉希。"史蒂夫说。

　　"你是个令人惊奇的人。"我说。

　　"这是我最喜欢的歌曲！在场的人都以为真的是酷玩乐队在这里演出。"丽贝卡欢天喜地地说。

　　"我曾经也在街上卖唱过，同样也没有人关注我。我希望这个小伙子有成效。"史蒂夫说。

　　"听着，我有个主意，我们在那家酒店订两个豪华房间怎么样？让我们至少有一个晚上觉得自己像个纨绔子弟。"杰伊说。

---

1　Coldplay— *See you soon* 的歌词。

大家立刻都支持杰伊的提议。几分钟后，我们来到一个大酒店的大堂。这里的所有人都用奇怪的目光打量着我们。

我们走到前台。

"晚上好。"服务员说。

"你们的房间多少钱一晚？"史蒂夫问。

"标准间每晚 150 美元。"

我们互相看了对方一眼。

"我们要两个最好的套房。"

史蒂夫说得如此大声，所有人听到后惊得几乎下巴都要掉了。


\*\*\*

两层宽敞的客房，暖米色的墙壁，中间有一张巨大的软沙发，房间周围有四盏落地灯，深褐色的木制楼梯。

"惊呆了！我已经忘记最后一次生活在这样豪华的环境中是什么时候了。"

我环顾我们的房间。

"这里有两个浴室和一个按摩浴缸！"我说。

"二楼有什么？"

史蒂夫沿着长长的楼梯往上爬，我跟着他。我们有一个顶层公寓。四面都是全景窗户，从这里可以看到整座城市闪烁着无数的灯光，周围群山环绕。

两张睡椅，一个小玻璃茶几，中间是一个带照明的小型温泉游泳池。

"要疯了，这儿就像天堂，只会更好。"史蒂夫说，我拥抱他，我们站在这里看着城市的全景。然后我们听到巨大的溅水声。我们转身，看到杰伊在我们的游泳池里嬉戏。

"伙计们，我要永远留着这里生活！"他说。

丽贝卡出现了，她手里拿着一堆小瓶装的酒。

"我把我们的迷你酒吧都掏空了。"

每个人拿了一小瓶酒，直接穿着衣服助跑，跳进游泳池。我们靠在池边，笑得像孩子一样，同时相互泼水嬉戏。

\*\*\*

"我想活下去，我想活下去。"我脑子里再次出现这样的声音。我们的背后出现了越来越多的小空酒瓶。

"杰伊，我们再去掏掏迷你酒吧。"史蒂夫说。他们爬出游泳池，身后留下湿漉漉的痕迹，下楼去。

只剩下我和丽贝卡。

丽贝卡的红色礼服因为浸水变成了深红色。蓝色的游泳池灯光将黑暗的房间氛围变得神秘而浪漫。

"我甚至无法幻想能这样。"丽贝卡说。

"这一切都归功于我们'亲爱的'捷泽尔。"

我们笑了起来。

"你害怕吗？"我低声问丽贝卡。

"……现在不害怕了。我喝了酒，正渐渐变得和你一样疯狂。"

"丽贝卡，不久前你还害怕喝酒。"我笑道。

"是的，随后我认识了格洛丽娅·马克芬，变成了一个坏女孩。"

"哦，你……"我笑着溅了丽贝卡一身水，她也同样还击我。这时，伙计们出现了。

"喂，女士们，也许你们想把游泳池填满巧克力奶油？这看起来会非常色情。"史蒂夫说。

"闭嘴，变态。"我说，然后把水溅到他身上。

我们又开始喝一批新的酒。开玩笑，然后转向严肃的话题，然后我们再次开玩笑和耍闹。

我想活下去，我想活下去。

\*\*\*

我打开全景窗户，坐在最边上。杰伊和丽贝卡已经回到他们自己的房间。我的衣服到现在为止还是湿漉漉的。我坐下来，从令人印象深刻的高度看着这座城市。史蒂夫走到我身边，给我盖上柔软的毛毯，然后坐在窗户的另一边。

"我真想永远在这里生活。"

"当我成为一个真正的明星时，我和你将会住在比这更好的酒店里。"

我笑起来。

"你的计划真棒。"

"是的，名誉一直是我的追求，那你呢？"

"什么？"

"你向往什么？"

"……这是一个多么复杂的问题……我从未想过这个问题。"

"真的吗？"

"是的，我一直有更平凡的梦想。"

"哪些？比如？"

"……爱，真正的爱，就像书中写的一样，感受你最喜欢的角色的感受。"

"你觉得这现实吗？"

"……在我看来，是的。"

"过来。"

我慢慢地靠近他，把头枕在他的膝盖上。楼下传来来往汽车的声音，城市过着自己的生活，而我们过着我们自己的生活。现在觉得天空比大地更接近我们。一种难以置信和难以形容的感觉。

"……我会努力实现你的梦想。"史蒂夫低声说道，弯腰亲吻我。

# 第38天


我比史蒂夫醒得早。我赤脚站在浴室冰冷的瓷砖上。镜子里看得到我们的床。我看着史蒂夫，深受感动。这个粗犷的男生看起来如此不伤人。我细细打量着他身体的每一条曲线。我用手指触摸镜子，想象着此刻我能触摸到他。我关上水，房间里立刻变得安静了。我脱下史蒂夫的T恤，最后换上了自己的衣服。房间里的安静被意外的敲门声打断。我轻轻地沿着深色地板走到门口，打开门。门口站着一个拿着托盘的服务员。

"您的早餐。"服务员热情地微笑。

"谢谢。"

刚才，在我醒来后，我立刻订了早餐：两杯热茶、果酱、培根煎蛋和水果。托盘上的一切看起来都很漂亮。我把它放在靠窗的小桌子上。然后我走到床边，快中午了，而我们还没吃早餐。我向前走了几步，突然跳到床上，然后在床上跳了起来。史蒂夫因此醒了过来，一只眼睛不满地看着我。

"……我的天哪！格洛丽娅。"

"早上好！"我说，同时坐在他身上。

"我觉得，或许我的头已经两个大了？"

"不，只是昨天某人喝得太多了。"

"而你没有，顺便问一下，没有油锯[1]能摆脱这个脑袋的痛苦吗？"

---

1　用来伐木的以内燃机为动力的锯，即汽油马达锯。

"我有更好的东西。"

我俯身轻轻地吻了吻史蒂夫的额头。

"当然，这很让人愉快……但完全没有治好。"

我笑了起来。

"好吧，起床吧，不然早餐要凉了，"我拍了一下史蒂夫的胸口，然后从床上起来，"你先洗澡，我给客房服务打电话，多要点头疼片。"

"你真是个神奇的人。"

\*\*\*

我们坐在桌旁津津有味地吃着早餐。

"我决定在这里再住一晚。"

"酷！我真想用这个世界上的一切，换取只要不回到我们该死的房车上。"

我咬了一口果酱面包片，此刻史蒂夫正看着我。我的上嘴唇还残留着一点果酱，而我慢慢地用舌尖舔了舔它。

史蒂夫难为情地移开视线，突然呼吸加剧。

"怎么了？"我问。

"你能正常吃东西，别引诱我吗？"

"我吃得很正常呀。"

"不，你像一个色情明星一样在吃东西。"

我嘲笑他即兴插进来的话。

"我像普通人一样吃的，只是你太好色了。"

"看你是怎么吃的。"史蒂夫在一片白面包上涂上果酱，把它咬掉，然后用舌头顺时针舔着自己的嘴唇。

我看着他，大笑起来。

"不是这样，我不是这么吃的！"

"就是这样。"

我呼出一口气。

"我的天哪！这感觉就像我在和一个 5 岁的小孩子吵架。"

"一样。"

我移开椅子，然后转身背对着他。

"这样更好吗？"

"好了很多。"他狡猾地回答道。

我转过身，从盘子里拿起一块煎透的培根，把它扔给史蒂夫，史蒂夫以同样的方式回击我。下一秒，我们的早餐变成了一场真正的闹剧。我们互相扔着食物，大笑起来。我们失去平衡，摔倒在地上，史蒂夫慢慢地将双手伸到我的长衬衣里，然后不知不觉地越来越往上。

"不，史蒂夫，等等……"

"怎么了？"

"我……想要一些新东西。"

"新东西？"史蒂夫拉长了微笑。

"不，我不是那种意思。"

我从地板上站起来，整理长衬衣。

"我没懂你的意思。"

"史蒂夫，我想要一个正常的关系。"

"你对这关系有什么不满意？"

"是的，我们甚至连第一次约会也没有。"

史蒂夫翻了个白眼。

"为什么我们需要这些约会？我们两个人在一起不知道有多酷，每一对都羡慕我们。"

"所有正常的情侣都约会。"

"我不希望我们是正常的一对，这很无聊。"

"好吧……我白进行这次谈话了。"

"等等，你为什么生我的气？"

"为什么？史蒂夫，我讨厌像是摇滚音乐人的备胎的感觉。我想要一种认真的关系，你会尊重我。任何正常的女生都幻想着浪漫，幻想着真挚的感情。而现在我们之间的一切都是性、动力和玩笑。目前这还很酷，但总有一天我们会厌倦，然后怎么办？"

史蒂夫默默地盯着我。

"……对的，史蒂夫……没什么。"

我打开门，走出房间，靠在墙上。我怎么了？我想和他在一起，同时又把他从我身边推开了。内心有一种莫名的空虚。我真的厌倦了成为他的玩具。在我和马特的事情发生之后，我不再相信别人了。在我看来，史蒂夫因为一点点小事就会像马特一样离开我。

我敲了敲丽贝卡的门。一分钟后，她打开门。

"早上好。"我说。

"早。"

我想起我们昨天的谈话。环顾四周，杰伊不在。丽贝卡有些萎靡不振的样子。

"那么，讲讲怎么样了？"我笑着问道。

"没成。"

"那是？"

"就是说什么都没发生。"

"为什么？"

"杰伊喝醉了，我勉强把他拖到床上去了。"

"……真遗憾。"

"但我不遗憾。"丽贝卡走到我身边，我们一起坐在一张小沙发上，"你知道吗？我觉得这是一个征兆。万一我错了怎么办？如果我犯不着着急呢？"

我握住丽贝卡的手。

"是的，犯不着。你还会遇到很多人，你应该在他们中间找到一个值得的人。"

突然，洗手间的门打开了，杰伊走了出来。

"早上好，姑娘们。"

"早。"我说。

"你觉得怎么样？"丽贝卡问。

"糟透了，感觉就像用指甲锉锯开了我的脑袋。"

我们笑了起来。

"史蒂夫在房间里吗？"

"是的。"

杰伊走出了房间。

"我们决定在这里再住一晚。"

"很好，不然我已经开始厌倦这所'假房子'了。"

"……我可以在你的房间里过夜，而让杰伊和史蒂夫住在一起吗？"

"当然。发生了什么事吗？"

"我……被分成了两半。一半想和史蒂夫在一起，另一半则把他推开。"

"我甚至清楚地知道是谁要推开他，"我困惑地看着丽贝卡，"是查德。"

"拜托，别开始说这个话题。"

"已经开始了，"丽贝卡从沙发上站起来，"格洛丽娅，我不懂你。如果你还爱着查德，为什么和史蒂夫约会？为什么你和亚历克斯调情，同时又想要史蒂夫认真地对你？"

"是的，我很混乱。"

"混乱？说得真轻松。你只是在欺骗所有人！"

"贝克丝，我来这里是寻求建议，而不是来听另一堂课。"

"想要建议吗？你得到了！弄清楚，该死的，你的感情！选择你真正需要的人，并停止折磨大家。"

听完这些话，我喉咙发干。

"好吧。"我静静地说道，然后从沙发上站起来，向出口走去。

"你要去哪儿？"

"我去散步。"

"我和你一起。"

"不，我想自己一个人。我需要想一想。"

"好的，只是，拜托，请不要做傻事。"

\*\*\*

晚上下过雨。我走在潮湿的柏油马路上。尽管已经快中午了，城市也相当大，但街上的人很少。即使有行人，他们也和我一样，慢慢地走着，不慌不忙地想着自己的事情，享受着安静的城市氛围。

我头脑中有很多想法，它们都是同一个主题。我真的很困惑自己的感情。以前，根本没有人在意我，毕竟我是捷泽尔的影子。后来，当我明白我也是一个人，并且有展示自己的权利时，小伙子们才开始注意到我。现在发生在我身上的整个情况与捷泽尔非常相似。毕竟，她也在马特和亚当之间心猿意马。与此同时，我既同情又想指责她。现在同样的事情发生在我身上。我对查德和史蒂夫都有感情。弄明白他们之中我真正需要谁，并不像想象中那么容易。他们每个人都填补了我，帮助我活下去。而亚历克斯，这完全是另外一个话题。他拯救了我，我对他充满感激。多亏他，我才远离家，远离我的爸爸。我可以快乐地生活，而不是听任何愚蠢的指示。

我完全没有注意到时间过得飞快。我走到我们的房车停留的位置，从窗户外看了一眼，没有人。亚历克斯再也不会回来。我又开始担心他了。因为我没有钥匙，所以无法打开房车的门，我沿着楼梯爬到车顶，打开天窗，跳进车内。我比较了一下酒店的豪华套房和房车狭窄烦人的空间。然后我查看了所有的房间，确信主唱不在这里。我的心再次被同样的问题困扰。亚历克斯在哪儿？他怎么样？他现在在做什么？

我待在他的房间里。空气里充满了他的古龙水香味。我坐在亚历克斯的床上，用手抚摸着温暖的床罩，然后我的手心放在他的枕头上，正当我打算把手移开时，枕头下有什么东西沙沙作响。我举起枕头，发现下面有一堆透明袋。我拿了一袋，最后明白袋子里是什么东西了。可卡因！难道亚历克斯在独自吸食吗？越来越不对劲，每一秒都出现更多的问题。

我把枕头放回原位，走出亚历克斯的房间。在厨房的桌子上放着某人的电话。看样子，是杰伊的电话。我进入"联系人"，找到了亚历克斯的号码，久久未按下"呼叫"按钮，但是我冷静下来，然后开始拨号。几秒钟后，我明白这没有意义，因为我听到了自动应答器令人讨厌的声音。

"喂，亚历克斯……是我。别玩捉迷藏了，我和伙计们都非常担心你。请你回来吧。"

我结束了通话，重新把电话放回桌子上。


*亲爱的日记！*

*我害怕。我担心亚历克斯。我们才认识几天，但我已经非常依恋他。他发生了一些事情，这让我很害怕。*

*此外，日记，我完全迷失了我的感情。史蒂夫对我来说很珍贵，查德也很珍贵。折磨史蒂夫的想法让我不得安宁，我不知道该怎么办。我的脑子里一直在想这个月发生在我身上的一切。想起我和马特在游泳池亲吻，然后是在森林里，我们在屋顶的约会。*

*想起我和查德一起过夜，当我无处可去的时候，他让我去他家，还得知是他给我写了那些让我差点疯掉的带有预言性的信。现在我和史蒂夫每天都在一起，我们之间有一些伤脑筋的事。而这一切都是为什么呢？*

这一切都是因为我是个傻瓜，而且是最天然的。我不想再伤害别人，我已经把这项任务完成得足够好了。我很喜欢史蒂夫，不能每天都因为自己的犹豫不决而一步一步地折磨他。那么只剩一个办法，我真的不喜欢它，但我没有找到其他解决方案。

我应该结束与史蒂夫的关系。

还剩12天

我拿起自己的包，把日记扔了进去。我打开衣柜，给自己和丽贝卡带了些东西。

\*\*\*

酒店走廊的尽头，我找到了丽贝卡的房间。我打开门，但里面没人。

"贝克丝、杰伊。"我说，但没有人回答我。

然后我听到阵阵水声。我爬到二楼。丽贝卡靠在游泳池的池壁边，背躺着漂在水面上，闭着眼睛，戴耳机听着MP3。

我踮起脚突然抓住她的肩膀。她开始尖叫，在水中乱扑腾。

"怎么？你疯了吗？"丽贝卡喊着。

"对不起，我以为你听到了我的脚步声。"

"我差点死翘翘了！"

丽贝卡好不容易从水里爬了出来。

"你去哪儿了？史蒂夫到处找你。"

"我在城里溜达了一圈，去了我们的房车，拿了些东西。拿着。"

"太好了，否则我的衣服要被龙舌兰浸透了。"

"……你说史蒂夫在找我？"

"是的。"

我走到一边。

"我已经决定好了。我考虑了一下，最后做出了决定。我和史蒂夫断

133

绝关系，并和亚历克斯解释清楚。我够了！你是对的，我真的让大家和我自己混乱。"

"好吧，我认为这是正确的决定。我很高兴你听了我的意见。"

"姑娘们！"我们听到杰伊的声音。丽贝卡惊讶地跳起来。

"杰伊！"她喊道。丽贝卡消瘦的身上只穿了内衣和内裤，丽贝卡千方百计地试着用双手遮掩。

"对不起，我什么都没有看到，没有，"杰伊不好意思地说，"Carolina Liar 乐队今天在酒店有演出。"

"真的吗？我崇拜他们。"我说。

"他们非常棒，对所有酒店的客人免费。"

"酷！我去告诉史蒂夫。"

\*\*\*

我走进自己的房间。

"好吧，终于来了。"史蒂夫走出浴室，身穿黑色优雅的西装，他的头发没有像往常一样蓬乱，梳得很整齐。

"……史蒂夫？"

"怎么，不认识我了，对吧？"

"你在哪里弄的西服？"

"不重要。今天我将成为完美的男朋友，是你想看到的我的样子。格洛丽娅，我邀请你去约会。"

太意外了，我差点失去了说话的能力。

"你邀请我去吗？"

"完全不是。我只是想让你开心。"

那么，格洛丽娅，现在最好告诉他。快点！

"史蒂夫，我有事要告诉你。"

"以后，一切以后再说。去洗手间换衣服，我在这里等你。"

我呼出一口气。好吧，让我们看看结果会怎么样。我走进洗手间。

我在从房车上拿来的东西中找到了一件小巧玲珑的深蓝色连衣裙。我把它穿在身上，梳了个马尾辫。包里还找到个化妆包。我眯着眼睛。我看起来很完美。突然我惊恐地发现，自己没有鞋子，我得穿着晚礼服配运动鞋。太糟糕了！但我别无选择。此外，我有点激动，因为我甚至没想好该如何告诉史蒂夫"我们分手"的决定。我的天哪！今天我将度过一个多么艰难的夜晚啊！

我从洗手间出来。史蒂夫带着可爱的笑容看着我。

"怎么样？"我问。

"你太令人惊艳了！"

我的脸红了起来。

"谢谢。那好，完美的男朋友，我听你指挥。"

"等一下。"

史蒂夫走进卧室，几秒钟后拿着一大束芍药花回来。

"这是给你的，小不点。"

"我的天哪！史蒂夫，你怎么知道这是我最喜欢的花？"

"每个完美的男朋友都有特异功能。"史蒂夫吻了吻我的脸颊。

\*\*\*

我们沿着城市的林荫大道散步。整个晚上，史蒂夫都说着漂亮话，他看起来完全不像自己。难道他真的决定为我改变吗？真见鬼！现在他开始越来越吸引我了，我不是很高兴。

我们突然停了下来。史蒂夫笑了笑。

"闭上眼睛。"

"为什么？"

"这是每个完美约会的细节。"

我闭上眼睛，史蒂夫牵着我的手，把我带到某个地方。我感觉我们在过马路，走了几步，又停了下来。

"睁开吧。"我听到史蒂夫的命令。

我睁开眼睛，发现我们站在一家很大的餐厅门前。

"你……你认真吗？这是美国最昂贵的餐厅之一。"我说，没有掩饰住笑容。

"我知道。我们的第一次约会应该去那里。"

我们走进大楼，被带到餐桌旁。服务员替我移开椅子后，我坐了下来。

"你怎么来得及预订位置？"

"完美的男朋友总是来得及。"

我环顾四周。人很多，他们都成对地来这里。男士们穿着昂贵的西服，女士们穿着别致的连衣裙，而我……穿着球鞋。这太丢脸了！

"这里真漂亮。"

"是的，我同意。"史蒂夫试着用各种方法献殷勤，这让我有些生气。

"那么你为什么决定邀请我约会？"

"我总是喜欢尝试新的东西。"

"新东西？怎么，你从来没有邀请任何人约会过吗？"

"没有，我不喜欢这些过于温情的东西。但对你例外。"

"这……令人印象深刻。"

我们花了大约十分钟浏览菜单，很多菜都价格不菲。

女服务员走到桌边。

"晚上好。已经决定好点餐了吗？"

"是的，"我说，"请给我一份鸭肉杧果沙拉和意大利海鲜烩饭。"

"我也要一样的，再给我们这里最好的酒。"

女服务员点点头，慢慢离开。

我不由自主地开始嘲笑整个情况。

"你笑什么？"

"笑你。史蒂夫，为了成为一个完美的男朋友，不一定要说漂亮话，扮演理查德·基尔在《风月俏佳人》中的角色。我希望你是真实的。"

"好的，我会变得真实，"史蒂夫用手挠挠他的头发，整齐的发型从他头上消失了，"你知道这家餐厅让我生气的是什么吗？"

"什么？"

"这里的音乐太令人讨厌了，感觉就像在某人的葬礼上。我还讨厌聚集在这里的所有人。看看他们，美学家，谈论高雅，像看柏油马路上的狗屎一样看着你。"

他大声说出最后一句话，在场的所有人都转身看向我们的桌子。

"哦，我怎么了，是不是大声说了'屎'这个词？"史蒂夫问客人们，我觉得我要笑死了，"对不起，请原谅我。"

我笑了，看着我们周围的人都投来不满的眼神。

"我更喜欢这样的史蒂夫。"

过了一会儿，我们点的菜来了。

"人们在约会时做什么？"

"在第一次约会时，人们通常会相互了解对方更多信息。比如，你最喜欢的作家是谁？"

"海明威。"

"真的吗？他很棒。你最喜欢他的哪本书？"

"我不知道，我没看过，我只是想看起来很聪明。"

史蒂夫让我再次开怀大笑。

"你最喜欢的电影是什么？"他问我。

"《惊魂记》。"

"你喜欢恐怖片吗？"

"我非常喜欢。不像灾难片，我还推荐给我的朋友们看，电影变得更加有趣了。"

"明白了。"史蒂夫尴尬地咽了咽唾沫。

"你可能觉得我很奇怪？"

"不，你说什么呢……我从最开始认识你就知道这一点了。"

我又笑了。

"顺便说一句，我一直想问，你这个伤疤怎么弄得？"

史蒂夫指了指我的手臂。

"……这不是我生命中最好的阶段。"

"是吗？肯定是某种老生常谈的情况，比如与朋友或男朋友吵架了，或是父母。"

"没猜对。一个浑蛋和他的伙伴们想强奸我，为了避免这种羞辱，我决定割脉，因为当时死亡只是生命的馈赠。"

史蒂夫脸上的表情突然变了。

"抱歉……"他内疚地说。

"没什么。"

"我是个白痴，为什么我要问这个呢……"

"史蒂夫，没事，真的。"

他把温暖的手掌放在我手上。

接下来的几个小时，我们一直开心地聊天，并点了叫不出名字的菜肴。

史蒂夫跟我讲他的生活，关于他最初如何成为一名音乐人，关于他们的困难时期。我明白，我和他有些类似。我想和他分手的想法渐渐消失了。我无法想象以后如果没有他，我会怎么样。毕竟，我和他在一起好得不得了。这个人给了我活下去的动力。如果我抛弃他，那将是我在微不足道的生命中犯下的最大错误。

我发现雨滴开始敲打着窗户。我们决定在天气恶化之前返回酒店。此外，我们还来得及去参加音乐会。

女服务员给我们拿来了账单。史蒂夫开始翻口袋。

"该死……"他自己嘀咕着。

"怎么了？"

"不，没什么。"

我看到史蒂夫的眼神变得焦躁不安。

"史蒂夫，发生了什么事？"

"……好像，我把钱包忘在房间里了。"

"什么？你开玩笑吧？"

"遗憾的是，没有。"

我闭上眼睛，靠在椅背上。

"我的天哪！……你怎么，怎么能忘记钱包？"

"我不知道，可能我太匆忙了，一切都忘得一干二净。"

"你要想着里面装点东西进去！"

"你为什么对我大喊大叫？"

"你还问？这是我们的第一次正式约会，你竟然破坏了它。"

"我不想破坏它，结果就这样了，你明白吗？"

"……算了，对不起。"

我充满了令人不快的恐慌感。

"通常那些没有付账的人都会被迫去洗碗。"

"小酒馆才这样，史蒂夫。我们在高档餐厅……他们会报警。"

我一想到这个，立刻就感觉更糟了。如果警察来到这里，那我的整个天堂般的生活就要结束了。我和丽贝卡将被带回布里瓦德，然后因为我们和这些音乐人一起的所作所为而被判刑。

"你没有顺便带上信用卡吗？"

"没有，我以为我完美的男朋友记忆力很好。"

"那么，别慌，我会想到办法。"

过了大约五分钟。

"有个主意。我给杰伊打电话，他带钱来这里。"

"此路不通。"

"为什么？"

"杰伊把他的手机放在房车里了。"

"你怎么知道？"

"我今天去过那里。"

"你去检查亚历克斯回来了吗？"

"听着，有什么区别？因为你，我们完全陷入麻烦中，所以坐下来想想现在应该怎么办。"

史蒂夫环顾四周，然后突然抓住我的胳膊。

"我们走吧。"

"去哪儿？"

"相信我。"

我们一起从桌子旁边站起来，走向出口。我觉得我的心疯狂地跳着。

"史蒂夫，我们在做什么？"

"安静，表现得很自信。"

这时，我们突然被管理员拦住了。

"站住，你们没有付钱。"

"哦，是的，我们怎么会忘记呢？现在我去付钱。"史蒂夫转身，然后挥起手，击中了管理员的下巴。他缩成一团，史蒂夫利用这个机会，抓住我的手，我们一起跑出了餐厅。

雨水打在脸上。冰冷的雨滴仿佛从天而降的小石头。我转过身，看到两名保安正在追我们。我们加快速度，我们的手仍紧紧地握在一起。我们跑过街道许多偏僻的角落，我发现我们甩掉了追捕者。我松开手。

"史蒂夫！"我尖叫。

他停下，朝我走来。

我靠在砖墙上，因为寒冷的秋雨，身体在打战，我用嘴呼吸。史蒂夫大笑起来。

"你哈哈大笑什么？"

"我和你，就像邦妮和克莱德[1]，只是更酷。"

我发出歇斯底里的笑声。

"我很害怕。"我说。

"得了吧，与我们遇到的所有麻烦事相比，这只是一件小事。"

"是的。"

"但是这次约会我们会记得很久。顺便问一下，你在房间里想跟我说什么？"

"是的……但是现在没关系了。史蒂夫，你是我遇到过的最疯狂的男朋友……"我停顿了很长时间，后来我说："我喜欢你。"

史蒂夫拥抱我。我忘记了寒冷，身体里好像着火了，我用手抓住他的湿夹克，现在我无论如何也不会把他从我身边推开。

\*\*\*

酒店里很吵。一群人聚在一起观看 Carolina Liar 这帮优秀的家伙，现在正在演唱 *California bound* 这首歌曲。每三个人中就有一个人跟着主唱一起唱。

我和史蒂夫被雨淋了个透，在人群中找到了丽贝卡和杰伊。

"你们到底去哪儿了？"丽贝卡问道。

"你们错过了最精彩的时刻，切德·吴尔芙[2]将他穿破的衬衫扔进了人群。"杰伊说。

"我们有更重要的事情要做。"

"我们去约会了。"我说。

"是的，就像其他任何正常的一对一样。"史蒂夫说。

"也就是说——"丽贝卡拉长声音说。

---

1 美国历史上著名的雌雄大盗邦妮·派克和克莱德·巴罗。

2 切德·吴尔芙—Carolina Liar 乐队的主唱。

"也就是说，现在我们是真正的一对啦！"史蒂夫回答道。

丽贝卡和杰伊互相看了对方一眼。

"恭喜你，哥们儿，"史蒂夫和杰伊握了握手，"格洛丽娅，我希望你能让这糊涂虫按理智行事。"

"我尽力。"我笑道。

丽贝卡把我带到一边。

"那么，几个小时前，我怎么听你说你想和他分手？"

"不，没有听错。只是我明白我错了。史蒂夫如此疯狂，他可能是那个每天早上叫我醒来的人。只有和他在一起，我才会忘记我想做的事。"

"你想做什么？"

我的嘴巴发干，我明白我对丽贝卡说漏了嘴。我在脑海中盘算了各种如何改变话题的方案，我的眼神突然落在了音乐厅入口的门前，门口站着……

"……亚历克斯？"我大声喊道。


# 第39天


我躺在水面上。我闭着眼睛，一片寂静，混杂着小水花溅起的声音，让人心平气和。我的蓝色头发和水的颜色结合在一起。在水中，呼吸困难，但我还是有办法深呼吸。我无法听到自己的想法，我没有注意到水慢慢地流入我的耳朵里。我的灵魂与身体仿佛分开了。

突然，远处传来响亮的声音，然后我听到了某人的脚步声。我睁开眼睛……我看到爸爸站在我面前。我惊恐地看着他红红的愤怒的眼睛。他站着，向我俯身。

"爸爸？"我勉强说出话来。

"终于逮到你了！"他喊道，然后抓住我的脖子，沉入水中。我扯着嗓门大喊起来，水流进我的嘴里，这让我喘不过气来。我的爸爸继续想淹死我，我竭力挣脱，抵抗，但无济于事，他用尽全力。我一直发出悲鸣，但爸爸并没有在意。

我猛地睁开眼睛。我急速呼吸，好像刚刚全速跑完一英里一样。环顾四周，我在二楼的房间里。整晚我都睡在窗户旁的沙发椅上。我的天哪！难道这一切都是梦？虽然我命令自己冷静下来，但我的身体在拼命颤抖。

"格洛丽娅，你怎么了？"我没发现丽贝卡在这里。她看起来非常担心。

"怎么？我尖叫了吗？"

"是的，我以为你在这里被肢解了。"

"我做了一个噩梦。"

丽贝卡坐在我旁边的茶几上。

"什么样的噩梦？"

"不重要。"

"讲讲吧。为了不胡思乱想，你需要与某人分享。"

"……我梦见了我的爸爸，他在这里……要把我淹死在这个游泳池里。"

"怎么？你经常想起他吗？"

"我总是想起他。我觉得门好像马上要被打开，他会来到这里，自由的生活就结束了。"

"格洛丽娅，没有人会找到我们。一切都会好起来，你只需要……忘记这个白痴的梦。"

我整理好自己的思绪，也渐渐变得轻松起来。这真的只是一个梦，我的爸爸在佛罗里达州，而我已经离他很远了。

"算了，我去伙计们的房间，看看他们怎么样。"

"好的，我在这里收拾我们的东西。服务员来过了，说我们两个小时后退房。"

"天堂般的生活结束了。"——这样的念头从我的脑中闪过。

\*\*\*

伙计们的房间门开着。我走了进去，进入卧室，我看到的场景让我大笑起来。杰伊和史蒂夫躺在同一张床上。杰伊的手轻轻地拥抱着史蒂夫，他根本没有抗拒。我试图忍住不发笑，我走近史蒂夫并低声对他说：

"史蒂夫，醒醒。"

他第一次就听到了我的话。我注意到他闭着眼睛微笑，然后转身，仍然没有睁开眼皮，对着杰伊，把手埋入他的卷发。

"小不点。"他温柔地说。

史蒂夫开始疯狂地触摸杰伊，然后猛地睁开眼睛，下一秒整个酒店可能都听到了他的尖叫声。然后我也放任自己的情绪，笑得和史蒂夫叫得一样大声。

"你喊什么喊？"杰伊不满地小声问道。

史蒂夫厌恶地将杰伊的手从他的身上移开。

"你到底在我的床上干什么？我们已经说好了，你在二楼睡！"

"亚历克斯在二楼睡觉，而在地板上睡觉很不舒服，所以很抱歉。"

"你们看起来很可爱。"我笑着说。

"我的天哪！他整晚抱着我……"史蒂夫遮着脸说。

"这不是我的错，谁叫你的皮肤这么柔软。我以为我和一个漂亮的金发女郎睡觉了。"

"现在这个漂亮的金发女郎会踢你的胯下，明白吗？"史蒂夫从床上起来，"我去洗澡。"

他顺道走近我并拥抱我。

"早上好。"史蒂夫说。

"早上好，金发女郎。"我说，并拍了拍史蒂夫的屁股。他扭了过去，关上身后浴室的门。

"你们房间的浴室空着吗？"杰伊问。

"是的。"

音乐人穿着裤衩走出房间。

我走出卧室，听到有人下楼的声音。是亚历克斯。我们相互看着对方看了很久。

"你好。"我说。

"你好。"

他昨天的出现太出乎意料了。当我看到他的时候，内心立刻觉得无比轻松，和他在一起，一切都很好。

"我们昨天没能正常说话，所以今天我不会错过这个机会，"我走到主唱身边，和他一起坐在沙发上，"亚历克斯，你去哪儿了？"

"你真的有兴趣知道吗？"

"不然呢？"

"我只是在城里逛逛，思考一下生活，去了酒吧，总之，没有什么有趣的。"

"你为什么离开？我们订了两个豪华的房间，你可以住在这里。"

"我想自己一个人待着。"

"好吧……那你现在觉得怎么样？"

"很好，不然我应该有什么感觉？"

"亚历克斯……我一直担心你。我以为你遇到了麻烦，你不舒服，而你表现得像个真正的畜生。"

"对不起。实际上，我想逃走，我厌倦了这一切。音乐，乐队，我周围的人。你知道我为什么回来吗？更准确地说，因为谁回来吗？因为你，格洛丽娅。"

"决定来检查一下我是不是在某根杆子上上吊了？"

"基本是这样。你是个疯狂的人，我知道你在想什么，我永远不会离开你。"

"有人照顾我。"

"史蒂夫？"亚历克斯大笑起来，"我求你了，他需要人照顾。"

"你和伙计们谈过了吗？"

"没有，他们都避开我。大家还是很生气，因为我中断了演出。"

"那你向他们解释为什么你中断了演出。"

"没意义。"

"亚历克斯，我……"我刚想说关于我在枕头底下看到的东西，房间的门就打开了，"怎么，你们已经收拾好东西了吗？"丽贝卡问。

沉默占据了整个空间。我看着亚历克斯，他看着我，然后他迅速地把视线转向一边，离开了房间，差点碰到丽贝卡的肩膀。

"我可能来得不是时候，对吧？"丽贝卡问。

"不，没关系。"

"那你们在聊什么？"

"我只是问他这段时间去哪儿了。"

"格洛丽娅，别和他纠缠了。难道你不明白，和他来往，只会让史蒂夫更生气？"

"听着，我们五个人是一个整体，当我们其中的一个人遇到严重问题时，我们不知道，这才不正常。"

"每个人都有自己的秘密，如果他什么都不说，那就意味着，就应该这样。"

我呼出一口气。

"算了，都过去了。"

\*\*\*

我们刚离开酒店，在这里的美好回忆就立刻涌现出来。我爱这些家伙，每天和他们在一起都难以忘怀。我们四个人朝房车走去，看到亚历克斯已经站在车子旁边。

"怎么，我们又无家可归了？我们现在要去哪儿？"杰伊问。

"或许，往拉斯维加斯方向？我一直梦想着去那里参加最酷的派对。"史蒂夫建议道。

"是个主意，需要弄出一条路线。"杰伊说。

我和丽贝卡相互看了对方一眼，握着对方的手，微笑着期待新的冒险。

"我加满了所有的油箱，现在可以去任何地方。"亚历克斯说，但是伙计们假装没有听到他说话，爬上了车。

\*\*\*

"如果相信导航仪的话，那么我们开车需要不到一天，而且路上我们可以在阿尔伯克基停留。"史蒂夫说。

"太好了，我开车，然后你们换我。"杰伊说道。

"好的。"

我走到史蒂夫身边，拥抱他。

"那么，去拉斯维加斯？"我问。

"是的，你去过那里吗？"

"一次也没去过。"

"我也是，只有一个问题。"

"什么问题？"

"为了在拉斯维加斯玩得开心，我们需要钱。"

"没问题，我的信用卡上还剩下一些钱。"

"不，不，我们暂时不会乱花你的钱。我有另外一个主意。"

史蒂夫打开柜子，开始翻找。

"……我不明白。"

"怎么了？"

"都不见了。"

史蒂夫的目光在几秒钟内变得恶狠狠的。他用拳头打向柜门，迅速向门口走去。

"史蒂夫，你干什么？"

"是他！他拿走了所有的货！"

我跟着史蒂夫，内心充满了担忧和焦虑。金发男子去了亚历克斯的房间。

丽贝卡不知不觉地出现在我身后。

"怎么了？"

"史蒂夫！"我喊道，他用力打开亚历克斯房间的门，然后听到一记非常响亮的令人不快的声音。

"该死的！"亚历克斯困惑地问。

"货在哪里？"

"你要它干什么？"

"有什么区别？我问货在哪儿？"

主唱沉默了。他的沉默让史蒂夫更加愤怒。

"你个该死的浑蛋！"史蒂夫击中了亚历克斯的脸，然后又打了一拳，再一次。他们开始打架了。我和丽贝卡站在一边傻眼了。

"亚历克斯、史蒂夫！"我试图阻止他们。

"我的天哪！……"丽贝卡边说边用双手捂住脸。

"贝克丝，去找杰伊，只有他能把他们两人分开。"

丽贝卡点点头，离开。

"史蒂夫，求求你！"我一直喊着。

但他没有听到我的话。他们互殴，完全不怜惜彼此，也没有意识到他们曾经像兄弟一样。

杰伊冲进房间。

"你们怎么回事，脱线了？"他喊道。杰伊的一只手放在亚历克斯身上，另一只手放在史蒂夫身上。

"那么，快点解释这里到底发生了什么事！"

史蒂夫擦了擦嘴唇上的血。

"他偷偷卖掉了所有的货，并拿走了所有的钱。"

"亚历克斯，这是真的吗？"杰伊问，但他继续保持沉默。

房间里一片寂静，每个人都站着，看着亚历克斯，而他还是一副冷漠的目光。

"你为什么沉默，啊？不敢承认吗？"史蒂夫嘲笑道。

我内心的声音要爆发了："是时候告诉他们了！"我想起亚历克斯枕头下的那些袋子，我的脑海中终于形成了一条逻辑链。

"他什么也没卖。"我脱口而出。

"那是怎么回事？"史蒂夫问道。

我看着亚历克斯，他也困惑地看着我。我推开杰伊，走到亚历克斯的床边，抬起枕头。在场的所有人都看到了枕头下面的东西。

"这又是什么？"杰伊问道，即使事实上他已经明白了一切。

"亚历克斯，求求你，告诉我们一切。"我说。

主唱又看了我们很久。

"我最好给你们看看。"他最后说道。

我们四个人不明白发生了什么事。亚历克斯掀起他的 T 恤，我看到一切后，用双手捂住了脸。他的胸部有一大块深紫色的血肿。我们每个人都不相信自己的眼睛。

"在那次事故中，我没能成功落地，肋骨断了。我中断了我们的演出，只是因为药物失效了，我无法忍受这种疼痛。"

"……你为什么不立刻告诉我们？"史蒂夫问道。

"我不想看起来很可怜……就像现在一样。"

"你需要去医院。"我说。

"不，不一定。肋骨可以自己愈合，只是需要忍耐。"

史蒂夫静静地盯着亚历克斯，然后转身离开房间。

"对不起，我们怀疑你了。"杰伊说。

"得了吧，一切都是我自己的错。"

杰伊尚未从看到的一切中缓过神来，慢慢地离开了房间，丽贝卡跟着他。

剩下我们两人在一起。

"你是怎么知道的？"

"……难道现在这有意义吗？我很惊讶，你是如何长期忍受这种疼痛的？"

"你想活下去，还不只忍受这些。虽然现在我会更难忍受了。止痛药没有了，没有它们，我就活不下去了。"

亚历克斯躺在床上。与史蒂夫的打斗又让他脱离正轨，他把手放在肋骨的位置，我觉得他呼吸起来是那么困难和疼痛。

"我该怎么帮你？"

亚历克斯沉默了好几分钟，然后小声地说：

"格洛丽娅，如果我不是这样的状态，我永远不会请你做这件事……"

"亚历克斯，我不会有事的，我向你保证。"


　　　亲爱的日记！

　　　最终我知道了亚历克斯身上发生的事情，坦率地说，我们到目前为止仍然没有从所见到的画面中缓过神来。

　　　我不知道如何熬过今晚。我要去一个私人俱乐部找一个二道贩子，从他那里购买亚历克斯的"止痛药"。我非常害怕。尽管我已经和音乐人一起经历了很多，并且陷入了各种可能发生的麻烦事，但我的内心汹涌澎湃。只有一个想法能让我冷静下来——我应该帮助亚历克斯，我有义务这样做。我应该忘记疯狂的怦怦直跳的心脏，忘记面对重大罪犯的恐惧，以及他们可能会对我做的事。亚历克斯救过我，现在我应该救他，主要是史蒂夫和丽贝卡不能知道这件事，否则我将不得不听他们每个人对我要做的蠢事，进行长达数小时的说教。

还剩11天

\*\*\*

"可怜的亚历克斯。"丽贝卡说，但我完全沉浸在我将要去做的事情中，没有听到她的话。

"什么？"我问。

"我说可怜的亚历克斯。得拥有什么样的力量才能忍受这种地狱般的疼痛……"

是的……

我合上日记，把它放在架子上。

"你不会和它分开的。"

"你说谁？"

"我说东西，你的日记。我想知道你在那里面写了些什么？"

"关于周围发生的一切，这对我来说更轻松。"

说完最后一句话后，我看向窗外。我们开车经过的地区绝对没有生命的迹象。黄色，甚至是橙色的土地，上面生长着一些奇怪的植物，只有在远处才能看到一些绿色的小山丘。

"我听说过很多关于拉斯维加斯的事。那儿有那么多景点！很想知道人们在那儿怎么工作。毕竟，在这些娱乐的诱惑下，有心情工作是不现实的，"丽贝卡现在所说的一切都从我的耳边飞驰而过，"格洛丽娅，你听到我说的话了吗？"

"什么？……是的，我听到了。"我撒谎道。

"你的手在颤抖。"

我看着自己的手掌，的确如此。手和身体的其他部位都在颤抖。不可言传，我是多么害怕去那个俱乐部。

这时，房间的门打开了。

"你们在做什么？"史蒂夫问道。

丽贝卡小心翼翼地看着我。

"只是在聊天。算了，我不打扰你们了。"她说完，走出房间。

史蒂夫坐在我旁边，搂着我的腰。

"我们什么时候抵达阿尔伯克基？"我问。

"还要四个小时，我们就到那里啦。"

四个小时。一共有四个小时。我的天哪！太少了。我变得更害怕了。

"你和亚历克斯谈过了吗？"

"没有。"

"听着，他现在非常糟糕。他需要你的支持。"

"如果他需要我的支持，他很久以前就会告诉我们所有的事情。"

我握紧他的手。

"史蒂夫，难道你一点也不可怜他？"

他重重地叹了一口气，明白他怎么都无法回避我的教训。

"好吧，我会跟他谈谈，但仅仅是为了你。"

"不，你不应该为我这么做，你应该为了你们的友谊这样做。"

史蒂夫吻了吻我的嘴唇，然后起身离开了房间。有那么一刻，我忘记了即将来临的夜晚。

我躺在床上，闭上眼睛。

\*\*\*

窗外完全黑了，我可以看到远处城市的灯光，每一秒我们都离它越来越近。我睡了几个小时，这是最好的时间，我什么都没想，我的意识断开了一段时间。我握紧拳头，想着"该来的总会来"，开始换衣服。几分钟后，我穿上我最喜欢的牛仔裤和灰色卫衣。我拿起手提包，把手枪和信用卡放了进去，而写着地址的字条，我塞进了牛仔裤口袋里。我在床上坐了一会儿，让自己不要紧张。

房车停下来的时候，我走出房间。

"女士们、先生们，欢迎来到阿尔伯克基！"史蒂夫说。

我们齐声欢呼。杰伊和丽贝卡最先跳下闷热的房车。

"新鲜空气，我如此地想你。"杰伊说。

"亚历克斯，你来吗？"史蒂夫问道。

"不，你们玩得开心。"

通过他们的简短对话，我明白他们之间终于实现了和平。我非常开心。

我们走下车。

"去哪儿？"丽贝卡问。

"我非常饿。或许，去小吃店？"杰伊建议道。

"你什么时候能不想到吃的呢？我们在这里停留不会超过 15 分钟。"史蒂夫说。

"现在或永远不。"我脑子里闪过。

"伙计们，你们先去，我要去一下市场。"

"你为什么要去市场？"丽贝卡问。

"买东西，这是个什么白痴的问题？"我差点尖叫起来，"我会赶上你们。"

史蒂夫一言不发，疑惑地看着我，我转身迅速离开。

在路上，我找到一台自动柜员机并取了两千美元。然后我向当地人询问了俱乐部所在街道的位置。幸运的是，我很快找到了正确的路，过了一会儿，我发现自己站在目的地门前。我所看到的甚至不能称为俱乐部——一个普通多层的被废弃的房子，而地下室正在举行派对。尽管这里不是城市的郊区，但这里一个人也没有。我疯狂地颤抖着。既然我决定做这件事，那我就一定会走到最后。

我打开门。这里有多少人呀！震耳欲聋的音乐节拍，廉价酒精和香烟的味道。两个女孩在屋子中央的木桌上跳舞。百分之五十的人在喝酒，或者已经胡乱躺在地上。我讨厌来这里。

在人群中，我发现有一个人没喝酒，也没有与人拥抱接吻。好像他是这里最重要的人。我走到他身边。他看上去大约25岁，肤色黝黑，还有一个令人讨厌的秃头，都可以倒映天花板了。

"喂！"我说，"我需要货。"我尽量保持自信，但我的声音仍在颤抖。

还有几个人站在他旁边。当他们听到我的话时，同时开始大笑起来。

"小家伙，我可以让你更快乐。"有个家伙抓住我的手说道。

"滚开！"我厌恶地把他从我身边推开，其他人的笑声也立即停止。

"我们走吧。"头目说。

他打开一扇门，门后有一排长长的楼梯，我们走到最下面，我才明白，这是一个地下俱乐部。接下来有许多走廊，白炽灯照得人眩晕。我跟着头目，数着自己的每一次心跳。

我从手提包里取出钱，交给他，把货装在身上。

我朝门口走去，拉门把手，发现门关着。

有人开始不停地捶门。

"走开。"那家伙推开我，打开门。门外站着一个小伙子。

"上面有很多警察，有人泄露了我们！"

"你妈的！"

头目把我推出房间，把门锁上。他跑了起来，我跟在他后面。他停了下来。

"不，你待在这里。"

"我该怎么办？"

"抱歉，宝贝，只能各走各的路了。"

他们消失在走廊里。我六神无主地站在原地，听到女人的叫声、手枪的射击声。此刻，我愿意将我的灵魂卖给恶魔，只为了能安全回到家里，躺在我的床上。

我两腿发软，瞬间觉得自己要瘫痪了。我四下张望，整个走廊像个迷宫一样，我真的不能爬上去了，但我也不知道这个地下室的出口在哪儿。我的天哪！我该怎么办？我觉得再过一秒，我就会因为这种情况号啕大哭。

然后我觉得有人轻轻地抚摸着我的背，我大叫一声，急忙转身，看到史蒂夫站在我面前！我好像被所看到的惊呆了。怎么？他是怎么找到我的？我的天哪……

"你在这儿做什么？"我问他。

"我也想问你这个问题。"

我听到有人打开通往地下室的门。

"史蒂夫，我……稍后我会向你解释一切，但现在需要逃跑。"

史蒂夫和我沿着走廊东奔西跑，找到楼梯，爬了上去，再接着跑。

"这里！"史蒂夫喊道，他打开门，过了一会儿，我们到了一个房间里。这里非常暗，只有一个地下室的小窗户照亮了房间。

"你怎么知道我在这儿？"我低声问道。

"我跟着你，我不能让你一个人去。现在很明显你去了哪儿。回答我的问题。"

"……亚历克斯需要止痛药。"

"当然！亚历克斯！狗杂种，他非常清楚，这样的俱乐部每天都会被搜查。"史蒂夫掏出电话，然后给杰伊打电话，告诉他我们的位置。

"嘘！"我说。

我听到门外的脚步声和男人的声音。

"这里是空的。"

"需要检查所有房间。"

脚步声越来越近。

155

"他们朝这边来了。"我说。

史蒂夫明白我们走投无路了。他用手机照明，拿起一把椅子，用它打破了窗户。史蒂夫帮助我出去，然后我看到这时门开了，一名警察跑了进来。

"站住！"

史蒂夫立刻从房间里出来，我和他一起开始逃跑。我不想回头看，因为我很害怕。尽管我已经气喘吁吁，但我们并没有停下来。几分钟后，房车向我们驶来，我们迅速爬进了车里。

"快点！开足马力！"史蒂夫喊道。

"我的天哪！这是怎么了？"丽贝卡问。

史蒂夫走进亚历克斯的房间。

"该死的！你怎么让她去做那种事？"

"史蒂夫，别缠着他！"我尖叫。

"你了解现在我们卷入了什么事吗？"

"不要对她大喊大叫，没人知道有人要去搜查这个俱乐部。"亚历克斯说。

丽贝卡跑进房间，眼泪顺着她的脸颊流了下来。

"伙计们，那里……有一大群警察跟着我们。"

我、丽贝卡和史蒂夫走出房间，看向后风窗玻璃。我数了一下有六辆警车。此刻，我明白我们的旅程要结束了。

"不，他们不是要搜查俱乐部，他们是在等我们。"史蒂夫说。

我再次去找主唱。

"亚历克斯——"

我看到他从我的手提包里取出了货物。

"你真是好样的！如果不是你，我不知道我会发生什么事。"

"那现在在我们会发生什么事？"

亚历克斯看着窗外。

"几英里之后，我们将通过一座桥。只有我们死了，他们才不会再纠缠我们。"

"那么你建议……"

"不，你去找史蒂夫和杰伊，建议他们假装发生意外。他们不会听我的，所以一切都掌握在你手中。"

我咽了咽唾沫。

***

我走出房间。丽贝卡坐在地上号啕大哭。

"我不想回家，我不想再回到地狱去了。"

"贝克丝，我们不会回布里瓦德，你听到了吗？"

我去找杰伊。他在开车。

"杰伊，我们很快就会到桥上，你得拐弯。"

"什么意思？"杰伊瞪大眼睛问。

"字面意思。史蒂夫，打开所有的门窗。贝克丝，收拾所有最必要的东西。"

"怎么，你疯了吗？这就是自杀！"丽贝卡变得歇斯底里。

"一切都会好起来，只有通过这种方式，我们才能结束这一切。"

主唱走出房间。

"亚历克斯——"

"我已经感觉好多了。怎么，你们站着干什么？没听到她的命令吗？"

"这简直是胡说八道！怎么，你要杀了我们吗？把我们的房车、乐器和东西都沉到河底去？"

"对你来说什么更珍贵，乐器还是自由？"

我走进我和丽贝卡的房间，开始把所有重要的东西收进包里。因为发抖，所有东西都掉在了地上，这让我更恼火了。

***

我们站在杰伊身边。对我们的追捕仍在继续。

"……伙计们，如果行不通的话，我们真的死了怎么办？"杰伊问。

因为他的话，丽贝卡哭得更厉害了。

"我打开了所有的门窗，我们需要在房车下水之前跳出去。"史蒂夫说。

还差一点点，我们就要到桥上了。我越来越喘不过气来。

"杰伊，听我的命令，你转弯。"亚历克斯说。

"我的天哪！——"杰伊拉长声音说。

我们每个人现在都充满了恐惧。虽然我自己并不害怕，但是担心其他人。如果这是我们在一起的最后时刻怎么办？如果我们中有人淹死了怎么办？我不想考虑这些，但是糟糕的想法一个接一个在我的脑海里蔓延。昨天我们还惬意地在酒店休息，今天就要面对死亡。至少这是我们阻止追捕的唯一方法。

"我不想死。"丽贝卡泪流满面地说。

"你不会死。最重要的是深呼吸，我会握住你的手。"

史蒂夫走到我身边，拥抱我，在我耳边呼吸，一言不发。我紧紧地依偎着他。

我们已经在桥上了。警笛仍在长鸣。

"来吧！"亚历克斯喊道。

杰伊拐了弯，房车在水面上空盘旋了几秒钟。我深呼一口气。

我的天哪！请拿走我的生命吧，但不要带走伙伴们的生命，拜托。

# 第十章 ——
二
一

生命的意义，把他推入了深渊

既然我们自由的时刻如此短暂，
那我们必须让它难以忘怀。

# 第40天

风吹起我的头发，它们看起来像触角。火车恼人地敲打着铁轨，换轨道的响声吵醒了我。我靠在手肘上，明亮的阳光让我睁不开眼睛。我紧紧抓住车厢壁，看着火车驶过的地方。悬崖峭壁上环绕着郁郁葱葱的树木，远处可以看到生长着黄色杂草的沙漠，甚至很难猜到我现在的位置。

十三小时前

丽贝卡紧紧握住我的手。我的心都要从胸口跳出来了，我害怕来不及屏住呼吸。只有在这一刻我才明白，自己是多么害怕。

"来吧！"亚历克斯喊道。

杰伊急转方向盘。同时，我们打开房车的门。我们已经感觉到房车的轮子脱离了地面，失重。我再一次体会到失重的不愉快的感觉。我们同时跳出房车。身体重重地拍打在水面，几秒钟后都无法缓过神来。因为房车沉入了水底，我也陷入水中，我和丽贝卡的手分开了。我试图找了她很久，但我所有的尝试都没有成功。

我把所有的力量都集中到手上，试图浮出水面，我明白我的手提包（这是我唯一能从房车上拿走的东西）被什么东西挂住了。水不仅冰冷，而且绝对黑暗，我什么都看不到。我竭尽全力拉扯着包，但并没有改变情况。我体内的空气还剩下一点点。无奈之下，我甚至发出一些声音。难道就这样了吗？难道我注定要这样死去吗？我闭上眼睛，漂浮在

161

水中。几秒钟之后，我觉得有人抓住了我的肩膀。令我惊讶的是，手提包很快被拽开了，我向上游去。我们浮到了水面上。我的头发完全贴在脸上，我试图咳出喉咙里的水。到目前为止，某人的手一直放在我的肩膀上。是史蒂夫。他看着我，也呼吸困难。

"你怎么样？"他问道。

"……还，还好。"我勉强回答道。

我还没能完全缓过神来。

"格洛丽娅！"丽贝卡喊道。

我和史蒂夫转身，看到亚历克斯和丽贝卡坐在桥下。我们游到他们身边。

"把手给我。"亚历克斯跟我说。

我们爬上一块混凝土板。我忘记了自己的疲惫，忘记了我的整个身体都在疯狂地颤抖。我拥抱丽贝卡，她也拥抱我。不需要多余的言语和情绪。我们可以做到。我们活了下来。

"杰伊在哪里？有人见过他吗？"史蒂夫问道。

真的，已经过了几分钟，但到目前为止他仍然没有浮出水面。所有人都张皇失措起来。

"我的天哪！……"丽贝卡泪流满面。

"待在这儿。"亚历克斯说完，再次潜入河中。

我紧紧抓住丽贝卡的手。

"贝克丝，他会没事的。"

"我们同时跳下来的，他能发生什么事？"

"嘘！"史蒂夫跟我们说。

我们不再作声，留心听着。桥上聚集了一堆人。我们听到警笛声、谈话声和对讲机的声音。我们仍然处于危险之中。

几分钟后，亚历克斯浮出水面，幸运的是，并不只他一个人，而是和杰伊一起。我们帮助他们从水里出来，但杰伊仍然昏迷不醒。

"他怎么样？他还活着吗？"丽贝卡问道。

亚历克斯把大拇指放在杰伊的手腕上。

"活着，他的头撞到了什么东西。"

人工呼吸。一次、二次，最终，第三次的时候，杰伊睁开了眼睛，他开始用嘴呼吸，同时吐出了呛进去的水。

"杰伊！"丽贝卡拥抱他，但他还没有彻底清醒过来。

"……该死的，我们怎么了？成功了吗？"他问道。

"成功了。"亚历克斯笑着说。

"哥们儿，你吓到我们了。"史蒂夫说。

"那么，不要放松。我百分百肯定警察非常了解我们的计划，他们很快就会开始仔细搜查海岸，所以我们需要离开这里。"主唱用指挥的语调说。

"我们现在去哪儿？"丽贝卡问。

"城市离这里有几英里，需要向它靠近，然后到那里我们看看该怎么办。"

亚历克斯从混凝土板上下来，到了地面上。

"杰伊，你怎么样？能走路吗？"史蒂夫问道。

"能。别担心我，我很好。"

"等等，"丽贝卡说，"你在流血。"

她擦了擦杰伊额头上的血。

"谢谢。"

\*\*\*

我们一个跟着一个走。浑身都浸透了。我的下巴冷得直打战。我一点力量也没剩，但我明白，不能停下。否则，不仅自己为难，伙伴们也为难。

森林里漆黑一片。只有月光能帮助我们前行，乌云满天，我们不得不盲目地走着。亚历克斯手里拿着打火机，它还能点燃，我们都跟着它小小的火焰走。

每一秒我都碰到带刺的树枝，它们肆无忌惮地刺入我的皮肤。

"该死……我什么也看不到。"杰伊说。

"杰伊，别抱怨了，得把它们放在心里。"史蒂夫说。

他们的声音传到我这儿像回声。我无法想象，他们怎么还有足够的力气说话。

我们离开河边。我向天祈祷，希望这种耐力测试能快点结束。突然我听到有人尖叫。几秒钟之后，我意识到这是丽贝卡的尖叫声。我停下来，借着昏暗的月光找到了她。

"贝克丝……"

她坐在原木上，握着手。

"我的天哪！……"她说。

"伙计们，等等。"我尖叫道。

"你们怎么了？"史蒂夫走到我们身边。

"她跌倒了。"

"亚历克斯，照一照。"杰伊说。

主唱照向丽贝卡的膝盖，我们看到小伤口正在流血。

"普通的擦伤，"他说，"听着，如果我们这样每一步都停下来，肯定会被抓住。"

"好吧！管它呢！让我们被抓住吧！我不能再这样了……难道你们真的不明白，他们会抓住我们吗？我们只是拖延时间罢了。这毫无意义，"丽贝卡用双手捂着脸哭泣，"我累了……"

"如果……我们成功了，怎么办？"我低声问道。

"即使成功了，我们要怎么办？我们什么都没有。没有家，没有东西，还剩下一点点钱，但我们甚至不能用它。我们的生活现在只剩下接连不断的逃跑了。"

丽贝卡继续歇斯底里。说实话，我部分支持她。我们真的什么都没有剩下，连正常的生活都没有了。

"她是对的，"杰伊说，坐在丽贝卡旁边，"逃跑还有什么意义呢？我们现在走投无路了。"

"不，杰伊，当我们被抓住时，才是走投无路了。"亚历克斯说，"而你，贝克丝，还有你，格洛丽娅，现在你们也卷入了这一切，你们甚至无法想象，当你们被抓住后，有什么样的狗屎在等着你们。"

一片寂静。我的内心汹涌澎湃。为什么现在，在我们应该成为一个整体的时候，我们要分成两个阵营？

"就这样，够了。我们要逃跑，我们必须团结一致。现在去城市没有意义，我们甚至伸手不见五指，因此我们需要找个避难的地方。"我说。

我往前走去，没有人回答我的话。我默认他们同意了。

"停下来，"我听到史蒂夫的声音，"把你的手给我。"

他牵着我的手，我们一起走向森林深处。我转身，看到其他人都跟着我们。我变得平静一些。

\*\*\*

在林中迷路乱走了几个小时后，我们终于找到了一个安全的地方，点燃了篝火。当然，以我们现在的情况，这也是一种愚蠢的行为，因为我们很容易会被发现，但我们的身体都在打战，我们需要暖和起来。

我们坐在篝火旁，每个人都想着自己的事。我们都累了，甚至连我们很快又要上路的想法都要消耗我们的体力。

"好吧，我们现在去哪儿？"杰伊问。

"我说过了，去城里。"亚历克斯说。

"去城里……"杰伊笑了，"是的，现在每三个人中就有一个人认识我们，整个车祸的把戏只会加剧这种情况。"

"好吧，你现在有什么建议？"

"我们需要留在森林里，哪怕几天。"

"我想知道，你如何在没有食物的情况下在森林里生活几天？"

"如果愿意，就能活下去。"

"不，亚历克斯是对的，我们需要去城里。警察将首先在森林中仔细搜寻，而我们在此期间找一个小城镇里的房子，在那里一切都会明朗。"史蒂夫说。

丽贝卡躺在我的膝盖上，她身体的颤抖传染给了我。

"我太累了，我在那辆房车里被淹死了多好。"

"不要这么说，我们能做到，你听到了吗？"

"我很害怕，但我不怕进监狱，我害怕看到我母亲的眼睛。"

"那么，你从房车上拿了些什么东西？"亚历克斯问道。

"打火机和证件，虽然它们也几乎没剩下什么了。"史蒂夫说。

"我拿了地图，当然，它被泡软了，但仍然可以辨别方向。"

我打开我的手提包。

"信用卡。"这是我抓到的唯一有价值的东西了。

"我们还剩多少钱？"亚历克斯问道。

"我不知道，但我觉得足够再生活两个月。"

"非常好，主要是我们有钱，其他的事我们可以处理。"

事实上，信用卡不是我随身携带的唯一东西，还有日记。它的封皮被泡涨了，纸变得很硬了，连我的笔迹也模糊了。

"就这样，我们去睡觉吧。一旦天亮了，就需要前进。"史蒂夫说，"杰伊，把火灭了。"

杰伊熄灭篝火之后，我们面前的一切都黯然失色，空气再次变得凉爽起来。我们都坐在寒冷潮湿的地上。十五分钟后，也许更久，我发现每个人都睡着了，除了我以外。我没有合上眼皮，尽管我已经筋疲力尽。我能听到自己强烈的心跳声，肚子饿得咕咕叫的声音。我的天哪！如果我现在不立刻睡着，那么早上我就会更像一具尸体。我的意识服从了我，当我觉得自己马上要睡的时候，我听到一些声音，像咯吱咯吱的干树枝声。我睁开眼睛，留心听着，声音没有重复。可能听错了。那么，格洛丽娅，试着睡觉吧，求你了。

几分钟后声音又重复出现了，它变得越来越近。我试图在黑暗中窥探——什么也没看到。

"亚历克斯。"我低声说道。

"怎么了？"他回答我。

"那边好像有人。"

我们一起仔细听了听，远处的某个地方传来一些人声。

"你听到了吗？"

"你妈的……"亚历克斯说，"史蒂夫、杰伊，醒醒。"

"贝克丝，起来。"

"怎么了？"史蒂夫问道。

"他们似乎找到我们了。"

\*\*\*

我已经厌烦计算我们走了多少小时，我机械地往前走着。每一秒我都觉得马上就要倒下，再也起不来了，但我集中精神，鼓励自己说，我们已经远离追捕者。天开始亮。我们终于看到了我们要去的地方。我的想法一个个相互重叠。现在我在想食物，胃里一片酸疼，因为无力而头晕目眩。

"喂，看，那里有光。"丽贝卡说。

我们来到她身边，凝视着远方。真的，我们看到像灯笼一样的东西，然后抬头看到了电线。

"路，这是铁路！"亚历克斯说。

"这么说，离城里已经非常近了。"杰伊笑着说。

我们走到了铁轨上，现在继续沿着铁轨走。

黎明前几分钟。到目前为止，我们都没有停下，直到我们听到火车鸣笛声。我们又走了几米，看到我们面前经停着一列货运列车。

"这才是运气好！"史蒂夫说，他和亚历克斯互相看了对方一眼，然后冲上前去。

我和丽贝卡没明白发生了什么事。

"喂，走快点。"杰伊跟我们说。

"你们打算做什么？"我问。

"没有房车时，我们只能这样去不同的城市了。"

我们走到最后一节敞车[1]边。

"怎么，打算爬进去吗？"丽贝卡问。

"当然。"亚历克斯说。

"如果有人看到我们在这里怎么办？"我问了一个问题。

"小不点，你知道有多少人这样'旅行'吗？我们真是太幸运了！"史蒂夫说。

亚历克斯第一个爬进敞车。然后史蒂夫和杰伊帮助我和丽贝卡一起加入亚历克斯的行列。敞篷火车上有一堆金属废料，但我们还是找到一个舒适的地方安顿下来。

火车开动了。我的腿酸痛难忍。我们大家正越来越快地离开这个可怕的地方。

\*\*\*

我熟睡了几个小时。因此，当我醒来时，我终于感受到期待已久的充沛精力。但还是没能摆脱头痛和胃疼。

除了丽贝卡之外，大家都醒了。

"我想知道，我们要去哪儿？"杰伊问。

"我打赌我们要去得克萨斯州。"史蒂夫说。

"不，看起来不像得克萨斯州。也许，我们要去加利福尼亚？"

"我们去哪儿有什么区别？最重要的是我们到目前为止没有坐牢。"亚历克斯说。

---

1  指铁路运输中一种无车顶的火车。主要用来装运建筑材料、木材、钢材等。

168

伙计们说话的时候，我又开始欣赏新的风景。我们驶过长长的桥梁，下方几米处是宽阔的河流，风吹动蓝色的波浪，与它们比起来，人就像一粒沙子那么渺小。我瞬间屏住呼吸，我再次充满了对未知的恐惧。我们要去哪儿？我们会发生什么事？

"小不点，你怎么不说话？"史蒂夫问道。

"我没有力气跟你们说话。我现在非常饿，我准备切了你的手，烤熟了吃。"

伙计们大笑起来。

丽贝卡到现在还没有醒过来。她像一只无家可归的小狗一样躺着，双手抱住自己。她看上去像生病了。皮肤变得更加苍白，我看到她额头上的汗水。她开始咳嗽，咳得很厉害，以至于我们觉得她要窒息了。

"贝克丝——"我喊道，靠近她。

她听到了我的声音，醒了过来。我摸了摸她的额头，太烫了！我开始为她担心。

"我的天哪！……她发烧了。"我说。

"怎么，我们到了吗？"丽贝卡问道。

"不，还没有。"

"……我很冷。"

我和杰伊脱下身上的卫衣，盖住丽贝卡。

"是的，她嘴上起泡了。糟糕！"杰伊说。

亚历克斯看着丽贝卡，从他的视线中，我明白我们现在情况的复杂性。

"我们现在该怎么办？"史蒂夫问道。

"需要买一些药……"

"这么高的温度通常活不了多久。"杰伊说。

"闭嘴！"我严厉地说。

我看着丽贝卡，明白她现在有多难。在这种状态下，她需要待在家里，有温暖的床和热茶，而她躺在冰冷的敞车铁皮上，烈日只会增加她的温度。

我觉得我得对丽贝卡负责。因为我，她在这里；因为我，她生病了。如果她发生什么事，我永远不会原谅自己。

\*\*\*

当天空中日落的色彩变得更浓厚时，火车停了下来。我们快速从车厢跳了下来，只希望没人发现我们非法搭车。杰伊抱着完全虚弱的丽贝卡。

"杰伊，放开我，我能走。"她说。

"你确定吗？"

"是的。"

我们到达车站，尝试找到一些指示牌或者标识，以便了解我们现在所处的位置。这里人很多，他们都看着我们。这并不奇怪，毕竟我们身上穿着脏衣服，看起来像街头流浪汉。最糟糕的事情是——我们真的是街头流浪汉，大家避之不及的边缘人。

我们找到一个有城市名称的标牌——奥克斯纳德。

"我说过，我们要去加利福尼亚。"杰伊说。

"那么，听着，现在我们应该团结在一起。从容不迫，不要看人们的眼睛。我们需要找到市场和药房。"

我们在小城里瞎走了一阵，很快我们就找到了一家商店，我立刻去自动取款机取出卡里所有的钱。一点也不多，五个人几千美元，还要花很久。如果用完了，我们要怎么办？我又开始胡思乱想了。

\*\*\*

我、亚历克斯、杰伊和丽贝卡从市场买了一大袋食物。我们买得不多：香肠、三明治、水、白兰地和罐头。我们要第一时间吃饱。

"我买了退烧药和抗生素。"史蒂夫说。

"好的。"我回答道。

"我们已经一筹莫展了，你们为什么要为我浪费钱？"丽贝卡轻声说。

"贝克丝，打住。你感觉如何？"

"我已经好多了，真的。"她说完反驳的话后，再次咳嗽得很厉害。看她的情况，显然，只要一会儿，她就会倒在地上。

"伙计们，"杰伊向我们点头示意，"向前看"。

我们看到一群警察。我们几个同时转身，神态自若地走向另外一边。

"让我们找一个人少的地方。"亚历克斯建议说。

\*\*\*

海滩，奥克斯纳德小镇濒临大海。因为刮风多云的天气，海滩上没有人。我终于感受到了自由。只有在这里，我们才能休息，缓解过去一昼夜发生在我们身上的所有事情。

我们来到栈桥码头下，升起篝火。用棍子穿好香肠，喝着白兰地。我已经忘记了吃饱的感觉，也感觉不到恼人的饥饿感。我们在这里，大家在一起。我很平静。看着这些家伙，我明白和他们一起真的不用害怕。这些天我们经历了多少不同的麻烦事！我们似乎刀枪不入。我真的很喜欢这样。

"我觉得自己像一个饥饿的非洲孩子。"杰伊说。

我们笑了起来。下一秒我把头转向另一边，发现丽贝卡和我们分开坐着，甚至碰都没碰食物。

"贝克丝，你为什么不吃东西？"

"我不想吃。"

"你必须吃饭，听到了吗？"

"格洛丽娅，我真的不想吃。"

我拿起烤好的香肠。

"我无所谓。如果你现在不吃东西，我就把食物塞进你嘴里。"

丽贝卡呼出一口气，还是同意吃东西。

"我不知道你怎么样，但我已经厌倦了这些黏乎乎的衣服。"史蒂夫一边说，一边脱掉他的 T 恤。

"你去哪儿？"亚历克斯问道。

"整个海滩是我们的天下啦，不使用它是一种罪恶。"

史蒂夫完全脱掉衣服，潜入大海。

"就像过去的美好时光一样。"杰伊笑着说。

"也许，我也需要凉快凉快。"亚历克斯说，抓住杰伊的手，他们一起穿着衣服潜入咸咸的大海中。

我看着他们，觉得很搞笑。他们已经是成年人了，尽管不得不经历很多狗屎的事，但他们仍然开心地生活。我需要学习变成这样。

"好了，我吃不下了。"丽贝卡一边说，一边吃完香肠。

"喝点这个。"我把糖浆倒进小药瓶的盖子里。

丽贝卡乖乖地喝光了它。

"好样的！现在你需要睡觉。"

"好的，妈妈。"

我笑了起来。码头下面非常潮湿，我把自己的卫衣铺在地上，丽贝卡躺了下来，我给她盖上杰伊的卫衣。我甚至无法相信，我们必须在这样的条件下生存。

亲爱的，日记！

从来没有羡慕过无家可归的人，有时我甚至想指责他们落到这样的地步。虽然这样的生活难以启齿，但现在我自己也无家可归。我在街上睡觉，祈祷篝火不会熄灭，内心永远有饥饿的感觉。我不知道一切会怎么样。我害怕入睡，因为我觉得，警察会马上找到我们。这种恐惧让我筋疲力尽。我从未想过自己的生活会变成这样。我害怕失去这些家伙，害怕见到我的爸爸。我觉得自己好像站在悬崖边，再往前一点点，我就会跌下去。

还剩10天

\*\*\*

我独自沿着海滩散步。伙计们在栈桥码头。有种平静又恐慌的感觉。

风暴掀起的巨浪拍打着我的腿，把我卷到了海边，我抵抗着。我走到岩石边，靠在上面，呼吸着咸咸的空气。大海汹涌澎湃起来，掀起层层巨浪。天完全黑了，云层是如此暗沉厚重，似乎瞬间就要坍塌。我看着这一切，明白自己内心也是同样的汹涌澎湃。

"啊，你在这里呀！你在这儿做什么？"我惊讶得跳起来。史蒂夫走到我身边。

"享受平静，顺便说一下，被你破坏了。"

"对不起。"他拥抱着我。

我回应他，拥抱他，闭上眼睛。我怎么也不够！他的拥抱，爱抚。

"你知道，我现在才明白，我有多害怕失去你。"

"你这么说，好像我们已经七老八十了。"史蒂夫笑着说。

"我很认真。如果我们被抓住，我们永远不会再见面。我害怕过于依赖你。"

"我不想考虑这些，我已经赖着你不放了。"

我更加紧紧地抱着他，好像最后一次一样。泪水挂满脸颊，我为自己的多愁善感感到羞愧。

"喂，你怎么了？"史蒂夫问道，擦去我脸上的泪水。

"这只是一些情绪。"

史蒂夫吻我。我的手往下，放进他的 T 恤里。几秒钟后，我和他的 T 恤已经在地上了。我躺在沙滩上，海浪肆意地拍击着岩石，海风呼啸，因为暴风雨，大海的浪花轰隆作响。但是我们并没有在意汹涌澎湃的自然天气。我们很好。即便我们自由的时刻如此短暂，我们也必须让它难以忘怀。

# 第41天

波浪抚摸着我的身体。早上的大海如此平静。当然，水很冷，但我很快就习惯了。我潜入水中，在水中漂浮了几秒钟，然后我浮出水面，吸点空气再次浸入水中。海浪把我卷到远处，已经离岸边很远了。我想漂走，找一个岛屿定居，没有任何人打扰我。

我的东西留在了岸边，我发现史蒂夫已经守护它们很久了。顽皮的波浪勉强同意让我脱离它们的怀抱。我靠近史蒂夫。咸咸的海水慢慢地从身上滴下，我冷得直打哆嗦。

"早上好，美人鱼。"因为阳光，史蒂夫眯着眼睛说。

我微笑。侧身的伤疤和身上的许多擦伤使我时不时地感到刺痛，令人不快。

"伙计们已经醒了吗？"我问。

"是的，我从他们那儿拿了两个热狗。"

这种感觉很愉快，当你手中拿着食物，愉快的饱腹感让你觉得自己还是个人。

史蒂夫试图用他的拥抱来温暖我颤抖的身体。我们坐在黄色的沙滩上，望着无边无际的蓝色大海。

"我真想留在这里生活，盖房子，买车。每天早上我都会沿着海滩跑步，白天我去买食物，而晚上吃晚饭，欣赏海边的日落。"

"我也想在这里生活。"

"真的吗？"

"是的，我厌倦了吵闹的生活。我希望平静，和谐……和孩子。"

"什么？孩子？"我笑了，"我真没想到你是这样的。"

"怎么，我很快就要 30 岁了，是时候考虑后代了。"

"是的，你自己比任何一个孩子都要糟。"

"但我们会有像你这样美丽的母亲。"

"是的，被学校开除并且正在逃离警察的 17 岁母亲。"

我们笑了起来。

\*\*\*

我和史蒂夫朝着栈桥码头走去。杰伊和亚历克斯在讨论着什么。

"你好，亲爱的。"杰伊说。

"你好。丽贝卡醒了吗？"

"不，我没有叫醒她。也许，睡眠会帮助她变得更强壮一点。"

"你们已经定好今天的计划了吗？"史蒂夫问道。

"可以待在这里，这里似乎很安全。"

"还有什么其他的选择？亚历克斯，你的地图在哪儿？"

"我现在拿来。"

几秒钟后，亚历克斯手里拿着一个手提包走到史蒂夫身边，递给他一张地图。

"那么，看看我们要怎么办。"史蒂夫和杰伊站到一边，开始讨论行动计划。

我和亚历克斯两个人待在一起。

"我们需要找房子，丽贝卡随时都可能变得更糟。"

"我知道，"亚历克斯回答说，并走到离其他人更远的地方，"你还剩多少天？"

我走到他跟前。

"什么意思？"

"你数数你还剩下多少天？"

他这个问题让我有些措手不及。

175

"还剩九天。"

"你怎么决定？"

"暂时还不知道，你为什么这么问？"

"因为看着你，我都觉得困难。每次我都会想起你想对自己做的事。难道你准备离开史蒂夫和丽贝卡吗？"

"……亚历克斯，我现在不想谈这个。"

主唱的手提包打开着，我发现里面放着泡软了的照片。

"她多漂亮啊……"

我把照片拿在手里，照片看上去如此充满活力，描绘了一种真正轻松的生活。我已经忘记了没有烦恼、恐惧和极端的生活是什么样子了。

我偶然看到一张照片上有栋小房子。

"这房子是怎么回事？"我把照片翻过来，背面用蓝色圆珠笔写着："棕榈泉，第九区，46栋"。

"这是我外婆的家，我和邓恩每年夏天都住在那里。她梦想着进入加利福尼亚大学，在这所房子里生活。"

"如果她在那里怎么办？"

"我不知道……我已经十多年没去过那儿了。"

"亚历克斯，一直以来，你都知道她可能会在哪儿，但是你没去找她？"

"我一直害怕这次见面，看着我妹妹的眼睛，我很惭愧。"

我从他身边走开。

"伙计们，给我地图。"拿到地图后，我开始研究，"那么，棕榈泉就在这儿，而奥克斯纳德在这儿。离得非常近。"

"你有什么建议？"亚历克斯问道。

"我们需要去那儿，只有你妹妹可以帮助我们。"

"如果她不在那里怎么办？"

"无论如何，我们应该确认一下，这是我们唯一的出路。"

大家都满怀希望地看着亚历克斯。

"我不能……我这么多年没有见过她了，而现在，我几乎成为一个刑事犯，去找她，不，不行。"他说。

"你真是个胆小鬼。"史蒂夫说。

"亚历克斯，如果你不考虑自己，哪怕考虑一下我们，考虑一下丽贝卡。她的情况是无法忍受多次露宿街头的。"杰伊说。

亚历克斯沉默了。难道他要这样，余生都看着自己妹妹的照片吗？我们要错失我们最后的机会了。我转过身，试着接受这样的事实。

"收拾东西，"我转向亚历克斯的声音，"我们去棕榈泉。"

\*\*\*

我们在电气列车上。两个小时后，我们将到达棕榈泉。我们坐在不同的地方，尽量像普通人一样行事，以免引起怀疑。电气列车飞速疾驰。虽然我试图表现得从容不迫，甚至把头发藏在风帽里，以便没有人认出我，但害怕突然有人发现我们并立刻报警的疑虑一直折磨着我。我从未如此害怕过人群。

我匆匆打量着每一位乘客：有人在睡觉，有人在看报纸，有人正看着窗外。总之，没有人对我们有兴趣，没有人看着我们，我变得平静了一些。我把注意力集中在亚历克斯身上，我觉得他很担心，那还用说吗？任何人站在他的角度都会受到煎熬，还不知道邓恩是否住在那里。

我睡了一会儿，突然的停车把我惊醒了。我们到了。谢天谢地！

我们跟着亚历克斯走了很久。这段时间我一直审视着棕榈泉这座城市，有很多名人来这里度假。总之，我从来没有来过加利福尼亚，尽管这里和佛罗里达一样，炎热，有巨大的海滩、大海、棕榈树和许多游客，但佛罗里达和加利福尼亚还是大相径庭。

"你真的还记得房子的位置吗？"史蒂夫问道。

"当然，我对这个区域了如指掌。"

最后，亚历克斯停在了我在照片中看到的那栋房子对面。

我们在门口站了十五分钟，亚历克斯久久未能按门铃。

"我来吧。"我说。

亚历克斯抢先摁响了门铃。三分多钟过去了，没有人来开门。亚历克斯再次摁了门铃，但也没有成功。

"那里没有人。"

我们所有的希望瞬间化为乌有。我们冒着危险，白白来这儿一趟。

亚历克斯失望地走到我们面前。

"怎么办，现在去哪儿？"杰伊问。

没有人回答他。因为大家都知道我们无处可去。我们甚至无法住酒店，因为警察会立刻找到我们。我们再次陷入了走投无路的境地。

我们转身，突然听到门嘎吱响了。

门槛上站着一个黑色长发的苗条女孩。

"亚历克斯？……"

主唱呆了很久。

"邓恩……"他终于说道。

\*\*\*

我们进了屋子。这里很舒适，一切都打理得很好。这让我想起了我外婆的家。

亚历克斯和邓恩沉默了几分钟，我看到他们眼里满含泪水，然后他们紧紧拥抱在一起。非常感人的时刻。多年未见的亲人，现在拥抱着他——这简直不可思议。

"我以为你死了，这些年你去哪儿了？"

"我认识了杰伊和史蒂夫，我们在环游世界。"

亚历克斯并没有把目光从他的妹妹身上移开。我能想象，十多年来只能在照片中看到的人，现在真的和他见面了。

"我甚至不敢相信，你在这里，在我旁边。"

"我也是，"亚历克斯低声说道，"邓恩，我们需要你的帮助，警方正在搜捕我们。"

"我知道，新闻里报道过你们的事。"

"我们能在你这里待几天吗？"

邓恩有些慌乱。我们听到孩子大声哭泣的声音。

"这是什么？"亚历克斯问道。

邓恩没有回答，她爬到二楼，过了一会儿，她手里抱着一个婴儿下来。

"不是'这是什么'，而是'这是谁'。这是克里斯托弗。你的外甥。"

亚历克斯几秒钟都说不出话来。他听到的这些话让他魂不守舍。

"我的天哪！……我有外甥了吗？"他笑着问道，伸手想要抱孩子。

"等等，先洗澡，你们也是。"她看着我们。

"这么说，你让我们……"

"是的，你们在这里住多久都可以。"

\*\*\*

我穿着柔软的浴袍走进客厅。亚历克斯坐在沙发上抱着婴儿。

"克里斯托弗的爸爸在哪儿？"他问道。

客厅与厨房连在一起。邓恩站在炉灶边煎东西，整个房间都散发着令人愉快的香味，激起了我的食欲。

"我和他的爸爸，我们爱得轰轰烈烈，但他一发现我怀孕，就立刻人间蒸发了。"

邓恩做了几分钟的菜，走到我们身边。

"邓恩，谢谢你收留我们。"我说。

"不用客气。顺便说一句，我们应该认识一下。"

我尴尬地笑了笑。

"我是格洛丽娅。"

"很高兴认识你。那个女孩，她怎么了？她看上去无精打采的样子。"

"她叫丽贝卡，她生病了。我想问一下，你有药和温度计吗？"

"当然。前厅有一个急救箱，如果有问题，可以拿走需要的一切。"

"谢谢。"

"那么，现在大家都到桌子边来，你们一定很饿了。"

我叫了史蒂夫和杰伊。

我们都坐在小圆桌旁。每个人都津津有味地吃着带酱汁的烤肉。邓恩和亚历克斯聊着多年来积累的很多东西。其他人都静静地坐着，不去打断他们的谈话。

"为什么你这么多年没来找我？"

"我……不知道该怎么办。我觉得，你恨我。"

"最初我真的很恨你。当父母去世时，只剩下我一个人，而你不在身边。"

"……原谅我。"

"亚历克斯，我早就原谅了你的一切。"

\*\*\*

我、亚历克斯和史蒂夫坐在柔软的地毯上和克里斯托弗一起玩。杰伊躺在床上，早就失去了知觉。

我终于穿上了自己洗过的干净衣服。

"如果他成为一名音乐人，那会很酷。"史蒂夫说。

"不，不行，让他成为一名医生，或者老师，或者是办公室文员，但我不希望他变得像我一样。"

"好吧，我觉得我现在要睡着了，去睡觉吧。"我说。

邓恩分给我们两个客房。我去她分给我和丽贝卡的那间。丽贝卡在睡觉，虚弱和嗜睡的劲儿还没过。我躺在她旁边。我的天哪！躺在床上是多么愉快。你甚至无法想象在地上睡几个晚上是什么感觉，而现在处于舒适的环境中。

房间的门打开了，邓恩走了进来。

"怎么样，安顿好了吗？"

"是的，再次非常感谢。"

邓恩点点头，似乎打算离开，突然她停了下来。

"格洛丽娅，你是亚历克斯的女朋友吗？"

"不是。"

"那你为什么要和他们联系？"

"……我和亚历克斯有类似的经历，我也离家出走了。我和丽贝卡去参加一场音乐会，在那里认识了他们。"

"你多大了？"

"很快就 17 岁了。"

"这么年轻，蠢得不行。难道你不想家吗？"

"……不。"

"我明白了。那好，休息吧，我不打扰你们了。"

邓恩关上门。

我命令自己放松并合上了眼皮。

***

丽贝卡咳得很大声，我没睡着。我摸摸她的额头，她又发烧了。

"该死……"我说。

她急需退烧药。我准备去拿急救箱。我打开门，为了不吵醒任何人，我踮着脚走到楼梯口。我看到邓恩，想叫她，但有件事阻止了我。她走到电话旁边，拨了某个号码。

"喂，警察局……"

我浑身发热。有几毫秒，我希望是我听错了，但没有。她真的给警察打电话。我迅速走下楼梯，抓住电话，按下结束按钮，将电话机扔到了地板上。邓恩没想到我会出现。她目瞪口呆地站在原地。

"你在做什么？"我差点尖叫起来。

几秒钟后，亚历克斯、史蒂夫和杰伊出现在我身边。

"发生了什么事？"亚历克斯问道。

邓恩沉默，警惕地看着每个人。

"她给警察打电话。"

"……邓恩，为什么？"

"为了我永远不会在我家里窝藏罪犯，你们让我和我的孩子遭受到了危险。"

"你决定出卖我们？但我是你的哥哥！"

"当你抛弃我和妈妈时，你就不再是我的哥哥了。"

我觉得这些话伤害了亚历克斯，这就像是一把刀插在他的胸口上。我知道亲人的背叛是什么感觉，我非常理解亚历克斯。他的眼里满是泪水，但他忍住了。邓恩曾经是他生命的意义，而现在这个人直接把他推入了深渊。

"邓恩，求求你，只是让我们离开，没有人会知道任何事情。"我说。

"够了，"亚历克斯说，"如果你想打电话，就打吧。我从没想过你会这样对我。你撒谎骗了我们，从一开始你就想出卖我们。但你要想想，我们小时候在这所房子里跑来跑去，发誓说我们永远会在一起。"

"是你破坏了这个誓言！是你！"邓恩歇斯底里地大喊大叫。"你逃跑了，你没看到我是如何在太平间辨认我们父母的尸体，你没看到他们是如何被埋葬，你不知道我号啕大哭了多少天，我经历了多少痛苦。当然，你是音乐人，对你而言，音乐比你自己的家庭更重要！"

我们听到克里斯托弗在二楼的哭声。亚历克斯爬上楼，然后抱着孩子下楼。

"……打电话。你是对的，我真的是一个十足的浑蛋。我应该坐牢，应该经历那里发生的一切。我只求一样，请原谅我，原谅我……如果你可以的话。"亚历克斯亲吻克里斯托弗的小脸蛋，并将他交给邓恩。

她站着，不自在地咽了咽唾沫，泪水顺着她苍白的脸颊滚落下来。她蹲下，捡起电话。我的呼吸快要停滞了。邓恩把电话放在床头柜上。然后打开一个抽屉，拿出车钥匙。

"走吧。"邓恩说，递给我钥匙。

"邓恩……"我手足无措地说。

"立刻离开。"

我拿起钥匙。邓恩一边抱着她的儿子，一边拿起纸和笔，写着什么。

"去这里。"她递给亚历克斯一张字条，"这是一个人的地址，他能够给你们提供住房，而且价钱好的话，他不会告诉任何人任何事。"

"……你为什么要这样做？"亚历克斯问道。

邓恩盯着他看了很久。

"我不知道。你们迟早会被抓住的。"

\*\*\*

我们坐在车里。亚历克斯久久未能决定开车。在场的其他人都没说话。大家都明白这种情况有多困难。邓恩站在门口。亚历克斯从汽车侧视镜中看着她，然后，当邓恩关上门时，亚历克斯慢慢启动了发动机。车出发了。主唱打开他的包，取出照片，放下车窗，把照片从手中放了出去。照片在玻璃上滑动了几秒钟，随后迅速消失了。他与过去告别，他放开了她。没有什么比亲人的背叛更糟糕，我自己知道。你瞬间对一切都失去了信心——对爱、信任、希望和某一天你仍然可以变得幸福。

我们离邓恩家越来越远。我不知道我们现在要去哪儿。我们能找到住所吗？我们会安全吗？

我还剩下九天的时间了，九天里决定是否死去。还有不到两周的时间去思考，但我甚至无法想象我该怎么办，我甚至不知道要怎么去做那件事。

我的意图最终变得很混乱。

## 第42天

亲爱的日记！

一切都渐渐回到原来的轨道。

我们在城里的郊区租了一所小房子，向房东支付了我们一半的积蓄。房子用浅色原木搭建，由两个小房间和一个连着厨房的大房间构成。

我不知道我们要在这里住多久。贝克丝说得很对，我们的生活已经变成了接连不断的逃跑。在某种程度上，我有点喜欢这样。我对生活产生了兴趣。我想醒来并享受充满不确定性的第二天，以前我从未体验过这样。难道我真的找到自己生命的意义了吗？如果真的如此呢？我会越来越少地想到自杀，相反，我想要了解新事物、斗争和爱。

也许，为此，为自己"计数"是值得的。我应该明白，生活可以是美好的。我真的希望在剩下的8天里什么都不会发生，并且我会永远忘记"自杀"这个词。

还剩8天

\*\*\*

我坐在床边一张破旧的沙发椅上，丽贝卡把身体缩成一团在床上睡觉。虽然我和她年龄相同，但她在我看来还相当小，没有人保护。我从未有过妹妹，我想把她当成妹妹一样照顾。我总是需要这样的朋友，简单、胆小、无私，我真的很感谢命运把我和她聚到一起。

早晨的阳光透过泛黄的窗帘，轻轻地触摸丽贝卡的眼睑，她猛地翻了个身。深吸一口气，丽贝卡揉了揉眼睛，注视着我。

"早上好。"她用嘶哑的声音说道。

"贝克丝，你怎么样？"

"除了严重的鼻塞，可怕的喉咙痛和脑子里还未过去的嗡嗡声外……一切简直太好了。"

"好吧，既然你的幽默感已经回来了，那就意味着你正在康复。"

我走到她身边，摸了摸她的额头——不烧了。皮肤终于变成健康的颜色，不再苍白。到目前为止，咳嗽仍然折磨着她，但有康复的迹象。我拉开窗帘。昨天我们到得很晚，天黑了，我还没能好好看看我们所在的地区。蒙蒙雾气中，远处依稀可见巨大的山脉。我们周围都是小房子，里面住着和我们一样的"隐士"。

\*\*\*

"这里很平静。"我说。

"……这种平静会持续很久吗？"

我转向丽贝卡，扯下她的被子。

"那么，起床吧，去洗澡。"

"我可以多躺一会儿吗？"丽贝卡拉长声音说。

"贝克丝，我当然明白，你生病了，但你看看，你变得像什么一样？蓬乱的头发，脏脏的衣服。我们终于能在人类的环境中生活了，你应该符合要求。"

"你只是在开我玩笑吧。"

"我曾和捷泽尔·维克丽交好，忘了？她教会我，即使被推土机撞倒，也要外表动人。"

我们笑了起来。

\*\*\*

厨房闻起来很香。史蒂夫坐在一张陈旧的咯吱咯吱响的沙发上，杰伊站在炉灶边煎东西。

"早上好，男生们。"我说。

"早上好。我没想到，你们女生可以睡这么久。"杰伊说。

"你认为女生不是人吗？"

"不，我已经准备好了早餐，虽然这是你们的工作。"

"什么？"我笑了。"我想知道你们的工作是什么？"

"我们是男生，我们必须做的是保护你们。"

我忍不住又笑了。

"那你们也没能胜任自己的工作。"

"什么？"我没发现史蒂夫出现在我背后。

他抱起我，开始转圈。我哈哈大笑起来。他放下我，双手搂住我的腰。我闭上眼睛，瞬间感觉飞离了这个世界，我享受这个时刻。

"嘿，嘿，怎么，你们又开始结婚游戏了吗？"丽贝卡的声音让我重新回到现实。

史蒂夫和我害羞地笑了笑。

"那么，坐下来尝尝我的招牌香肠。"杰伊说。

我们坐在小木桌旁。

"我很快就会因为它们反胃了。"史蒂夫说。

"那你想吃什么？这是家里剩下的唯一食物。"

"亚历克斯在哪里？"我问。

"他……吃饱了。"史蒂夫回答道。

"他还好吗？"

"他很好，只是昨天他的亲妹妹差点向警察出卖了我们。"史蒂夫脱口而出。

我尴尬地咽了咽唾沫。

"需要和他谈谈。"丽贝卡建议道。

"没用的，亚历克斯从不听任何人的话。当他难受时，他就躲进自己的世界里，然后再回到原来的轨道上来。"

我们的盘子逐渐被清空了。

"我去倒。"金发男子说。

"谢谢你，史蒂夫，提供内容丰富的信息。"丽贝卡一边嚼着煎香肠，一边说。

史蒂夫刚砰的一声关上厕所的门，杰伊就低声问我：

"格洛丽娅，你想好史蒂夫生日送什么礼物了吗？老实说，我已经绞尽脑汁了。"

听到他的话，我差点噎住了。

"什么？史蒂夫生日？"

"是的，明天。怎么，你不知道吗？"

"……如你所见，不知道。"

"惊呆了！你们似乎在谈恋爱，连别人什么时候过生日都不知道。"

"这几天发生了这么多事，即使我知道，也一样忘记了。"

"也许，给他办个派对？"丽贝卡插了一句话。

"派对？警察正在追捕我们，怎么都不想娱乐。"

"贝克丝是对的，"我说，"我们需要放松，否则我们会因为持续的恐惧而彻底疯掉。我们安排一个温馨的派对，就像在家里一样，我们都非常缺这个。"

杰伊沉默了很久，然后他说：

"好吧，你们说服了我，但是今天我们有很多麻烦事。"

\*\*\*

我走到外面。完全看不到太阳的踪影，天空乌云密布，吹着强劲但还温暖的风。

亚历克斯坐在房子外面远处的长凳上。我几乎踮着脚走到他身边。我喉咙发干，起初我十分局促不安，不知道从哪里开始谈话。

"亚历克斯……杰伊已经准备好了早餐。"

"我不饿。"他突然说道。

我坐在他旁边。

"听着，我明白你的感受，但……"

"我的天哪！格洛丽娅，我能自己待着吗？"

"……当然，对不起。"

我慢慢地站起来。绕着长凳走，当我站在他身后时，我又停了下来。

"该死的！亚历克斯！好吧，你能坐多久，也不知道你在想些什么？我以为你更坚强。"

"……如果你不坚持，我们就不会去找她。"

"好极了！也就是说，这一切都是我的错？"

"不，一切都是我的错。我失去了生命中最珍贵的人。我现在什么都没有了。什么都没有。"

"你有我们。"

我再次坐在主唱旁边，把手放在他的背上。

"这就是生活，亚历克斯。需要为任何事情做好准备。朋友、熟人、家人的背叛……甚至自己背叛自己。你可以应付这些……我知道。"

突然，我觉得亚历克斯变得轻松一些。

他转向我。

"你说，杰伊准备好早餐了吗？"

"是的，香肠。"我微笑。

"请拿过来吧。"

"马上。"

我迅速站起来，跑回家里。伙计们都回到自己的房间去了。我用盘子装了一些香肠，再次走到外面，但是……令我惊讶的是，我没看到任何人。亚历克斯似乎消失了。我心不在焉地环顾四周，最后发现亚历克斯正朝着我们的车走去。一盘食物从我手中滑落，掉在了地上。我全力跑了起来。

"亚历克斯！"我喊道，他走到车旁，打开门，"亚历克斯！"

他没有注意到我，我听到发动机启动的声音。我跑到汽车前，紧贴着引擎盖，站在路上。我呼吸困难，通过前挡风玻璃看着亚历克斯的脸。还差一点点，他就会撞到我。

主唱下了车。

"你干什么？"他问道。

"这正是我想问你的，你搞什么鬼？"我尖叫。

亚历克斯沉默地盯着我。当我的呼吸平静下来时，脑子里的一切都清晰起来。

"……我明白了，你想再次逃跑。那好吧，来吧！"我向前走去，肩膀撞到了主唱。然后我转身，看着他的眼睛，"你疯了，你知道吗？总有一天当我们所有人都厌倦了跟着你跑时，那时真的只剩下你独自一人。"我再次转身，朝回家的方向走去。我听到亚历克斯跑到我身边，猛地抓住我的手，把我往车上拖。

"你怎么了？"我大喊大叫，用尽全力挣脱他的手。

他强行把我摁进车里，砰的一声关上车门。直到现在，我还没搞清楚是怎么回事。亚历克斯坐在驾驶座上，启动汽车，我们出发了。

我坐在椅子上，没搞明白发生了什么事。

"我们要去哪儿？"

"你很快就会知道。"

"我现在就跳车了！"

"跳吧。"亚历克斯冷笑道，把车开得更快了。

我觉得非常愤怒。

"亚历克斯！"在这种情况下，我无能为力，疯狂地用脚踢车门。

主唱在杂物箱里翻找，递给我打火机和香烟。

"给，冷静下来。"

"你真是个疯子。"

"想自杀的女孩这么说我。"他笑着说。

我从香烟盒中拿出一根香烟，点燃它，抽了起来。每抽一口，我就越来越冷静，我开始观察我们走的路，猜测我们到底要去哪儿。

我们沿着一条非柏油马路行驶了一段时间，石块不时地落下来。车蒙上了一层尘土。我抽完第三支烟。我和亚历克斯一路都没说一句话。

很快我们就停了下来，同时我们下了车。我环顾四周，我们在一个山脚下。

"我们来这儿做什么？"我问。

亚历克斯看着周围的风景，微笑着。我很警觉他的奇怪行为。

"你知道这座山的名字吗？"

"我不知道。"

"圣哈辛托。这是我小时候一直梦想攀登的山。"

"亚历克斯，你为什么带我来这里？"

他转向我。

"你会开车吗？"

"……不会。"

"太棒了！那么我跟你打赌：如果你爬到山上那块石头那儿，"亚历克斯用手指向一块离我们大约十米远的巨大的浅红色石头，"我就把你带回家，如果你输了，你就走路回去。"

我站着，张大嘴，不明白发生了什么事。

"亚历克斯，怎么，你的脑子被晒坏了？这是什么该死的赌注！"

"我给你十秒钟考虑。"

"我不会爬到任何地方去！"

"还剩八秒。"

"去你的！"

我朝车子走去，打开门，坐进车里。亚历克斯走到我跟前。

"时间到了。"

"亚历克斯，立刻带我回家！"

"对不起，但打赌你输了。"

他抱起我，把我拉出车外。

"放开我！"我尖叫。

亚历克斯砰的一声关上门。

"祝你散步成功。"他说道，然后坐进车里。

"白痴！"我声嘶力竭地说。

环顾四周，没有任何人，只有野鸟在山顶飞翔。我感到不安。我听到发动机发动的声音。

"好吧，等等！"我跑到车前，"我同意。"

我转身背对着车，向山上走去，我听到亚历克斯从车里走了出来。

"我恨你。"我说完，然后开始爬山。

土壤松散，但站在上面可以很容易保持平衡不跌倒。我抓住石头不放，脚埋在土壤里。从小我就喜欢爬树、爬山，所以对我来说一点也不困难。

"小心，那儿可能有蛇。"亚历克斯说。

"闭嘴。"

我还差一点点，就到达那块石头。汗水慢慢流过身体，我尽量不往下看，只朝前走。现在，我浑身都很兴奋，如果我输掉这个赌注，那将非常尴尬。几分钟后，我到了亚历克斯指定的地点，最后我觉得自己像个英雄。

"好极了！"主唱说。

"现在听听我的条件。如果你不立刻来找我，那么这座山上最大的石头将认识一下你的脑袋。"

亚历克斯笑了起来。

\*\*\*

我们在一个小斜坡上，这儿只有我们。只有离得很远的某个地方才能听到汽车的声音，但感觉这些声音来自另一个世界。

"你知道吗？你释放压力的方式太奇怪了。"我说。

"怎么，你还不是一样喜欢？"

我只用嗤之以鼻作为回应。

亚历克斯抱着双臂。这期间我们相互保持一定的距离，后来我决定靠近他。

"你的肋骨怎么样了？"

"它好像被钻了孔，但我觉得似乎已经习惯了这种疼痛。"

起初我对亚历克斯愚蠢的打赌很生气，后来平静下来，明白哪怕他暂时不再想起邓恩也好。

"以后会怎么样？"我问。

"以后？我们回家，一整晚听杰伊讲白痴的笑话。"

我笑了。

"你完全明白我的意思。我们会在棕榈泉待很久吗？"

"暂时还不知道。有个人曾经欠了我一大笔钱。我需要给他打电话，让他还钱。有了这笔钱，我们就可以奢华地生活一年。"

"如果他……"

"出卖我们？不会的。他和警方的关系也不是很好，这样做对他没好处。"

我的心情渐渐好了起来。我们已经克服了这么多困难，现在我们终于可以享受人类的生活了。

我起身。风变得更大了，不停地吹动着我的头发、我的衣服，吹得脸上很舒服。我想起亚历克斯曾经跟我说过，需要发现每件小事的乐趣：日落、朝霞、风、雨。现在我终于明白这些词的含义了。

"你真漂亮。"亚历克斯突然说道。

我转向他。一绺蓝色的头发随风舞动，抚弄着我的脸。它让我开怀大笑。

"你真的被太阳晒坏了脑子。"我说。

\*\*\*

天开始黑了。我们回家。我和亚历克斯几乎一整天都在一起，远离我们的家，远离伙伴们和一点点的城市文明。

"明天史蒂夫过生日。"我说。

"我知道。"

"我们决定为他举办派对。"

"派对，我甚至忘了这个词的存在。"

"你觉得他会喜欢吗？"

"总之，史蒂夫更喜欢俱乐部，但派对也还行。"亚历克斯笑着说。

\*\*\*

车停在我们家旁边。我和亚历克斯慢慢地走到门口，非常明白前面等待我们的是什么。伙伴们会详细地审问我们去了哪儿，以及为什么这么晚才回来。这感觉就像我要回家见父母了。

我们的期望没有被辜负，一跨过门槛，史蒂夫、杰伊和丽贝卡都严厉地看着我们。

"喂，你们去哪儿了？我们还以为你们出了什么事。"丽贝卡说。

"我们……在周围散步。"亚历克斯说。

"是的，一切都很好。"我随声附和说。

"哪怕事先说一声也好。"杰伊抱怨道。

史蒂夫一言不发地走进我和丽贝卡的房间，把门关得砰砰响。我深吸一口气，集中精神，走进同一个房间。

"史蒂夫……"

"怎么样，短途旅行喜欢吗？"

"史蒂夫，你怎么了？"

"的确，我怎么了，我的女朋友大部分时间都和另一个男生在一起。"

史蒂夫呼吸沉重，握紧拳头。

"你又开始了？"我闭上眼睛片刻，尽量保持自制力，"在我们经历这么多的事情之后，你怎么还吃亚历克斯的醋？我们只是朋友。"

"他不像朋友那样看你。"史蒂夫小声说，转身背对着我。

我走近他，把手放在他肩膀上，将脸颊贴在他身上。

"听着……我讨厌这样，"我低声说道，"你要完全禁止我与男性交流吗？"

史蒂夫突然转身，因为出乎意料，我勉强来得及跳了回来。

"只是别把自己设定成一只不幸的小羔羊！如果我和其他女生一起消磨时间，你也会吃醋！"

"不，我不会吃醋。"我用平静的语气说道。

"真的吗？"

"是的，因为我相信你，而且我不打算限制你与其他女生交流。这很愚蠢。"

我们沉默了几秒钟。史蒂夫看了我很久，然后把手放在我的腰上，把我拉到他跟前，下巴抵在我的头顶上。

"好了，对不起，我发脾气了。"

"我已经习惯了。"

史蒂夫用手抚摸着我的脸。我拥抱着他。我从来没有吃过任何人的醋。我甚至都没想过，这会让人如此愉快，知道并感受到你被人需要。在你心目中占据一定位置的人对你并不是漠不关心。

我们的安宁被开门声打断了。

"格洛丽娅……我们谈一谈。"丽贝卡说。

史蒂夫放开我。

"哦，女生们的秘密。"

他走出了房间。

我仍然陷在史蒂夫给我的平静中。

"明天要去城里，买食物，还有一些小事。"

"好的，我去问问亚历克斯或者杰伊，好让他们其中一个人送我们去。"

"不，不要问任何人，我送我们去。"

"你会开车吗？"

"是的……爸爸教过我。"

"好吧，我们走。"

我和丽贝卡走进客厅。

"该死的电视！"杰伊打了电视一拳，哪怕有些图像也好，再次出现的依旧是恼人的黑白条纹。

"杰伊，别管它了。"亚历克斯说。

"我们已经在这里逗留好几天了，甚至连正常的电视都没有。可恶的地方！"

"我们要去城里买食物。"我说完，朝前门走去。

"喂，等等，我们不能让你们自己去。"史蒂夫说。

"是的，史蒂夫是对的，这非常危险。"亚历克斯补充道。

"当然，都是女孩，一定会发生什么事。"杰伊笑着说。

伙计们都跟着笑了起来。

这瞬间让我抓狂。我抓住杰伊的脖子，把他压在墙上。我的手紧紧地摁住他，他无法动弹，眼看就要窒息了。

"那么，继续。"我说。

"我开玩笑的，"几秒钟内杰伊的脸就红了，"放开我，不然呼吸困难。"音乐人勉强说出话来。

我顺从地松开手。那家伙摸了摸自己的脖子，试图恢复气息。

"我们很快就会回来。"我说。

"小心点。"亚历克斯说。

我和丽贝卡没回答他，默默地走出了房子。

尽管时间比较晚了，但外面相当暖和。在棕榈泉，春天和夏天替代了秋天和冬天。这里几乎总是阳光明媚，暖暖的。看起来像一个小天堂。

"你对待他的方式真酷。"丽贝卡说。

我得意地微笑。

"你确定你会开车吗？"

"是的。"

我们坐进车里，找到地图，寻找去城里的路。

丽贝卡启动了车，发动机猛地熄火了，碰到了发动机盖。

"是的，贝克丝，你只是舒马赫。"我笑了。

"我只是有点忘了，现在我想起了一切。"

我们重新启动，这次什么也没碰到。我们没住在最好的地区，这里几乎没有照明。只有当我们最终走上公路时，巨大的路灯才开始照亮整条道路。

我好不容易调出地图导航。

"那么，现在左转。"我说。

丽贝卡按照我的指示。

"你确定我们走对了吗？"

"如果相信地图，那么是对的。"

到处都是细长的棕榈树，黑暗的天空中散落着闪烁的星星。我打开玻璃窗，把胳膊肘放在车门上，探出头去。我们开得很慢，丽贝卡担心再次撞到什么人或者什么东西。我呼吸着夜晚炎热的空气，享受这座城市的氛围。

我们一找到有许多商店的街道，我就开始环顾四周。

"看，空位很多。停在这里的某个地方。"

"……我忘了。"

"忘了什么？"

"我忘了怎么停车。"

我狂笑起来。

"好极了！贝克丝，你杀了我吧。"

"那么，等等……转动方向盘……减速……然后轻轻地刹车。"

车停了。贝克丝松了一口气。

"哇！"我说，"干得好！我给你驾驶及格。"

"你可以尽可情地嘲笑我，我不在乎。"

我们关上车门，开始研究这些当地的商店。

食品市场让我口水直流，从早上起就没吃过什么东西。我的身体似乎已经习惯了现在吃得很少的事，但仍然无法抗拒满是食物的柜台。我们打包了许多袋子，把所有东西放到汽车的后备厢里。

我和丽贝卡决定去个小型购物中心。时间已接近午夜，但这里人还是非常多。起初我很害怕，因为有人可能会认出我们，后来我意识到这些人并不在乎。他们逛着各式各样的店铺，采购一切，他们并不关心谁走在他们旁边。我们买了派对要用的小球和其他一些小玩意。令我们惊讶的是，他们卖了酒给我们，我们的购物车上装满了冰啤酒、龙舌兰、香槟和马提尼。

"我们花了这么多钱！"丽贝卡看着我们的小票说。

"别担心，亚历克斯说他会弄到钱。"

"他从哪里弄到钱？"

"他有一个熟人，那人欠他一大笔钱，很快我们就会和他见面并拿走我们的钱。"

"怎么我觉得有点害怕。不知道是一个什么样的人，我们又会遇到什么事。"

"丽贝卡，你没发现吗？是我们自己要变成这样的。因此，我们不需要怕亡命徒，而是要怕看新闻的正常人。"

我们走进礼品店。在这里一切都闪闪发光，令人眼花缭乱。丽贝卡走到商店另一边的尽头，而我在饰品店那儿停了下来，手链吸引了我的视线。皮手链镶着一个闪亮的铁质字母 S。

"这是情侣手链，它们让关系更牢固。"

我没发现女售货员走到我身边。

"你真的相信吗？"

"……不是很相信。但它们别具一格，这是让心爱的人心情愉快的好方法。"

我找到另一条带字母 G 的手链。

"我要这些。"

\*\*\*

我们在烘焙店。这里香味十足，我觉得我的胃被这醉人的香气折服。收款台前有很多人，我们已经站了好几分钟了。

"格洛丽娅，我觉得好像有人监视我们。"

丽贝卡指着两个盯着我们看的人。

"他们只是看看罢了。"

"已经五分钟了……没有把目光从我们身上移开。"

我的身体开始紧张得颤抖。我尽量不屈服于蜂拥而来的恐惧，但没有成功。

"好吧，我们走。"

我们推着装得满满的购物车走到出口。丽贝卡回头看了一眼。

"哦，我的天哪！"她差点大叫一声，"他们跟着我们！"

"嘘……表现得好像什么也没发生过一样。"

我浑身发热。杰伊是对的，真的不能放我们两个人自己出来，因为我们是两个活生生的麻烦。我们走到外面，快速走到车子旁边。曾经感觉温暖的空气也变得刺骨。我转身看到那些家伙继续跟着我们。

"我不明白他们为什么跟着我们？为什么不立刻报警？"我问。

"跟踪。他们想知道我们住在哪里，然后出卖我们所有人……"

我们走到车边，惶惶不安地将买的东西放入后备厢。装作从容不迫非常困难。丽贝卡时不时看着他们的方向，而这时那些家伙走到他们的车跟前。

"不要看他们。"我说。

"有什么区别！不管怎么样，这一切都结束了……"

丽贝卡的话让我变得更糟了。

"……我们别回家。"我说。

"什么？……"

"我不希望因为我们，让伙计们受伤，我们走另一条路。"

起初丽贝卡困惑地看着我，随后她点了点头。我们上了车。我觉得我们两个人的心一致地怦怦直跳。我们非常害怕。

"我们停在这儿干什么？"我问。

"我不能，"丽贝卡拍打着方向盘，"难道就这样了？难道一切就这么结束了？"

我没有回答她，只是把手伸向丽贝卡颤抖的手心，并紧紧地握住了它。我们相互看了对方一眼，最后启动了车。这期间我看着后视镜，发现那些家伙的车跟着我们。现在我们得快点开了。丽贝卡全力加速。我们不知道要去哪儿，总之，要摆脱这次追捕。我太累了，真想躺在温暖的床上，不想任何事。想到眼前的局面，我眼中泪水涟涟。接下来会发生什么事？接下来我们还是要停车，那些家伙可能已经报警，然后我们将被带回布里瓦德。我逃离了这么远的家和生活，又重新回来了。

我们停在红绿灯处，然后我发现追踪者的车转向另一条街道。我从窗户探出头，看到那些家伙停在一栋带闪烁招牌的楼前。

"他们在哪儿？"丽贝卡问。

"……他们在俱乐部停了下来。"

"等等，这就是说我们……"

"是的，贝克丝，我们是白痴！"

我们真正发出了歇斯底里的笑声。我们不停地笑，喘口气接着再笑。

"这真是妄想症。"我笑着说。

我们改变方向，一路继续嘲笑我们的张皇失措。在发生这些事情之后，我们看每个人都像敌人。

我们的车停在一条没有灯光的街道上。这里没有汽车，也没有人。经历过这样的夜晚后，我们决定稍事休息，谈一谈，因为与音乐人在一起，我们很少能够互相聊聊亟待解决的问题。

我们放下座椅，躺了下来。我闭着眼睛，抽起烟来。

"你还记得我们是怎么认识他们的吗？……因为我们害怕，我们想逃离他们，"丽贝卡说，"我们的父母可能已经疯了。"

"……我不这么认为。我的爸爸现在享受着没有我的安静生活。"

"格洛丽娅，不管他怎么对待你，他仍然爱你。"

"你根本不认识他。到前段时间为止，我完全没觉得我还有个爸爸。只不过劳伦斯出现后，他开始履行自己的义务了。他认为，爸爸的关心是日常的说教和惩罚，他有句最愚蠢的话：'我希望你成为一个正常的人。'胡说八道……如果一个自命不凡的暴君教育你，你怎么可能成为一个正常的人？"

"你知道吗？不管怎么样，你迟早还是会见到他。我真想用我的所有来交换，把我的爸爸换回来，而你还有机会。"

我的肺部满是烟，我慢慢地吐了出来。

"算了，我们换个话题。你最好说说你和杰伊的事。"

"说什么？什么都没发生。"

"他喜欢你，你也喜欢他。你们应该让对方幸福！"

"……我怕真的爱上他。我了解自己，如果喜欢上某个人，我就会永远记住他。当我与杰伊分手时，我就会活不下去。"

"贝克丝，你早就应该开始为了每一天而活。明天或者一周会发生什么事，有什么区别？今天对你来说很好才最重要。生命只有一次，不能错过幸福的时刻，因为它们不会再回来。"

丽贝卡沉默了很久，接着说：

"明天的派对……我会想出一些事。"

"真没想到又这么快了。"

我微微起身，又抽了一口烟。

"你看看，天空多美丽。我们坐在这辆该死的车里，并没有注意到这样的美丽。"

我站起来，钻出汽车天窗。

"你在干什么？"

"……我想离星星更近一些。"我一边说，一边爬到了车顶上。

丽贝卡下了车。

"疯子！"她笑着说。

"……是的，我疯了！"我高高举起双手，闭上眼睛，大喊大叫。"我疯了！"

丽贝卡用双手遮住脸，哈哈大笑起来。

"来吧，到我这儿来。"

"车顶上什么也没有。"

"无所谓。"

我帮丽贝卡爬到车顶上，然后我们开始转圈，与她一起对着天空大声呼喊。"我们必须活下去，为了每一个早晨，为了享受音乐，为了享受自由。你不需要通过别人来让自己过上幸福的生活。"我的脑海中回想起亚历克斯的话。

## 第43天

我踮着脚走进史蒂夫的房间。他还在趴着睡觉，双手放在冰冷的枕头下。我走到他身边，轻轻吻了吻他的脸颊。史蒂夫醒了。

"早上好，老头。"我说。

他可爱地笑了笑。看着他昏昏欲睡的眼睛和笑容，我内心滋生出某种感觉。想要抓住他不放，永不放开。

"我不是老人，我只有 26 岁……等等，你知道我的生日吗？"他问道。

"我知道你的一切。祝你生日快乐！"我拥抱他，而他把我紧紧拉到自己身边。

"谁告诉你的？"

"不重要。"

"杰伊？"

我笑了。

"是的，你有嗅觉！"

史蒂夫再次吻了吻我，但我阻止了他，因为我和伙伴们给他准备了一个小惊喜。

"好了，起床吧。"我赶紧下床，整理好衣服。我在房间里找到史蒂夫的 T 恤。

"接着。"我一边说，一边扔给他，但他没来得及接住 T 恤。

他起床，俯身，脸上的表情突然变了。

"背麻了。"

我大声取笑这个"年轻的老头"。

史蒂夫一穿上衣服，我们就打开房门，看到丽贝卡、亚历克斯和杰伊站在我们面前，拿着一张巨幅海报，上面写着"生日快乐！"

"生日快乐！"他们齐声说。

整个房间装饰着无数五颜六色的彩球和彩带。

"惊呆了！"史蒂夫像个小男孩一样欣喜若狂。

"祝贺你，哥们儿。"杰伊拥抱史蒂夫说。

"你们怎么来得及弄这些？"

"为了你，我们整晚都没睡。"我说。

"我崇拜你们。"

我们坐在餐桌旁，虽然它很小，但可以放下一个大巧克力蛋糕、两个水果盘、小圆面包和香槟酒杯。

"好吧，史蒂夫，祝福你，欢迎来到26岁俱乐部，"亚历克斯说，"这是一个认真的年纪，现在你需要开始冷静地看待生活。"房间里的每个人都僵住了，没有人说一句话。然后所有人同时大笑起来。"我开玩笑的，你一直都这么疯狂，这正是我喜欢你的原因。我希望你一切都达到最佳状态。"

"谢谢。"史蒂夫喜笑颜开。

"史蒂夫，当我第一次见到你的时候，我以为你是一个疯狂的傻瓜……并且我没弄错。"大家又笑了起来。"你很开朗，我希望你和格洛丽娅在一起好好的。"

"谢谢，小不点。"

我们端起高脚杯，碰杯，喝了几口。

"那么，现在我们要给你一个惊喜。"杰伊说。

"还有一个？"

"是的，走吧，上车，我会带来我们需要的一切。"

\*\*\*

我们五个人一起开着车出去。每一秒我们都在远离城市文明。今天是阴天，不是很热。在这样的完美天气里，我们决定去大自然中度过一整天。杰伊拿了几袋食物和酒。车上很吵。有人在笑，有人在说话，几乎每个人手里都拿着香烟。在我和音乐人一起度过的这几周里，我明白了一些事：当你年轻的时候，你应该尝试一切，做些傻事，这些以后会成为你人生的教训；当你年轻的时候，你应该释放自己所有的坏毛病，毕竟你以后会有家庭和孩子；当你年轻的时候，你应该借助疯狂的行为来摆脱自己的愚蠢，这样，在成熟的过程中，你可以更平静、更明智，并为你的孩子们树立一个好榜样。

我们来到一个荒无人烟的地方，这里偶尔会有登山游客的车路过。我们找到一个舒适的小山丘。深褐色的土地，附近生长着齐人高的带刺植物。我们铺上毯子，安顿下来。

"这里非常酷。"史蒂夫说。

"我们尽力了。"我亲吻金发男子的脸颊。

我们在一座小山丘上，风一阵阵吹过，天空完全被厚厚的乌云覆盖住了。

轻松，现在我觉得很轻松。我闭上眼睛，手里拿着一瓶啤酒，每隔几分钟，我就喝一口。伙伴们摆好食物，开着玩笑，在哈哈大笑声中津津有味地吃着东西。

我试着厘清自己的思绪。我起身，翻遍我的手提包，最后找到一个小盒子，我特意为这个派对准备的。我走到伙计们跟前。

"我建议玩个游戏。"

"扑克？"史蒂夫说。

"小瓶子？"杰伊使眼色说。

"方特[1]。"我打开盒子，里面有很多不同的任务纸片。

"呜——呜——呜。"大家齐声哀号起来，表示他们不喜欢这个主意。

"看看你们如何应付这些任务，我第一个。"我抽了一个方特阄。我读完任务，很后悔我自告奋勇，第一个玩游戏。

"喂，读出来吧！"亚历克斯说。

"亲吻坐在你右边的人。"

我转身看到丽贝卡坐在我的右边。

"那么，抓另外一个方特阄吧。"

---

1　一种游戏，参加者抓阄并按其中所提出的题目做一件逗乐的事儿。

"呃，这不公平，你必须完成这项任务。"杰伊说。

"不……"

"亲吻，亲吻，亲吻。"伙计们齐声说。

"打住，等等！没有人在意我的意见吗？"丽贝卡说。

"的确，我不能强吻她。"

伙计们用眼睛盯着我，我明白没有别的办法，只能这么做了。我靠近丽贝卡。

"格洛丽娅……"她说。

"对不起。"

我吻了她，伙计们欣赏着这个场景。几秒钟后，我和丽贝卡相互拉开了距离。音乐人甚至为我们鼓起了掌。

"那么，现在到我了，"亚历克斯说完，抓了一个方特阄：跳脱衣舞，脱掉自己身上的三件东西。

亚历克斯站起来，我们都把注意力集中到他身上。杰伊和史蒂夫用掌声伴奏。主唱脱下身上的 T 恤，然后解开皮带并将其扔在了地上，轮到牛仔裤了。很快，亚历克斯只剩下一条游泳裤。

"谢谢你们的关注。"他说。

"呃，你才只脱了两件东西。"史蒂夫说。

"皮带也是一件东西。"亚历克斯迅速穿上衣服。

"哦，好吧，我们没有看到他那里。"杰伊说。

我和丽贝卡相互看了一眼，大笑起来。

"贝克丝，来吧。"我说。

她用颤抖的双手抓了一个方特阄。

"一口喝光一瓶啤酒。"

"很棒的任务。"杰伊说。

"不……我做不到。"

"不好意思，贝克丝，但你必须完成这个任务。"亚历克斯一边说，一边递给丽贝卡一瓶啤酒。

"哪怕喝半瓶？"

我们都同时摇头。

丽贝卡呼气，打开瓶子，开始大口喝啤酒。

一道啤酒沫从嘴边沿着身体流了下来。我不相信自己的眼睛，她真的要这么做吗？

丽贝卡停下来，气喘吁吁。

"怎么，认输了？"史蒂夫问道。

"这有什么？"她说完，继续喝酒。

我们发现瓶子完全空了。直到最后一秒我才相信，她能应付它。我们为她鼓掌。

"那么，现在轮到我了，"杰伊说完，抓一个方特阄：脱光了，双手叉腰跑几米。"哪个变态想出了这样的任务？"

"谢谢你的补充，杰伊，"我说，"脱衣服吧。"

我们大笑起来。杰伊毫不羞涩地脱光了，双手叉腰，跑了起来，同时大喊大叫。这时，一辆满载游客的公共汽车驶向山上，所有人都目不转睛地望着杰伊。

"我的天哪！"杰伊尴尬地遮住自己私密的地方。我们都笑倒在地上。杰伊跑到我们身边。

"我恨你们……"

我们没有停止嘲笑他。

当杰伊再次穿好衣服时，我们的笑声过去了，史蒂夫抓了一个方特阄。

"讲一个你藏在内心最深的秘密……好吧，我不知道有多少这样的秘密，但我真的非常爱你们。你——杰伊，你——小不点，"丽贝卡哼了一声作为对他的回应，"你——亚历克斯，你一直是我的导师，虽然我们之前有过很多争吵，但我仍然爱你，"然后史蒂夫看着我，"格洛丽娅……

我终于遇到了一个像我一样疯狂的人。总之，和你们一起庆祝我的生日，我非常高兴。"

"我现在要跟你们算账。"杰伊打断了他多愁善感的语调。

我们笑了起来。

\*\*\*

"后天他会来棕榈泉，我们将拿到我们的钱。"亚历克斯说。

天一黑，我们就决定回家。我们把音乐开到最大声，在外面摆了一张桌子，现在津津有味地吃着烤肉排。十五分钟前，丽贝卡进了家门，到现在还没有出来。我扔下伙计们，走进屋内。

"贝克丝，"我说，她终于发现我的存在，"你在做什么？"

"你无法想象，我有多害怕。"

"喂，为什么不能？几周前我自己就像这样，"我拥抱丽贝卡，"听着，一切都会好的。你只要试想一下，你将与梦中人共度一夜。"

丽贝卡回抱我。

"……会很疼吗？"

"很快你就会知道。"我笑了。

丽贝卡拉开与我之间的距离。

"那好吧……冷静下来，丽贝卡，"她自言自语，"这种感觉就像去看牙医。"

"我们去找他们吧，否则我们的肉排就凉了。"

\*\*\*

夜里十二点，我们挪进了屋里。我们每个人手里都拿着马提尼。

我们一大清早就开始喝酒，今天我已经与清醒的感觉告别了。

我们玩起了"我从未……"的游戏，这是一款非常残酷的游戏，它击败了我头脑中所剩的清醒思想。

"我从未被女生挑逗过。"史蒂夫说。

我、丽贝卡和杰伊同时喝了一口酒。

"我从未穿过裙子，哪怕是吵架的时候。"亚历克斯说。

我和丽贝卡又喝了一口。

"而我穿着拖鞋。"杰伊说。

"你少开玩笑。"我说。

"是的，你喝得最少，所以都是诚实的。"

轮到丽贝卡了。

"现在我要报复……我从未……谈过恋爱。"

大家沉默了几秒钟。

"我们同情你。"史蒂夫说，然后我和其他人喝完了瓶子里的酒。

\*\*\*

我喝醉了，喝得太多了。我不羡慕我的肝，甚至无法想象它如何能承受这么多酒精。我独自躺在黑暗的房间里，几分钟内我就睡着了，但隔壁房间的噪音很快就把我弄醒了。我用手摸到床头柜，那里面有两条手链，我把它们放进口袋里。我勉强从床上起来，站在镜子旁，试图在一片漆黑中把自己整理好。

我走出房间，看到眼前的景象，惊讶得差点下巴都掉到地上。整个房子里到处都是醉酒的陌生人。大家随着强劲的音乐起舞，喝着我们的酒，津津有味地吃着我和丽贝卡准备的食物。有人胡乱躺在地板上，有人在桌子上跳舞。我真是太震惊了。

在人群中，我找到了一位音乐人。

"杰伊！"

"哦，我们还以为你不见了。"

"这些人都是谁？"

"我不知道。有个邻居知道我们举办派对，把他的朋友也带到这里来了。"

杰伊开始晃动着脑袋跳舞。我与他拉开距离。音乐让我的太阳穴怦怦直跳，头也开始晕了。丽贝卡坐在沙发上，我跟她坐到了一起。

"太棒了！他们把我们的家变成了……"我勉强压着怒火说。

"得了吧，和他们一起玩比较开心。"

我希望丽贝卡支持我，但她还挺喜欢这个场面，这一切让我更加恼火。突然，我的眼睛盯着站在对面墙边的那个人，他的手搂着两个金发女郎的纤纤细腰。我吃惊地发现这家伙是史蒂夫！

"我不明白……"我说。

"格洛丽娅，冷静。"

"是的，我非常冷静。"

我迅速地离开，朝他走去。我听到他和这些女孩子调情，我很讨厌这样。

"史蒂夫，发生什么事？"

"没什么，我正好想把你介绍给我的新女朋友。"他狡猾地笑着说。

我默默地转身离开，史蒂夫抓住我的手。

"停下，你要去哪儿？"

"你在乎什么？继续和这些荡妇拥抱亲吻！"

"啊哈，那么你吃醋了？你昨天不是跟我说，你相信我吗？"

"所以你就这样考验我？"我觉得我很快就要大发脾气，"你是个畜生……"我说完，朝前走去。

"格洛丽娅……"我假装没有听到。我走进厨房，在一旁观察着发生的事情。房子里到处都是垃圾。我们为了派对如此努力装饰它，现在被彻底毁了。我不小心碰到一对正在接吻的情侣，我的天哪！太恶心了！我旁边放着一瓶龙舌兰酒。我知道今天我已经喝得够多了，但我想淡化我狗屎般的心情。我喝了几小口，液体瞬间让我的食道燃烧起来。

我愤怒地推开人群，找到了主唱。

"亚历克斯，把这些人赶出我们的家！"

"怎么，你不喜欢吗？"

"是的，我不喜欢。我们想要举办一个友好的派对，而不是把我们的家装满一群乌合之众！"

"史蒂夫今天26岁了，他需要一个真正的派对，而不是13岁男孩的早场戏。"

"好吧，好吧……玩得开心。"

我推开亚历克斯，朝前门走去。

"等等，你去哪儿？"

"离这个妓院远远的。"

我跑出家门，泪水刺痛了我的眼睛。我没想到如此美好的一天会变成这样。我摇摇晃晃地走到长椅边，坐了下来。眼泪更快地落满脸颊，我已经无法控制。我从口袋里掏出手链扔在地上，又喝了几口龙舌兰酒。

我吃醋了。我真的吃醋了。当我想起他如何轻轻地抚摸那些金发女郎时，我整个身体都在愤怒地颤抖。我甚至没有注意到自己开始号啕大哭。

我听到有人走近我，向后瞟了一眼——是史蒂夫。

"走开。"我说。

他还是走了过来，坐在我旁边。

"听着，我没想到它会如此触动你。我只是想给你上一课。现在你明白我看到你和亚历克斯见面时的感受了吧。"

"我和亚历克斯与你和这些妓女是两件完全不同的事！"

"对我来说，不是，"史蒂夫把我拉到他身边，"格洛丽娅，你是唯一一个让我如此着迷的女孩。我没觉得那些金发女郎是诱人的美女……"史蒂夫亲吻我的肩膀，"我需要你。"

他的话温暖了我。我眯着眼睛，试图停止哭泣，但一切都是徒劳的。

"我也需要你……但和你在一起太难了。我就像在火山上一样，我一直害怕它马上就要爆发。"

史蒂夫擦了擦我脸上的泪水。

"原谅我。"

他拥抱我，我开始冷静下来。

"这是什么？"史蒂夫俯下身，捡起一些东西。

"……这些是手链，我给你的礼物……有人说，这会让关系更进一步。"

"你真的相信吗？"

我笑了。

"我对女售货员也说了同样的话。"

"我想相信它，"史蒂夫把带字母 S 的手链戴在我的手腕上，然后我把带字母 G 的手链戴在他的手腕上。

他看着我的眼睛。

"好吧，不要这样看着我，我知道这是一个愚蠢的礼物。"

"不，从来没有人送我这样的礼物。"

史蒂夫用双手紧紧抱住我，我靠在他身上。我终于冷静了下来。我们就这样坐着，周围一片漆黑，嘈杂的音乐最终没能让我们放松和从这个世界消失。

突然，我觉得自己有些想吐。胃一阵酸疼。我缩成一团，闭紧嘴巴。

"怎么了？"

"现在我好像要吐了。"

"好吧，格洛丽娅，你真擅长制造浪漫。"

"对不起。"

史蒂夫抱着我，迅速带我进屋，推开人群，走进厕所。我觉得这就是我今天的快乐马上就会向外溢出的原因。

"史蒂夫，出去。"我勉强说道。

"我抓住你的头发。"

"从这里出去！"我没忍住。

史蒂夫顺从地消失了，并关上身后的门。在接下来的十分钟里，我试图让我的胃摆脱酒精。我觉得太恶心了！我打开水龙头，试着洗干净自己的脸，让自己恢复到正常的状态。

然后我背靠着门坐在地板上。音乐的回声传到我耳朵里。我竟然喝到这样的程度，无法动弹也说不出话。

"你怎么样？"我听到史蒂夫的声音。

"……我想死。"

"明天你会因为可怕的宿醉而死去。"

我又在地板上坐了几分钟，感觉我开始睡着了。我强迫自己站起来，打开门。

"走吧，我让你躺下睡觉。"史蒂夫说，并再次抱起我。

"我自己可以走……"

"更准确地说，是爬。"

看来那些人似乎并没打算离开我们的家，但我已经懒得表达我的不满了。

史蒂夫打开我和丽贝卡房间的大门，但我们没敢进去。我们看到丽贝卡坐在杰伊的膝盖上，拥抱在一起。我笑了。

"好像我们来得不是时候。"史蒂夫低声说。

他把我带到了伙计们的房间，把我放在床上。我浑身无力，身体好像棉花一样。史蒂夫脱下了我的衣服，只剩下一件内衣。

"去吧，玩得开心。"我说。

"今天我已经玩得很开心了。"

我看着史蒂夫脱衣服，当他脱掉身上的 T 恤时，他的肌肉在跳动。他躺在我身边。还差一点点，我就要睡着了。

"……抱歉，毁了你的生日。"

"这是我生命中最好的生日。我的好朋友在身边，我最爱的女朋友和我一起躺在床上。是的，我无法梦想这样的事。"

　　史蒂夫吻了吻我的额头，盖上毯子。我只能让我们的十指紧紧交握。我们同时闭上眼睛。我听到他平稳的呼吸声，慢慢睡着了。

　　每天我对史蒂夫的感情都以令人难以置信的速度在增长。现在我明白丽贝卡的话了。我害怕真的爱上他，我害怕失去他。

# 第十一章 ——
二

我们迷乱地走在人生路上，只为
了寻找一个安全的地方

逃跑，逃跑，再次逃跑。我甚至不知道要
去哪儿，去哪个州，去哪座城市。我想改
变我的生活，但有时候又如此地想让自己
觉得自己就像个普通的青少年。

## 第44天

我在令人讨厌和痛苦的呕吐感中醒来。眼皮都抬不起来，嘴里干干的，非常想喝水，喉咙里辣辣的。

史蒂夫还在睡觉。房子里一片寂静，没有任何声音和动静，好像昨天的娱乐结束后，大家都死绝了。

我坐在床边，双手按着太阳穴。它怦怦直跳，痛得要命。我从未如此糟糕过。我觉得在离我几米远的地方还散发着酒味。我慢慢起床，觉得天旋地转，头疼得不得了。我小步走出房间，尽量别吵醒史蒂夫。客厅里一片狼藉，我们的家看起来像一个真正的垃圾场。每个角落里都满了一大堆瓶子，整个房子周围都乱扔着各种纸片和烟盒。桌子翻了，已经很脏的柏拉赛地毯[1]上有大块深色的污渍。不知为什么，墙上有番茄酱的痕迹。或者这根本不是番茄酱……

我在垃圾堆中的桌子上找到剩下的龙舌兰酒，喝了一口，感觉好了一些。

洗澡。现在我只想钻进冷水中，哪怕有那么一秒钟忘掉自己这恶心的状态。我打开浴室门，看看地板上躺着一个小伙子，他把马桶垫当成了自己的枕头。

"喂，起来！"我说，"快点起来！"我用力踹他的腿。

"……走开。"

"如果你现在不从我家消失，我就把你的脑袋泡进马桶里，明白了

---

1　一种双面无绒地毯。

吗？"

又花了大约六分钟，他终于站了起来，勉强走出浴室，同时还不停地低声嘀咕着什么。

我关上门，照了照镜子。我的天哪！难道我现在看起来是这样吗？浮肿的脸庞，无神的眼光，发红的眼白，苍白的皮肤，就像给尸体涂了层防腐剂。现在我能轻而易举地通过一部超级可怕的恐怖电影的试镜。

"魔鬼……"我看着镜中自己的镜像说。

洗澡真的拯救了我。冷水渗透到毛孔深处，好像给了我一个全新的身体。我的皮肤得到了第二次生命，感受到期待已久的轻松。

\*\*\*

柔软的毛巾温暖了我的身体。所有人都在睡觉。我再次环顾客厅，看到我们得收拾一整天的所有垃圾，我觉得要晕倒。突如其来的敲门声转移了我对清扫的注意力。我静静地走到门口，仔细听了听，再次响起了重重的敲门声，我甚至跳了起来。我瞥了一眼窗外，似乎没有看到警车。也就是说，是其他人。也许，是那个睡在厕所里的小伙子？或者是昨天那伙人中的一个？算了，猜测是没有意义的。

我打开门。门口站着两个穿着黑色磨损皮夹克的大高个儿。

"亚历克斯·米德住在这里吗？"

"你们有什么事吗？"

"我问，是不是住在这里？"其中一个大高个儿提高声音，我感到不自在。

"……在这里。"

"里奇明天在这个地址等他。"他给了我一张写着街道名称和号码的字条。也就是说，这个里奇是欠亚历克斯钱的朋友。

"明白了。"

因为恐惧和不安，我忘得一干二净——我正裹着一条勉强能遮住大腿的小毛巾站在这些男人面前。

他们开始打量我，我尴尬地翻了个白眼。

"祝你们一切顺利。"我说完，然后关上了门。


亲爱的日记！

我终于有精力来写几行日记。这是我们在这里的最后一天，明天一切都将重新开始。逃跑，逃跑，再次逃跑。我甚至不知道这次我们要去哪儿，去哪个州，去哪座城市。我想改变我的生活，但有时候又如此地想让自己觉得自己就像个普通的青少年。老实说，我已经忘了这是什么感觉。

我现在生活在另一个完全不同的世界里，这里没有过去生活的任何影子，甚至令人讨厌的回忆造访我的次数也越来越少。我觉得自己像个俘虏，更确切地说，仿佛我已经从俘房中逃脱了，感受到真正的自由。最后，我知道了什么是幸福的生活，毕竟以前对我而言，它只是一个普通的词组。

还剩6天


\*\*\*

"杰伊，我看到沙发下面还有两个瓶子。"

我坐在椅子上，双腿翘在桌子上，看着伙计们清理房子里的垃圾。

"格洛丽娅，你是个恶魔。"杰伊说。

"我知道，但是我并没有强迫你们邀请一群臭狒狒来捣毁我们的房子。"

"听着，我有点怀疑这个里奇。"史蒂夫说。

"别瞎说，他能对我们做什么？只要给钱就行。"

"那为什么要如此正式？"我问，"早上有人来找我们，给了地址。"

"我不知道。以前，里奇是个普通的二道贩子，现在可能成了某个帮派的头目。"

"超级棒！我们再次找到跟在屁股后面追的冒险经历。"

"一切都会好的。"

"我们不争论这个，只是不带武器去个鬼才知道的地方……"杰伊说。

"杰伊、史蒂夫，你们怎么了？记得我们遇到了多少次麻烦事，就有多少次摆脱得一干二净。"

我们的谈话被吱吱作响的开门声打断了。丽贝卡昏昏欲睡，无精打采，头发蓬乱。我很好奇她和杰伊的夜晚是如何度过的。

"早上好。"她说。

"早上好，拿袋子开始收拾垃圾。"史蒂夫说。

"不行。今天你们要把房子打扫干净，而我和贝克丝监督你们。这是你们应得的。"

"感觉我已经结婚了。"金发男子抱怨道。

我和丽贝卡走进浴室，关上门。

"你怎么样？"我脸上带着微笑问道。

"什么意思？"

"字面意思。感觉如何？"

丽贝卡的脸瞬间变红了，她专心致志地盯着地板，我觉得她有些不好意思。

"放松，洗个冷水澡，尽量习惯新的自己。毕竟，你跨过了小女孩和真正的女人之间的这条线。这让人难以忘怀，对吧？"

"……是的。"

\*\*\*

天气非常阴。尽管现在是下午三点钟左右，但由于厚重的雷雨云，外面很黑。暴风雨敲打着我们小屋的屋顶，到处都是水。地面上雨水聚

220

集成摊，混合着道路的泥泞。雷声轰鸣，风拍打着窗户，到处都能听到轰隆声。

即使这种环境也不会吓到我，我们五个人在避难所里，而且知道他们就在我身边，我感到加倍的平静。

我在和史蒂夫一起过夜的房间里，铺好床铺，收拾一些东西。我打开小木柜的一格抽屉，里面有几张白纸和完全被磨平的普通铅笔。很快我发现这些不完全是白纸，上面有一个女孩的铅笔素描，清晰温柔地勾勒着眼睛和嘴巴的线条，细长的脖子，额头上的小伤痕。我的天哪！这是我。我从没想过史蒂夫是这样看我的……美丽、温柔、轻盈。这真非凡。

门开了。

"我们把一切都清理干净了。"史蒂夫说。

"干得好。"

他发现我手中拿着他的画，走到我身边。

"喜欢吗？"

"……非常喜欢。你什么时候有时间画这些？"

"为了自己喜欢的事，随时都可以找到时间。"

闪电照亮了黑暗的房间，在离我们家几米远的地方，起初我感到不安。

"雨真大呀……似乎再下一阵，我们就要和这座房子一起被冲走啦。"我说。

\*\*\*

真是令人愉快的夜晚。

"你知道吗？我觉得我们需要分道扬镳了。"史蒂夫说。

"分道扬镳？"我又问了一遍。

"是的，明天我们拿到的钱，我和你拿走一半。我们租一间小房子安静地生活。"

"……丽贝卡怎么办？"

"什么，丽贝卡？她现在有杰伊，让她和他一起离开。"

"史蒂夫，你可以过平静的生活吗？"

"和你一起，我可以。你改变了我，每一秒。"

我微笑。

"很难相信。在我看来，到老你都还是个孩子。"

"你自己还不是个孩子。"

"不是这样，女生比男生成熟得快得多。"

当他微笑的时候，我愣住了。他的笑容如此美丽真诚。你千万不要说他 26 岁了，这个年纪对他来说还太年轻。但奔三的时候，眼睛周围会出现细纹，甚至它们也吸引了我。

\*\*\*

"贝克丝，把胡萝卜递给我。"

我和丽贝卡在厨房里准备墨西哥风味的辣汁焖肉丁。伙计们在另一个房间里讨论着明天的安排。夜幕降临，但是暴雨完全没有停止的迹象。

油喷到脸上，香料炒出的蔬菜散发出令人愉悦的香气。

"闻起来很香。"丽贝卡说。

"遗憾的是我们没有罗勒，不然味道会更加与众不同。"

"……你有一种不祥的预感吗？似乎会发生什么事，但你又不知道它是什么。"

"每个人都会有这样的感觉，但不要吓唬我，贝克丝。"

"一大清早它就折磨着我。"

丽贝卡开始把青菜切成丝，然后她猛地扔下刀，朝着前门走去。

"贝克丝，你要去哪儿？"

"妈妈说要摆脱不祥的预感，需要用某种东西打断它。"

丽贝卡脱下自己的 T 恤，打开门，赤脚跑到街上淋雨。

"你在做什么？"我跑向她，她闭着眼睛向两边伸出双臂，站在寒冷的热带暴雨中，好像什么也没发生过一样。

"贝克丝，进屋！你还没有康复好。"

"太棒了！"她转着圈，大喊大叫。

暴雨压低了所有声音。

我走到外面，跑到丽贝卡身边，用手拖她。

"贝克丝，走吧。"

"这只是雨水罢了！"

水进入眼睛、嘴巴。在几秒钟内，我被淋透了。而丽贝卡就像个小孩子一样，跳着舞哈哈大笑。

"喂！你们在那儿做什么？这样倾盆大雨的天气，狗都不会被赶出门。"杰伊说。

"到我们这儿来！"丽贝卡喊道。

"伙计们，叫救护车，这些不正常的人完全就要上房揭瓦了。"

我们笑了，但是我们的笑声没持续多久，在离我们几米远的地方，我们看到一个打着黑色雨伞的女人的轮廓，她目不转睛地望着我们。

"这是谁？……"丽贝卡问道。

女人走近了，现在我们终于可以看清她的脸了。

"你们好。"邓恩说。

***

"你怎么来了？"亚历克斯问道。

我们在家里。我们全神贯注地观察着邓恩，无法理解她为什么在如此恶劣的天气里来找我们。

"请给我倒些茶，我要冻僵了。"她说。

亚历克斯带着明显的不满去了厨房，几分钟后端着一杯热茶回来。

"邓恩，出了什么事？"我没忍住。

"是的，有点事，"她喝了一口茶，"几个小时前，警察来找我，问我是否知道你们的下落，"听完她说的话后，我的心一下子沉了下去，"我什么也没有对他们说，但是他们好像起了疑心，你们需要离开这里，很快警察将开始仔细搜索整个棕榈泉，然后到郊区。"

"我们明天就会离开。"亚历克斯说。

"去哪儿？"

"这个我们不能告诉你，我不会再相信你了。"

"……随你们的便。我只是想提醒你们罢了。"

"谢谢。"我说。

邓恩又喝了几口茶。

"听着，难道你们真的没有厌倦这一切吗？总是东奔西跑，害怕路人？你们喜欢这样的生活吗？"

"喜欢，还有什么？"主唱猛地说道。

"亚历克斯……"我低声喊道。

"哥哥……你知道我看着你有多心痛吗？更让我心痛的是，你成了这样的人。"

邓恩把杯子递到亚历克斯手中，然后朝门口走去。

"邓恩，留下来，等雨停了。"史蒂夫说。

"不，我儿子自己在家里，我得走了……祝你们好运。"邓恩关上身后的门。

我们陷入了沉默。我们预料警察很快就会在这里找到我们，但不是这么快。

"我告诉过你我有种不祥的预感。"丽贝卡悄悄地说。

"不要惊慌。不管怎样，明天我们都要离开，没人能找到我们。"亚历克斯说。

"是的，但还有整整一夜，什么事都可能发生。"杰伊说。

"什么事都不会发生，我们在这里很安全。"

"他们怎么知道我们在棕榈泉？他们跟踪我们吗？"我问。

"或者有人告诉了他们……"丽贝卡说。

"一晚，我们只需要忍耐一晚。我们可以做到。我保证。"

\*\*\*

我端着一盘刚炖好的热气腾腾的辣汁焖肉丁，走进我和史蒂夫一起住的卧室。他独自一人坐在地板上想着什么。

"史蒂夫，吃饭了。"

我走到他身边，递给他一盘食物。坐在他旁边。

"想象一下，这是我生命中第一次真的觉得害怕。之前，我们时不时地逃开警察，我不怕任何事。好吧，你想想，监狱，我会出去再开始新的生活。而现在……现在你出现了，一切都变得更加严肃。"

我陷入他的恐惧之中，为了淡化这种状态，我拥抱他的肩膀，把脸颊贴在他的背上。

"别想了，傻瓜。一切都会好的。我们会永远在一起。你还会厌倦我一百次，会想要逃跑。"

我们笑了，他牵着我的手。

"那么，你同意和我一起离开吗？"

"我同意，但不是现在。你明白吗？史蒂夫，在这种情况下，我们必须像一个整体一样团结在一起，然后我一定会和你一起离开。"

"好吃。"史蒂夫一边说，一边嚼着炖肉。

"真的吗？我把盐放多了。"

"嗯，是的，你盐放得太多了。"

"该死……我是一个不中用的家庭主妇。"

"你知道吗？即使你不小心添加了洗涤剂，我也会吃完最后一小块。"

"你真可爱！"我更加用力地拥抱他。

房间的门打开了，杰伊走了进来。

"史蒂夫，可以聊一会儿吗？"

"杰伊，进来吧，我让你们待会儿。"

我走出房间。丽贝卡躺在客厅的沙发上。

"亚历克斯在哪儿？"我问。

"依我看，抽烟去了。"

我坐在沙发上，将丽贝卡的头放在我的膝盖上，开始抚摸她的头发。

"怎么，你不祥的预感走了吗？"

"没有，它让我更害怕了。"

"贝克丝，你只是自己在瞎想。"

"也许，但是在爸爸发生意外之前，是我最后一次有这样的预感。"

"够了，抛开所有不祥的想法，一起想想我们明天要去的地方。你更喜欢哪个州？"

"有没有听不到警察这个词的州？"

"我想没有。"我笑道。

"那就没有我喜欢的州了。"

"……我希望明天一切顺利。"

"我也是。从桥上摔下来和在森林里过夜后，我什么都不怕了。"

亚历克斯出现在客厅里，全身湿透，感觉就像穿着衣服在某个地方洗了个澡。

"是的，天气不如人意。"他说。

"我的天哪！亚历克斯，你赶快把衣服拧干。"我走到他身边，脱下他湿漉漉的 T 恤，沙发上有条旧的方格毛毯，我把它扔到主唱身上。

"不需要。"

"我们已经有一个病人了，"我看着丽贝卡，"我没打算在这里开医院。"

亚历克斯走进浴室，关上门。

丽贝卡脸上带着难以理解的表情看着我，就像我对她做了什么事。

"是的……你这么会关心人。"

"有什么问题吗？"

"是的，真的，没什么，你想想，你有男朋友，而你继续欺骗另一个人。"

"贝克丝，别说了，我只是不想他生病。"

"可以想想，如果是杰伊湿漉漉地进来这里，你也会冲向他吗？"

"……你在暗示什么？"

"我没暗示，我直接说。"

"你好像和史蒂夫商量好了！我和亚历克斯之间什么也没有，我们是朋友。"

"不，我们没有商量好，只是他也感觉到了。格洛丽娅，他爱你，是的，即使他是一个浑蛋，但他真的爱你，而你，好像不在乎。"

"不是真的！总之，你从什么时候开始成为人际关系专家了？怎么智商突然提高了？"

丽贝卡沉默了，我马上明白我说了不该说的话。她从沙发上爬起来。

"贝克丝……我不想这样说。"她没有注意到我的话，砰的一声关上了房门。

我觉得非常不舒服。该死的！为什么我总是在说完之后才思考呢？不能再这样了。史蒂夫是对的，为了避免关系破裂，我们需要离开。

亚历克斯走出浴室，看着我。

"发生什么事？"

"……没什么。"

"你是个糟糕的说谎者。"

他坐在我旁边。

"我和史蒂夫决定明天离开。"

"……好吧，我想到这个了。我们迟早会分道扬镳。"

"是的，我认为这样对每个人都会更好。"

"你确信你可以和史蒂夫一起正常生活吗？"

"是的。他坚强、勇敢，我和他一起没有什么可怕的。"

"你爱他吗？"

"什么？"他的问题让我措手不及，"这又是为什么？"

"好吧，那我问另一个问题：你跟他说过你准备50天后自杀的事吗？"

"没有。为什么他需要知道这个？我把这个放在过去了。这是……胡说八道。"

"胡说八道？格洛丽娅，你流过血，你处于过半昏迷的状态，一个正常人都会祈祷得救，而你告诉我先让你去死。"

"亚历克斯，无论如何我们都会离开。"

"我哪里也不会让你去的。"

"什么？我不是你的私人财产！"

"我知道，但我想确保你一切都好，所以史蒂夫哪里都可以去，而你要和我在一起。"

"你有什么权力安排我的生活？你为什么不能让我安宁？"

"是因为……不重要了，我已经说完了。"亚历克斯转过身，去了伙计们的房间。又剩下我一个人。

\*\*\*

时间快午夜了。我们坐着喝茶聊天。

"哦，我调到了一个频道，"史蒂夫说，"该死的……是日语。"

我们笑了。

"格洛丽娅，可以问你个问题吗？"杰伊走到我身边。

"当然。"

"我想让丽贝卡高兴，你也是女孩，你更了解她喜欢些什么。"

"你知道吗？我不是这方面的顾问，但贝克丝不像其他女生，她不需要奢侈品、昂贵的礼物和其他，等等。珍视她的人在意她，与她进行简单对话都能让她快乐。"

"谢谢，现在我知道该怎么做了。"

杰伊朝她的房间走去，但我阻止了他。

"等等，我去叫她。"

我打开门。丽贝卡躺在床上，假装睡着了。

"贝克丝……"她没有回答，我走到床边，坐了下来，"听着，我没想让你难受，"再次沉默，"怎么，你不跟我说话了吗？嗯，好吧，"我站起身，"你知道吗？我受不了你这种心胸狭窄的人。"我在她面前低三下四，求她别生气了，而她愚钝地忽视我。好吧，请便！我走到门口，"最后告诉你一件事，杰伊在客厅等你。"

我走了出去。五分钟后，丽贝卡走了出来。

"丽贝卡，我有个惊喜给你。"杰伊说，并牵着她的手向前门走去。

"我们要去哪儿？"她问道。

"先去车上，只是我们不得不淋湿了。你准备好了吗？"

"是的。"

他们打开门，大声呼喊着跑到车上。

"……是的，爱情让正常人变成了白痴。"史蒂夫一边说，一边朝我走来。

"有自我批评的精神。"我回答他。

他拥抱我，我们互相欣赏着对方，尽管亚历克斯也在屋子里。

"无法相信明天我们又要离开了，我已经习惯了这所房子。"

"我也是。"

"当一切都安定下来时，我想养一只狗。"

"我对毛发过敏得厉害，但为了你，我会爱上这个讨厌的毛茸茸的生物。"

我用手抚摸着他的脸，亲吻他。

"晚安。"亚历克斯突然说道，打断了我们的安宁。

剩下的时间，我和史蒂夫一直没有分开。我们看了日本频道，搞笑的词语让我们哈哈大笑。

又是一个令人难忘的夜晚。

## 第45天

雾，森林。虽然很难称为森林。到处都是灰色高大树木的枯枝烂叶。我环顾四周，不知道自己身处何方。阳光明媚的加利福尼亚绿色山丘在哪儿？天空是深灰色的。熟悉的恐慌情绪压倒了我。我不知道自己在哪儿，我不知道我在这儿做什么。

我听到慢慢靠近的脚步声。一个穿着黑色大衣的男人遮着脸从我旁边经过。

"喂，对不起，请问……"我跟他说话，但他好像没有听到我的声音。

我跟着他。我们走了几米，然后我看到一群人。而这些人，如同一个人一样，都穿着黑色的衣服。我走到他们跟前。

"对不起，这里发生了什么事？"我问另一个陌生人，但他也没注意到我。

我就像一个幽灵，这让我加倍害怕。

我胆战心惊。

"喂，有人听到我说话吗？"我尖叫。

但人群中没有一个人转向我的方向。

我打量着这群人。眼泪，萎靡不振的目光，每个人都这样。我认出一张熟悉的面孔。

"妈妈？"我小声地问，然后走到她身边，不，我没认错，真的是她。

苍白的脸孔，因为流泪而红肿的眼睛。

"妈妈，你在这儿做什么？"她目不转睛地看着，就像其他人一样，没有注意到我的话。

我推开人群。因为太多的黑色，我开始眼睛发花。最后，我看到这些人是为了什么聚集在这里。坟墓，灰色的纪念碑上刻着格洛丽娅·马克芬。

我感觉不到自己的身体。我大喊大叫。怎么？他们怎么能埋葬我？我还活着！

\*\*\*

"格洛丽娅！"我觉得有人在摇晃我，原来是史蒂夫。

我睁开眼睛。整个客厅充满了刺鼻的烟味。我开始咳个不停。

"什么，这是怎么了？……"我问，试图弄明白发生了什么事。

"你做了点东西，睡着了，然后炉灶失火了，差点发生火灾。"

炉灶旁立着烧焦的桌子。

"我的天哪！真糟糕！……我们不得不赔偿了……"

"格洛丽娅，你听到我说的话了吗？我们都在外面，而你一个人在这里的话，你会被活活烧死！"

"……我不知道这是怎么发生的。"

"算了，我及时把火扑灭了，主要是你一切都好。走吧，你需要呼吸新鲜空气。"

\*\*\*

我无论如何也无法从那个噩梦和这场火灾中恢复过来。我为什么要睡着？我怎么会这么冒失？对我来说，早上半天的记忆完全被抹去了。

"你闻不到烟味吗？"杰伊问道。

"不……我睡熟了，感觉我已经很久没睡觉了。"

"我可以想象，房东会要求我们赔偿多少钱。"

"杰伊，闭嘴。"史蒂夫说。

丽贝卡走近我们。

"你什么时候去修车？"

"车怎么了？"

"昨天我们开车出去，天很黑，我无意中撞到了某个土墩。现在发动机有些毛病。"

"杰伊，你车开得比金发女郎还差！"

"我说过了，天很黑。"

"好吧，我们去看看是怎么回事。"

伙计们留下我和丽贝卡在一起。

"你怎么样？"她问道。

"……哦，你决定跟我说话了吗？"

"不，我只想知道你怎么样。"

"……非常好。"

丽贝卡默默地转身离开。

我又在街上待了很久。昨天的暴雨过后，空气清新，绿叶葱葱。我的肺部充满了烟雾，现在正用早晨凉爽的空气清洁它。

"顺便问一句，你不是纵火狂吧？"亚历克斯一边靠近我，一边问道。

"不，我只是做饭做得很糟糕。我们得赔偿很多钱，对吗？"

"这有什么。我不会给一分钱。我们已经大方地给了他足够多的钱。"

"……我总是带来麻烦。"


亲爱的日记！

不知为什么，之前的轻松感一下子离我而去。想牵着史蒂夫的手，和他一起逃得远远的。我不需要其他人，我只需要他。我希望他只属于我，好像这听上去也并不自私。在我看来，一切随时都可能突然结束，那我将永远失去他。我失去过很多次，并且我已经习惯了，但史蒂夫不同。没有他，我会非常困难。

我和丽贝卡到目前为止还不说话，但我也需要她。

我讨厌自己，讨厌自己的行为。为什么不能用手指拨一下，让时间倒流？按照我的意愿，我根本不想在争吵和算账上浪费生命。今天，你可以告诉一个人自己灵魂深处的一切，明天这个人可能会被车撞了或被做出可怕的诊断。那又怎么样？这就是生活，它还是那个狗东西，你可以从它这里期待一切。如果你违背它，它也会违背你。与它相比，你只是一颗小小的沙粒。

因此，我必须与贝克丝和解。她这样的人，需要珍惜。

还剩5天


***

我们坐在桌旁。房子通了通风，但烧焦的味道并没有散去。

"伙计们，看看我找到了什么。"杰伊说，从柜子里拿出半瓶威士忌。

我仍然能感受到已经过去的派对的气息。

"听着，也许不用这样？你们毕竟几个小时后就会见面。"我说。

"相反，我们需要充电。"史蒂夫说。

"此外，很难称这次为见面，我们只是去拿钱，并且我们会再次获得自由。"亚历克斯支持着说道。

"我们要去哪儿？"丽贝卡问。

"这是一个惊喜。我的朋友在海边有一所小房子。那里有一个小镇，人口大约三千。"

"你确信那里安全吗？"我问。

"格洛丽娅，如果他选择了这个地方，那就意味着他确信。"丽贝卡猛地说道。

"我没问你！"

"喂，你们怎么了？"杰伊说。

"没什么，只是格洛丽娅自以为了不起，她希望大家都服从她。"

"贝克丝，你胡说些什么？"

"当然，我在胡说八道，我们都在这里胡说八道，只有你一个人说实话，除了实话，没有别的！"

"冷静一下。"亚历克斯介入。

"我为你做了这一切之后，我简直不敢相信你说的话。"

"你为我做了什么，啊？提醒一下！"

"杰伊，让你歇斯底里的女人安静下来。"史蒂夫说。

"你叫她什么？最好把你的话收回。"

"不打算收回。"

"你可以认为她不对。是的，你和她在一起后，你自己变成了个妻管严！"

史蒂夫扑向杰伊，打中了他的脸。那个人立刻回击，打架开始了。

"史蒂夫！"我尖叫。

幸运的是，亚历克斯用力把他们拉开了。

杰伊的鼻子和史蒂夫的嘴唇受伤了。

"那么现在听我说，罗密欧没当成，你们搞了些什么事？今天是非常重要的一天，而你们表现得像些低能儿。"

亚历克斯把伙计们拉到一边。

"杰伊，你还好吗？"丽贝卡问道。

"是的。"

亚历克斯走进另一个房间。客厅里充满了令人窒息的气氛。

伙计们久久地看着对方的眼睛。

"史蒂夫——"我轻声说。

"拜托，现在别碰我。"他走到外面。

丽贝卡拥抱杰伊。我充满了委屈和愤怒。

"我没想到你是这样一个伪君子。走路，微笑，而内心讨厌我？"

"我不讨厌你，只是史蒂夫遇到你之后改变了很多，我不喜欢。"

我转身走出了房子。史蒂夫站在离我几米远的地方，我走到他身边。

"你冷静下来了吗？"

"是的，对不起。"

"为什么？"

"因为我没能控制住自己。"

"没什么。我知道你很疯狂，擅长很多事。"我摸了摸史蒂夫肿胀的嘴唇，擦干血迹，"走吧，这需要消毒。"

"等等。我想知道一些事……告诉我，你爱我吗？"

"……对你来说，爱是什么？"

"可能是，当你思念一个人的时候，你想每秒钟拥抱他不放手。仅仅因为他在你身边，你就觉得很幸福。当你握住他的手时，你的内心就会汹涌澎湃，你会变得完全不同。为了这个人，你准备好做任何事……甚至是死亡。"

我看到，在我面前的是一个与我之前认识的完全不同的史蒂夫。现在我面前站着一个真正成熟的男人，声音柔和，令人愉快。我对他的所有疑虑瞬间都消失了，只剩下一种感觉，如此强烈，不受任何人和任何事物的影响。

"……也就是说，我爱你，史蒂夫。"

\*\*\*

丽贝卡坐在床边。我们两人都积累了太多东西，但我决定首先向前迈进，去面对她。我再次超越了自己，毕竟我不能总是等待其他人先采取主动，虽然我喜欢等待。

现在，我想我变得成熟了，而且我理解了真正的友谊和爱情。这是生活中的两个伴侣，对你来说，每个伴侣都扮演着非常重要的角色。

我长大成人后终于明白，为了得到某些东西，你需要先牺牲一些东西。

现在我牺牲了让我的生活不愉快的另一个伴侣——我自己的骄傲。

"我知道你不会跟我说话……你听着就好。我和你相识并不久，但在这段时间里，你已经成为我的亲人。我不希望我们为一些小事争吵。我没留心自己说了什么，因此有时候我会得罪人。也许，生活什么也没教会我。贝克丝，我需要你。我不想失去你，因为像你这样的人很少。善良，真诚，随时准备放弃一切并帮助别人……我只想让你知道这些。"

我已经准备好离开房间，但丽贝卡的声音阻止了我。

"……你救了我两次。"

"两次？"

"是的。首先，你帮助我离开布里瓦德，然后你从那些亡命徒手里救了我，"丽贝卡起床，走到我身边，"我真是个傻子。你为我做了这么多，而我表现得令人讨厌。我也需要你。"丽贝卡拥抱我。

我终于感觉轻松多了。

"也就是说，我们和好了？"

"当然，和好。"

"谢天谢地！如果再一整夜不与你沟通，我会受不了的……真可怕，我们的男朋友因为我们打了一架。"

我们笑了。

"需要让他们和解。"

"一定。也许我们可以做些好吃的？"

"做饭吗？格洛丽娅，你烧掉了半个厨房。"

"该死，我忘了。"

门开了，亚历克斯站在门口。

"好吧，你们女生，非常奇怪。起初你们恨不得咬对方的喉咙，然后你们又甜蜜地微笑。"

\*\*\*

史蒂夫和杰伊久久没有机会和好如初。毕竟他们已经相识多年，这也不是他们第一次打架。但是，到目前为止，他们之间仍然不和睦，我感觉到了。

渐渐地，一切都开始好转。我们收拾了一些东西，想出了下一步行动的确切计划。我们还剩下一些食物和钱，这给了我们希望。

天黑了。我们最后一次检查是否拿走了我们临时避难所的所有东西。

每个人手里都拿着一杯威士忌。

"那好，干杯吧，希望我们一切顺利。"史蒂夫说。

我们喝了一口。

"史蒂夫，嘴疼得厉害吗？"杰伊嘲讽着问道。

"不，你说什么呢。你的鼻子怎么样？肿得这么厉害，跟《冰河时代》的树懒一样。"

"伙计们，你们换尿布了吗？"亚历克斯说。

我勉强控制住自己，没有笑出声来。

"你们修好车了吗？"丽贝卡问。

"当然，"史蒂夫说，"现在只是别让杰伊靠近它。"

"我只是撞到了土墩！"

"你只是购买了更换权。"

关灯。大家都把东西放进行李箱，而我站在房子对面。我们住在这里时间太短，不然得有多少回忆。我没想过，离开这里，我会觉得这么难受。

亚历克斯开车，杰伊在他旁边。我、丽贝卡和史蒂夫三人坐在后排的座位上。

收音机里播放着鲍勃·马利的一首很棒的歌曲 No, woman no cry，我们都一起随声唱了起来。这多么美好啊！我很高兴见到这些人！他们从根本上改变了我的生活，改变了我的世界观。

史蒂夫握着我的手，并且我同意他的话，当我们的手十指交握时，我内心真的发生了某些变化。一种令人难以置信的力量在我身上汹涌，浑身都觉得暖暖的。我在心里请求他不要放开我。

永不。

\*\*\*

伙计们下了车。

"你确信是在这里吗？"史蒂夫问亚历克斯。

"是的。"

我和丽贝卡打开车门。

"你们待在这儿，我们很快就回来。"杰伊说。

"不，我们和你们一起。"丽贝卡说。

"你们去那儿也没事可干，何况这是为了你们的安全。"亚历克斯说。

伙计们离开了车。我们来到的好像是一个废弃的加油站或类似的地方。远处亮着一盏灯，如此安静，好像这里的人都死绝了，虽然城市的中心离这里并不远。

"你觉得一切都会好起来吗？"丽贝卡问道。

"……当然。"

无论亚历克斯怎么让我冷静，我仍然感到害怕。为什么他们决定把见面安排在这样的地方？这一切让我焦虑不安。

我下了车。

"你去哪儿？"

"我不能安静地坐在这里等待，去那儿好吗？"

"不，我和你一起。"丽贝卡跟着我走下车。

我们牵着手，慢慢地、悄悄地朝前走。太阳穴里的血管怦怦直跳。

"疯了，这里只能拍恐怖电影。"丽贝卡说。

真的。我们似乎进入了一座被遗忘的城市。远处能听到微弱的汽车的回声。

"喂，等等我们。"我和伙计们说。

他们转过身来，在他们的脸上，我们看到了明显的不满。

"你们为什么要来这儿？"史蒂夫问道。

"万一发生了什么事怎么办？"我说。

"当然，你们会救我们。"史蒂夫满脸的嘲讽。

"算了，让她们一起去吧。"杰伊说。

我们走到路灯杆旁，停了下来。

"里奇在哪儿？"金发男子问。

"可能，我们来得太早了，得等一等。"

"也许，让这些钱见鬼去吧？我们离开这里。"丽贝卡说。

"贝克丝，你不知道有多少钱。没有这笔钱，我们一无所有。"

我们坐在这里半小时了，或许更久。我开始讨厌这死气沉沉的环境。

我想要脱身，离开这里，重新与伙伴们开始在一起无忧无虑地生活，我希望很快能实现我的愿望。

一辆车停在我们跟前。一个大约 25 岁的小伙子从车里走了出来。他身材瘦削，但因为穿着貌似大了两号的黑色皮夹克，显得相当强壮。

"你好，亚历克斯。好久不见。我们拥抱一下？"

"你好，里奇。让我们直接进入正题吧。"

"我看到你并不是一个人。史蒂夫，这是杰伊，对吧？这些美女叫什么名字？"

"这与你无关。"

"明白了。跟我讲讲你的情况，你怎么样，你好吗？"

"我非常好。"

"我很高兴。你不想知道这段时间在我身上发生的事吗？"

"里奇，我们要走了。"

"但我还是要说，这不会占用太多时间。想象一下，他们想要杀了我。他们把刀片架在我的喉咙上，差点就要划过，但某人救了我。只能感谢他，让我站在你面前。亚历克斯，你相信守护天使吗？"

"不相信。"

"在此之前我也不相信。"

"里奇，我需要我的钱。"

"别担心，"小伙子从夹克的内口袋里拿出一个白色的信封，"这就是，我都给你，我信守诺言，但你必须先认识一下我的守护天使。"

当这个人走下车时，我背过气去。我不敢相信他在这里。我胸口像堵住了一样。

"他们已经认识我了，里奇。一帮人都在一起。"导致我们遇到一堆问题的团伙头目德斯蒙德说。

"你好，德斯。"亚历克斯说，沉重地咽了咽唾沫，意识到现在情况有些不妙。

"你好，你好，你们不知道我找了你们多久。我甚至看新闻来跟踪你们的位置，多亏了里奇，我才得知你们的下落。"

"你需要什么？"

"我跟你做笔交易。我给你们钱，你们安静地离开。不错，对吧？"

"我重复一遍，你需要什么？"

"我需要她，"德斯蒙德指着我，我的嘴立刻发干，"亚历克斯，我和你和平相处已经很多年了，并没有相互为敌，但当她出现后，一切都变了。她破坏了我的威信。我不原谅这样的人，所以我带走她，你把钱带走，爱去哪儿就去哪儿。"

"有趣的建议。"亚历克斯说完，然后挥手，几秒钟内他的拳头击中了德斯蒙德的下巴。

"你这个丑八怪！"史蒂夫也冲了上去。

从车上又下来几个身强力壮的大块头，他们拖着亚历克斯和史蒂夫，抓住了杰伊，开始用棍子殴打他们。

我环顾四周，哪里都没看到丽贝卡，她似乎人间蒸发了。德斯蒙德愤怒地抓住我的头发，我失去平衡，跪倒在地。疼得很厉害，就好像剥下带发头皮那么疼。我大叫一声，泪水不由自主地从我眼里掉了下来。

"好吧，我想好声好气的，现在是你咎由自取。里奇！"

"我已经给警察打电话，德斯，他们很快就要来了。"

德斯蒙德的人继续殴打着伙计们，他们不再反抗。这一切都发生在我眼前。我看着史蒂夫的身体如何被摧毁。就在昨天，我还在亲吻、触摸他的身体，不想停下。

我把所有的愤怒和仇恨都化作力量，握紧拳头。我试图挣脱他的手。我踢他的腿，尖叫，终于明白这只能让事情变得更糟。

德斯再次抓住我的头发，把我的头撞在柏油马路上。令我惊讶的是，我并没有失去意识，但我的身体不再听使唤了，我无法让自己做出任何轻微的动作。德斯用脚踹我的肚子，然后一次又一次，某个瞬间我觉得我的内脏已经变成了一碗粥。他又打了我几分钟，我只祈求上帝拿走我的生命。

"你知道吗？当矮瘦难看的女人给我制造问题时，我怎么对待她们？我杀了她们。"德斯从口袋里拿出一把手枪，我听到扳机扣响的声音，然后……我无所谓了。我只是闭上眼睛。只需轻轻扣动扳机，一枪，我就不会存活在这个世界上了。

来吧，开枪吧！我想冲他喊叫，但是，唉，没有力气。

"别碰她！"我听到丽贝卡的声音，然后一声枪响。

奇怪，为什么我没觉得子弹进入了我的身体？我已经死了吗？为什么我还能听到声音？

我睁开眼睛，看到丽贝卡倒在柏油马路上，她的腹部鲜血直流。

不！我的天哪！不！这颗子弹属于我！我！

我听到德斯蒙德从我身边离开。

几分钟后，我听到一辆车离开的声音。

我睁开眼睛。我的天哪！给我力量让我起来。求求你！

我爬向丽贝卡。我的身体仍然疼得让我呻吟，但当我看到朋友的脸时，我再也感觉不到这些了。她脸上挂满了泪水。她用嘴呼吸，每次呼吸一次，我都能感受到她的疼痛。

她的眼睛里充满了恐惧，还没弄明白自己发生了什么事。她稍微抬起头，用眼睛寻找伤口。

我看着杰伊，他的眼里也满是泪水，他吻了吻丽贝卡的额头。

她的身体抽搐起来，皮肤苍白。

我变得歇斯底里。

"你们坐着干什么？"我尖叫，"叫救护车！"

"格洛丽娅——"史蒂夫说。

"我们需要紧急止血！"

"格洛丽娅！"史蒂夫用手捧起我的脸，看着我的眼睛说："……她快要死了。"

"不！"我把他推开，试图用颤抖的手指捂住伤口，我的眼泪和她的鲜血混合在一起，"贝克丝，看着我！再忍一忍，我求求你，忍一忍。"

"爸爸——"她说。

"什么？"

"爸爸笑了。"

她的眼神变得停滞，胸口也不再跳动。

"贝克丝！贝克丝！"从这一刻开始，我的生活被分成了"之前"和"之后"。我从未感受到如此空虚和心慌意乱。好像有人拿走了我的灵魂，现在只剩下一具行尸走肉。

我抱住她的身体，使劲尖叫起来。因为痛苦而尖叫，因为失去而尖叫。

"别离开我！别离开我！"我声嘶力竭地说。

\*\*\*

我握着她的手掌，亲吻，她还是温暖的。或许是我的热泪让它如此。警车来了。

"别动！"我耳边传来了回声。

我闭着眼睛坐着，努力不相信正在发生的事。

"格洛丽娅，格洛丽娅！"我听到史蒂夫的声音，但没回应他。

"姑娘们也和他们在一起，但其中一个已经死了。"

有人抓住我的手举了起来。

"不……别碰我。"我用嘶哑的声音小声说。

我看着丽贝卡的尸体，然后看看伙计们。他们被戴上手铐，不知为什么，没有给我戴。

一个警察把我留在汽车旁，他去找他的同事。我寻找着史蒂夫的眼睛。我们的眼神交会，然后他从一名警察的手中挣脱，顾不上殴打的疼痛，朝我跑了过来。我也迅速迎了上去，拥抱他，这个不幸的告别瞬间对我来说是永恒。

警方再次把我们分开。

"我们会再见面，小不点！"史蒂夫喊道。

我目送着他。然后他们把我推进车里，关上了门。

怎么如此想要尖叫？是的，尖叫到整个星球都能听到，好让每个人都知道我的痛苦。我号啕大哭，我的身体不停地颤抖，最好他们能开枪射死我。他们活生生地掏空了我的心。我不希望任何人经历这些。

\*\*\*

蓝色的墙壁。我一个人在这里，伙计们在另一栋楼里。警察走了进来。

"明天你的父母会来。"他告诉我。

我站了起来。我看着墙壁。除了自己的心跳声，我什么也听不见。

"这是一个梦。这只是一个梦。格洛丽娅，你必须醒过来。"我喃喃低语，眯着眼睛，几秒后睁开。蓝色的墙壁，冰冷的栅栏。一片寂静。

不，难道这不是梦？我的天哪！难道这不是梦？我看着自己的双手，它们沾满了丽贝卡的血。肿胀的眼睛再次泪如泉涌。尽管喉咙疼得厉害，我又尖叫起来，好像吞下了一块玻璃碎片。

我走到墙边，尖叫着用拳头捶墙，捶一次墙，想起丽贝卡的笑容；捶一次墙，想起史蒂夫的吻；捶一次墙，想起与亚历克斯的对话；捶一次墙，想起杰伊的笑话；捶一次墙，想起我们之前一切都很好，我的世界瞬间崩溃了。我用尽全力一直捶墙，即使这种疼痛也不能掩盖我内心的痛苦。

我摔倒在地上，继续号啕大哭。

一切又回到原地。我非常讨厌这种空气，我非常讨厌这样的生活。

那些我似乎已经摆脱的想法再次出现在我的脑海中。"5天，格洛丽娅，你还剩下5天了。"

## 第46天

白色的空间。扑面而来的是凉爽怡人的空气。我环顾四周，想弄清楚自己在哪儿。感觉莫名的轻松，好像我飘浮着。或许我已经死了？我的天哪！最好是这样。

听到靠近的脚步声。刹那间我的心跳加快，我再次环顾四周，但没看到任何人。我怎么了？

"醒了？"一个十分熟悉的声音问我，我转身看见丽贝卡站在我面前。

她身穿长长的白色连衣裙，与我们的空间融为一体。我不敢相信自己的眼睛，起初我受到了惊吓，随后我的嘴角舒展开来。她站在这里，站在我面前，完好无损。

"贝克丝？"我小声说，"我的天哪！贝克丝！"我紧紧抱住她，感受到她的温暖，她也微笑着回抱我。

"你怎么了？"

244

"……我以为你……"我看着她的眼睛。它们散发着快乐的光芒。

我知道这是一场梦。她还活着!我真的做了一个不吉利的梦。

"格洛丽娅,你得走了。"她突然对我说。

"去哪儿?……等等,我们在哪儿?"我说完,再次环顾四周。

"你不能在这里。"

"哪里,这里?……"

丽贝卡退后一步,然后又退后一步。她倒着走,并没有把她无精打采的眼睛从我身上移开。

"贝克丝……"我说,没搞懂发生了什么事。

"有人在等我,对不起。"丽贝卡转过身,飞速离开。

"贝克丝!"我扯着嗓门儿大喊起来,"贝克丝,求求你!别走!贝克丝!"

蓝色的墙壁。我整晚躺在冰冷的水泥地上,闻着令人讨厌的气味。我觉得空气不足。剧烈的疼痛感渗透全身,似乎所有的骨头都被折断了。我看着自己的手,上面还留有已凝固的刺鼻的深红色血液的痕迹。我的手指完全不能动弹,因为昨天捶墙非常疼。

我的内心再次听到枪声,它每秒都重复一次。我听到一声枪响,想起她摔倒了;我听到一声枪响,想起她是如何死在我怀里。当我明白,我再也听不到她的声音,再也看不到她的笑容、她闪闪发光的眼睛,我就开始全身颤抖、歇斯底里。由于嘶哑的嗓音,我已经不能再大喊大叫了,但我在自己的内心尖叫。我闭上眼睛哭了起来,默默无泪。也许,我已经没剩什么眼泪了,除了捶打的疼痛外什么都没剩下。

"我们会再见面,小不点!"这话在我的脑海中一闪而过。我看着带S字母的血迹斑斑的手链,倍加痛苦。这就是他留给我的一切。我想起我们的最后一次拥抱,再次喘不过气来。

我听到栅栏门吱地响了一声和某人的呼吸声。

"马克芬,出来。有人担保你。"一个粗暴的男声说道。

谁做了这个担保？爸爸。当然，是他。他和南希已经在这里。我想象着我们的见面，不寒而栗。

不……这不可能。这不会发生在我身上。

"抬上去。"同一个声音说。

两个人走到我面前，抬起我的肩膀。我差点因为新的疼痛而尖叫起来。我被人带出囚室。我步履艰难。

"靠墙。"一名穿着制服的两米高的男人用命令的语调跟我说。我服从他的命令。他锁上了栅栏门。

"向前走。"

由于黑暗狭窄的走廊上光线昏暗，散发着潮湿的气味，我的眼睛感到刺痛。

头发完全乱成一团，我的衣服已经很难被称为衣服，我穿着一大堆散发着令人不快气味的脏抹布。我手上的皮肤被抻宽，手掌向虾螯一样，无法伸直。想象一下，我现在看起来多恶心，我的爸爸现在会见到我这种样子。现在我可以想象他的面部表情和他有一个多么令人厌恶的女儿的想法。

我们到了某间办公室的门口。我如鲠在喉。心又疯狂地怦怦直跳，每跳一下都能引起回声。门开了。现在日光很刺眼，我向前走了一步。我闭上眼睛，一绺脏脏的头发搭在我的脸上。我试图了解我所在的地方，一个小办公室。一名穿着制服的中年男子坐在一张大桌子旁，爸爸坐在他旁边的椅子上，而劳伦斯站在他旁边。

三个人都盯着我看。我毫无表情地直视着我爸爸的眼睛。他看着我。熟悉的"石头"脸，但我觉得现在他的内心有事。

"格洛丽娅——"南希走到我身边，拥抱我。我像一尊雕像一样站着，我甚至没有向她伸出双手，继续看着我的爸爸。

南希移开我脸上的那绺头发，开始打量我。

"我的天哪！她怎么了？为什么她以这样的状态出现在这里？你不能

把她送到医院去吗？"

"我们这不是慈善中心，"调查员说，"格洛丽娅，坐下。"

我坐在他面前的椅子上。我觉得我爸爸要用眼神把我盯出个洞来。

"明天你和我们的陪同人员一起去佛罗里达，你带女孩的证件了吗？"

"是的，带了。"爸爸干巴巴地说。

"好的。"

"接下来会怎么样？"

"接下来你的女儿将由当地政府研究决定，我建议你快点请律师。在这里签名。"调查员递给爸爸一些文件。

"……告诉我，丽贝卡在哪儿？"我用嘶哑的声音问道。

"她的尸体将用梓棺运回佛罗里达。"

当他说"尸体"这个词时，我胸口感到一阵刺痛。我的嘴唇颤抖，我勉强控制住自己，以免在所有人面前号哭起来。

"可以最后见一次亚历克斯、史蒂夫和杰伊吗？拜托。"

"不，这不可能。"

这一刻，我终于明白，我再也见不到伙计们了。胸口刺痛得更厉害了。

"我求求你，哪怕一分钟，我需要见见他们。"泪水不由自主地从我眼中滑落。

"我说过了，不可能。"

"难道我这么求你也不行吗！"我用嘶哑的声音大喊大叫。

"格洛丽娅——"爸爸说，但他的声音从我身边飞过。

我跪倒在地，看着调查员的眼睛。

"拜托，求求您，我必须见见他们！"

"格洛丽娅，冷静一下。"南希说。

"我再说一遍，我们不是慈善中心，我不打算为未来的囚犯安排会面。"

他的话就像背后一刀，给我带来完全一样的痛苦。

我慢慢地抬起膝盖站了起来。我继续看着这个冷酷无情的男人的眼睛，然后我用双手抓住他桌子的边缘，把它弄翻了。因出乎意料，所有人都跳到一边，整个建筑物传来一声巨响。一名警卫冲进办公室。我的脸被狠狠地摁在墙面上。

\*\*\*

我离伙计们越来越远了。出租车行驶了半个小时左右后，到达酒店，爸爸和南希在这里订了一间房。

就这样了，格洛丽娅。你努力逃避的一切又重新追上你。现在我又陷入困境，我真的无法离开这里。我开始慢慢习惯每分钟都让我恨不得要昏迷的疼痛。它能帮助我忘记伙计们，忘记丽贝卡，哪怕只是一瞬间……忘记这一切很快就会结束。可以剥夺我的自由，但没有人能剥夺我的死亡。

我们开车到达酒店。南希说他们订了一个两间房的套房，所以我们不会互相打扰。

我们走进大楼，每个人都用好像看到一个幽灵一样的目光看着我。我尽量不去在意它们。几分钟后，我们在房间里。

脑子里一闪而过，想起我和伙计们曾在酒店里订了豪华的房间，那时我们多好呀，什么也不用考虑。然后我听到一记响亮的枪声，它又让我重新回到了现实。

"你怎么站着？过来，"爸爸对我说，"先洗澡，我们给你带了干净的衣服。"

爸爸从我身边走过，甚至没有看我一眼。我再次对这个人充满了仇恨。

我走进浴室，南希跟着我走了进来。

"东西在这儿。如果需要什么，给我打电话。"爸爸关上门。

我面前挂着一面小圆镜。我凝视着镜子中的镜像，惊叹自己看起来是多么可怕。冰冷的目光，脸上有不少血滴，皮肤已经脏得发痒。我开始气喘吁吁，每一次呼吸都伴随着强烈的疼痛。恨，恨，恨自己，恨自己身体的每一个部位。在我看来，我心里怒气腾腾，夹杂着疼痛。我握紧拳头，大喊大叫，一拳打在镜子上。新的疼痛带给我前所未有的快感。多亏了它，我再次忘记了一切。随后又恢复了意识。我摔倒在地板上，所有的情绪都倾泻而出，号啕大哭起来。

南希跑进浴室。

"我的天哪！格洛丽娅！"她跪在我身边，抓住我血淋淋的手，尽可能地摁住它以便止血。

"你对自己做了什么，啊？傻瓜。"

我把额头靠在她的肩膀上，放声大哭。我体内在喊叫："打住，格洛丽娅！尽量接受一切。"南希擦了擦我脸上的泪水。

"起来，"她打开水龙头，清洗我的伤口，"脱掉你的衣服，我帮你洗。"

在这一刻，我才明白我是多么傻。我诬陷了南希很多次，尽管如此，她还是花很多精力像对待小孩子一样对我，无私付出。对我来说，我自己的亲生妈妈也没像南希这样。

她帮我脱掉衣服。现在我全裸地站在她面前，她惊恐地看着我。

"我的天哪！……你遍体鳞伤。"

"……我自己洗。"

"好，但无论如何我还会留在这里，以防万一又发生什么事。"

\*\*\*

我用重新包扎着绷带的手困难地梳好湿漉漉的头发。打击的疼痛束缚了我的一举一动，但我已经习惯了。过了几分钟，我努力不哭，试着想一些肤浅的东西。例如，今晚会不会下雨或者隔壁房间的住户长什么样子。然后我想起了亚历克斯，他教我欣赏生活中的小事，享受我周围的一切。"你再也见不到他了，格洛丽娅"，这样的念头从我脑子里闪过。

再次想失去自制力并吼叫，想尽情痛哭一场。但这次我克制住自己。

"格洛丽娅。"我听到南希的声音从隔壁房间传来。

我打开门，看到一张小桌子，到处都摆满了放着食物的托盘。

"坐下，你需要吃点东西增加力气。"

"我不想吃。"

"你几乎站不住了。"

我把她的话当耳旁风，然后朝自己的房间走去。

"站住！"爸爸硬邦邦地说。

我停下来，听到他走到我身边。

"转向我。"我听了他的命令，"你以为我们会为你忙得团团转？每一秒都怜惜你？"

"大卫——"南希说。

"别说话！"他的目光刺穿了我，"不，亲爱的，我已经厌烦过分地照顾你。现在发生在你身上的一切完全都是你自己的错，你不必装成一个无辜的受害者！而现快点坐下来吃饭。我们在你身上要白白浪费钱吗？"

克制自己，格洛丽娅，克制自己。我咽了咽唾沫，走到桌边。我拿了一盘食物，转身朝自己的房间走去。

"只有当我告诉你可以离开的时候，你才能离开，"我停了下来，"现在你还要记住一件事：你要再有越轨的举动，我会尽一切努力让你坐牢。我不会给你请律师，也不签提供给我的一切文件。如果你想要彻底毁了自己的生活，我会为你安排。"我已经打算好再次转身离开，他用力地抓住我的肩膀，我几乎无法呼吸。

"你听明白我的话了吗？"

"……明白了。"他松开他的手。

我觉得自己马上就要爆炸了。我如此希望我不在的这段时间里，他哪怕能理解一点并改变一点。我痛苦地承认我又错了。

"现在你听我说，爸爸，如果你再碰我一下，你会非常后悔。"我揪住他的脸，用指甲刺进他的皮肤，"我再也不是那个无法保护自己的小女孩了，明白了吗？你听明白我的话了吗？"

他沉默。我把手从他身上移开。因为我的指甲，他的脸上留下了一些小划痕。

"祝你好胃口。"我说完，毫无压力地走进房间。

***

颗粒未进，即使从昨天起我就没有吃过任何东西。在我内心深处，当这一切都没发生时，我希望他们在佛罗里达的家里等我，希望爸爸明白我对他是多么珍贵。事实证明，什么都没有改变。因为责任，到处追查我的下落，爸爸做了任何父母都应该做的事，但不是因为他需要我，也不是因为我是他唯一的女儿和可怕的事会发生在我身上，仅仅是因为必须这样做。我所有的希望都破灭了。

"大卫，你在做什么？小姑娘遭受了如此巨大的压力，而你……"

"你还保护她？我养了一个怪物，南希。你只要看看她，她就是她母亲的翻版。"

"不管她怎么样，大卫，她都是你的女儿！有人在她眼前被杀，你哪怕想象一下她所经历的事情？还不知道这些怪人这段时间对可怜的女孩做了些什么。你应该高兴她和你一起在这里，她还一切都好。"

"她不在这里会更好。我已经厌倦她了。"

"……厌倦？你厌倦自己的孩子了吗？她不是怪物，大卫，你才是。"

"南希，你去哪儿？"

"我需要去散步……我的天哪！不久前我想过和你有一个自己的孩子，但是，看看你是如何对待自己的女儿的，我现在不敢想这个问题。"

我听到劳伦斯把门关得砰砰响。

我闭上眼睛，听到自己缓慢的呼吸声，"别哭，格洛丽娅，别哭。"

我走到窗前，再次试图分散自己的注意力，看着来来往往的车辆和人群。然后我抬起头，看向灰暗的天空，这对阳光明媚的加利福尼亚来说是个异常现象。

"你甚至无法想象……你不在，我的心情有多沉重，贝克丝。"我看着阴暗的天空泪水涟涟地说道。云层散开了。"我的天哪！你为什么这么残忍？你为什么要夺走善良的人的生命，而把可恶的坏蛋留在这个世界上？她对你做了什么，啊？"我的声音颤抖，夹杂着呜咽声。我站到窗台上，"带我走！带我去看你，求求你！我不想再待在这里，我受不了了！"

突然，有人抓住我，把我从窗台上拖了下来。是爸爸。我更愤怒了，我用尽全力，忍着疼痛，用双腿和双手打他。

"放开！放开我。"

爸爸把我放在床上，竭尽全力让我冷静下来，但我没有屈服。

"你干什么？我差点就跳下去了，一切就成功了！我恨你，我恨死你了！别让我活了，让我死！"

爸爸把手放到我的嘴里，直到我停止踢他为止。我好像哭伤了眼睛，因为我的歇斯底里，现在它们痛得厉害。

"哭吧，你会感觉轻松些。"爸爸说。

"轻松？爸爸，如果现在有人用枪打死我，我会感觉好多了。"

"听着，我了解你的状态。看到另一个人被杀，比自己死更糟糕。但是不要把自己弄到这个地步，何况你认识这个女孩还不久。"

"你在说什么，啊？这与我认识她多久有什么关系？一天，两天，一周？她死了，爸爸。她救了我的命，这颗子弹是射向我的！我！我永远不会原谅自己，比起每次闭上眼就看到她的脸和笑容，我死了更简单……我不能……我再也受不了了，"我流着泪说，"这无法忍受。她……还这么小，柔弱、开朗，为我这样的败类付出了生命，这不公平！你知道吗？你是对的。我真的是个怪物。如果我有一个像我这样的女儿……我很久前就摆脱她了。"

爸爸沉默了很久。

"……格洛丽娅，我发火了，我希望你原谅我。我知道这不容易，但是……这个女孩回不来了。这就是她的命，你必须明白这一点。"

在我生命中的 16 年里，爸爸第一次倾听我说话并理解了我。我像一个僵尸一样坐在他面前，一句话也说不出来。

"躺下并闭上眼睛，你需要冷静一下，我暂时就坐在这里。"

我的眼皮瞬间变得沉重起来。

\*\*\*

静静的脚步声朝着出口走去。谢天谢地！南希回来了，他们互相搂着睡觉。我在爸爸的牛皮包里翻了好几分钟，终于找到了一包强力香烟和打火机。我试着尽可能安静地关上门。

我穿过酒店黑暗的走廊，下到一楼，走到大楼外面。酒店附近有几家小商店，我坐在其中的一家店铺里，一片寂静。我不知道现在几点了，但这个城市似乎完全空荡荡的，只是偶尔有车经过。

我闭上眼睛。加利福尼亚的最后一晚。在距离我几十公里的某个地方，史蒂夫、杰伊和亚历克斯在睡觉。当我想起这些时，内心感到憋闷。无论如何，我和他们在一起非常好，我不后悔认识他们。某个瞬间，想象一下，如果我们不去见德斯蒙德会怎么样？我们会留在温暖的避难所：我和丽贝卡在厨房里为伙计们做晚餐，杰伊嘲笑我和丽贝卡的笨手笨脚，史蒂夫走到我身后慢慢拥抱亲吻我的脖子，而亚历克斯坐在沙发上，像我们的"领导者"一样看着发生的一切。

我睁开眼睛，回到现实中。明天就要回家了，还不知道那里等着我的是什么。等待着伙计们的是一个"好"期限，而丽贝卡……只能留在我最美好的回忆中。

"你什么时候能停止逃跑？"

我转身看见爸爸在我旁边，他盯着我手里拿着的香烟。

"我很抱歉……是的，爸爸，我抽烟了，你要为此责骂我吗？"

他默默地从我的手中拿走香烟，把它扔进了垃圾桶。

"去睡觉吧。明天会是艰难的一天。"

## 第47天

人们成群结队地拖着大行李箱奔跑着。机场播音员说的话我似乎没听清楚，传到我耳边只是巨大的回声。我走近"自动驾驶装置"，给自己下了命令："必须这样，按照他们说的做。"我前面是两名身着制服的全副武装的护送人员，南希和爸爸都落在了我后面。尽管在机场大家都在乱跑，从我身边经过的人都用困惑不解的目光打量着我，充满了好奇或谴责。

但我不在乎。我只服从这种情况。我静静地走着，尽量不环顾四周，不吸引任何注意力到自己身上。尽管我外表装作冷静，但内心汹涌澎湃。我想象着如何打破自己身上无形的"枷锁"，并尽力全速奔跑。我奔跑，希望我还能看到伙计们；我奔跑，嘲笑那些面无表情的人；我奔跑，预先体会自由的快乐。

我再次回到现实世界，并且我内心非常痛苦。

在候机室等了半小时后，播音员通知，我们乘坐的180号"棕榈泉－迈阿密航线"开始登机。就这样，再过几个小时，我要再次回到佛罗里达。令人惊讶的是，我觉得我好像很久没有去过那里一样。是的，我以为我不会再回到那里了。我非常讨厌我的城市和生活在那里的人。我想起我和音乐人每天都在不同的陌生城市里旅行，泪水再次在眼眶里打转。坐上飞机后，我无法控制自己的情绪。我尽可能地隐藏自己的眼泪，偶尔它们也会顺着我发红的脸颊滑落下来。我用双手紧紧地抓住座位，闭上眼睛，再次调整让自己"平静"。必须这样，格洛丽娅，你只需忍受它。

\*\*\*

我被叫醒的时候，飞机已经着陆了。半睡半醒中，我还没明白是怎么回事。最后，我的意识清醒过来——我在家。准确地说，再过几个小时，我将在布里瓦德。我的内心有些颠覆，意识到我再次回到这里真是太痛苦了。

警察护送我们到家。突然，我们听到车周围吵吵嚷嚷。我向车窗外看去，发现一群记者和通讯员拿着大大的照相机、录音机、摄像机和麦克风蜂拥而至。我神经质地笑了起来。疯了！对于发生的一切！这些小丑安排了一出真正的马戏。对他们来说，我的失踪和丽贝卡的死亡只是他们白痴报纸上的一篇新文章和一笔不错的稿费。我的天哪！真是太卑鄙了。

爸爸第一个走了出去，两名警察和他一起。

"你是大卫·马克芬吗？你对你女儿卷进此事如何评价？"

"你知道是谁杀死了丽贝卡·多涅尔吗？"

"格洛丽娅·马克芬和丽贝卡·多涅尔是听命于他人吗？"

"所有人从这儿滚出去！"爸爸喊道。

警察开始推开所有人。

"格洛丽娅，现在我们和你一起出去，快点走进家门。只是别停下来，好吗？"劳伦斯问道。

"好的。"

我和南希下车，迅速朝着家门走去。眼前闪烁着令人眩晕的闪光灯，耳边响着记者们七嘴八舌的声音。一时间，我没站稳，但劳伦斯的手扶着我让我没摔倒。我们回到家中，我想喘一口气。

"真是个噩梦。"南希说。

"锁上门，以防他们破门而入。"爸爸拉上窗帘说道。

这就是它们，我故乡的墙壁，我的家。我想起我们在街上过夜，在寒冷潮湿的地上过夜，你知道吗？我宁愿再次忍受这些，无论如何也不想回家。我慢慢地爬上楼，走进自己的房间，关上门。

我看着我的床。太阳穿过紧闭的窗户，照亮墙纸温暖的色调，并在柜子上留下眩光。一瞬间，我觉得自己似乎没有跑去任何地方。这只是一个梦，我不想与之分别的梦。我靠在墙上慢慢向下滑，盘起膝盖。那好吧，现在我最重要的考验开始了。我的生命还剩下可怜的几天日子，我有义务别破坏它们并忍受它们。

\*\*\*

我们坐在客厅里，我面前站着一个身穿黑色正装的高个子女人。我觉得这次谈话并不容易。

"我叫凯特，我是青少年事务检查员。从现在开始，格洛丽娅，我们会经常见面，"这个女人坐在椅子上，用严厉的目光直视着我的眼睛，"你们请律师了吗？"

"还没有。"爸爸回答道。

"那好吧，让我们开门见山。大卫，你的女儿犯有严重的罪行。如你所知，这一切都非常严重。因为格洛丽娅未满18岁，所以法官同情你们，判她家庭禁足缓刑，但这不会改变你们的状态。因为有任何前科，在申请美国任何一所大学时都会遇到问题。此外，没有正常的雇主希望看到这样的雇员。"

"对不起，你为什么要跟我们说这些？难道你应该和未成年人这样说话吗？"南希介入说。

"他们已经不是孩子了。作为一个人，他们所有人都认为没有人理解他们，他们的生活是多么艰难。格洛丽娅，你还不知道真正的生活是什么，真正的问题是什么！最后，你伤害了自己、你的父母和其他无辜的人。"

"……您是对的。"我平静地说。

显然，凯特没有想到我会这样回答。她的面部表情瞬间从严厉变得柔和了一些。

"你意识到这一点非常好……格洛丽娅，我看到你是一个聪明的女孩，你只是犯了错，所以我想帮你。"

"怎么帮？"

"我们可以扭转局面，我们需要让你成为受害者。你只需要签署一份声明，证明亚历克斯·米德和其他同伙强迫的你，他们威胁你，那么这个团伙在监狱服刑的期限会增加，而你将被无罪释放。"

"是的，这样的话真是太好了，"南希说，"看看这些浑蛋对她做了什么，他们每天都殴打她。"

"不是他们！"我脱口而出，"不是他们……"

"格洛丽娅，听我说，你能想象等待你的是什么吗？你将成为一个离群索居的人，没有教育，没有钱，同时你的同龄人都已经成家。你要做的就是签署申请表，只有这样你才能拯救自己。"

我嘴巴发干，几分钟我都说不出一句话，内心汹涌澎湃。大家都看着我，等待着我的回答，而我……我不知道该怎么做。被剥夺自由还是背叛我爱的人？我两眼发黑，感觉很糟糕，每一秒都感到燥热。决定吧，格洛丽娅，决定吧！最后，我冷静下来，做出决定。

"不，我什么也不会签。我是经过自己的同意才做了这一切，没有人强迫我，我准备好接受惩罚。"我吐字十分清楚地说道。

"对不起，能让我和格洛丽娅离开几分钟吗？"南希用颤抖的声音问道。

"当然。"

劳伦斯牵着我的手，用力将我带离客厅。我们关上门，她抓住我的肩膀，看着我的眼睛。

"你在干什么？你明白自己在做什么吗？"

"我明白。"

"你明白什么！格洛丽娅，改变主意，你决定的一瞬间就能毁了你的一生！"

"管它呢。无论如何，我也不会诬陷那些没对我做任何坏事的人。"

"什么？没做任何坏事？他们把你拖进了这个'泥潭'，格洛丽娅！"

"是的，但他们给了我另一种生活，我想献出我的一切，回到他们身边。"

我回到客厅。爸爸站在一边，假装我好像是一个陌生人，他现在根本不关心我会发生什么事。不，他没有假装，他真的不在乎。令我大吃一惊的是，南希，完全是个外人，并没有对我的命运漠不关心，而我的爸爸"毫不在乎"。我的内心因为仇恨和委屈怒火中烧。

"怎么样，格洛丽娅，你改变自己的决定了吗？"凯特问道。

"不，没有改变。"

"……好吧。我想帮你，所以我问心无愧。离开庭还有整整一个星期的时间，在此期间你必须做好准备，"检查员从椅子上站起来，再次看着我，"顺便说一句，加利福尼亚的警察在搜查你们的车时，发现了一些东西，"她在一个黑色的袋子里翻找了一会儿，拿出一样东西，"这是你的吗？"

她手中拿着我的手提包，里面有钱和我的日记。

"是的。"

"拿着，这不需要承担后果。"

我们所有人都朝出口走去。

"现在你的家受到保护，为了防止逃跑，出去要和我们的陪同人员一起。祝你一切顺利。"

凯特坐进车里走了。我们家附近站着几名警卫，一个在入口门附近，另外两个在伸缩门对面。

"大卫，你为什么沉默？当她做出这个决定时，你为什么什么也不说？"

"……她已经是个成年人了，这是她的生活。"爸爸说完，然后走进家门，南希跟着他。

我仍然站在门廊前，紧紧地抱着我的手提包。我给自己签了判决书。我这样做对吗？毕竟，我一直认为监狱比死亡糟糕一百倍。我一对自己说出"监狱"这个词，我的内心就缩成一团。

"格洛丽娅·马克芬？"保安小声问我。

一时间，我有些不知所措。

"是的……"

"亚历克斯·米德让我把这个转交给你。"穿着制服的男人从口袋里拿出一个小信封。

"亚历克斯？……"

"如果有人发现我给了你这封信……"

"我不会告诉任何人。"我抓住信封，迅速走进屋内。

亚历克斯通过警察的帮助给了我一封信？但怎么可能呢？……虽然我很惊讶，这毕竟是亚历克斯：利用自己的关系，他可以让每个人都听命于他。我紧紧握住信封，自己立刻变得如此温暖和轻松，就像他和其他伙计在我身边一样。我爬上楼，回到房间，我非常好奇这封信里写了什么。

\*\*\*

我躺在床上，想起整整 47 天前，我决定开始"倒计时"，我也是这样躺在床上，看着天花板，想着那些不值一提的小事，比如关于马特，关于我穿什么衣服去下一个枯燥的派对。我的天哪！我过去真的是这样吗？肤浅又愚蠢。虽然……可以认为现在发生了一些变化。

意外的敲门声打断了我的思绪。

"格洛丽娅，你在睡觉吗？"我听到南希的声音。

拜托，什么也别回答，拜托！

"没有。"我呼出一口气。

"那么开门，有人来找你。"

我感到不安。"有人"是谁？外婆，还是妈妈？现在我根本不想见到任何人。但我还是走到门口，打开门。我面前站着的是……查德。他手里拿着一束大红色的玫瑰，脸上带着腼腆的笑容。我想起不久前我离他而去，然后他几乎每一秒都跟着我。把他赶出我的脑海是如此困难，但现在他再次真实地站在我面前。我不敢相信自己的眼睛。

"你好。"他笑着说，然后向前走了一步，拥抱我。

到目前为止，我还没从震惊中缓过神来，所以我没有拥抱他作为回应，只是一动不动地站在那里。

"查德……"我低声说。

"我害怕再也见不到你了，这是给你的。"查德递给我一束花。

"……谢谢，进来吧。"

沉默了一分钟。查德关上门，挨着我坐。我甚至不知道该对他说些什么。激动、害怕和意外等各种情绪交织在一起。

"……你现在还生我的气吗？"他问道。

"没有，查德。当然没有，我很高兴你来了。"

他坐得离我更近了，握住我的手。

"你能想象吗？这段时间我几乎都没有睡觉，如果睡着了，我就会梦见你，"我的脸颊开始燃烧，"我可以再抱抱你吗？"

我微笑，这次我也紧紧地拥抱他。我完全没注意到自己的眼睛又湿润了。

查德看着我，用拇指轻轻地抚摸我满是小擦伤的脸颊。

"他们做了什么？"

"不值一提，伤口正在愈合。"

伤口因为咸热的泪水感到刺痛。

"现在你会怎么样？"

"不重要，都是我自己的错，现在最重要的是忍受一切。"

我闭上眼睛，开始哭泣。

"求求你，别哭。现在你不应该灰心。"

"我做不到……他们杀死了丽贝卡。"

"……我知道，所有的新闻都报道了。听着，你很坚强，你能应付它们。"

查德把我拉到他身边，我们彼此碰着额头，靠得如此接近，我的唇边感受到他的呼吸。然后我觉得他马上要吻我了，所以我突然把他从我身上推开。

"不要，查德。"我从床上起来。

"对不起……"他难为情地说，"我每天都会来找你，我不想把你一个人留在这里。"

"你知道吗？我觉得你再也别来这里会更好。"

"……为什么？"

"因为我想这样，"我生硬地回答说。"我已经毁了一个好人的生命，我不会允许这种情况再次发生。"

"但是格洛丽娅，我……"

"查德……你必须知道一些事情……"

"你不可能毁了我的生命，你是我的生命。"

"闭嘴！"我没忍住，"听我说！……我和另一个人在一起了。你知道吗？我喜欢他。我甚至都没有想过你，我和他在一起非常好，我把你从我的生活中删除了。"我的声音在颤抖，我觉得只需片刻，我就会因为这个谎言喘不过气来。

"你为什么撒谎？"

"我没有撒谎，查德。这是真的。如果你认为我仍然是你以前认识的格洛丽娅，那你就大错特错了。那个格洛丽娅再也不复存在，她死了，现在我代替了她。一个卑鄙龌龊的人。我利用过你，查德。愚蠢的小男孩免费给我带来快乐，你觉得我会和你在一起吗？"我大声笑了起来，"你看看你自己，你是一个可怜的笑柄！"我看着查德的脸，继续笑着。

我看到他听到这些话有多么不愉快，我在这儿说的这些话也让我自己受伤。

他走近我。

"……我还是会来找你。"查德说完就离开了。

我用手遮住脸，以免哭得更厉害。我跟他说了许多不应该说的话，但他仍然没有放弃我。你做得对，格洛丽娅，他迟早会理解你并忘记你。他对我来说太珍贵了，最好让他恨我，而不是因我而痛苦。

他的花束还躺在床上。我把花捧在手里，从闪亮的沙沙作响的包装里拿出玫瑰花，刺扎进我包扎的手掌心里。

我走到窗边，打开窗户，看到查德从我家离开，往大门口走去。

"查德！"

他抬起头看着我。我看到他脸上带着微笑，但当我把那束玫瑰花扔下去时，他的微笑立刻消失了。他的眼里闪烁着泪光……我关上了窗户。对不起，查德。对不起。

\*\*\*

晚上。我、爸爸和南希坐在一起慢慢地吃着晚餐，死气沉沉。每个人都试图假装我们暂时一切都很好。但我们都非常清楚，一切都不好，我们只是假装平静。"快点吃完晚饭，回到自己的房间，就看不到任何人。"我脑子里闪过这样的念头。

"明天将举行丽贝卡的葬礼。"劳伦斯说。

我差点被一块没有完全嚼碎的肉噎住了。

"……我不去。"

只要想象一下：我会看到她柔弱的小小的涂满防腐剂的身体，闭着眼睛，再也无法睁开，双臂交叉在胸前，我就不寒而栗。不，我真的受不了这个。

"格洛丽娅，我明白，这对你来说非常痛苦，但以后你会不止一次后悔，你没有送她最后一程。"

"我不去。"我重复了一遍。

"……随你的便。"

当我听到有人敲门时，我哆嗦了一下。这又是谁？

"我去开门。"爸爸说，然后向门口走去。

"大卫……"我听出是亲人的声音。

"你好，科妮莉亚。你好，马西。"

我从桌子边站起来，外婆朝我跑过来。

"格洛丽娅，宝贝！"我们扑进彼此的怀里。

"你好，外婆。"

"我多么想你，"外婆用悲伤的目光看着我，"我的天哪！……他们对你做了什么？你们带她去看医生了吗？"

"没有。我检查了，只有一些小血肿和擦伤。一切都会好的。"

"我们给你带了一些东西。"马西说。

"是的，我和马西给你买了一件小礼物，想让你高兴。"外婆把一个礼盒递到我手里，我拿出一个闪亮的白色盒子。

"这是什么？电话？……"

"是的，最新款。现在所有名人都用这款，但这还不是全部。"

我拿出另一个盒子。

"摄像机，"我笑着说，"我一直梦想拥有它。"

"我记得。你看，我还没那么老。"

"谢谢，外婆，但犯不着这样。"

"打住，难道我不能让我亲爱的外孙女高兴吗？"

"我把这些拿到房间去。"

我爬上楼，把礼物放在床头柜上。我装出来的笑容很快就消失了。"那么，格洛丽娅，假装你很开心。至少试试。"我给自己下了命令。我走出房间，下楼梯，听到南希和外婆的谈话，我停了下来：

"科妮莉亚，我们需要您的帮助。"

"什么帮助？"

"因为离审判只剩下一周的时间，我们急需一名律师。他必须是一个善良可靠的人，能够减轻格洛丽娅的刑期。我觉得您有很多关系，这不会让您太费力。"

"……对不起，南希，但在这里我无法帮助你。"

"为什么？"

"你看到了吗？我现在没有那么多客户，在签合同之前，他们挑剔一切，甚至是我的外表、生活方式和……家庭。"

"科妮莉亚，与这些事有什么关系？"

"我要从事这项业务，如果他们发现我的外孙女与毒贩搞在一起，他们会非常不喜欢这样，所以我在这里无能为力。"

我的下巴惊得都要掉了下来，无法相信这是我外婆说的话，那个曾是我寄托最后希望的人。我听到这些话甚至有些头晕目眩。

"明白了……"南希说，"不对！我什么也没明白。我的天哪！科妮莉亚，您明白您在说什么吗？难道无聊的合同比您的亲外孙女更重要吗？"

"当然不是，南希，但我不能牺牲自己的职业生涯。为什么大卫不能接手她的事？"

"我是一名普通的律师，您别忘了，我没有权利在刑事诉讼中成为被告的辩护人。"

"那你为什么不去找一个律师事务所？"

"您自己也非常清楚，对他们来说只有钱重要，而不是人的命运！"

"我爱格洛丽娅，我尽力支持她。"

"您怎么支持她？新手机和摄像机？她可能很快就会被关进监狱，您明白吗？"

"不要用这种语气跟我说话！"

我咬着嘴唇，握紧拳头，觉得很痛苦。我实在太委屈了，想用头撞墙。感觉似乎不是我的外婆坐在那里，而是一个完全陌生的女人。在我内心深处，我对她寄予希望，我以为她能够帮助我，但我亲爱的外婆鄙视我。没有什么比亲人断你的氧气更糟糕了。我厌倦了忍耐，我厌倦了假装，我受够了！

我下楼，朝厨房走去。

"外婆……我觉得你最好离开。"

"格洛丽娅，你别这样理解一切。"

"不幸的是，我一切都理解得很正确。原谅我，外婆。原谅我还活着，如果我被杀的话，你的客户肯定会同情你并签署所有的合同。请原谅我，原谅我站在你面前。"我再次歇斯底里起来。

"格洛丽娅——"

"现在滚出去！"我尖叫。

我转身沿着楼梯跑回自己的房间。

　　　日记。我以为我永远不会把你拿在手里。现在我用歪斜可怕的笔迹写下数行文字，因为我的手根本不听我使唤，我很难握住笔，但我现在需要倾诉内心的一切。

　　　现在我独自一个人，我真正一个人了，这是我最害怕的。我的生活被撕成了碎片，我并没有夸大其词。爸爸鄙视地看着我，当然，我是这个家庭的耻辱。大家都只谈论我，更准确地说是谴责我。外婆也和我断绝了往来。并不奇怪，谁需要像我这样的外孙女？一个巨大的负担。只不过你知道吗？日记，我觉得家人是无论你贫穷或富有，都一直和你在一起，随时支持你；无论你变成什么样，凶手也好，小偷也罢，对自己的家人来说，你永远是一个可爱又善良的人。

但这绝对不是说我的家人。这让我更糟糕了。

这个世界上我觉得南希最可怜，她真的是一个聪明善良的人。我很遗憾她在我们中间，我很遗憾她为我难受，南希犯不着这样。

妈妈甚至没有给我们打电话，我明白她在医院，难道她不想听听我的声音吗？该死的！她真的不管我了吗？

总之，日记，我不知道我为什么回来。这里没有人等着我，这里没有人需要我。

其实，一如既往。

还剩3天

# 第十二章

剩下的四十八小时

# 第48天


当天快亮的时候，我才闭上了眼睛。整晚我都在想这些日子过后我会发生什么事。我忽冷忽热。我知道这个选择对我来说并不容易，我知道但还是要去。

我勉强起床，走进洗手间，把自己整理好。不知什么原因，我侧身的缝合处开始定期地时不时作痛，我完全不喜欢这样，呼吸变得更加困难。我照了照镜子，"格洛丽娅，看看，你变得像谁？你给大家带来了多少麻烦，你还在思考你是活下去还是死去？白痴！"我的脑海里闪过这样的念头。

我走进厨房，劳伦斯正用着炉灶。

"早上好。"我说。南希转身走向我。

"早上好，格洛丽娅。睡好了吗？"

"嗯……一点点。"

"你觉得怎么样？"

"……还好，正常。"

"坐下，吃早餐。"

我坐在桌旁，劳伦斯在我面前放了一盘火腿鸡蛋饼和一杯橙汁。

"爸爸在哪儿？"

"他一大早去了律师事务所，答应找到最好的律师，这样我们可以在没有科妮莉亚的帮助下应对这些事。"

"你认为这会对我有所帮助吗？"我嘲笑着说。

"当然会有帮助，只需要相信它。"

我拿起刀叉，我的手在颤抖，完全不听使唤。我注意到劳伦斯在前厅的大镜子前打转了几分钟，然后穿上一件黑色的雨衣，拿起一个相同颜色的手包。

"你要去哪儿？"我问。

"……去丽贝卡的葬礼。"

我如鲠在喉。

"明白了。"

"你真的不和我一起去吗？"

"没错。"我好容易才忍住眼泪说道。

"嗯，也许这样更好。你已经经历了很多了……"停顿片刻后，南希继续说："如果有事，给我打电话，好吗？"

"好的……"

劳伦斯砰的一声关上门，我再次屈服于情感。我艰难地握紧拳头，眯着眼睛，热泪从我脸颊上滚落下来。不，我不会去。对不起，丽贝卡，但我不会去。去参加葬礼——这意味着放开你……永远。我还没准备好。对不起。

我脑海中无法将"葬礼"和"丽贝卡"放在一起。

\*\*\*

我鼓足力量，最终冷静下来。所以，格洛丽娅，你什么都没剩下，这些天你还一次都没去看望过自己的母亲。

我想念她的声音，我想拥抱她，但是……我害怕。我害怕看到她再次被那些白色的墙壁包围着，我害怕看到她无神的眼睛。不管怎么样，我有义务去看她。

我在父母的卧室里翻找了几分钟，找到了那家医院的名片。

换好衣服后，我走到外面。这次只有两名陪同人员站在大门对面。我走到他们身边。

"我要去精神病医院，这是地址。"我递给警察一张名片。

\*\*\*

又是阴沉沉的令人感到压抑的天气，稀稀拉拉地下起小雨来。我站在医院对面，还没有下定决心走进去。我跟她说些什么？我如何看着她的眼睛？流浪的女儿回来的场景是什么样的？我感到不安。但我反复地只对自己说一件事——这是和我母亲的最后一次见面，我再也见不到她了。

"我可以一个人去吗？"我问其中一个陪同人员。

"我们奉命随时随地陪着你。"

"拜托。我能从这儿逃到哪儿去？"

"……好吧，给你半个小时。"

"谢谢。"

我握紧拳头，走进医院，来到登记台前。

"您好，我要探望一下乔迪·马克芬。"

他们用异样的目光打量着我，好像我裸着站在他们面前一样。虽然我很惊讶，但整个城市都知道我是谁、我做了什么，他们这样看我也不足为奇。

"跟我来。"

在医院瞎走了几分钟后，我在其中一个房间的门口停了下来。我听到女人的大笑声。我问自己："我的妈妈真的在这门后面吗？"我打开门。事实上，妈妈正坐在床上，她旁边有一个男人，他们正在聊天，不时地笑着，相互打断对方。我认出了跟她说话的人。

弗雷德，我爸爸的哥哥，和妈妈一起背叛了爸爸并报复他的那个人。从一开始，弗雷德叔叔和爸爸就彼此不和。妈妈说过，当她遇见爸爸的时候，弗雷德也很喜欢她，爸爸马上就感觉到了。弗雷德经常给妈妈送花，说恭维的话，自然，爸爸不喜欢这样，兄弟之间也经常打架。我出生后，爸爸和弗雷德叔叔完全不再来往，我只从母亲的讲述中了解过我的叔叔。然后我明白了，在这些年里，妈妈和弗雷德仍旧瞒着爸爸有来往。与此同时，爸爸对安静的家庭生活感到厌烦，开始有婚外情。妈妈得知这一点后，请弗雷德回到了佛罗里达。

从那时起，我们的家庭开始纷争不断。最后，家就只剩下一个名称而已。

\*\*\*

我一动不动地站在门口。

"格洛丽娅！"妈妈说完，走到我身边，拥抱我。

"你好，妈妈。"我说。

我的身上顿时觉得暖暖的，瞬间忘记了我在哪儿以及我身上发生的事。

"很高兴见到你！"妈妈说。

弗雷德默默地坐在椅子上看着发生的事。

"嗯，坐吧，告诉你的旅行怎么样？大卫说你和你们班同学一起去旅行了，对吧？"

坦率地说，我对这个问题目瞪口呆。妈妈不知道我身上发生的事？爸爸骗了她？那好吧，也就是说，我不得不继续这个无稽之谈。

"是的，确实如此。我们去了……一个非常美丽的地方。"

"好极了！你带照片来了？"

"……没有，我忘了。"

"没关系，下次吧。"

"……你怎么了，不看电视吗？"

"你说什么呢？什么电视？我被禁止上网甚至是阅读杂志，因为这对心理有负面影响，现在我需要保护它。"

一切都清楚了，她不知道我遇到什么情况也就不足为奇了。

"我看到你好多了。"

"是的，医生说我很快就可以出院。他还说我需要改变现在的生活，所以离婚后，我和弗雷德按原计划会搬到加利福尼亚去。"

"……你和弗雷德一起？那我呢？"

"你怎么了？你和你的爸爸一起生活，毕竟你和他有如此美好的关系。"

"美好的关系。"我想大笑……

"……嗯，是的，"几秒钟内我忘记了等着我的刑期，听到妈妈的话我内心感到一阵刺痛……"只是爸爸现在有自己的家，我原想我会和你一起生活……"

"现在我有了自己的家庭，格洛丽娅。我想重新开始，我想忘记过去。"

"忘记过去"意味着忘记我。你知道有多难承认你不是你父母爱的结晶，而是一个大错误吗？当父母忘记你是一个活生生的人时，你会为他们的错误付出三倍的代价。爸爸有自己的家，母亲也有自己的家。而我呢？我的天哪！我明白我几乎是个成年人了，我的大多数同龄人都离开父母自己居住，但该死的！每个人都应该拥有自己的家，即使很小，也是家。在任何年龄：18岁，30岁，50岁——人都需要家人的支持，但我没有。除了回忆的遗迹，我一无所有。

我从床上起身，朝门口走去，然后突然停了下来。不，我不能沉默，就是不能。

"妈妈，你不想问问，我这些伤疤、伤口、瘀青都是从哪儿来的吗？你没注意到它们吗？"我把包扎过的手放在她面前。

"哦，真的没注意。你发生了什么事？跌倒了吗？"

我再次想要大声喊叫。我全身都在颤抖，我向自己祈祷，最好别失去自制力。

"是的，我跌倒了。但这并不可怕，"我觉得我的眼睛里充满了泪水，"最重要的是你现在一切都很好……你现在有了自己的家……我……我已经是个成年人……我为什么需要一个家呢？……我自己能应付，"我慢慢地倒着走，继续看着母亲冷漠的目光，撞到门上，摸到门把手，"再见，妈妈。"

我走到走廊上。深呼一口气。冷静，格洛丽娅，冷静。但是，现在世间没有人支持你了，没有任何事，没有任何人。

"格洛丽娅，等等。"我听到身后传来一个男人的声音。

我转过身，弗雷德站在离我几米远的地方。他走到我身边。

"我想，你犯不着再来这里了。"

"……为什么？"

"怎么，你自己不明白吗？乔迪的主治医生说，她需要尽可能减少负面情绪。如果她得知自己的女儿是罪犯，那么……你自己完全清楚会发生什么。所以别来这里了……最好不要给她打电话。"

我极端鄙视这个男人。

"呵！多么关心备至呀！当我的母亲开始用酗酒来忘记自己的痛苦时，叔叔你在哪儿？当她因为失去理智而开始去邪教时，你在哪儿？当她差点自杀时，你在哪儿？闭嘴，你别对我指手画脚……不过你知道吗？无论如何，我都不会再来这里。所以快乐地生活吧，生一堆孩子，给他们一个美好的童年……再见。"

\*\*\*

坐在车里。我用双手捂着脸，深呼吸，只是为了不让自己歇斯底里。

"我们回去？"陪同人员问道。

"不，需要再去一个地方。"

\*\*\*

倾盆大雨。远处雷声轰鸣。尽管如此，很多人穿着湿透的黑色衣服，围成半圆站在新的墓穴旁。城市里几乎一半的人都来跟丽贝卡告别，他们中的大多数人甚至从来没有亲眼见过她，可能只在新闻上看到过她。他们都来这里支持丽贝卡的母亲，表达自己的同情心。

我走近墓穴，泪流满面，喘不过气来。就在不久前，我还听到她的声音，握着她的手，和她一起笑，而现在……她躺在地下。我用手捂住嘴，这样我的抽泣声就不会那么大。你不会相信，到现在为止，我都觉得不是她躺在那里，而是我完全不认识的另一个人。我完全要失去理智了。

劳伦斯走到我身边。她撑着一把大雨伞，能让我们俩躲避冰冷的雨滴。

"你还是决定来了。"南希说。

是的，我决定来了，因为在我死之前，我应该和所有人告别。嗯，或者至少尝试一下。

我看到丽贝卡的母亲站在墓穴旁。她已经不再哭了，只是站着看着丽贝卡的墓碑。她和我一样，不相信现在发生的事。

"多涅尔女士，请接受我的哀悼。"我说。

她慢慢地转向我。她的目光使我浑身燥热。我从未见过这样充满仇恨的目光。

"你……你为什么来这里？……"我沉默。"你为什么来这里？"

"多涅尔夫人，我……"

"凶手，是你杀了我的女儿！应该埋在地下的是你，而不是她！"

"多涅尔夫人，你在说什么？"劳伦斯介入说道，但多涅尔夫人没有在意她。

"我诅咒我女儿和你这样下三烂的女孩联系的那一天！是你从我这里带走了她——我的小丽贝卡。滚开！滚开！"

我迅速地跑开，感觉有一群人正用谴责的目光把我灼穿。

"你这该死的！你这该死的凶手！"

我跑着，开始觉得空气不足。雨滴无情地拍打着我的脸。我滑倒了，脸贴在潮湿的地面上。我强迫自己起来，没注意到自己的衣服已经变成了一团泥。我跑到墓地的大门外，停在一棵树旁，手用力地抓着树干，指甲抠进树皮里。我大喊大叫起来。我的尖叫声伴随着暴雨的声音。此刻我明白了，自杀前剩下两天都太多了。我不知道如何度过这 48 小时，它们将是我生命中最不能忍受的时刻。

日记，48天前，我让自己面临选择：活下去或死去。那时我甚至没想过50天会发生什么事。最初我经历的所有这些"问题"，现在我觉得是如此愚蠢。我让自己走投无路了。如果我及时停下来，那什么都不会发生。每三个青少年中就有一个父母离婚，又怎么样呢？现在他们都要自杀吗？每个迎面走来的人都有过没有回应的爱情，毕竟他们都找到力量应付过去了，不是吗？

我讨厌自己的软弱。丽贝卡的母亲是对的，我真的是凶手。我拉着贝克丝和我一起，而现在……她不在了。丽贝卡，我亲爱的丽贝卡，原谅我，原谅我对你做的事。我准备好把自己活埋在地下，只为了在你面前赎罪。

还剩2天

***

我坐在沙发上，双臂抱着膝盖，听着电视里播音员说着无意义的话，同时看着雨滴拍打着玻璃窗。

"格洛丽娅，我和大卫去购物，你和我们一起去吗？"

"不，我不想去。"

"听着，你需要散散心。今天是如此艰难的一天。"

"南希，我最近几天想待在家里。"

"……好吧。顺便说一下，我给你买了镇静剂，"劳伦斯给了我一小瓶橙色药丸，"一段时间内它会帮你摆脱有害的想法，还能助眠。"

"谢谢。"

"怎么样，我们走吧？"爸爸问。

"好的。"

这段时间，南希和爸爸让我一个人待在家里。

我打开这瓶镇静剂，在手里倒了一把药片，然后看着它们。但是我给自己下了命令，再坚持最后两天，我坚持得住。

门铃突然响了。很可能因为这样的天气，爸爸和南希取消了他们的行程。我把药片倒回罐子里，朝门口走去。我打开门，发现我猜错了。

"你好，"查德说，"因为这场要命的雨，我已经湿透了，所以你必须让我进去。"

查德进到屋子里。

"我看到你父母出去了，去很久吗？"

"我不知道。查德，你想从我这儿得到什么？"

"没什么。你还在这里的时候，我只想待在你身边。"

"……好吧，我给你拿干衣服。"

***

当查德换衣服的时候，我在家中的吧台发现了一瓶酒。我走进客厅，查德穿着爸爸的衬衣，比他的大好几倍。我给他爸爸的短裤，穿在他身上看上去像是一条大摆裙。看着他，我想大笑。

"好吧，我看上去怎么样？"

"极好，"我走到他身边，手里拿着一瓶酒和一个高脚杯，"看看我找到了什么。"

我把酒倒入高脚杯中，递给查德，自己直接拿起瓶子喝了几口。

"我没能参加丽贝卡的葬礼，他们说几乎全城的人都去了。"

"我们不说这个，好吗？"

"……格洛丽娅，我只是不明白，为什么你和这些音乐人有联系？"

"你知道吗？起初我们自己也不理解这一点。我们甚至很害怕，想逃离他们……随后一切都改变了。我们依恋他们，他们也依恋我们。我们成为了一个整体……我们去不同的城市旅行，在我们看来，只有我们独自在这个宇宙中。并且我明白，我被他们吸引了。自由、和他们生活在一起的轻松感，如此具有感染力！在这里，所有人都在奔走，匆忙前行，而在我们的世界里，一切完全不同。"

"毕竟他们是杀人犯！"

"查德，有些人没有杀人，但他们比杀人犯更糟糕。如果你没有遇到过这样的人，那你很幸运。"

整个晚上我们聊了很多，我们两人都满怀愤怒。我终于觉得轻松一些了。这种简单的沟通对我来说怎么都不够！


## 第49天


我醒来，因为有人摇我的肩膀。我睁开眼睛。我躺在客厅的沙发上，周围乱扔着一个空酒瓶。刺眼的日光，加上随之而来的头痛。

"早上好。"爸爸用愤怒的语调说道。

我揉了揉眼睛，强迫自己彻底醒过来。

"哦，爸爸，别开始。我只是……"

"只是无聊了，只是喝酒了，只是睡着了。一切都很清楚。"

"你清楚什么了？嗯，你以为我喝了一瓶酒？那么之后十年我都可以滴酒不沾。"

听完我的话之后，我的爸爸几秒钟都说不出话来。

"……整理好自己，然后去吃早餐。"


日记，今天是我人生的最后一天。现在，我脸上带着白痴般的微笑写下这些话。我终于靠近这一天了，现在它即将来临。


278

我有一个新的选择：监狱生活或者自由，我选择了后者。死亡就是自由，没有人有权将它从我身边夺走。

　　你知道吗？日记，我一点也不害怕。相反，我最担心审判、监狱生活以及之后的生活。害怕想象我的生活会变得比现在更糟。

　　我唯一遗憾的是，在我死之前，我不能跟史蒂夫、亚历克斯和杰伊拥抱告别，我对此很心痛。

　　在这49天里，我非常想让我的父母言归于好，但现在他们终于分道扬镳。也许这样会更好。我是父母最大的错误，这是父母到目前为止仍然结合在一起的原因。我不在了，就不会有问题。说实话，这很难承认。你知道吗？日记，我仍然希望至少有人会为我哭泣。但妈妈，很可能，甚至不知道我的死亡，爸爸变得更加忧郁了，他会接受它。甚至在我的葬礼上，陌生人也不会为我感到难过，而只会重复一个声音："她活该，这是她应得的。"

　　我活了差不多17年，又能怎么样呢？我没有给任何人带来任何好处，我只是带来损失。我是一个不被需要的人，是个垃圾，就是这样。现在自然出现了问题：像我这样的人是否应该活下去？

还剩1天

\*\*\*

　　很奇怪，今天天气晴朗，昨天的恶劣天气没有留下任何痕迹。家里弥漫着烘烤的香气。如此愉快和温暖，这些墙壁在生命中第一次没让我感到压抑。我终于感受到这个家的温暖和舒适。我眼里满是泪水，因为今天是我在这里的最后一天。

我走进厨房。劳伦斯一只手拿着刨丝器，另一只手拿着胡萝卜。

"你在做什么？"

"胡萝卜奶油蛋糕。"

"真是太讨厌了。"

"你什么时候吃过吗？"

"没有，"我笑着，"但听起来不怎么样。"

"当你尝了，你会改变主意的，你就等着瞧吧。"

"我来帮你吧。"

"那太好了。"南希的眼睛瞬间闪闪发光。

我从未和妈妈一起做过饭，我一直想知道，当你和你亲人一起做某事时，一起笑和互相帮忙的感觉。现在我知道这是什么感觉了。但在这里，一个完全陌生的人代替了我的母亲。我从未想过，我和我深恶痛绝的数学老师劳伦斯小姐会像这样站在厨房里，笑着做饭。我在她旁边觉得很温暖。我从来没有从我的亲生母亲那里得到过这样的温暖和关怀。我后悔了一百次，我之前并未理解这一点。

"真想不到，你们一起做饭？今天，可能会下雪。"爸爸笑了。

我们跟着笑了起来。

"南希，今天我们安排一顿节日晚餐怎么样？"我问。

"我们有理由吗？"

"……不，我只是想要心情好一些。而且，我们从来没有一起吃过晚餐，就像……一家人一样。"

"嗯，当然！我只会赞成。做一堆好吃的，然后可以看部电影。"南希笑着说。

"是的，我还想邀请外婆和马西。不知怎的，我们在吵架中分开是不对的。"

"我同意你的看法，我给他们打电话。"

响亮的门铃声打断了我们的谈话。我完全不知道可能会是谁，打开门，出于意外，我差点失去了说话的能力。

"……捷兹？"我说。

"嗯，你好，朋友。"

我关上身后的门。

她真的在这里吗？我真的没想到。我想知道她为什么会来？来嘲笑我？看看我发生了什么事，好再次证明她更好？我脑子里累积了很多问题。我还没能回过神来，因为她在这里。

"我没想到你会来找我。"

"但我决定来看看你，或许我离开更好？"

"不，不，等等，"我走到一个陪同人员身边，"有烟吗？"他从烟盒里拿出一根香烟递给我，"谢谢。"

我和捷泽尔坐在门廊的台阶上。我点了一支烟抽了起来，捷泽尔关心地看着我。

"你抽烟吗？"

我笑了。

"是的，你完全变了，我好像20年没见过你了。"

我又抽了一口烟。

"学校里大家都在谈论你，甚至有些人很钦佩你。"

"那你是谴责我的其中之一吗？"

"不，我跟他们不一样。"

"你不害怕他们知道了，我和你绝交吗？"

"不怕，我不在乎他们对我的看法。"

"那你也变了，以前你担心每个人对你的看法。"

我们的谈话暂停了一分钟。在此期间，我仔细地看了看捷泽尔。她的金发变得更亮了，短裙勉强能包住纤细的大腿，手上的皮肤保养得很好，闪闪发光。坐在她旁边的我和她完全相反。我手上伤痕累累，蓝色头发失去了光泽，随意地扎了一个发髻。另外，我穿了一件比我大四个尺码的 T 恤，以免束缚带伤的身体。

"你知道吗？我来这里是道歉的。这很有趣，我们彼此做了很多令人讨厌的事情，尽管如此，当你被通缉时……我很担心你。"

我不自在地咽了咽唾沫。

"……真的吗？"

"是的。即使你偷走我 100 个男朋友并搞出了一大堆事，无论如何你对我来说也不是陌生人，所以请原谅我。"

我不敢相信自己的耳朵。坐在我旁边的真的是我曾经最好的朋友吗？听到这些话，我觉得似乎我完全在和另外一个人说话。捷泽尔·维克丽第一次后悔了。

"捷兹……你也要原谅我，"我的声音颤抖着，"我是个白痴，你的父母因为我而离婚了。"

"实际上这是无稽之谈，"捷泽尔笑着说，"当然，起初对我来说很难过，后来我接受了。爸爸给我们留下了一栋房子和一辆车，每个月都会支付一定的费用，所以没有任何改变。"

我肩上的包袱渐渐消失了。

"顺便说一下，我不是自己一个人来的。"捷泽尔手里一直抱着一个带盖的大塑料篮子。当她打开它时，我的心脏瞬间停止了跳动。

"王子！"我边说边把手伸了过去。

"它非常想你。"

"我的小家伙……"

我已经认不出这个小白团。它明显长大了，毛茸茸的，已经康复了。我把手放在它温暖的毛发上，闭上眼睛。我至少给某人带来了好处不是？我救了这个小家伙的命，现在它过得很好，吃得饱穿得暖。她关心它，照顾它。说实话，我以为我们吵架后，她会把它扔掉来报复我。但，谢天谢地，我错了。

"这太可怕了，丽贝卡不在了。当我想起我对她做过的事时，我立刻想用头撞墙。"

我的心再次感到憋闷。我决定尽快改变我们的话题。

"你和亚当还在约会吗？"

"是的……我们很好。我们甚至计划一起搬到纽约，并在那里上大学。没错，我还不知道上哪一所，但我和妈妈已经在纽约的豪华区买了一座大房子。"

"太棒了。"我恼火地说。

而我本来和同龄人一样，现在可以准备考试，选择大学，但现在通往光明未来的路对我来说永远关闭了。

"想象一下，我到现在还没办法确定我的职业。记得吗？我曾梦想成为一名时装设计师。也许我应该试一试，你觉得怎么样？"

"我不知道。如果你喜欢的话，那就值得一试。"

"关键是，我非常喜欢，但我也被女演员的事业吸引，我觉得我最好能成为一名优秀的女演员。"

"是的……"我觉得眼泪马上要落下来了。

"肖娜想开自己的糖果点心店，你能想象吗？我嘲笑了她很久，她甚至生我的气了。你还记得玛丽吗？那个骨瘦如柴的人？她被邀请去米兰担任时装模特，这很幸运。"

好了，我不能再听了，没有耐心了。每个人都有正常标准的生活、计划和未来。由于我的愚蠢，我什么都没有。委屈又痛苦。但此时我明白，一切都是我应得的。

"捷兹，好像南希叫我，我要回去了。"

我从台阶上站起来。

"听着，我甚至还没问你的事……"

"以后吧。今天我们正在安排告别晚餐，所以你和亚当一起来吧。"

"好的，他最近正好想来看你。"

我摸着门把手。

"好的……把它带走吧,"我把王子交到了捷泽尔的手上,"我想你可以照顾它。"

\*\*\*

爸爸正在看报纸,我和南希站在炉灶边准备牛排。

"你和捷泽尔言归于好了吗?"劳伦斯问。

"好像是的。"

"太好了!我相信一切都会变好。我要离开一会儿,注意牛排。"

"好的。"

南希走出厨房。

"离开庭还剩下四天。"爸爸说。

"那又怎样?"

"在这段时间里,安东尼可以把山移开,找到一堆证据来达成缓刑。"

"爸爸,我们已经讨论过这个问题了。"

"格洛丽娅,我见到了你的免费律师。他没有采取任何行动来救你。"

"就这样吧。"

"你想彻底断送自己的一生,是吗?"

"我已经做到了,爸爸。"

我们一阵沉默。和我爸爸在一起的最后一天,我有很多话想说,但不知为什么难以启齿。最后,我鼓足力量,告诉他我早就打算告诉他的事,但我无论如何也无法下定决心。

"爸爸,你知道妈妈和弗雷德叔叔……"

"我知道。"爸爸打断我。

"你怎么看?"

"我应该怎么看?我和乔迪只是法律上的夫妻,我们现在都有自己的生活。"

"爸爸,答应我,你别丢下她,给她打电话,和南希一起去看望她……

我不相信弗雷德，任何事情都可能发生在我母亲身上。"

"……我保证。"

***

拉上窗帘。半昏暗的房间里，我躺在床上听音乐，想起我和丽贝卡去听演唱会，认识了伙计们，搭车离布里瓦德远远的，似乎去到另一个世界。我内心有些沉重，如果没有这些的话会更好。我希望能摆脱这些只会折磨我的回忆，同时我也希望门被打开，史蒂夫走进房间，像往常一样叫我小不点，把我搂在他怀里。再次想见到他、亚历克斯、幸福的杰伊和丽贝卡的愿望让我的心四分五裂。

房间的门被打开，与我的愿望相反，门口站着的不是史蒂夫，而是南希。

"格洛丽娅，又有客人来了。"

我不情愿地起床，然后走下楼梯，我真没想到会见到眼前的人。

"你好，洛丽。"马特说。

我用前所未有的冷漠眼光看着他，没有任何意外和惊喜。

"你好。"

"我很高兴见到你。"

"真的吗？"我嘲笑着问道。

马特看起来变成熟了。他换了发型，浓密蓬松的头发已经踪影全无，下巴上淡淡的胡须让他看上去更加稳重。现在我甚至不敢相信这是曾经玩橄榄球并在学校派对上露面的小伙子。

与他相比，我看起来就像刚从车站小客栈回来一样。我想，他现在正在思考我和我的外表，但我完全不在乎。

"马特，或许你该和格洛丽娅出去走走？正好她需要呼吸新鲜空气。"南希说。

"真是个好主意。"

"我现在被保护中，如果你不清楚的话。"

"嗯，没什么，和他们一起更开心。"

我沉默，冷漠地朝门口走去。

***

我们坐在车里。这段时间里，我们只字未提。还有什么可说的？我甚至不知道他为什么回到这里。我内心充满了委屈。我很想告诉他，当他离开时我想说的一切，但我再次忍住了。

"为什么你把头发染成了这种颜色？"

"我想染，不喜欢？"

"为什么不？你染这种颜色更加不同寻常。"

我只是对他嗤之以鼻。

"有什么不对吗？你见到我不高兴吗？"

"很开心。或许，你要确认我是否高兴得要跳舞了？"

马特沉默了。我终于达到目的了，让他意识到他白来了，这里没有人在等他。

我们走进一家咖啡馆，用眼睛搜寻着空桌子，我发现每个人都盯着我看。我变得非常不高兴，以至于我想表示抗议并转身离开这里。但我只是深呼一口气，强迫自己冷静下来。只需忍耐，再次。

我们坐在空桌子旁。马特一直看着我，我试图假装什么也没注意到。

"我真想念布里瓦德的小咖啡馆。"他说。

"当然，毕竟在加拿大，一切都完全不同。"

"这你说对了，假如你知道我多久才习惯了它寒冷的气候。"

"不幸的人。"我挖苦地说。

"洛丽，说实话，我来你不高兴吗？"

"我不明白，你想要什么？想让我奔向你的怀里喊道：'哦，马特，你还记得我多好呀！我非常想你！'你为什么来这里？"

"当我在新闻中看到你时，我差点要疯了。我来这里看你，想确认你一切都好。"

"我非常好，马特。现在你可以跑去航空公司买最近一个航班的机票。"

"……算了，我们点菜。"

"我喝水。"

"好吧，我按照你的口味点一些东西。"

马特刚要打开菜单，他的电话响了。

"我马上回来。"

他走到外面。我环顾四周，发现吧台后面站着几名服务员，他们看着我聊着些什么。旁边桌子的人也不时地看我一眼。那么，格洛丽娅，冷静，不要在意。生活在每一个迎面走来的人都认识你的小城市是多么困难，如果你犯了任何罪行，你会立刻被别人的谴责和流言蜚语所淹没。充耳不闻，好像并非如此简单。

我看着最远处的桌子。桌子边坐着一群比我年轻几岁的女孩子。我能听到她们的谈话。

"……他跟我说，我们分手。你能想象吗？我现在要怎么活？"

我笑了起来。我觉得很尴尬，毕竟曾经我也以为这是一个大问题。现在……我明白真正的问题是什么。亲人的死亡，失去家庭。当别人都以为你是一个被抛弃的人，敌人都不想打你时，这种感觉很可怕。

咖啡馆的门开了，我转身，希望是马特回来了，但不是他。捷泽尔的朋友肖娜和她的随从们走了进来。非常遗憾，她们发现了我。

"看，是格洛丽娅。"

几秒钟后，她们走到我的桌子旁。

"你好，马克芬。"

"肖娜，好久不见。"

她打量审视着我的每一个细节。

"你变得像谁了？你们看看她吧，几乎全城都在说你是布里瓦德的耻辱。"她们尖声尖气地笑了起来。

"如果我是你，不会那样跟我说话。你知道吗？我跟你不同，我可以做任何事，"我起身，从邻桌拿起一把刀，每个人都小心翼翼地看着我，有人因为恐惧很快从自己的座位上站了起来，"比如，割破你的喉咙或割下你的舌头。"

肖娜和她的朋友瞪大眼睛，一言不发地离开了。我微笑着把刀扔在地板上，跑出了咖啡馆。

"你怎么了？"马特问道。

"我不能再待在那里了。很讨厌！所有人都看着我，好像我杀死了无数人一样。我对他们做了什么可怕的事吗？"

"冷静一下。他们怎么看你与你有什么关系？我们去公园散会儿步吧。"

\*\*\*

我们沿着潮湿的小路，在明亮的绿草和树木中，散了约一个小时的步。在我身后，离我们几米远的地方，是我的陪同人员。

"找到女朋友了没有？"我问道。

"没有。"

"真的吗？在加拿大没人配得上你吗？"

"不是这个问题，只是我还不能忘记一个有着奇怪颜色头发的女孩。"我微笑，"而你，据我所知，真的不是开玩笑吗？离家出走，与匪徒有联系。"

"这是我生命中最美好的时光。"

马特突然停了下来。

"洛丽，老实回答我，你是因为我离家出走吗？"

"什么？"我大笑起来。

"我说了什么好笑的吗？"

"马特，我从未想过你会自恋到如此程度！当你离开了，在整个学校都鄙视我的时候，你像一个真正的懦夫一样逃跑了。当我需要你的支持时，你留下了我一个人。如果你知道，你在我眼里有多卑劣的话。我承认，老实说，从那一刻起，我变了，改变了自己的生活态度，改变了对周围人的态度，但我离家出走并不是因为你，马特。"

我只是想摆脱，找到懂我的人，并且我找到了，但我的幸福很短暂……所以我回来了。马特，忘了我，忘了这座狗屎般的城市，忘了这些不好的人。而我？我现在已经没有选择的余地，我只能忍受一切。

我转身，突然马特猛地抓住我的手。

"格洛丽娅——"他靠近我，只差一点，他的嘴唇就会碰到我的嘴唇。

但我挣脱了他，用拳头打向他的下巴。马特的嘴流血了。陪同人员很快跑到我跟前，紧紧地抓住我的手。

"放开我！"

"我没事。"马特勉强说道。

"放开！"一个剧烈的动作，我挣脱开双手，盯着马特，"……永别了，马特。"

\*\*\*

我努力地摆放餐具，像准备重大活动一样准备着晚宴。虽然这真的不是一个简单的夜晚。当我想到这是我最后一次见到自己的亲人时，鸡皮疙瘩都起来了。到目前为止，我多半还没有下定决心。我脑子里也不知是怎么回事。每当我有现在改变主意、不走这一步还为时不晚的想法时，我又对自己说："监禁比死亡更糟糕。"

"格洛丽娅，你为什么这么做？你完全清楚，他们正监视着你的一举一动。"劳伦斯说。

"我知道，但我没有杀任何人，只是马特应该放开手。"

"我求你，尽量保持冷静。"

"好的。"

"我听说，如果被告没有首次刑事处罚和其他不当行为，那么他的判决会减轻。"

我已经厌倦了关于法庭、判决和监狱的谈话！每当提起这些词时，我的身体就会颤抖，嘴巴一阵发干。

门铃响了。我跑到门廊，打开门，门口站着捷泽尔、亚当、外婆和马西。

"再打一次招呼。"捷泽尔笑着说。

"你好。"亚当一边说，一边紧紧地拥抱我。

"格洛丽娅！"外婆把我抱得更紧了，"请不要生我的气，求求你。"她说道。我注意到她的眼睛含着泪光。

"外婆，别这样，不要哭。我已经忘了一切。"因为谎言，我的心跳加快。"那么，大家都到厨房来吧。我和南希准备了一整天，我希望你喜欢我们的饭菜。"

"是的，我们非常努力。"

所有人都在自己的位子坐下来，只有一把椅子是空着的。我还没时间思考，前门就打开了，爸爸走了进来。

"我不在你们就开始玩了？"

"爸爸，我们怎么能忘了你？"

所有人都笑着聊天。家里充满着如此温馨的气氛。好像时光倒流，整整49天前，我还是一名普通的遇到普通女生问题的女中学生。下一秒，一些东西压在我的肩头，我感受到无法承受的负担。我又想起明天会发生的事。我咬紧嘴唇，最好别露出自己的状态。

我假装微笑，用这个微笑隐藏自己的痛苦。我看着外婆和马西，然后把目光转向爸爸和南希，我想起妈妈和弗雷德叔叔，他们如此幸福。无论这听起来有多糟糕，但我羡慕他们，羡慕他们的自由。我看着捷泽尔和亚当。这很搞笑，而我是他们联系的纽带。如果不是我，他们永远也不会遇到对方。现在他们很幸福，他们有共同的生活计划，也不排除他们会结婚的可能性，他们的爱情会逐年变得更牢固。我想起我和史蒂夫梦想着过平静的生活，我想起当他说他想要孩子时，我付诸一笑。我的天哪！……回忆痛苦地折磨着我。

"我们很幸福和自由"这句话并没有离开我。到目前为止，我仍然听到丽贝卡的声音，如此鲜活、响亮。直到现在都觉得她似乎就在我身边。

我的天哪！格洛丽娅，你在做什么？为什么你要给自己灌输这些想法？我觉得自己马上就要变得歇斯底里。

"晚餐后我们一起看家庭影院。顺便说一句，你们晚上都可以在这里过夜，我已经为你们准备好了睡觉的地方。"南希的声音传到我耳边。

"通宵派对？我喜欢。"捷泽尔说。

"好极了！"外婆说。

"多么美味。"马西一边嚼着一块牛排，一边说。

"顺便问一下，我们要看什么电影？"亚当问道。

"格洛丽娅说她会选，是这样吧？"

他们的声音从我耳边飘过。

"格洛丽娅？"最后，南希的声音让我回到现实中。

"什么？啊……对不起，我离开一下。"

我移开椅子，发出吱吱声，很快站了起来。我一越过厨房的门，泪水好像收到指令一样，从眼里滑落下来。我跑进浴室，用双手捂住嘴，最终陷入了歇斯底里的状态。这一刻我明白了：不管我说多少次我讨厌这栋房子、我的爸爸、我的整个家庭，但和他们分别让我非常痛苦。即使我不自杀，我也还是要和这些人分开。

我太晚开始珍视我所拥有的东西了。

这让我更加痛苦。

## 第50天

亲爱的日记，这是我的最后一篇记录。

我和你一起度过了这么多天，描述了许多故事、想法和感受，只有你知道我内心发生了什么事。

对我来说，这50天就是永恒。我从未想过，我千篇一律的生活会有这么多反转。

你知道吗？我现在完全不害怕。我只想到一件事：这一切终将结束。

我不知道是否有阴间，但我希望从那里看看这里，看看地球上发生的一切。我想知道爸爸和南希、妈妈和弗雷德、我的朋友们、同学们……史蒂夫、亚历克斯和杰伊未来的生活。

我希望我死后这个世界变得更好。

别了，日记。

格洛丽娅，1996—2013

早晨，广播里播放着令人精神振奋的音乐，厨房里传来洗盘子的声音。南希起得比所有人都早，她的身体跟着音乐的节拍舞动，手不停地洗着碗。一时间，在她看来，家里的一切都很美好。与格洛丽娅的关系有所改善，与大卫的感情每天都在增长，他们会组成一个完美的家庭。随后南希回到现实中，离格洛丽娅开庭还剩下可怜的几天，大卫还稍有醉意，意识到残酷的现实后，好像长矛刺穿了她的心脏。

"早上好，南希。"科妮莉亚在她身后说道。

出乎意料，南希颤抖了一下。

"早上好，昨晚过后剩下好多脏餐具……"

"那就是说，我没白白起这么早，我来帮忙。"

"不，不用。最好开始做早餐，很快大家都会醒来。"

"好的。"

科妮莉亚走到桌边，一直看着南希，她眼前瞬间出现了乔迪的面容。几年前，她用同样的热情在厨房里忙碌，精力充沛，而现在通往这所房子的路对她来说永远关闭了。科妮莉亚很难意识到她失去了自己的女儿。

"我看你已经出色地取代了我女儿的位置。"

听到这些话之后，南希僵在原地。

"我没占任何人的位置，只是我和大卫……"

"只是遇见，坠入爱河并开始共同生活。"科妮莉亚笑着说。

"科妮莉亚，您有什么不满意的吗？"

"冷静一下，南希，我不想对你做任何不好的事。相反，我希望你幸福。幸福，你明白吗？而和这个人在一起，你永远不会知道幸福是什么。"

"大卫没有你想象的那么坏，只是他和乔迪没成功。"

"嗯，当然，他们结婚了，一起生活了很多年，养大了女儿，他们什么都没成功。大卫没有常性，你很快就会相信这一点。"

南希和科妮莉亚的谈话因捷泽尔和亚当出现在厨房而中断。

"早上好！"捷泽尔说。

"捷泽尔、亚当，坐下，我们很快就吃早餐。"南希很高兴伙伴们准时来了，她实在是无法忍受与科妮莉亚的对话了。

"昨晚是一个美妙的夜晚，"捷泽尔说，"我没想过和你们在一起会如此快乐。"

"和我们在一起，是跟谁在一起？和老刁婆吗？"科妮莉亚问道。

"不，科妮莉亚，我不是这个意思。"

"你脸红了。"

"该死的……"捷泽尔不好意思地笑了起来。

"好吧，无论如何我还是很高兴。"

"大家早上好。"大卫走进厨房。

"早上好，亲爱的。"南希说。

"马西和格洛丽娅一如既往地打破了睡觉的纪录。"科妮莉亚笑道。

"我去叫醒洛丽。"亚当说。

他爬上楼梯，走到格洛丽娅的房门口，敲了敲门。他还未等到回应，就打开了房门。

"洛丽——"亚当目瞪口呆地站了几秒钟。房间里空无一人。

他下楼，走进厨房。

"格洛丽娅已经醒了，可能，她正在洗澡。"

"捷泽尔，你跟你妈妈打过招呼没有，你和我们在一起？"南希问道。

"劳伦斯小姐，我妈妈离婚后在温泉度假村休假。"

"大卫，你什么时候和乔迪离婚？"科妮莉亚突然问道。

"一周之后。"

"你想必非常期待吧？"

"科妮莉亚，不是这样吗？我觉得我们早就弄清楚了一切。"

"不，只是所有的事都堆在了一起。格洛丽娅开庭，你和乔迪离婚，怎么忍受这一切……"

出乎意料的是，马西出现在厨房里，手里拿着一条湿毛巾，穿着从大卫那儿借来的浴袍。

"哦，大家都聚到一起了？我还以为我是第一个醒的。"

看到他，亚当的脑海里立刻出现了一个问题："如果马西在洗澡，那么格洛丽娅在哪儿？"

"捷泽尔，你可以来一下吗？"

亚当和捷泽尔来到了房子的大厅里。

"怎么了？"

"格洛丽娅不在她的房间。"

"那又怎样？也就是说，她在另一个房间的某个地方。"

捷泽尔走进客厅。

"洛丽！"捷泽尔转身走上楼。她不在客厅。

亚当和捷泽尔走进南希和大卫的卧室，但他们又失望了。

"父母的卧室里也没有。"亚当说。

"但她也不能人间蒸发了吧？"

"我的脑海中产生了另一个想法……"

"什么？"捷泽尔还没有等到亚当回答，已经明白了他的意思。不，她不能逃跑，这不可能。他们的家 24 小时都有人守卫。

"我要告诉所有人这件事。"

"等等，我给她打电话。"捷泽尔惶惶不安地拨打格洛丽娅的电话，但一切都是徒劳，没有人接电话。

捷泽尔迅速走下楼。

厨房里，大家都坐在大桌子旁聊天，哈哈大笑。捷泽尔站在他们面前，张皇失措地看着大家，嘴巴一阵发干。

"捷泽尔，出什么事了？你们叫醒格洛丽娅了吗？"南希问道。

"我不知道该怎么说，但……哪儿也找不到格洛丽娅。"

"哪儿也找不到是什么意思？"大卫问。

"我和亚当找遍了整个房子，但她好像蒸发了。"

"天哪——"科妮莉亚用手捂住嘴，以便控制自己的情绪。

"那么，我们不要慌，"马西说，"她无论如何也走不到房子外面，因为警察站在出口处。"

"那她可能在哪儿？"劳伦斯问。

"我给她的手机打电话，电话通了，但听不到手机声。"

"喂，大家都到这儿来！"亚当喊道。

科妮莉亚、南希、捷泽尔、大卫和马西同时从自己的座位上站了起来，上楼走进格洛丽娅的房间。亚当站在他们面前，手中拿着科妮莉亚送给格洛丽娅的摄像机，上面贴着一张字条：按"播放"后真相就会大白。

"看来格洛丽娅给我们留言了。"他说。

亚当花了几分钟将 USB 线连到电脑上，然后大家都坐在床上。亚当按了"播放"键，格洛丽娅出现在摄像机的屏幕上。

*大家好！你们想必会问：我在哪儿？，或者你们以为我只是在和你们开玩笑。不，这不是开玩笑。首先，我跟你们讲一个故事。*

*曾经有一个女孩，她以为她生活在一个充满爱、关怀和理解的美丽世界里。在童年时代，似乎每个人都以为世界是完美的，但长大后，遗憾的是，我们明白了并非如此。女孩体验到了谎言、背叛和痛苦的滋味。她非常想找个人寻求帮助，但所有人都不理她。她的生活就像是一个坑，女孩在最底部，充满黑暗和泥泞。其他人经过这个"坑"，没有人注意到女孩的叫喊声，没有人想帮她。*

*所以，她决定结束这一切，更准确地说，是自杀。首先她开始了 50 天的生命倒计时，用 50 天来了解自己，弄清楚她是错的……*

*这个女孩的名字叫格洛丽娅，并且 50 天已经过去了。*

*你们会认为我疯了，我需要治疗，你们绝对是正确的。*

*你们知道吗？有几次我觉得自己的生活并没有那么糟糕，是我把自己逼得走投无路，最亲近的人的死亡成了压倒我的最后一根稻草。*

*我不能带着这样的心理负担活着，这很难。我每次都看到她，她看着我，她的目光灼人，什么也不说就离开了……*

*如果那天我没有给贝克丝打电话，她现在还活着。*

*我是凶手。我不值得活在地球上。*

*我已经选择了自己的判决。*

296

昨天我特意把大家聚在一起，好和你们一起度过生命中的最后时刻。

如果你们现在看到这个视频，那么我就已经不在了。

请原谅我，原谅我做的一切！我真的希望你们幸福。我请求谁也不要责怪发生在我身上的事。

我爱你们。

永别了。


\*\*\*

视频中断。所有在场的人都呆滞了好几秒钟。

"这是什么……一个玩笑吗？"捷泽尔问。

"我报警！"大卫迅速离开。

"不，大卫！你这样做只会让事情变得更糟。我们必须自己找到她。"南希几乎喊了起来。

"我们自己怎么做？我们只会错过时间。"

南希和大卫跑出房间。

"哦，我的天哪！……如果她发生了什么事，我将无法忍受。"科妮莉亚此刻没能忍住自己的眼泪，她颤抖着。

"亲爱的，冷静下来。"马西拥抱科妮莉亚，但他知道，他的支持是无力的。

"等等，你们怎么了，真的相信这个吗？"捷泽尔喊道。"是的，格洛丽娅不可能自杀。她没能力做到这一点！昨天她还如此乐观，表现得根本不像一个打算自杀的人！她是怎么逃离的？为什么我们没发现？"

"你怎么了，忘了她交往过的人吗？"亚当问道，"是匪徒，想必她不是第一次逃离某个地方。"

捷泽尔的目光落在床头柜上的一本小书上。捷泽尔把书拿起来，打开。小书中有一堆记录，捷泽尔认出是格洛丽娅的笔迹。她仔细阅读每一个字，她的心疯狂地跳动起来。

"该死的……"

"怎么了？"科妮莉亚问道。

捷泽尔走到她跟前。

"这是她的日记……这里的每一篇日记都是关于她想如何自杀的。她自己真的为此做好了准备……"

\*\*\*

我的手指抓着长桥冰冷的栏杆。在离我几米远的地方，站着三个小伙子，每个人都拿着一个银色的军用水壶，他们的声音低沉地回响在我耳边。我内心在尖叫，因为痛苦和怀疑而尖叫。我向下看去，因为恐高而头晕目眩，河水的哗哗声让我的身体颤抖起来。我有似曾相识的感觉，连续多少次站在桥上，多少次试图强迫自己这样做。闭上眼睛，我短暂的生命在眼前飞快地闪过。

圣诞节，父母的礼物……我想起妈妈和爸爸在我面前亲吻，而我用双手遮住了脸。我又哭又笑。我的生命中毕竟有过美好的时刻，但为什么一切都不这样了？父母，是他们摧毁了我的世界。我现在很害怕，害怕被囚禁，害怕被判有罪，并在自己的余生中打上这样的烙印。

不，格洛丽娅，你早就决定了一切。别回头，一跳，只需一跳。你做不到吗？

我听到自己的手机铃声响了。我从口袋里掏出手机，是捷泽尔打的电话。那就是说，他们已经注意到我不在了。就这样，不能再拖了。我把手机放在桥上，擦干眼泪。我走到那几个小伙子身边，把手放在其中一个人的肩膀上。

"请我喝点吗？"我问。

"你随便喝。"

他递给我一个军用水壶。我用颤抖的手接住它，深深地喝了一口。令人不愉快的灼烧感在嘴里蔓延，我低声呻吟一下，然后，镇静下来，我把军用水壶还了回去，转身再次走向桥上的栏杆。

"喂，美女，你能加入我们吗？"其中一个小伙子问我。

"……下次吧。"

我紧紧地抓住栏杆，把身体跨了过去。只需纵身一跃，我就……自由了。

"你在干什么？"我听到那伙人中一个人的声音。

我转过身来，看到丽贝卡在我身后。她看着我，点点头。我微笑着，松开双手，向下飞去。

\*\*\*

"天哪！"那个穿着红色卫衣的小伙子喊道。

他的朋友脱掉自己的T恤，跟着格洛丽娅跳了下去。

另外两个小伙子还没能从看到的场景中缓过神来。

"看，"其中一个人说，俯身捡起格洛丽娅的电话，"有个叫捷泽尔的给她打电话。"

"那么，快点，给她打电话，"小伙子走到栏杆边，"瑞恩！"

另一个小伙子忙乱地呼吸着空气。

"我找不到她，这水流太急了！"

\*\*\*

"怎么能？你们怎么能放她出去？"大卫质问警察。

"我们整夜都在值班，没有人从房子里出去。"

"那我的女儿去哪儿了？"

"……我们不知道。"

大卫愤怒地敲打着桌子。

"我的天哪！这些人还自称为警察！"

突然，捷泽尔的手机铃声响了。

"等等！是格洛丽娅。"

"那你还在等什么？接电话！"大卫喊道。

捷泽尔接了电话。

"喂！喂，格洛丽娅？……"片刻之后，捷泽尔慢慢放下手机，她无法呼吸。一瞬间她好像马上就要倒在地上。

"捷泽尔，求求你，别沉默。"科妮莉亚说。

捷泽尔鼓足力气，说出了她被告知的事。

"……她从桥上跳了下去。"

\*\*\*

"我多么恨你，大卫。你拿走了我的一切，女儿、外孙女。你把她弄到了这样的地步。"

科妮莉亚、大卫和南希来到了事发的桥上，救援人员和警察也和他们一起来到了这里。

科妮莉亚坐在警车里，她的时间静止了。令人心碎的痛苦折磨着她。在她的内心深处，她有一个小小的希望，希望她的外孙女还可以得救。

"科妮莉亚，不要因此责备我。我并没有强迫她和犯罪分子交往，并搞到这种局面。"

"因为你，她离家出走，因为你该死的暴政！"科妮莉亚慢慢变得歇斯底里起来，"还回来，把我的外孙女还回来！"她用双手捂住脸，开始号啕痛哭。

大卫快速走向其中一名救援人员。

"您已经在这里工作了几个小时，难道还没有任何结果吗？"大卫勉强控制住自己的情绪。

"先生，冷静一下，我们做了我们能做的一切。我们的潜水员潜到了底部，遗憾的是，水流无法控制。"

"也就是说？"

"也就是说，我们很可能找不到她的尸体。我很抱歉。"

听到"尸体"这个词，大卫终于失去了自制力。一瞬间，他的脑海中浮现出遥远的回忆。乔迪抱着小格洛丽娅坐着，大卫走到她们跟前，亲吻小宝贝的脸蛋，她微笑着把小手伸向他。

大卫尖叫着，声嘶力竭。尖叫着，旁若无人。

他的生活中从未体会过如此不人道的痛苦。

\*\*\*

"现在播报新闻：布里瓦德轰动一时的事件已经告一段落。几个小时前获悉，匪徒成员亚历克斯·米德带走的未成年少女格洛丽娅·马克芬从桥上跳下，自杀身亡。到目前为止，救援人员还未找到她的尸体。"

"遗憾的是，这并不是个案，当青少年违反法律并意识到自己的错误后，往往会选择自杀，"警察说，"格洛丽娅·马克芬也不例外，这个和匪徒亚历克斯·米德有关的事件对我们所有人来说都是一个教训。最重要的是，对正在成长的一代人来说是一个教训。如果你们违反法律，你的生活永远不会变好，永远记住这一点。"

难道一切就这么结束了吗？

# 后　记 ——
二

另一个结局，活下去，以新的名字

数天前


"格洛丽娅·马克芬？"保安小声问我。

一时间，我有些不知所措。

"是的……"

"亚历克斯·米德让我把这个转交给你，"穿着制服的男人从口袋里拿出一个小信封。

"亚历克斯？……"

"如果有人发现我给了你这封信……"

"我不会告诉任何人。"我抓住信封，迅速走进屋内。

\*\*\*

我关上房间的门，坐在床上，心忐忑不安地跳着。亚历克斯想告诉我什么？一方面，我很好奇，但另一方面，相当害怕。我慢慢地打开信封，开始仔细阅读他用奔放的笔迹书写的文字。


格洛丽娅，这是我生命中第一次给别人写信。

遗憾的是，我们没来得及好好告别，我多想拥抱你……

史蒂夫每一秒都会谈起你，我已经不知道如何让他闭嘴。

你不知道，当他说他爱你时，我听到有多难受。

但现在不说这个。

我一直都在思考你会对自己做的事情。我求求你，格洛丽娅，把这些愚蠢的想法从头脑里删除。如果你死了，我也会去死，你是我生命的动力。想想丽贝卡，她为你牺牲了自己的生命，为了让你可以过上长久幸福的生活。难道她白死了吗？你不应该这样对她。

我赞同，立刻把你所有的计划一笔勾销并不容易。更何况，你也和我们一样，等待着审判。但是有一个办法，格洛丽娅，你必须自杀……

但不是真的自杀。

我明白，这听起来像胡说八道，但我求求你，认真思考我的话。

还记得当我们把整辆房车从桥上抛下去时，我们是怎么装死的吗？是的，这很难忘记。那时我们没有成功，但也许现在你会成功呢？

最重要的是，你的亲人和警察都相信你是真的自杀了。如果在桥上有人见证你的"自杀"，那将非常好，就没有人再来找你了。

下面我写了我一个朋友的电话，他会为你提供新的证件和避难所，你只需要给钱。我明白，这不是一件容易的事，但我希望你能解决这个问题。

我们会被送到伊利诺伊州的马里恩，我的人会把你带到那里。

如果你成功了，我们很快就会见到你，格洛丽娅。

我求求你，按我的要求去做。

死去吧，但会活着。


我朋友的电话号码：188★★★★8289


\*\*\*

我坐了几分钟，什么也没想，头脑里一片空白。他怎么了？真的求我做这件事吗？我想不通这件事。决定吧，格洛丽娅，快点决定！我想见他，我想见他和史蒂夫，我希望我们的故事继续下去。

为了丽贝卡的死，我们必须重新团聚在一起并报复德斯蒙德。自杀——这意味着屈服于发生过的一切，而我不想屈服。

并且也不打算屈服。

我拿起自己的手机，输入信中的号码，然后按下"呼叫"按钮。数声令人烦躁的嘟嘟声后，一个粗犷的男声接了电话：

"……喂，我叫格洛丽娅，亚历克斯说你可以帮我。"

\*\*\*

我和捷泽尔躺在我的床上，听着音乐。已经这么晚了，但我们没在意时间。我们非常想告诉对方，说出一切。

"你还记得我们在学校打架的事吗？"我问捷泽尔。

"这很难忘记。"

"我的天哪！是为了谁，马特·金斯——地球帅哥？"我们笑了起来，"告诉我，你现在还爱他吗？"

"不，你呢？"

"一样，我根本不爱他。你自己也知道……"陷入了一分钟沉默，"谢谢你。"

"为了什么？"

"为了亚当。你知道吗？当你意识到你身边有一个真正爱你的人，真的感觉非常好。"

"是的……"

"而我爱的人离我如此遥远。"我脑子里闪过这个念头。

"听着，监狱里能探视囚犯吗？"

"当然。"我笑了。

"那我每天都去找你，我还来得及让你讨厌我。"

"我不怀疑这个。"

房间的门打开了。

"姑娘们，你们还没睡吗？"南希问道。

"劳伦斯小姐，我们又不是在学校，不需要人监督我们。"

"捷泽尔，已经很晚了，我在客厅给你铺好了床铺。"

捷泽尔不情愿地从我的床上起来，走向门口。

"晚安。"她说。

"晚安……"

我一个人在房间里。对我来说，这个夜晚不会平静。

过了几个小时，我都没合上眼。我开始收拾东西。我拿出背包，把连帽卫衣和牛仔裤扔了进去，然后把手机塞到口袋里，从我旧的小金库里取出一些钞票，把贴着字条的摄像机和自己的日记放在显眼的位置。

必须快点，格洛丽娅。必须快点。

我默默地紧贴着墙根站了几分钟，觉得自己马上就要哭出来。我永远不会再回到这里，我将永远失去我的家，我将永远失去我自己。

我打开通向后院的窗户。我还很小的时候，多亏了捷泽尔，我练就了一身从家中悄悄逃脱的技能。我紧紧地抓住排水管，跳了下去，悄悄地走到房子的角落。我看到警卫们笑着聊自己的事情。需要利用这个时刻。我用双手紧紧地抓住栅栏，身体越了过去，跳下。落地没成功，膝盖一阵剧痛。然后侧身的缝合处又开始疼了，我觉得还差一点，我就要被摔成几块了。

我鼓足力气跑了起来。我跑到路上，招手示意停车。天开始亮了。我的天哪！帮帮我！

一辆车在我旁边停了下来，我跳了进去。

\*\*\*

"我想知道你把什么忘在这里了？"司机按照我指的位置停车后问我。

"我想安静地自杀。"我把从小金库里拿的所有钱都给了司机。

"嗯，你很有幽默感。"

我下车后，车开走了。剩下我一个人，周围没有任何人。我自信地朝前走去。外面天已经完全亮了。在我"消失"之前，我去了一个我不得不去的地方。我爬过窗户，进入那个几乎每年夏天我都在那里度过的破旧木屋。我在房间里溜达一圈，这段时间里，我试图搞明白自己在做什么。我离家出走了。很快大家都会醒来，发现我不在。愤怒的警察会来找我，并且如果我不按照亚历克斯的要求去做，那我就真的结束了。因为逃跑，他们会给我更长的刑期。

我的天哪！我做了什么？但已经没有回头路了。我不能再回家了，只不过我也无法逃跑，因为无论如何他们都会找到我。只有一个办法：死亡。

***

当人们开始陆续出现在街上时，我离开了这所房子。我花了大约一个小时才到达位于"喧哗河"上方的旧桥上，因为水流湍急，当地人这么称呼它。我记得有一次我来这里，看到有一个男孩淹死在这条河里，湍急的水流瞬间卷走了他的身体。

我下到桥基处，看到有三个人站在桥上。我笑了起来。太好了！我正好需要证人。我走了几米，从身上摘下背包，把它扔到地上，然后重新回到桥上。

***

我纵身一跳。

不知为什么，我的身体甚至没有拍击水面的感觉，虽然桥也相当高。我的肾上腺素前所未有地飙升。我的身体没有屈服于湍急的河流。除了快速浮出水面外，我没想到恐惧，没想到任何事。我觉得有人跟着我跳进了河里。此刻我浮出了水面，到了岸边，没有任何疲劳的迹象，趁我有力气的时候快跑。因为东西都湿透了，跑也很困难。我及时找到了我的背包，抓起它又跑了几公里，让自己有时间喘口气。我脱掉湿漉漉的衣服，从背包里拿出干衣服换上。

***

我松了一口气。我做到了，我成功了。我没有让亚历克斯失望。

我没想过会如此简单。我到了电话亭，在背包里找到写着电话号码的信，我打了个电话。

"是我，我完成了一切。"亚历克斯的熟人告诉我等待他的地点和时间。

我挂了电话。转过身去，明白我还得给一个人打电话。我艰难地想起他的电话号码，拨了出去。

"……我在贝尔伍德，我还是需要你的帮助。"

\*\*\*

我走在一条空旷的被遗忘的路边。到现在为止，我仍然不相信这一切都已经结束了。正如亚历克斯所说，我会去另一座城市。有了新的证件，我可以做任何事，需要再去上学。如果我想要正常的生活，那么我必须完成学业。我要去探望史蒂夫、亚历克斯和杰伊。我们无论如何都会在一起。

现在主要是要接受格洛丽娅已经不复存在，格洛丽娅已经死去，一切都已经结束了。我现在完全是另外一个人，很快我就会有一个新名字、新生活。

一辆小车开到我跟前，一个小伙子从车里走了出来，他看起来与亚历克斯、杰伊和史蒂夫的年纪差不多。

"格洛丽娅？"

"……您好……那……"我小声地说。

"别怕我，亚历克斯说我要用自己的性命对你负责，所以我别无选择。"

我笑了。

"上车，需要尽快离开这里。"

我转身看着道路。我还抱有希望，他应该会来。

"格洛丽娅——"

我喘不过气来，爬上车。那家伙在仪表板的杂物箱里翻找了几分钟，然后他看着侧视镜。

"这又是谁？"

我看向后风窗玻璃，看到查德朝小车跑了过来。我下车去迎接他。我们紧紧地相互拥抱对方。

"你还是来了……"我低声说。

我们的拥抱持续了几分钟。然后查德打开背包，递给我一个装满钱的厚厚的信封。

"希望这对你来说够了。"

"够了，谢谢。"我微笑。

"格洛丽娅，你对我做了什么？因为你，我都可以进精神病院了，"我们笑了起来，"现在我甚至不知道在你的'葬礼'上，要如何表现自己。"

"查德，答应我，你不会告诉任何人。"

"我保证，你保证会给我打电话，哪怕是偶尔。"

"我保证。"我再次拥抱他，亲了亲他的脸颊。

我转身朝小车走去。又几次转身看看查德，我注意到他红润的脸颊流下了泪水。我觉得，还差一点，我自己也要泪如泉流。不，我不能让自己这样。我迅速地爬上车，我们出发了。

那好，格洛丽娅·马克芬，欢迎来到新生活。现在你真的一切都会变得不同。

我要去未知的地方，我必须花很长时间适应新的不同的生活，而不仅仅是和过去告别。

正如当时所说的，一切从一张白纸开始？好吧，我会这么做。

"你已经为自己想出新名字了吗？"

我微笑。

\*\*\*


几周后


大卫坐在沙发上，拿着格洛丽娅的照片。似乎已经过去了很多天，但失去女儿的痛苦并没有离他而去。

"大卫——"南希走到他身边，搂着他的肩膀。

"不要折磨你自己……"

"她报复了我……并且她选择了这种残酷的报复方式……"

"大卫，迟早你也必须放开她……你知道吗？也许这不是时候，但我有话想跟你说。"

"什么？……"

"……我怀孕了。"

"你认真的？"

"嗯，难道我在这种时候还能开玩笑吗？"

大卫高兴地哭了，一个成年男子像孩子一样哭了起来。他拥抱南希。

"我们能克服……我们将继续活下去。"南希说。

\*\*\*

我们钟情于自身的自由。

我们逃离真正的自己。

我们寻找希望和快乐。

我们幸福、自由。